기억, 노동, 연대 : 문학을 읽는 세 개의 시선

대전충남작가회의 평론분과

김화선, 고영진, 김도희, 김정숙, 김현정, 남기택, 박현이,
서혜지, 오연희, 오홍진, 유경수, 이강록, 한상철, 홍웅기

청운

이 책은 대전 지역을 중심으로 활동하고 있는 소장 학자들이 진행해온 지속적인 연구 모임의 결과물이다. 연구자들은 대개 대전충남작가회의 평론분과라는 조직으로 연대되어 있지만, 개별적인 활동과 가치를 보장하는 자율적 연구 공간을 지향하고 있다. 이 책의 내용은 '기억, 노동, 연대' 등의 키워드로 진행된 세미나와 이를 바탕으로 한 개별 연구의 결과를 집약한 것이다.

우리는 오늘날의 현실에서 문학이 과연 어떤 의미를 지니고 있는가를 고민하면서 문학으로 세상과 소통하는 방법을 찾고자 노력하였다. 그러한 노력이야말로 우리로 하여금 문학을 공부하게끔 추동하는 원동력이며, 문학을 경유하여 사회와 만나는 우리들만의 방식이라고 믿었기 때문이다.

'노동'은 시대를 선회하여 되물을 수밖에 없는 문학의 전사이다. 문학의 죽음이 공공연한 오늘날의 시대에 문학이 지닌 정론성은 요원한 과제인 것도 사실이다. 그러나 시대를 돌아보면, 매 위기 때마다 강조되던 것은 원론적 당위성이었다. 현실로부터 비롯되어 주관적 혹은 미적 변용을 거쳐 새로운 삶을 계기하는 것은 문학을 포함한 모든 예술의 본령일 것이다. 우리의 '기억'은 이러한 숭고한 노동의 과정을 재차 확인하려는 시도이며, 시대의 변주를 이끌 문학의 새로운 입론을 구성하는 작업이고자 한다.

한편 완고한 경계를 해체하고 다양성을 도모하는 흐름은 90년대 이후 지속되고 있는 한국문학의 특징적 현상이다. 정체에 대한 발본적 회의와 그로부터 비롯되는 통합과 소통이 시대의 패러다임이 된 것도 사실이다. 이에 '환상'은 새로운 리얼리티를 구성하며 다단한 인간의 삶을 실증하고 있다. 우리의 '연대'는 이 모든 다양성을, 산술적으로가 아닌 선택과 지양으로써 재구하기 위한 실천적 노력일 것이다. 이에 대한 나름의 결과들을 간략히 소개하면 다음과 같다.

1부는 노동과 기억을 주제로 한 글을 묶었다. 먼저, 「백무산 시 연구」(남기택)는 백무산 시를 통해 기억을 부정하는 새로운 존재론의 길과 경계의 시학을 고찰하고 있다. 백무산의 시가 인간과 자본, 근대적 삶의 한계와 극복에 대한 인식을 근저로 하면서도 새로운 시적 어법을 모색하고 있음을 밝히고 있다.

「노동소설의 새로운 모색」(오연희)은 80년대의 노동소설이 안고 있었던 문제점을 되돌아보면서, 한국문학사에서 명실상부한 현실참여문학의 대표적인 한 분야를 차지해온 노동소설이 오늘날 침체하게 된 원인을 찾아보고 있다. 나아가 새로운 가능성을 적극적으로 모색해 봄으로써 한국문학의 저변을 확대해 가려는 시도라 하겠다.

「존재의 윤리, 사랑의 윤리」(오홍진)는 대표적 노동문학 작가인 방현석의 소설을 다룬 글이다. 방현석 소설에 나타나는 사랑의 시대적 의미를 존재의 윤리와 상관하여 살펴본 이 글은, 1980년대에서 2000년대를 가로지르는 노동문학의 현실을 되짚어 보는 계기가 될 수 있을 것이다.

「윤리의식과 휴머니즘을 통한 연대의식─김소진의 「달개비꽃」론」(유경수)은 과거의 암울한 기억을 딛고 현실적인 문제를 해결하기 위한 인물들의 소통 가능성을 보여주고 있다. 외국인 노동자와의 소통을 통해서 사회를 보다 발전적인 방향으로 나아가게 하는 힘이 바로 연대의식에 있음을 밝히고 있는 글이다.

「5·18 기억의 재현과 치유의 윤리학」(김정숙)은 80~90년대 중단편소설에 형상화된 5·18 기억의 서사화 과정과 그 의미를 분석한 글이다. 작품들에 재현된 사실과 서사적 진실, 기억을 소환하는 매체의 양상, 그리고 기억하는 행위와 주체와의 상관성 등에 주목하여 억압된 타자들의 숨겨진 목소리를 복원하는 과정을 세밀하게 기술하고 있다.

「『거대한 뿌리』를 찾아가는 기억의 서사」(김화선)는 작가 김중미의 문학적 뿌리를 확인하고 있는 글이다. 김중미에게 있어 동두천에서의 삶이 문학의 근원지로 자리하고 있음을 지적하면서 현실을 반영한 아동문학 작품을 창작하고 있는 작가의 문학세계를 조명하고 있다.

「기억의 재현을 넘어선 존재의 탐색—방현석의 「존재의 형식」을 중심으로」(유경수)에서는 80년대를 살아간 세 인물의 모습을 통해서 존재의 형식들을 살펴보고 존재의 바람직한 형식을 정치하게 분석하였다. 또한 소통보다는 통역 자체에 중점을 두는 부정적인 번역과 이를 넘어서서 긍정적으로 기능하는 번역에 대하여 논의하고, 시나리오 번역 작업이 이들의 연대의식 형성에 기여했음을 밝히고 있다.

「흙의 기억, 나무의 상상」(한상철)은 문태준의 시가 익숙하지만 단순하지 않은 세계를 다룬다고 말한다. 유년과 고향, 잃어버린 삶과 지워질 수 없는 기억이 씨줄과 날줄로 교직되면서 낯익은 기억과 신산한 우리네 삶의 경계가 무화되는 지점을 보여주는 것이다. 이 글은 그 버무려진 기억이 풀려나오는 과정에 대한 추적이다.

2부는 연대와 그 밖의 주제들을 묶었다. 「기억과 연대를 생성하는 고백적 글쓰기」(박현이)는 신경숙의 『외딴방』에서 재현되고 있는 기억의 서사화 과정과 고백적 글쓰기 방식을 분석한 글이다. 이 글은『외딴방』이 단순히 한 개인의 내면적 서사 차원이 아닌, 과거 상처에 대한 지속적이고 반복되는 기억 행위를 통해 공동의 상처를 드러내는 과정을 밝혀감으로써 궁극으로는 그것이 '그들'이 아닌 '우리'의 연대를 구성하는 원동력이 되고 있음에 주목한다.

「여성주의적 아우또노미아의 가능성」(홍웅기)은 90년대 여성작가들이 서사화했던 '고백'의 방식과 이전의 남성적 서사의 영역에서 탐색되었던 그것을 구분하면서, 정이현의 서사에서 고백이 담화의 주체가 자신의 정당성을 확보하려는 전략이며, 주체의 권력의지를 현실화시키는 담론적 장치로 기능한다는 점을 밝히고 있다.

「조경란 소설에 나타난 가족의 의미와 새로운 가족 생성의 욕망」(서혜지)은 조경란 소설에 나타난 가족의 의미를 분석한 글이다. 무엇보다 이 글은 조경란의 그녀들이 '행복한 집'을 희구하며, 그렇기에 집에서 도피하는 것에 그치지 않고, 일그러지고 뒤틀려버린 가족을 새로운 가족으로 만드는 과정에 주목하고 있다.

「아우또노미아의 가능성」(이강록)은『난장이가 쏘아 올린 작은 공』이 개별주체의 다양성을 바탕으로 한 '차이'와 차이를 인정한 '소통'이라는 새로운 인식을 바탕으로 '자율성'이라는 새로운 실천 방안을 강구하고 있었던 것이며, 결과적으로 그것이 네그리의 아우또노미아 사상과 맥을 같이 하고 있었던 것임을 주장한다.

「병리학적 환상과 글쓰기 방법으로서의 여담」(고영진)은 "읽기 어렵다"고 평가되어 오던 허윤석의『구관조』를 독해하는 방법에 관한 글이다. 이 글은 작가와 주인공이 동시에 앓고 있는 병리학적 환상과 끊임없이 "끼어든 이야기"들을 해결하고자 한다. 이 작가와 작품이 문학사의 중심에 기록되지는 못했지만, 글쓰기 방법으로서의 거대한 여담과 병리학적 환상의 치명적 외상이 발현된 증상 언어에 대해서는 재고의 가치가 충분히 있음을 강조한다.

「가난이라는 '아포리아'를 넘어서는 '전복'의 전략」(김도희)은 김신용의 전반적인 시세계를 다루고 있다. 김신용 시의 주된 화두는 '가난'과 '노동'이다. 시인은 '가난'과 '노동'의 경험을 통해 기존 권위와 지배체계에 대한 해체적 사유를 확보하면서, 그것이 내포한 긍정적 힘을 체득한다. 이 글은 시인의 이러한 노동에 대한 인식의 변화를 가난이라는 아포리아의 극복이며, 노동시의 또 다른 가능성으로 보고 있다.

「서정주 시에 나타난 권력욕망과 주체의 변이과정」(김현정)은 미당 시에 나타난 권력욕망과 주체의 변이과정을 '아버지'를 중심으로 분석한다. 이 글은 서정주 시에 나타난 아버지의 의미를 일제강점기, 해방과 전쟁시기, 6·70년대 등의 시기로 나누어 고찰한다. 서정주 시인이 일제강점기에는 '권력적인 아버지'를 지향하여 아버지를 가장 낮은 신분의 '종'으로 인식하였고, 해방과 전쟁시기에는 권력적인 아버지에 대한 회의와 내면 성찰 양상을 표출하였으며, 6·70년 이후에는 부정적인 아버지 대신 긍정적인 아버지를 표상하고 있음을 밝혀내고 있다.

「은희경 소설에 나타난 고백의 서술전략 연구」(박현이)는 은희경의 단편소설 「빈처」와 「딸기 도둑」에 나타난 '고백'의 서술전략을 중심으로 작중인물의 주체화 과정을 분석한 글이다. 이 글은 작품의 서술자들이 '생각하는 나'의 끊임없는 비판과 일탈의 역동일시 과정을 통해 '존재하는 나'와의 분열을 생성해내고 있음을 치밀하게 밝혀가고 있다.

「현실과 환상, 이중 구조의 열쇠」(이강록)는 영화 「판의 미로」에 나타난 환상과 현실의 문제를 살펴본다. 작품 외부적 환상성으로서 '오필리아의 에펠레이션', 작품 내부로 들어와 환상의 매개체와 환상의 실마리로서 '판(Pan)'의 의미를 살펴보았다. 기타 작품의 현실(diegesis)과 오필리아의 임무 등 영화적 현실이 만들어 내는 환상성의 실체에 접근하려 했다. 모든 현실과 환상이 목표로 겨누고 있는 '주이상스'에 대한 언급도 볼 수 있다.

　기억과 노동, 연대라는 키워드를 중심으로 문학을 읽으면서 우리
는 여전히 '길' 위에 서있는 자신을 발견하였다. 그 길을 따라 열심
히 걸어가는 것, 그리고 길을 걸어가는 우리들 바로 옆에 함께 있는
'그들'에게 손을 내미는 것. 지금은 이러한 태도를 견지하는 것이
우리에게 주어진 책임인 듯싶다. 이어지는 작업과 '실천'을 통해 우
리의 걸음이 얼마나 멀리 갔는가를 확인할 수 있게 되기를 기대
한다.

2008. 6.
공저자 모두

|차 례|

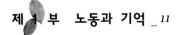

제 1 부   노동과 기억

백무산 시 연구
- 90년대 이후 변모 양상을 중심으로

남 기 택

1. 머리말

백무산 시[1]는 80년대 민중시 혹은 노동시의 전형으로 문학사에
기록되고 있다. 그의 시가 담고 있는 삶의 언어, 생생한 노동의 현
장성 등은 80년대 노동문학사에 주요한 성취로 기억된다. 그보다
중요한 것은 그의 시세계가 이른바 노동시의 상투성을 극복하는 서
정적 민중시학의 경지를 분명히 포함하고 있다는 점일 것이다. 이
는 초기 시세계는 물론 최근까지 지속되는 시적 변모의 과정 속에
일관되게 발견되고 있다. 이처럼 백무산 시는 노동문학의 관점에서
는 물론 리얼리즘 시학의 양상 및 민족문학의 향방을 진단하는 데
주요한 매개로 기능할 수 있다. 또한 탈근대적 관점에서의 문화이
론 혹은 철학사상에 대한 시화로 그의 시가 원용되기도 한다. 이러
한 경향은 백무산 시의 성취 혹은 문제적 지점을 반증하는 현상일

---

1) 백무산 시집 서지사항은 아래와 같으며, 이하 본문에서는 처음 소개될
  때 시집 제목과 간행연도만 병기하기로 한다.
  『만국의 노동자여』, 청사, 1988.
  『동트는 미포만의 새벽을 딛고』, 노동문학사, 1990.
  『인간의 시간』, 창작과비평사, 1996.
  『길은 광야의 것이다』, 창작과비평사, 1999.
  『초심(初心)』, 실천문학사, 2003.
  『길 밖의 길』, 갈무리, 2004.

것이다.

실로 백무산 시는 80년대 이후 오늘에 이르는 문학의 변모와 모색을 선 굵은 궤적으로 그려내고 있다. 리얼리즘의 적자로 출발한 문학적 입지가 그렇고, 전통 사상과 식물적 상상력에 근거한 반성과 전망을 보여주는 최근 시도들은 80년대와 또 다른 상품성의 조건이 되고 있다. 흔히 회자되는 처사로서의 삶 역시 백무산 시에 진정성과 드라마틱을 더하는 하나의 기제로서 충분하다. 이와 같이 백무산 시는 문학의 시대적 대응과 소통 방식을 함의하는 주요한 텍스트이다. 기존의 주목할 만한 언급들[2])에도 불구하고 그 추이를 반추해보는 것은 백무산 시의 다양한 가능성을 현재화함은 물론 '죽음에 이른' 문학의 길을 모색하는 과정이기도 할 것이다.

그런데 백무산 시라는 텍스트가 학술적 담론으로 본격 조명된 예는 드문 형편이다. 이와 관련하여 우선 80년대 민중문학사를 개관하는 과정에서 백무산 시의 위치를 구명하는 작업들이 있다. 「1980년대 시전개양상 연구」[3])와 「1980년대 노동시 연구」[4])가 그것이다. 이들 연구는 80년대 노동시의 양상을 학문적 담론으로 유형화했다는 의미가 있지만, 같은 이유로 백무산 시에 대한 개별적이고 심층적 연구 사례로 보기는 어렵다. 한편 국문학 이외의 학문분

---

2) 이에 관해 다음 글들을 참조할 수 있다.
   윤지관, 「80년대 노동시와 리얼리즘—박노해와 백무산을 중심으로」, 『민족현실과 문학비평』, 실천문학사, 1990.
   고미숙, 「전복과 생성의 도정—백무산론」, 『창작과비평』, 1996 겨울.
   정남영, 「바꾸는 일, 바뀌는 일, 그리고 백무산의 시」, 『당대비평』 제7호, 1999. 6.
   박수연, 「역사 속의 단절, 단절 속의 역사—백무산과 박노해의 변모 양상」, 『문학들』, 실천문학사, 2004.
   유성호, 「한 노동자 시인의 지속성과 변모—백무산론」, 『실천문학』, 2004 봄.
3) 우경수, 「1980년대 시전개양상 연구」, 중앙대 석사학위논문, 2002.
4) 박철석, 「1980년대 노동시 연구」, 원광대 교육대학원 석사학위논문, 2002.

야에서 백무산 시가 원용된 예로서「기억과 현실과 희망」5)과「시로 빚은 존재론의 경지」6)를 들 수 있다. 전자는『인간의 시간』을 중심으로 시간과 역사, 기억과 희망의 형식에 대한 단상을 피력하는 소품이며, 노신과 벤야민의 경우가 각각 추상적으로 비교되고 있다. 후자는 백무산 시에 나타난 존재론적 철학의 의미를 묻고 있어 주목을 요한다. 그는 백무산이 "새로운 '시의 주체'로 초월하기 위해 보여준 반성의 치열함은 근대를 극복하는 '존재론의 경지'에 이른다"7)고 평가하고 있다. 여기 분석된 시적 담론의 철학적 양상은 논리적 정당성을 떠나 백무산 시의 의미를 다양하게 수용하는 시의적 노력의 일환이라 할 만하다.

백무산 시에 대한 현장 비평의 다양한 사례에도 불구하고 학술적 접근이 인색한 까닭은 무엇보다도 그의 문학세계가 여전히 진행중인 동시에 변모되고 있기 때문일 것이다. 하지만 그의 시는 80년대 노동시의 분수령을 이룬바 있으며, 또한 다양한 시적 담론을 파생하는 등 충분한 학술적 의미를 담고 있다. 이에 본고에서는『길 밖의 길』(2004) 까지의 백무산 시집을 대상으로 하되, 주로 90년대 이후의 변모 양상에 주목하여 백무산 시세계의 특질과 그것이 지닌 문학(사)적 가능성 및 한계를 고찰하고자 한다.

2. '경계'의 존재론

세 번째 시집인『인간의 시간』(1996) 이래 백무산 시의 관심은

---

5) 성근제,「기억과 현실과 희망—노신, 벤야민, 백무산을 읽으며」,『중국현대문학』제13호, 한국중국현대문학회, 1997. 12.
6) 송석랑,「시로 빚은 존재론의 경지—백무산의 경우」,『동서철학연구』제42호, 한국동서철학회, 2006. 12.
7) 위의 논문, 326쪽.

'경계'에 대한 사유로 집중된다. 인간과 자연의 경계, 삶과 죽음의 경계, 리얼리즘과 모더니즘의 경계 등등 어느 하나와 그 아닌 것이 관계하는 '사이'에 대한 천착은 백무산의 시적 반성에 주된 내용을 이룬다. 주지하는 바와 같이 완고한 경계를 해체하고 다양성을 도모하는 흐름은 90년대 이후 지속되고 있는 한국문학의 특징이다. 완전한 모든 것이 녹아 흐르는 시대, 정체에 대한 발본적 회의와 그로부터 비롯되는 통합과 '회통'8)만이 문학의 위기를 극복하고 시대를 견인할 수 있는 신패러다임이 된 듯하다. 90년대 이후 백무산 시의 의미는 이러한 관점에서 보다 상론되어야 할 필요성이 있다.

백무산 시의 변모에 대한 한 표현으로서 "나아가지 못하나 머물지도 못하는 곳"(「경계」,『인간의 시간』)을 들 수 있다. 이러한 경계는 '옛길'과 '새길'의 사이이기도 하다. 시인은 반성의 대상인 과거에 걸어왔던 길과 섣불리 내딛지 못하는 새로운 길 사이의 "칼날 같은 경계"에 접점하고자 한다. 경계는 백무산 시의 변모를 드러내는 시적 장치였고, "신생(新生)을 준비하는 장소"9)로서 손색 없는 효과를 거둔바 있다.

『인간의 시간』에 나타난 백무산의 사유가 소중한 것은 누구보다도 치열했던 삶을 뿌리로 갖는 자의 반성을 볼 수 있었기 때문이다. 그것은 흔한 후일담을 넘어서는 진정성(authenticity)의 자기 모색이었다는 점에서 소중한 성과라 할 수 있다. 백무산 시에 정치적 의미의 진정성이 포함되어 있다는 점에 대해서는 별다른 이견이 없을 줄 안다. 현실은 진리가 생성되는 세계이며 일상은 그것을 은폐하면서도 일정한 방식으로 드러내는 현상이다. 이러한 일상을 깨뜨리

---

8) 최원식은 "통상적인 리얼리즘과 모더니즘" 대 "최량의 리얼리즘과 모더니즘"이라는 구도로써 양자의 차이와 무화를 설명한다. 「'리얼리즘'과 '모더니즘'의 회통」,『문학의 귀환』, 창작과비평사, 2001, 42쪽.
9) 임우기, 「혁명의 그늘 속에서 자라는 생명 나무」, 백무산, 『인간의 시간』, 앞의 책, 135쪽.

는 동시에 현실의 진리에 닿을 때 시는 정치적 권력일 수 있다.[10]

그럼에도 불구하고 백무산 시의 경계는 여전한 이분법을 예견하는 지형도 속이었기에 아슬한 '칼날의 경계'로서 스스로 규정되는 것이기도 하다. 90년대를 거쳐온 많은 리얼리즘 미학들이 결국 자기 정당성을 사수할 수밖에 없는 것, 80년대의 경험들이 후일담으로 소재화되는 것은 위와 같은 경계의 한계를 재현하는 변종들일 것이다. 백무산 시의 경계가 여전히 이항대립적인 나눔의 계기로서 설정되고 있다는 것은 이를테면 "인간의 역사는 시간을 둘러싼 투쟁"이요 "자연의 시간과 인간의 시간을 뺏고/ 되찾는 투쟁의 역사"(「서시—생존의 경쟁」, 『동트는 미포만의 새벽을 딛고』(1990))라는 슬로건을 기억하는 대립의 경계를 가리킨다. 과거의 길과 새로운 길의 대립은 아스라한 허공에 시인을 "칼날 같은" 자의식으로 곧추세우는 인식소로 기능하고 있다. 사이로서의 경계는 결국 경계 이전에서 경계 이후로 끊임없는 지향 속의 경계인 것이다. 과거를 반성하면서도 놓아버릴 수 없는, 새로운 경계를 세우고자 하면서도 되새길 수밖에 없는 인간의 역사가 그 안에 있다. 그러한 인정으로부터 벗어날 수 없었던 태도가 곧 백무산 시의 강박적 무의식이었다고 할 수 있겠다.

건넘의 행위를 전제한 경계에 대한 반성은 『길은 광야의 것이다』(1999)에서 주요 모티프를 이루게 된다. 예컨대 "건너는 일은 더이상/ 내게 목적이 아니"(「젖어서 갈 길을」)라는 선언을 본다. "말의 상징탑"일 뿐인 상징계의 위태로움을 직시하는 이 시는 건넘을 목적으로 지닌 길을 부정한다. 그 대신 길의 귀속 공간인 대지와 한 몸이 되는 것을 갈 길로 제시하고 있다. 경계의 무화는 "사람 사는 소리가 웅얼거려 알 수가 없다/ 밖으로 가니 안이 그립고/ 안으로

---

10) 이상 코지크(K. Kosik)의 현실과 일상의 의미, 그리고 시의 정치적 권력에 관한 견해는 송석랑, 앞의 논문, 326쪽 참조.

가니 밖이 그립고/ 안팎을 하나로 하겠다고/ 얼마나 덤볐던가/ 저 물빛은 안인지 밖인지"(「물빛」)와 같이 안팎에 대한 판단 중지로 표현되기도 한다. 그러나 경계를 넘어서고자 하는 이 시집의 작품들은 한편의 아쉬움을 동반하고 있다. 그것은 선언과 회의(懷疑)의 차원을 크게 벗어나고 있지 못하기 때문이다. 따라서 『만국의 노동자여』(1988)로부터의 골깊은 단절에도 불구하고 전망과 극복의 비전을 결여한 불가항력적 구도였다 하겠다.

동질의 문제의식이 『초심』(2003) 이후에도 반복되지만 메인 모티프의 차이를 동반하고 있어 주목을 요한다. 차이의 관건은 경계를 설정하고 넘어서는 태도에 있다. 넘어설 수 있고 없음의 문제가 아니라 넘어섬을 지향하는 태도의 문제를 시인은 다루게 된다.

> 아직은 아니야
> 봄이 밖에서 오면
> 욕망만 우북이 자라버리지
> 헛된 꿈만 앞다투어 피어나지
>
> 아직은 멀었어
> 더 쓰러져야 돼
> 안에서 부리로 쪼을 때까지
> 어둠에서 손짓해 부를 때까지
>
> 아직은 더 무너져야 돼
> 저기 저 무너지고 있는 것 좀 보아
>
> 그런데 저기 저건 무어냐
> 저기 저 나부끼고 있는 것은 무어냐
> 아뿔싸, 저 무성하게 피어난 것들은 안이냐 밖이냐
> 푸르게 흔들고 있는 나무야

지천으로 피어 있는 들꽃들아

　　　　　　　　　—「봄이 밖에서 오면」(『초심』) 부분

　위 시는 여전히 안과 밖의 설정을 통해 경계를 사유하고 있다. 하지만 여기서의 안팎은 기존 경계의 의미 전이를 동반한다. 내면의 변화를 결과하지 못하는 '밖으로부터의 봄'은 부정의 대상이다. 꿈을 익히지 못하는 봄, 아직 오지 않는 그대의 시간("그대 아직 온단 말 없는데")에서는 따라서 "헛된 꿈"만 피워낼 수밖에 없다. "아직은 더 무너져야" 한다는 당위는 안팎의 대립으로부터 비롯된 내성을 반성하는 선언이다. 하지만 깨달음은 선(禪)적인 시적 각성으로 표현되는바 문득 시야에 든 "무성하게 피어난 것들"로써 안과 밖의 경계는 무화된다. '밖'으로부터의 봄을 이겨 '안'의 봄을 맞고자 한 경계인데, 혹은 더 쓰러져 안으로부터 '쪼아낼' 봄이었는데, 지천으로 핀 들꽃들은 그런 경계를 한순간에 무너뜨린다. 그토록 치열하게 모색된 날 선 경계가 들꽃으로 해소되는 풍경인 것이다.

　그렇다면 '넘어섬'의 새로운 차원을 일반화할 수 있겠다. 지향을 전제로 하는 경계는 '인간의 시간'에 근거하는 강박으로 설정된 것이었다. 이제 경계는 경계 너머와 소통되어야 하며, 넘어섬의 행위는 인간의 가치를 초월하는 그것이고자 한다. 경계를 넘어선 경계는 이러한 역설의 경계일 수 있다. 『인간의 시간』에서 『초심』과 『길 밖의 길』(2004)에 이르는 경계의 변화는 역사의 경계로부터 존재와 인식의 경계로 경계 자체를 넘어서는 과정 중에 있다. 그것은 경계를 사유하는 주체의 자리를 '나-인간'으로부터 '들꽃-자연'에게로 양도하는 과정과도 같다. 그때 경계는 건넘의 목적이 무화되고, 머무름도 극복도 미망이 되고 마는 넘어섬이라 할 수 있겠다. 이러한 양상이 백무산 시세계에 내포된 경계의 존재론일 수 있다.

　이것이 경계의 질적 변모인지 선시적 초월인지는 보다 꼼꼼하게 따져봐야 할 문제일 것이다. 그 재고의 영역에는 선시류가 함의하는 정적 이미지에 대한 고찰이 포함되어야 한다. 달라진 경계는 기저에 인식론적 변모를 동반-해야-한다. 그 미묘한 갈라섬의 자리는 최근과 이전 시편들의 차이요 시대를 초월하는 시적 모색의 영역일 것이다. 백무산 시에서 주목되는 시적 추인의 동력은 식물을 통한 생태적 상상력이라 하겠다.

3. 식물의 상상력

백무산을 포함하여 90년대 이후 시적 상상력의 두드러진 특징 중 하나로서 식물적 이미지의 부각을 들 수 있다. 식물적 상상력에는 인간중심적 문제 설정을 넘어서려는 문학의 의지가 내포된다. 자연에 대한 융숭함의 태도는 리얼리즘과 모더니즘 등 거대담론적 시학이 시대를 선회하여 가닿은 하나의 양상이라 하겠다. 물론 식물, 특히 백무산과 관련하여 주목해볼 '꽃'에 대한 사유가 소재적으로 새삼스러울 것은 없다. 다만 그것이 자기 동일성을 확보하기 위한 수단이냐 온전한 타자로서의 존재냐 하는 차이가 있게 되는데, 백무산에게도 꽃은 나와의 관계 속에서 존재할 수 있는 것이었다. "들판의 민들레꽃은 시들지도 않는다/ 다만 흰 솜털에 싸인 씨앗이/ 으깨어진 꽃들의 자리를 찾아/ 게릴라처럼 눈송이처럼 내려앉는다"(「민들레」, 『만국의 노동자여』)에서 꽃은 나-노동자의 의연한 생존을 증거하는 형상으로 피어난다. 그렇게 볼 때 꽃의 소멸은 곧 주체의 소멸(「우리의 가슴이 붉어지기 전에는 진달래꽃은 피지 않는다」)이기도 하다. 치열한 반성의 경계를 다루는 『인간의 시간』 이후에도 여전히 꽃은 대상화된다.

분노보다 사납게 타는 아, 눈부신 매화
칼날 꽃잎 틈새로 또 하나의 세계를 여네

매화를 심으리라
눈보라 그치지 않는 가슴에
                    ―「매화를 심으리라」(『인간의 시간』) 부분

같은 눈 같은 가지에
다시 피는 꽃은 없다
언제나 새 가지 새 눈에 꼭
한번만 핀다네

지난 겨울을 피워올리는 것이 아니라
지상에 있어온 모든 계절을
생애를 다해 피워올린다네

언제나 지금 당장 모든 것을
꽃은 단 한번만 핀다네
                    ―「꽃은 단 한번만 핀다」(『길은 광야의 것이다』) 부분

　「매화를 심으리라」는 백무산 식 개화의 의미를 잘 드러내는데,
여기서 꽃-매화는 새로운 세계와 동일시된다. 그곳은 이제껏 살아
온 전투적 세계와는 질적으로 다른 시공간이다. "마음 무게"가 사
라지고 "어디에나 있고 아무 곳에도 없던" 길 잃은 순간에 맞게 된,
매화로 열리는 선경의 겨울산이 바로 그에 대한 은유이다. 꽃잎의
'사이'는 치열한 반성으로 보게 되는 "또 하나의 세계"를 경계짓는
다. 꽃마저도 인간을 위해 피어나야 했던 절박한 현실들이 "눈보라
그치지 않는 가슴"으로 휘몰아치고 있지만, "심으리라"는 의지로써

새로운 세상을 지향하고자 한다. 꽃은 현실과 삶을 근저에서 다시 보는 기제이다. 하지만 그것은 인간의 역사를 위한 의도적 장치이기도 하다. '칼날'이 환기하는 의지의 정서가 그렇고, 나의 가슴을 정화하기 위한 식목(植木)의 행위가 또한 그러하다. 꽃은 새로운 세계로 모색되지만 여전히 나와 인간의 역사를 위한 꽃이었던 것이다.

「꽃은 단 한번만 핀다」에서 소개되는 꽃의 일화는 헤라클레이토스의 강물의 우화를 연상케 한다. 고유하고 절대적 존재로서의 꽃을 그리는 맥락은 「매화를 심으리라」의 정서와 다르지 않다. 차이가 있다면 꽃과 시적 자아 사이의 심리적 거리를 들 수 있겠다. 꽃의 절대 가치가 인간의 그것과 연관되는 순간을 기억할 수밖에 없었던 전자와는 달리, 여기에서는 그 자체로서 존재하는 꽃의 역학에 주목한다. "물이 빗질처럼 풀리고/ 바람이 그를 시늉하"는 사이에 "봄이 그 물결을 따라" 피워낸 꽃의 풍경은 나-인간과 무관한 대지의 일상일 것이다. 반복되는 "-네"의 어미는 인위를 자연으로 돌려놓는 본연의 리듬감으로 작용하는 동시에, 명령으로 귀속되는 말의 속성을 최대한 비켜가게 한다. 그러나 인간의 역사와 멀어진 만큼 꽃은 다시 아득한 자신만의 세계로 "단 한번만" 있게 되는 절연(絕緣)의 존재가 된다.

『초심』에서도 "한 송이라도 세상 가득함에/ 모자랄 것이 없습니다"(「매화가 지천인데도」)와 같이 우주적 의미로서의 꽃이 피어나고 있다. 그런데 절대적 존재인 꽃은 절대적 강박을 벗어나는 순간 다시 모든 것이 된다. 「12월」을 보면, "내 존재의 경계를 자꾸 허물어"뜨리는 풀과 들이 전경화된다. 시간 역시 파편화되어 손바닥에 뒹구는 미결정의 장에서 존재의 경계는 무화된다. 파편화된 시간은 직선적 시간관의 부정일 것이다. 『인간의 시간』이래 회의되어온 근대적 시간관이 다시 해체되어 완고한 존재의 경계를 허무는 데 기여하고 있다. 시간의 재구성은 허물어진 "내 존재의 경계"와 함게 본연의 혼돈과 카오스로 되돌아간다. 그것은 존재의 해체이면서 동시에 기관화되지 않은 감각적 평정의 상태이기도 하다. 그리하여 꽃의 절대성은 다시 꽃 아닌 것을 생성하는 의미의 잉여를 허여한다. 바람이 되고 무수한 생명이 되는 것("바람은 무수한 줄기와 가지와 잎을 가졌다/ 잎새마다 무수한 생명을 달고/ 소용돌이치며 가지로 줄기로 잎새로/ 숨을 전한다 생명을 전한다", 「바람은 한 그루 나무」)이 그래서 가능하다.

> 내가 있던 그 자리에 바람이 들어와 앉고
> 구름이 들어와 앉고 새들 날아와 앉고
> 내가 있던 그 자리에 눈보라 휘날리고
> 나 아닌 것들이 다 다녀가고
> 시간은 마침내 그 자리조차 지우고
>
> 어느 봄날에 흔적 없던 가지 끝 허공에서
> 나 아닌 모든 것들이
> 내가 되어 피어나고
> 저 푸른 천 개의 팔을 펼쳐
> 너를 안고 한 호흡으로 타오르는
> 눈부신 한철을
> 저들은 알 수 있을까
>
> ―「느티나무」(『초심』) 부분

위 시에서 꽃-나무는 나와 모든 것을 소통시키는 존재로 거듭나게 된다. "나 아닌 모든 것들이/ 내가 되어 피어나"는 것은, 들뢰즈식으로 '만물의 나-되기'요 '만물과 나의 꽃-되기'라 할 수 있다. 자아를 이루던 경계는 되당겨진 시간에 의해 지워지고 다시 구획된다. 위의 구절은 '절대적인 것'으로서의 꽃으로부터 '다른 것이 되기'를 향한 시적 퍼스텍티브를 연상케 한다.

여기서 백무산 시의 식물적 상상력은 당대의 문학담론과 연결되는데, 90년대 제기된 문학의 위기론은 그 이면에 위기를 극복하기 위한 다양한 시도를 내포하고 있다. 문학장의 주류로 부각된 이른바 몸시, 생태시, 여성시 등은 일상화된 권력을 해체하고자 하는 문학적 일탈의 시도로 해석된다. 달리 말해 상기한 주제들은 새로운 정치적 모색을 담고 있는 시적 화두인 것이다. 이들은 공통적으로 인간과 이성이 중심이 되었던 문학의 기득권을 문제적으로 드러낸다. 지극히 개인적인 소재와 문체로 담론과 현실 사이를 부유하는 경향은 서정시의 '사적(私的)' 한계와도 연관되지만, 그럼에도 불구하고 우리 문학이 이룬 하나의 경지를 증거하기도 한다. 꽃-식물에 대한 집착은 달라진 현실의 경계를 설정하는 모색의 과정과도 같으며, 발생적 맥락에서 꽃이었으나 언어를 통해 신체-되기에 성공한 남다른 예시 속에 백무산 시의 식물적 상상력이 포함되는 것이다. 일컬어 꽃의 상상은 언어로써 언어를 방(放)하는 역설의 과정에 놓이게 되는데, 그러나 이 넘어섬의 순간은 꽃의 무게와 자연의 청록색 이미지처럼 짐짓 가벼움의 포즈를 취하고 있다.11)

이처럼 백무산 시는 이른바 생태시가 지닌 위와 같은 문학사적 성취와 한계를 동시에 지니고 있다. 백무산을 포함한 동시대의 시

---

11) 이와 관련하여 백무산 시의 '몸'이 환기하는 '시원적 자연성'의 양면적 속성에 주목할 필요가 있다. 송석랑은 백무산 시에서 '몸'이 마음의 타자에서 주체로 격상하고 있음을 지적하고, 이러한 몸의 부각을 시인의 존재변형과 등치시키고 있다. 시인이 얻은 것은 마음을 갖는 몸, 생각하는 몸으로서 이는 타자가 환생한 것인 까닭에 타자를 동화시킬 이유가 없는 주체 아닌 주체가 된다. 이처럼 몸의 '시원적 자연성'에서 자신의 윤리성을 획득한 것이 백무산 시의 몸이라는 것이다. 한편 "사물 속에서 타인과 함께 빚어내는 욕망의 균열 아래로 비친 세계가 아니"라는 점에서 "시인의 존재변형은 일상의 무게를 상실한 채 공중으로 뜬 '나'의 이상주의적인 '실존적 수정'에 그치게" 된다는 점을 경계하고 있다.(송석랑, 앞의 논문, 331-334쪽)

적 모색이 간과해서 안되는 이 '가벼운 거리'는 치열한 모색과 반성의 무게로 응당 채워져야 할 것이다. 통상의 선시류와 다른 결을 부여하는 이러한 계기는, 백무산 시의 경우 상생의 길을 모색하는 과정 속에서 보다 구체적으로 드러난다.

4. 중층의 길을 향한 시학

'초심'으로 돌아가 '길 밖의 길'에 서고자 하는 백무산 시의 표제는 단순하고 명징한 반성을 보여준다. 백무산의 '순수함'을 읽으면서 간과해서는 안될 부분이 이 속에 담긴 정치적 의미일 터인데, 초심의 명징성을 감추기라도 하듯 반성의 수위는 중층적이다.

> 연어가 자신이 떠났던 곳으로
> 수만 리 먼 여정을 다하였다
> 그러나 아직은 회향이 아니다
>
> 산란을 마치고 마지막 숨을 몰아쉬며
> 배를 뒤집고 처음 본 그 하늘 다시 본다
> 그러나 아직은 회향이 아니다
>
> 자연은 고단한 그를 거두어
> 긴 안식의 집으로 데리고 갔지만
> 아직은 회향이 아니다
>
> 나서 죽기까지 어떤 경로도
> 아직은 직선이다
> 알에서 깨어난 새끼들이 어미에게서
> 물려받은 운명을 더듬어 길을 나선다

새끼들은 분신이지 내가 아 니 다

나는 죽어서도 아직 나다
내가 나를 내려 놓았으나
아직은 회향이 아니다

내가 나를 비켜 가는 것이다
달은 한번도
같은 달이었던 적이 없었다

—「회향」(『길 밖의 길』) 전문

　날 선 경계의 사이를 통과해온 백무산 시는 삶과 죽음, 인간과 자연의 경계 앞에 다시 선다. 연어의 상징을 빌어 자연의 섭리를 천착하는 「회향」의 정서는 일견 인지상정의 회한일 수 있다. 그러나 화자는 결연한 어조로 "아직은 회향이 아니"라고 한다. 죽음마저도 직선 위에 놓여 적멸의 죽음을 또 다른 시작이게 한다. 죽음 이후에도 지속되어야 할 당위로서의 삶이 "내가 나를 내려놓"는 태도일 것이며, 자신마저 비켜가는 삶은 직선의 연속성이라는 질감을 지니게 된다. 이로써 백무산이 건너온 경계들은 너머의 안주를 지향하는 것도, 되돌아올 반성의 구역도 아닌 것이 된다. 직선인 삶은 언제의 시점에서도 "아직은" 미치지 못하는 항상적 결여를 인식하고 있다. 직선을 이끄는 동력은 과거를 회한으로 남겨두지 않는 반성과 영원회귀의 형이상학을 넘어서는 의지일 것이다. 결연한 직선의 이미지 속에는 부박한 생태론의 유행을 넘어서려는 의지, 자본과 인간의 길항을 지속시키려는 의도가 내포되어 있다.

　백무산의 시정신을 구명하기 위해서는 이러한 중층의 길에 이르는 과정을 면밀히 고찰해야 한다. 길은 "내가 나를 통과하지 않고/ 어찌 너를 만나랴/ 너를 만나 꽃을 피우랴"(「네게로 가는 길」, 『길

밖의 길』)와 같이 존재와 기억을 넘어서려는 부단한 성찰의 결과인 것이다. 이와 같이 백무산 시의 새로운 길을 통속적 담시류와 변별하는 근거로서 외양과는 다른 내적 역동, 외면적인 비정치를 전복하는 잠재적 운동성 등을 들 수 있다. 백무산 시의 경우 존재와 언어에 대한 재고 역시 주요한 근거가 된다. 예컨대 「존재는 기억에 의지하지 않는다」(『초심』)에서는 계절에 대한 단상으로부터 기억과 감각을 뛰어 넘어 존재의 의미를 묻고 있다. 기억을 넘어서는 계기로서의 '겨울'이 의문일 듯 하지만, 존재의 근원을 찾고자 하는 혹독한 사유와 겨울이 연동된다. 또한 "벗은 산"의 탈각된 이미지는 "감각이 조직되기" 전의 "옛 거울"과 유사하며, 이들은 피상적 재현으로부터 존재의 근원으로 시적 사유를 이끌고 있다.

　여기서 '거울'의 이미지는 상상계라는 은유를 벗어난다. "내가 찾던 자유는 실상/ 철창문도 벗어나지 못한 거리"일 뿐이라는 인식, 나아가 "내가 오래 걸어온 길이라지만/ 무명의 폐쇄회로였을 뿐/ 너와 나를 반복해 비출 뿐인/ 거울상이었을 뿐"(「폐쇄회로」)이라는 '거울상'의 부정이 그 근거이다. 이는 상징계의 전제를 부정하면서 표상의 불가능성을 상징하고 있다. 또한 "옛사람들은 거울보다 먼저/ 마음을 비춰보는 돌을 발명"(「창림사지」)하였다는 각성도 함께 있다. 원초적 이미지로서의 거울상은 그 자체가 역전된 환상이다. 거울의 반사된 정체성은 인식론적 환상이요 이에 대한 거부가 거울보다 먼저 마음을 비추는 '돌'의 발견인 것이다. 거울상의 부정은 곧 언어의 부정으로 이어진다. "나는 재빨리 그 말을 막았다/ 믿음에 말의 상처를 내었구나// 그 마음이 말에 갇힐까 봐/ 말을 막았네"(「말에 갇힐까봐」)에서처럼 말-언어는 믿음을 방해하는 감옥이 된다. 의식과 기억은 언어를 전제하건만, 언어는 또한 진정한 표상을 가로막는 영토화된 권력일 수 있다. 하여 '언어의 감옥'을 벗어난 "그 혼돈의 영토에서" 얻게 된 "한 생각 몸"은 비신체적인 몸임을 알 수 있다. 의미도 화행도 거부하는 새로운 복화술의 효과로서 비신체적인 것이 신체적인 것으로 표현되는 형국이다.

기억은 '항상-이미' 정치적 기억이듯[12] 지난 계절 역시 선택된 기억으로 구성된다. 기억을 부정하는 존재론은 따라서 근대적 인식론을 풍자하기도 하며("아는 만큼 본다는 건/ 아는 만큼만 보는 것", 「첨성대」), 진보적 발전사관을 해체하는 탈근대적 상상력을 환기하고도 있다("저것은 새것이 아니다/ 낡은 것을 집합해 놓은 것이다/ 묵은 짓을 총 압축해 놓은 것이다// 그렇다면 한 발짝, 딱 한 발짝일지도 모른다/ 새로운 것과의 거리가", 「저 아이들의 춤과 노래」). 자아를 중심에 놓는 사유 방식에서 기억은 동일자의 기억이며 계몽이라는 이름으로 타자를 전유하는 수단이 된다. 그것이 「길은 광야의 것이다」에서 부정된 '측량'과 '산술'의 길이었다("우리들 삶은 그곳에서 더이상 측량되지 않는다/ 우리들 꿈은 더이상 산술이 아니다/ 길은 어디에나 있고 또 없다"). 그렇게 장식된 『길은 광야의 것이다』의 대미는, 우연인지 『초심』의 첫 장에서 반복된다("길은 그리움으로 열려 일렁입니다", 「길은 그리움으로 열린다」). 실로 『초심』과 『길 밖의 길』에 제시된 많은 길들은 『길은 광야의 것이다』에 이어지는 길의 사유를 증거하고 있다.[13] 확연히 이전의 질을 잃어버린 채이다. 이는 식물적 상상력으로 추인된 길의 형상일 것이다. 이 길은 착시를 끌고 가 바다가 된 길이요 파도가 된 길이다. 기억

---

12) 모든 기억은 자신이 기억하고 싶은 기억, 자기의 추억으로 영토화된 기억이다. 그런 의미에서 기억은 항상-이미 욕망에 따른 재영토화의 영역이다.(이진경, 『노마디즘·2』, 휴머니스트, 2002, 50쪽)

13) 예컨대, "길 끊겼다 투덜대고 원망들 하지만/ 내사 이때라도 세상길 한 번 뚝/ 끊어먹는 일 반기고 좋아라"(「눈을 기다려」), "가파른 고개 넘는/ 아스팔트 북망길"(「회심곡」), "그곳은 길이라 하데/ 이곳은 집이라 하데"(「산이 그러데」), "어스름 새벽 산길 발자국 남기며/ 마음길에 말의 상처를 남기듯"(「눈 오는 경주 남산」) 등등의 흔적들을 볼 수 있다.

의 부정과 새로운 존재론적 모색을 통해 길은 다시 형체를 얻는다. 길의 기표는 방법이라는 기의를 얻어, 길은 길인 동시에 방법이 된다.[14]

모색의 길로서 경계의 해체는 방법론적 의미로 긴장될 때 보다 분명해진다. 예컨대 인간의 먹거리가 된 생선을 보며 천착하는 길이 있다(「바다 전부」). 경계의 무화는 생선 하나가 매개하는 정치성을 통해 길 위로 옮겨간다. 생선 하나를 다룸이 치국에 비유되듯[15] 길은 무위의 정치적 효과를 동반하는 것이다. 이처럼 길 위에 선다 함은 무를 수 없이 나아가는 기행의 길에서 방법과 인식의 길로의 선회를 의미한다. 경계의 길에서 생성의 길로 들어섬이요 그것은 "내가 전부 바다가 되는 길"인 것이다. 익숙한 백무산 식 어법을 통해서도 이러한 길을 만날 수 있다.

> 그러나 나는 걱정스럽게 말한다. 생존을 분배받기 위해 화염병으로 저항하고, 생활을 분배받는 일로 쇠파이프로 무장하는 일이 어쨌단 말인가. 그러나 욕망을 분배받는 일은 벼랑으로 가는 일, 노예 되기를 동의하는 일, 저 강물을 배신하는 일, 나무를 능멸하는 일, 저들과 공범이 되는 길. 이제 다시 물어야 한다, 왜 파업을 하느냐고, 다시 물어야 한다, 그리고 그 대답은 이제는 달라야 한다고.
> ─「욕망의 분배」(『초심』) 부분

> 이 싸움이 네 욕망이냐 내 욕망이냐가 될 수 없다
> 네 권력이냐 내 권력이냐가 될 수 없다
> 네 것 내 것 차별이 될 수 없다 그 자체다

---

14) 이는 곧 산노루의 속박을 풀어주며 얻게 된 "아, 내가 아니라 그가 아닌가/ 내 덫을 풀고 있는 것은 그 눈빛이 아닌가"(「덫」)라는 깨달음이고, "아무 일 않는 것으로/ 할 일 하는 법"(「가시연꽃」)의 습득이며, 자유가 곧 "엄중한 검열"(「검열」)이 되는 순간이기도 하다.
15) "治大國 若烹小鮮"(노자, 오강남 역, 『도덕경』, 현암사, 1995, 60장)

강도라면 강도 자체를
총칼이라면 총칼 자체를 무너뜨리는 일
이것이 얼마나 먼 길이냐
얼마나 가까운 내 안의 길이냐
그래서 삶은 언제가 길 위에 있다
살아서 언제까지나 가슴을 치며 울기를
두려워 말자

　　　　　—「이럴 줄 알았으면」(『갈 밖의 길』) 부분

　「욕망의 분배」는 변모된 삶의 태도를 직설적 표현으로 제시하고
있다. 달라져야 하는 이유는 욕망을 분배받지 않기 위해서이다. 생
존과 생활을 넘어, 그것이 인간의 역사를 향한 측면이라 한다면, 욕
망이 분배당하는 근원의 모순을 향해 질문의 수위는 달라져야 하는
것이다. 근원의 모순은 '강물'과 '나무'가 함께 함으로써 인간만의
문제설정을 넘어선다.

　동궤의 맥락에서 「이럴 줄 알았으면」은 욕망의 차이를 부정하고
있다. 욕망과 권력 그 자체를 부정하는 것은 모든 정체에 대한 발본
적 회의에 해당된다. 결국 경계를 해체하는 것이며, 요원하지만 실
은 내 삶의 길이라는 발견이 명징한 선언 속에 드러나고 있다.

　차별화된 욕망이란 '저들'이 강요하는 삶을 꿈꾸는 욕망일 것이
다. 또한 나-인간의 위치에서 비롯되는 소외요 결핍이다. 그리하여
백무산 시는 반복되는 자문을 통해 '그들'과 '우리'의 이항대립을
넘어서고자 한다. 현실의 부정은 결코 전복이 될 수 없다. 이는 앞
서 보아온 언어의 거부, 식물의 상상력을 배후에 둔 채 새로운 존재
론을 꿈꾸는 맥락 위에 놓인다. 나아가 백무산 시는 의미의 잉여를
정치적인 순간으로 포착하려는 시도를 길의 사유를 통해 보여주고
있다. 그리하여 길은 주어진 경계의 무화를 욕망하는 방법이고, 그
럴 수 있는 태도를 아우른다. 이처럼 인간의 역사를 포함하면서도

광야의 것인 길을 안고 온 사유의 여정은 텍스트의 의미를 여전히 혹은 새롭게 '길 밖의 길'에 되돌리는 길의 변증법 혹은 길 위의 시학을 보여주고 있다.

5. 맺음말

이상 본고는 백무산 시를 통해 기억을 부정하는 새로운 존재론의 길과 경계의 시학을 고찰해 보았다. 백무산의 시는 시종일관 인간과 자본, 근대적 삶의 한계와 극복에 대한 인식이 근저에 작용하고 있다. 그가 설정하는 시적 경계는 이항대립적 계기로부터 경계라는 문제설정에 대한 근본적 회의와 태도, 나아가 미학적 회통 등을 복합적으로 상징하고 있다. 80년대로부터 이어지는 일관된 시작의 과정 속에서 그가 보여준 존재의 경계론은 민중시학은 물론 민족문학의 문제설정에 대한 주요한 반성의 계기로 작용하는 소중한 성과라 하겠다. 또한 식물적 상상력을 전유하여 인간과 언어를 벗어나는 탈근대적 시작의 방법을 모색하고 있다. 이는 일회적 반성과 유행으로 그치는 것이 아니라 달라진 현실에 대한 인식과 새로운 시적 주체의 모색이라는 점에서 백무산 시의 주요한 어법으로 이해되어야 한다. 이와 동시에 백무산 시의 '길'은 정치적 행위요 내면의 집중이 시의 외부를 향해 나아가는 지점을 가리킨다. 언어에 대한 반성적 인식은 담론의 권력화에 대항하는 서정시의 저항이라 할 수 있을 것이다. 언어와 자연을 통한 백무산 시의 서정은 이데올로기와 권력의 자리에 자연의 호명을 놓는 역전으로부터, 다시 호명의 존재론 자체를 부정하는 다양한 실험을 보여주고 있다. 여기 매개되는 진지한 반성은 새로운 시와 삶에 무관하지 않다. 그렇게 백무산이 스스로의 강박을 지양해온 과정은 90년대 이후 시사의 남다른 흔적이요 문학사적 성과일 것이다.

아이러니의 현실에 대응하는 시의 전복력은 점차 미시화되고 있다. 이는 개별 작품의 문제라기보다는 시적 현실의 구조적 변모에 따른 시의 변화라 할 수도 있을 것이다. 근본적 메커니즘의 차이 앞에서 민중시의 전사를 기억하는 것도, 체험이 결여된 언어로 존재의 의미를 부정하는 것도 온당한 대응이라 보기 어렵다. 백무산은 스스로 이를 분명히 인식하고 있는 듯하다. 그는 한 에세이에서 87년 이후의 노동정치나 노동투쟁이 결국 경계를 구획하는 영토전쟁에 불과하다는 의견을 피력한다.[16] 하지만 현실 인식과 시적 성취는 분명히 다른 차원이다. 여전한 생활의 언어 한편에 적절한 긴장을 잃은 상투적 진술이 섞여있기도 하다. 그 결과 잦은 관념어의 빈도와 잦아드는 구체적 형상을 보기도 한다. '잦음'의 이중적 의미망처럼 백무산 시의 '길' 역시 '사이'에 있다. 경계를 넘어서고자 하는 이 길이 진정 넘어선 것이냐 넘어서려는 것이냐는 백무산 시의 남은 행보가 보다 분명히 취할 태도이다. 이 문학적 곤란의 시대에 다행히도 백무산 시의 최근 성취는 이론을 선점한 듯하지만, 반복과 비약으로 인한 정체의 가능성을 포함한 채 여전히 길 위에 있다.*

---

16) 그에 따르면 작금의 현실 역시 전면적 자본 지배가 가치화된 공간이어서 현실투쟁이란 영토전쟁을 반복하는 것일 수밖에 없다. 따라서 부정의 변증법으로 작동하는 '근대 현실' 공간만을 현실이라 해서는 곤란하며, 민중문학의 자연 혹은 생태적 공간으로의 관심 이동은 '현실'을 어떻게 확장할 것인가, '살림의 투쟁 공간'을 국가, 계급, 역사의 공간에 한정짓지 않겠다는 의지로서 받아들여야 한다는 것이다.(백무산, 「영토전쟁의 기억을 넘어서」, 『실천문학』, 2007 여름, 315-318쪽) 이러한 판단은 시작에도 이미 반영되어, 예컨대 「불의 유품」(『창작과비평』, 2004 겨울)은 그 입장을 시화한 경우에 해당된다.

* 이 글은 『비평문학』 26호(2007.8)에 게재된 논문에 기초하였습니다.

노동 소설의 새로운 모색

오 연 희

1. 들어가며

한국문학사에서 노동문학은 대표적인 현실참여문학으로서, 현실 정치의 변화에 따라 파란을 거듭해온 대표적인 문학 분야이다. 일제하에 대두되어 활발하게 창작되다가 카프해산을 계기로 잠시 단절, 해방기에 다시 활발하게 창작, 전개되다가 객관정세의 변화로 다시 단절, 이후 오랜 공백기를 거쳐 80년대 중후반부터 변혁운동의 고양과 더불어 다시 대두되었고, 2007년 현재 노동문학은 상당한 침체기를 맞고 있다. 이렇듯 한국문학사에서 노동문학은 정세변화에 따라 부침을 달리해온 대표적인 문학이다.

그러나 현실참여문학이라는 한국문학사의 한 축을 형성해온 노동문학이라는 용어는 아직까지 명확한 의미망을 가지고 있지 못하다. 사실 노동문학이라는 말 속에는 상이한 계열의 문학적 양상들이 포괄되어 있어서, 노동문학이라는 개념 자체를 명확히 정의내리기란 그리 쉬운 일이 아니다. 80년대 들어 노동문학을 본격적으로 거론하는 글들이 상당수 발표되었지만[1], 정작 노동문학의 개념에

---

1) 노동문학에 관한 개념 규정을 시도하고 있는 80년대 논의들로는 다음과 같은 것들이 있다.
   이재현, 「문학의 노동화와 노동의 문학화」, 『실천문학』통권4호, 실천문학

대해서는 아직까지도 뚜렷한 합의를 보지 못하고 있는 실정이다. 본고에서 대상으로 하는 노동소설이라는 개념 역시 명확한 장르의 범주를 설정하고 연구가 진행된 경우는 그리 많지 않았고, 연구대상도 카프시기에 집중2)되어 있어서, 각 시대를 포괄할 만한 노동소설의 개념을 도출해내기란 그리 쉬운 일이 아니다. 특히 각 시기마다 노동소설로 포괄되는 작품들의 이질성이 너무 커서 노동소설 내부의 단절은 수많은 논쟁을 불러일으켜 왔다. 가령, "(동일한 집단의식과 역사적 전망을 가진) 사회계급으로서의 노동자들이 보여주는 동태적 이야기"3)라는 정의에서부터, "노동문학은 일차적으로 소외의 문학이자 동시에 소외의 지양을 그 본질로 삼는 소외 극복의 문학"4)이라는 식의 다소 포괄적인 정의에 이르기까지 노동문학 및

사, 1983.

황광수, 「노동문제의 소설적 표현」, 백낙청, 염무웅편, 『한국문학의 현단계』, 창작과 비평사, 1985.

현준만, 「노동문학의 현재적 의미」, 위의 책.

임헌영, 「노동문학의 새 방향」, 자유실천문인협의회 편, 『노동의 문학, 문학의 새벽』, 이삭, 1985.

조남현, 「노동문학, 어떻게 볼 것인가」, 『신동아』, 1985년 7월호.

홍정선, 「노동문학의 정립을 위하여」, 『외국문학』, 1985년 가을호.

2) 대표적인 연구로는, 김윤식, 정호웅 편, 『한국 리얼리즘 소설 연구』, 탑출판사, 1988.

정호웅, 「1920-30년대 경향소설 연구」, 서울대 석사, 1983.

서경석, 「1920-30년대 한국경향소설 연구」, 서울대 석사, 1987.

김영숙, 「일제시대의 노동소설 연구」, 건국대 석사, 1990.

조현일, 「1920-30년대 노동소설 연구」, 서울대 석사, 1991.

김장원, 「1920-30년대 노동소설 연구」, 서강대 석사, 1992.

김병길, 「프로소설의 시공간성 연구」, 연세대 석사, 2000.

김영희, 「한국 근대 노동소설 연구」, 경남대 석사, 2001.

3) 유기환, 「노동소설, 혁명의 요람인가 예술의 무덤인가」, 책세상, 2003, 18면.

4) 현준만, 「노동문학의 현재적 의미」, 『민중, 노동, 그리고 문학』, 지양사, 1985, 193면. 현준만의 이 논의는 당시 논쟁을 일으키던 노동자의 르뽀나 수기, 자서전, 일기 등을 논하면서 이를 노동문학의 범주에 포함시켜 노동문학을 정의.

노동 소설에 대한 개념은 그동안 논자들마다 너무 자의적으로 사용되어 왔다는 인상이 들 정도이다.

조현일에 따르면 노동소설을 규정하는 방식은 크게 세 가지로 나뉘어 볼 수 있다. 첫째, 노동자 출신 작가가 쓴 소설을 칭하는 방식, 둘째, 노동자의 삶, 노동세계라는 제재를 형상화한 문학을 칭하는 방식, 셋째, 작품이 가지고 있는 이데올로기적 성격, 즉 노동자 계급의 계급의식을 표현하는 문학을 일컫는 방식5)이 그것이다. 이상세 가지 방식 중 본고에서는 세 번째 방식에 따라 노동문학 및 노동소설 일반을 칭하고자 한다.6)

노동 현실의 형상화라는 관점에서 노동소설에 접근할 때 비로소 70년대의 「객지」나 『아홉켤레의 구두로 남은 사내』 연작, 『난장이가 쏘아올린 작은 공』 연작 등 지식인 작가에 의해 씌어진 70년대 작품들과, 유동우를 비롯한 일군의 노동자 출신 작가들의 작품들을 같은 맥락에서 논의해 볼 수 있게 된다. 또한 노동문학 내부의 단절이 단순히 노동문학을 둘러싼 이견의 대립이 아니라, 노동현실을 형상화하는 문학적 방식의 다양화라는 관점에서 접근해 볼 수 있는 여지가 생기게 된다.

이에 본고에서는 노동소설이 가장 번성했던 80년대의 노동소설이 안고 있었던 문제점을 되돌아보면서, 2000년대 새로운 노동소설의 가능성을 모색해보고자 한다. 이는 한국문학사에서 명실상부한

---

5) 조현일, 「1920-30년대 노동소설 연구」, 서울대 석사, 1991, 2~3면.
6) 그 이유는 그간 노동문학 관련 논쟁들 가운데서 드러난 것처럼 노동문학 내부의 단절은 일차적으로는 그 창작 주체가 누구인가에 의해 생겨난다는 점을 고려할 때, 노동자 출신 작가의 소설만을 노동소설로 칭한다는 것은 한국문학사에서 카프 시기나 70년대 지식인 작가에 의해 씌어진 노동소설 일반을 제외시켜야 한다는 난점이 있고, 또한 노동자 계급의 당파성이라는 이념에 따라 노동소설을 정의내린다는 것 또한 노동문학 자체의 성격을 지나치게 정치화, 이념화시킴으로써, 문학 자체의 예술적 본성을 부정해버린다는 어려움이 뒤따르기 때문이다.

현실참여문학의 대표적인 한 분야를 차지해온 노동소설이 오늘날 침체하게 된 원인을 찾아보고, 그에 대한 새로운 가능성을 적극적으로 모색해 보고자 하는 시도에 다름아니다.

2. 80년대 노동문학의 현재적 의미

사실 현재적 관점에서 거론되는 노동문학 및 노동소설이란 80년대의 노동문학에 대한 기억으로부터 자유로울 수 없음은 두말할 나위도 없을 것이다. 노동 문학의 성장과 그것에 대한 열광은 80년대 후반의 시대적 분위기와 떼어 생각할 수 없다. 당시 문학과 운동의 결합은 당연한 것으로 여겨졌다. 30년 군부 독재를 마감하고 새로운 시대가 열릴 것이라는 기대, 억압되어 있는 사람들의 생각이 자유롭게 표출되고 그들의 권리 역시 정당하게 주장될 수 있으리라는 기대가 사회 분위기를 들뜨게 했다. 87,89년 노동자들의 진출은 이런 예상이 현실화되는 것이 아닌가 하는 희망을 가지게 했다. 80년대 초반부터 꾸준히 진행된 새로운 문학의 등장도 노동 소설을 낳은 중요한 힘이었다. 무크지 운동 등을 통해 기층 민중의 글쓰기가 낯설지 않게 되었고, 르포나 수기 문학 역시 활발히 창작되었다. 이런 변화는 자연스럽게 문학 주체에 대한 관심을 불러일으켰는데, 노동 소설은 그 결정판이라 할 것이다. 사실 70년대 말에 나온 유동우의 『어느 돌멩이의 외침』이나 석정남의 『공장의 불빛』 등의 수기류들은 노동자 계급을 포함한 민중들의 자기표현 욕구를 반영한다. 80년대 노동자 출신 작가의 대거 등장은 노동자를 대상으로 한 것이 아닌, 노동자가 창작의 주체로 등장했다는 점에서 획기적인 일이었다.

자신에게 맞지 않으면 떠날 수 있다는 확신을 가지고 공장에서 일하는 것과, 다른 가능성이라고는 전혀 없기 때문에 나의 일생을 이곳에서 보내야 한다는 확신 속에서 일하는 것은 분명 다르다. 막스 폰 데어 그륀은 그것을 '실존적 기본상황'[7]이라는 말로 요약하는데, 실존적 기본상황이라는 준거는 노동계의 문학에서 결국은 고통의 체험인 삶의 체험을 전제로 하고 또 요구한다. 그렇다면 노동문학은 작가의 출신과 직업에 따라 정의되어야 할 것이다. 기실 그동안 노동자들은 문학생산에 있어서 기술대상에 그칠 뿐 스스로 쓰면서 행동하는 주체로 나타나지 못했다는 것이고, 80년대 노동자 출신 작가의 등장은 그런 의미에서 한국문학사 최초의 본격 노동문학의 출현을 가능케 한 역사적 사건일 수 있었다.

80년대 노동문학론을 일별하면 저자의 출신 여부는 노동 문학의 이론적 구성에 극히 중요한 절차가 되고 있음을 알게 된다. 평단의 일각에서는 노동문학이란 "노동하는 사람들 스스로가 자신들의 처지를 개선하고 보다 더 나은 삶의 조건을 주체적으로 이루려는 노동자들의 싸움의 기록, 즉 노동운동의 산물로서, 그 대상화로서 얻어진 것"[8]이라는 정의가 통용되고 있다. 특히 80년대의 민중문학론[9]에서 더욱 힘을 얻은 이같은 노동문학론은 노동문학이란 명실상부한 노동자가 그 주체이자 객체인 문학, 노동자의, 노동자에 의

---

7) 전영애, 「독일의 노동문학」, 『학술연구논문』7(89년2월), 원광대학교, 54면 참조.
8) 현준만, 앞의 논문, 110면.
9) 80년대 민중문학론의 대강을 이해하는 데에는 다음과 같은 글들을 참조해볼만 하다.
채광석, 「분단상황의 극복과 민족문화운동」, 정이담 외, 『문화운동론』, 공동체, 1985.
_____, 「민족문학과 민중문학」, 김병걸, 채광석 편, 『80년대 대표평론선2』, 지양사, 1985.
김정환, 「문학의 활성화를 위하여」, 『실천문학』통권 3권, 1982.
이재현, 「민중문학운동의 과제」, 『오늘의 책』4권, 1984년 겨울호.

한, 노동자의 문학이라는 주장과 연결된다.

이렇듯 현재의 관점에서 볼 때 노동 문학은 가장 격렬했던 현대사 장면의 기록이며 동시에 역사 안에서 성장하는 노동자 계급의 자기체험에 대한 기록이다. 많은 노동 소설이 파업 등 사회적 갈등을 제재로 하면서도 그 안에서 성장하는 노동자들의 현실 인식을 중요하게 다루고 있다는 점이 이를 증명한다.

그러나 염무웅 등이 지적한 바 있듯이, 노동문학은 그것이 기초하고 있는 도덕적 윤리적 정당성과 80년대의 뜨거운 관심에도 불구하고 지나치게 일찍 쇠퇴한 감이 없지 않다.[10] 90년대에 이르게 되면 한껏 노동문학의 당위성을 외쳤던 평론가들의 대부분은 침묵을 지키고 있고, 중심의 해체와 다원주의를 표방하는 포스트모더니즘의 도전 앞에서 노동자 작가들은 새로운 전망과 창작의 활로를 찾지 못한 채 방황하고 있는 실정이다.

80년대 노동문학의 한계를 지적하면서 어느 평자는 "70년대 출현한 「객지」「난장이가 쏘아올린 작은 공」「아홉켤레의 구두로 남은 사내」가 오늘날까지 70년대의 사회적 정황과 삶의 양상을 설명하는 데 지대하게 기여하고 있는데 비하여, 1980년대를 설명하는 데 문학작품들이 별로 호명당하지 않는 이유는 무엇일까?"[11]라고 한탄한 적이 있다. 실로 노동문학이 현실주의 문학을 표방했음에도 불구하고, 2007년 현재 80년대의 노동 소설이 더 이상 어필하지 않는 이유를 우리는 분명 묻지 않을 수 없다.

분명 시대의 운동성만으로 문학을 이야기하기에는 무언가 부족하다. 현재 우리는 2007년에 서 있는 것이 분명하고 그것은 노동소설이 존재하던 시대의 생생함만큼 생생한 것이다. 실제로 노동

---

10) 염무웅, 「'겨울나무'의 뿌리 키우기」(발문)(『참된 시작』, 창작과 비평사, 1993.)
11) 『실천문학』, 2007년 여름호(통권 86호), 책머리에, 11면.

소설은 현실적인 문제에 집중하는 경향이 있었고, 상황 자체를 날 것으로 생생하게 전달해준다는 매력을 가지고 있었다. 하지만 2007년에 읽는 노동 소설은 현장의 생생함으로 독자들에게 감동을 주지는 못한다. 감동이 없는 상태에서 문학적 의미를 추출해 내는 데는 분명 어려움이 따른다. 결국 문학의 의미는 그것이 기반하고 있는 독자의 정서적 교감을 무시할 수 없는 바 노동 소설이 가지고 있는 시대적 생생함은 오히려 독서를 방해하고 괴리감만을 키워 줄 수 있다.

노동 소설에 나타난 가난이나 노동 현장의 처참함은 실제로 노동 소설만의 고유한 무엇이기보다 이제 보편적 고통의 한 장면쯤으로 읽히게 되었다. 노동 소설에서 확인할 수 있는 섬뜩함은 독자를 구경꾼이나 겁쟁이로 만드는 경향마저 가지고 있다. 장면의 처참함과 삶의 암담함은 많은 사람의 이목을 끌기는 하지만 반드시 타인의 고통에 대한 이해를 이끌어내는 것도 아니다.

아직까지도 노동자가 정치, 경제, 사회적으로 주변에 머물고 있는 상황에서 노동자의 주인됨과 계급적 각성을 이야기한 당시의 소설은 그것에 대한 사회적 자각의 과정임과 동시에 역사 격변기마다 반복해 등장했던 소설 형식의 변용이었다고 할 수 있다. 그러나 삶과 노동이 더 이상 구분되지 않는 후근대 사회에서 노동문학의 퇴조는 대단히 문제적이지 않을 수 없다.

3. 80년대 노동문학을 넘어서기 위한 전제들

문학작품에서 형상의 중심엔 언제나 인간이 있다. 어떤 인간을 전형으로 내세우고 그의 성격을 얼마나 진실하고 심도있게 형상적으로 해명하는가 하는 것은 문학예술의 인간학적 본성을 올바로 구현하는가 못하는가를 규정하는 핵심적인 문제이다. 형상의 중심인 이 인간문제를—특히 노동현실과 문학의 접목에 있어서—예술적으로 해명하는 데 있어서 80년대 노동문학은 80년대가 당면한 사안들에 집중하느라 여러 가지 허점이 많았음을 인정해야 할 것이다.

가령, 80년대 후반 노동 소설 작가로서 대중적 인지도가 높은 작가로 정도상, 정화진, 김한수를 꼽을 수 있다. 이들은 모두 실제 산업 현장에서 노동자로 일하면서 소설을 창작한 노동자 소설가들이다. 그러나 이들의 작품이 2000년대의 독자들에게 더 이상 재미와 감동을 가져다 주지 않는다면, 그리고 앞서 한 논자가 푸념했던 것처럼, 80년대의 노동현실을 진실되게 담아낸 것으로 보기도 힘들다면, 우리는 그 이유를 물어야 한다.

구체적인 작품을 통해 그 한계가 무엇이었는가를 다시 한번 확인해 보자.

방현석의 대표작 「내딛는 첫발은」과 「새벽 출정」은 황석영의 유명한 결말 "꼭 내일이 아니어도 좋다"의 반복이면서 동시에 그것을 넘어서는 듯한 인상을 주면서, 80년대 노동문학의 포문을 연다. 노동자들이 오랜 싸움에 지쳐있고 그 싸움이 당장의 성공을 보장해 주지 못한다는 점이 「객지」와 같다면, 막연한 선동에 의한 파업과 쟁의가 아니라 믿을 수 있는 조합과 노동자들의 각성을 보여준다는 점에서 그것과 다르다. 노동자들이 스스로를 자각하고 조직해낼 수 있는 정도의 역량을 축적했다는 시대의 증거일 수 있다.

「내딛은 첫발은」의 내용은 다음과 같다. 위원장과 사무장 등의 구속으로 노조가 깨지려고 하는 부흥 주식회사에서 새로운 쟁의가 시작된다. 하지만 회사측의 공장에 의해 다수의 노동자들은 파업을 외면하고 소수의 파업 참가자들은 구사대에 의해 처참하게 짓밟힌다. 가정 형편 등으로 인해 파업에 참여하지 못했던 정식은 구사대의 폭력 앞에 쓰러져 가는 동료 노동자들의 모습을 보고 마침내 '금형 받침목'을 들고 뛰쳐나가게 된다. 작품을 이끄는 인물은 노조 부위원장 용홍와 다혈질의 강범, 그들과 행동을 함께 하는 이주임, 정형, 정우, 미옹, 규성 등이다. 그러나 이들이 주도해 벌이는 파업보다는 소극적 인물 정식의 감정 폭발로 작품이 마무리되고 있음을 주목하지 않을 수 없다. 이는 노동자로의 탄생 혹은 성장을 의미하는 것이다.

「새벽 출정」의 경우도 노동 쟁의를 다루고 있고, 결말을 비장한 출정으로 마무리 짓는다. 서사의 중심에는 공장 폐쇄에 맞서 싸우는 세광 물산 노조의 싸움이 놓여 있다. 철순의 죽음과 미정과 민영의 의식 변화가 소설의 중요한 요소이다. 특히 민영은 다른 노동자들에 대한 열등감을 가지고 있던 인물로서 작품의 중심 인물이다. 그리하여 민영이 조합을 만들기 전과 만든 후 어떻게 달라지는지 파업 이전과 이후에 어떻게 달라지는 지가 노동 현실에 대한 고발이나 기록 못지않게 중요한 서사가 된다.

이렇듯 80년대 노동소설들은 대개가 노동자 계급의 의식의 각성이라는 시대적 요구에 충실하다 보니, 작품들이 거의가 천편일률적으로 전형화된 인물로만 획일화되고 있다. 한쪽에는 문학작품에 대한 독창성 요구를, 다른 쪽에는 작품의 이해시키는 기능을 대치시키고, 즉 형식과 내용을 맞세웠을 뿐 조화를 꾀하지 못한 채, 정치적으로 결정된 내용의 옹호에 그친 이런 류의 서사는 벌써 오래전에 낡아버린 논구 속에서도 비판받던 바로 그것이다. 그럴것이 순수예술과 경향성의 대치는 1935년 이미 루카치가 "경향성인가 당파성인가"라는 논문에서 기계적 유물론의 표현이라고 비판한 바 있다. 더욱이 이미 1905년 레닌의 「당조직과 당문학」에서 "포괄적이고 다면적이며 다양한 문학적 창작을 긴밀하게 노동자 운동과 결합시키는 당문학의 필요성"이 역설된 바 있다. 그리하여 「프로레타리아–혁명 저술연맹」이 이 요구를 행동강령으로 수용하여, 1928년

발간된 동 연맹의 저자들을 위한 초안에서 선포한다. 그러나 정당 코뮤니즘 문화정책의 중요한 근거가 되는 이 논문에서 두드러지는 것은 주지하다시피 내용성 우선이었다.

아무리 다소간 시대에 맞게 변화가 가미되었다 하더라도 정당코 뮤니즘 문화정책을 대변하던 이런 낡은 논문들의 내용 우선이 왜 새삼스럽게 80년대 노동소설을 논의하는 자리에서 다시 되풀이 되어야 했는가 하는 점을 우리는 반드시 되물어야 할 것이다. 사실 80년대 민중문학운동에서 높게 평가받았던 노동자들의 수기나 노동자 출신 작가들이 쓴 노동 소설 등은 예술적 형상화의 고유한 원칙에 별로 구애받지 않고 씌어진 것들이 대부분이다. 문학적 글쓰기의 수련과정을 거칠 기회가 거의 없는 노동자의 사정을 감안하면 자연스러운 일일 수 있다. 그래서 80년대 민중문학론자들은 오히려 문학적인 것이라는 전문화된 규범의 부재와 예술적 형상화에 수반되는 대상에 대한 심미적 거리의 결핍을 노동자 문학의 한 미덕으로 간주하기까지 했다.[12] 체험과 표현의 일치는 그 아마츄어리즘으로 인해 빚어지는 결함 일체를 탕감하고도 남을 만한 가치로 존중되고 있는 것이다. 결국 현장성, 운동성이라는 말로 요약되는 글쓰기의 선전, 선동으로서의 효용을 극대화한 문학을 옹호했던 것이다. 그리하여 '민족해방운동의 규율에 복무하는 문학'이라는 당위적 이념이 노동자에 의한 노동문학을 옹호하는 비평적 준거가 되었다.

그러나 현재적 관점에서 볼 때 80년대 노동 소설에 나타나는 이같은 인물묘사의 나이브함, 줄거리 짜임새의 단순성, 문학적 견본의 기성품화, 문학을 정치의 도구로 전락시킬 수 있는 위험, 문학의 미학적인 모순, 선전적인 의도 즉 경향성의 계시가 목표이되 그것을 위한 적절한 형식을 찾지 못한 점 등은 이미 20년대 박영희가 "잃

---

12) 홍기삼, 「산업시대의 노동운동과 노동문학」, 『한국문학연구』 10권(87년 9월), 동국대학교한국문학연구소, 22면 참조 바람.

은 것은 예술이요, 얻은 것은 이데올로기" 운운하던 시대에서 별반 나아가지 못했다는 인상을 준다.

특히나 현실주의 문학이라는 관점에서 볼 때, 80년대 노동소설의 가장 큰 문제점은 주체의 일방적인 시각이다. 이를테면, 가난한 사람들은 대부분 인정 많고 선한 반면 사회적으로 지위가 있거나 잘 사는 사람들은 예외없이 악한 존재로 유형화되는 등 세계의 중층성 내지는 다면성에 대한 인식을 약화시키면서 현실의 도식화를 초래했다는 지적이 그것이다. 이는 문제 해결을 도덕적인 관점에서 추구했다는 사실과도 무관하지 않을 것이다. 목적 지향적이므로 거기에서 생략된 많은 것들은 배제될 수밖에 없었다. 더욱이 거기서 생략된 것은 바로 80년대 노동의 현실이고, 노동자 자신의 삶이 아니고 무엇이겠는가.

4. 2000년대 노동 문학의 한 사례

전통적인 노동문학은 주로 자본가의 착취, 공권력의 탄압, 노동자의 대자적 각성, 자유로운 민주노조의 결성을 위한 투쟁 등의 내용을 주로 형상화해 왔다. 하지만 이런 내용의 기계적인 반복은 앞서 살펴본 바와 같이 노동문학을 미학적 매너리즘에 빠져들게 만들었다. 창작방법론인 리얼리즘이 혁명적 낭만주의와 결합하여 오히려 객관적 노동현실을 외면하는 일이 발생하기도 했다.[13] 2000년대의 노동문학은 경제불황과 고용불안 속에 빈곤층으로 추락하는 노동자의 처지를 적극적으로 형상화해야 할 당위 앞에 놓여 있다. 80

---

13) 국제어문학회 학술대회 발표논문집, 「한국문학에 나타난 운동성과 미적 자율성 : 우리나라 문학사에서 문학의 개념과 가치의 변화양상」, 2004년 봄, 국제어문학회 주최, 국제어문학회, 54면.

년대 도식적 노동문학과 결별한 새로운 노동문학의 패러다임이 요청되고 있는 것이다.

이재웅의 「젊은 노동자」[14]로부터 논의를 시작해 보자. 노동자라는 명명이 노동하는 주체로 자신을 정의하고, 그 노동을 통해 세계를 인식하고 부자유와 불평등에 저항하는 자들의 계급적 정체성을 의식한 것이라면, 요즘의 '노동'이란 서로 상이한 조건과 환경 속에 파편화되어 있어서 그런 식의 집단적 명명법에 잘 들어맞지 않는 것이 사실이다.[15] 사실 정규직 노동자와 비정규직 노동자를, 그리고 한국인 노동자와 이주민 노동자를 어떻게 같은 집단이고 계급이라고 말할 수 있을 것인가. 2000년대 노동 현실은 그만큼 복잡하고 다층적이다.

이재웅은 노동소설에서 집단적 통일성의 무조건적 강제보다 개별적 다양성을 고려한 연대를 추구한다. 「젊은 노동자」는 빵공장이라는 구체적 현장을 중심으로 전개되는데, 이 작품의 주인공이자 젊은 노동자 중택을 통해 2000년대 젊은 작가의 작품 속에 드러난 현재의 노동자상을 재구성해 보자. 중택은 도시 빈민촌 출신으로 중학생이 되면서 자신에게 주어진 삶의 조건이 형편없다는 걸 깨닫고 방황과 비행을 일삼다가 지방의 빵 공장에 취직하게 된다. 그러나 지방의 빵 공장이 그의 슬픈 인생을 구원해 줄 리 없으니, 그의 인생은 여전히 막막하고 슬프다. 지각을 일삼고 작업 도중 게으름을 피우며 창고에 구겨져 낮잠을 자고, 심지어 같은 공장의 여공을 강간하기까지 하는 그의 삶이란 형편없다. 이것이 바로 젊은 노동자의 중택의 일상이다. 주위에는 성실하거나 굼뜨거나 불량한 노동

---

14) 『내일을 여는 작가』, 2005년 겨울호.
15) 노동자는 이미 무수한 차이들로 자신을 드러내는 다중의 일부로 전화했다고 보는 견해로는 다음을 참조 바람.
   이종선, 「한국의 신자유주의적 구조개혁과 노동시장제도 변화」, 고려대 박사, 2001, 28면.

자들이 있고 그 공장에서도 노조결성을 위한 움직임이 있고 그에 따른 불만과 갈등들이 있지만, 젊은 노동자 중택은 거기에 대해 어떤 반응도 보이지 않는다. 늘 말썽만 일으키면서 주위의 동료들과 어떤 소통도 하지 않으며 삶에 대해서도 아무런 의욕을 갖지 않는 중택의 될대로 되라 식의 일상은 지난날의 철의 노동자와 비교해 볼 때 참으로 한심하기 이를 데 없다. 이것이 바로 출구가 보이지 않는 삶 속에서 갈 곳을 잃은 2000년대 한국 노동자들의 현주소일 것이다. 동료애도 생활에 대한 애착도 파업에 대한 기대도 갖지 않고 주변의 삶에 전혀 개입하지 않는 중택의 무료한 눈길. 그것은 노동과 일상이 더 이상 분리되지 않는 2000년대 우리들 모두의 자화상이기도 할 터이다.

이런 노동자상. 이는 아무리 열심히 일해도 가난의 대물림 현상은 피할 수 없다는 절망적 패배의식에서 비롯된 것이다. 그들에게 당장 필요한 것은 현재의 상황에서 벗어나게 해줄 얼마간의 돈뿐이다. 2000년대 노동자에게 노조 투쟁이니 정치 투쟁이니 하는 것들이 얼마나 공허한 이야기일 수 있는가를 이 작품은 웅변적으로 보여준다. 이런 실정이기에 노조를 결성하기 위한 파업은 낯선 나라의 먼 이야기일 수밖에 없다. 이 소설에서 박 반장은 이런 중택의 모습이 파업을 획책하는 사람들보다 더 위험하다는 발언을 한다.

주지하다시피 90년대 들어 전 지구적으로 확장된 후기자본주의는 신자유주의의 깃발을 내세우며 세계 곳곳을 점령해버렸다. 모든 것이 돈에 의해 평가되는 자본주의 세상이 도래한 것이다. 2000년대 많은 작가들이 한국 사회에 만연된 사회 양극화 현상과 빈민층의 궁핍과 절망을 정면으로 그리기 시작한 것은 결코 우연이 아니다.[16] 빈민은 대개 저임금, 사업 실패, 실업, 병, 이혼 등으로 인해

---

16) 실업으로 인한 가족 해체와 청년 백수의 좌절된 삶, 그리고 가난의 의미를 새로운 관점에서 묘파하고자 한 작가들로는 공선옥, 윤성희, 박민

경제적 기반이 약화되거나 붕괴되면서 발생한다. 무한경쟁의 신자유주의 체제가 빈민층에 남긴 깊은 상처는 이 시대 젊은 작가들의 작품 속에서 무수히 발견된다.

작가 이재웅의 또 다른 장편 소설 「그런데, 소년은 눈물을 그쳤나요」(실천문학사, 2005) 역시 이같은 척박한 노동 현실과 그로인한 절대적 빈곤을 다루고 있는 작품이다. '가속도적 자본의 광기에 대한 비판과 민중의 궁핍에 대한 분노'라는 이 작품에 대한 어떤 서평자의 말처럼 이 작품은 2000년대 한국 사회의 삶과 노동의 현실을 적나라하게 보여준다.

주지하다시피 농촌에서 도시로 편입한 노동자들은 판자촌에서 주거하며 도시의 빈민층을 형성해왔다. 60-70년대 한국의 경제성장은 열악한 노동조건에도 불구하고 노동자들의 희생과 인내가 만들어낸 잉여자본의 축적에서 기인한 것이었지만, 노동자들은 경제성장의 주역이었음에도 불구하고 그 성과물의 혜택에서 제외되기 일쑤였음은 두말할 필요도 없을 것이다. 이재웅은 등단작 「젊은 자식들이 아버지를 어떻게 망쳐놓는가?」에서도 한국의 급속한 경제발전이 낳은 부작용과 모순을 40대 후반의 노동자 유내춘의 실업을 통해 조명해낸 바 있었다. 그런데 장편 「그런데, 소년은 눈물을 그

규 등을 들 수 있다. 가난으로 인해 야기된 건조한 삶의 양식을 건조한 문체로 복원하고 있는 윤성희의 「유턴지점에 보물을 묻다」와 「봉자네 분식점」, 그리고 자발적 가난의 길과 비정규직의 문제를 성찰한 박민규의 『삼미슈퍼스타즈의 마지막 팬클럽』과 「그렇습니까? 기린입니다」, 가난으로 인한 가족 해체의 양상을 증언하고 있는 공선옥의 『유랑가족』 등은 노동 현실 자체를 대상으로 하고 있지는 않으나, 가난으로 인해 야기된 가족해체, 실업, 이주 노동자 문제 등을 심도있게 다룸으로써, 오늘날 노동과 삶이 더 이상 구분되지 않는 후근대적 노동 현실의 문제를 다양한 각도에서 천착하고 있다. 이들 작가들의 작품의 공통 요소는 '가난'이라 할 수 있는데, 이는 과거 한국의 경제 성장의 주역을 담당했던 노동자들의 현재 상황을 가장 일상적인 차원에서 들여다 볼 수 있게 하는 주제라고 사료된다.

쳤나요」에서는 그같은 삶과 노동의 현실을 더욱 다층적으로 파고들어간다.

「그런데, 소년은 눈물을 그쳤나요」는 농촌에서 도시로 이주하여 도시 빈민으로 전락한 한 가족의 불행한 삶을 통해 후기자본주의의 모순을 적나라하게 폭로한 작품이다. 불과 열두 살의 소년 이준태는 연령상으로는 소년이되 이미 타락한 자본주의 세상을 체험하고 조로해버린 노인이다. 술에 찌들었다가 병사한 아버지, 도시 빈민으로 살다가 숨진 할머니, 열네 살에 가출해 전문적인 매춘부로 전락한 누이, 고아원에서 뛰쳐나와 병을 주우며 굶기를 밥 먹듯 하는 열세 살의 김태호, 집안의 경제적 파탄을 해결하기 위해 창녀를 꿈꾸는 열두 살의 완주 등도 늙은 소년의 또 다른 변형태들이다. 가난은 단순하게 경제적 결핍으로 그치는 것이 아니라 문화, 인간관계, 건강 등 다양한 것에서 배제되거나 소외되는 것이라는 것을 이 작품은 다양한 방식으로 보여준다.

자본주의는 개인이 열심히 일하면 잘살 수 있다는 성공의 신화를 선전한다. 하지만 저소득층의 빈민들은 교육과 문화의 혜택을 제대로 받지 못해 가난의 굴레에서 벗어나기 힘들다. 영양실조에 걸려 손바닥의 껍질이 하얗게 벗겨지는 준태의 모습은 여전히 절대적 빈곤 계층이 한국 사회에 엄존한다는 사실을 말해준다. 한국의 빈곤층은 통계청에 따르면 2005년 기준으로 전체 인구의 15퍼센트인 7백만 명을 넘어선 것으로 추정되고 있다. 승자독점주의의 법칙이 적용되는 신자유주의 체제에 편입되면서 빈익빈 부익부라는 양극화 현상이 더욱 심해졌던 것이다. 과거에 빈곤은 열심히 일하면 어느 정도 해결될 가능성이 있었다. 하지만 현재는 비정규직 등으로 인해 일자리에서 아무리 열심히 일해도 소득이 증가되지 않는 근로빈곤이라는 신빈곤 현상이 발생하고 있다. 이같은 현실에서 빈민층 출신 작중인물들은 제도권 교육에서 지진아나 비행청소년으로 쉽게 분류되곤 한다. 제도권 학교의 담임선생들은 늙은 소년에 대해 "두뇌는 명석하나, 게으름, 의욕 부진, 불성실함, 예의 없음"이라는 평가를 내린다. 이런 늙은 소년의 무기력과 게으름은 전망부재의 미래에서 기인한 것이고, 준태가 늘상 하는 거짓말은 이런 고통스런 현실을 견디기 위한 일종의 방어기제인 셈이다.

이런 상황에서 늙은 소년 준태는 철저한 고립주의, 냉소주의, 사회에 대한 적대적 태도를 드러낸다. 난리가 나도 그것은 자신과 상관없는 일이라고 생각하며, 그가 관심을 갖고 있는 것은 오직 하나, 기존의 모든 것이 뒤집히는 혁명이다. 하지만 준태에게 혁명에 대한 구체적 비전은 없다. 이복누이의 불행 속에 점점 극단으로 내몰리게 되고, 누이를 착취하는 포주 문곽호를 죽이는 것만이 자신이 할 수 있는 유일한 일이라고 생각한다. 열 살 이후부터 울지 않는다고 말하는 불과 열두 살 늙은 소년의 흡연, 음주, 도둑질, 그리고 살인 계획으로 이어지는 추락은 가히 충격적이다. 1920년대 최서해는 자본가의 횡포에 대해 살인, 방화 등의 충동적 저항을 하는 소작 노동자를 등장시킨 바 있다. 2000년대 이재웅은 충동적 살인을 계획하는 늙은 소년을 통해 현재 우리가 직면해 있는 현실이 얼마나 절박한 것인가를 보여준 셈이다.

특히 이런 충동적 살인이나 적의가 어린 아이의 그것일 때 그 효과는 더욱 충격적이다. 사실 어린 소년 준태가 처해있는 현실은 이 시대를 살고 있는 사람이라면 누구나 알고 있는 이 풍요로운 시대의 음지이고 치부이다. 어쩌면 우리 자신도 어쩔 수 없지 않느냐는 변명으로 합리화한 일상의 메커니즘이다. 그런데 늙은 소년의 독백체는 자본주의를 살아내기 위해 잠시 놓아버린 우리의 자의식의 심연을 들추어낸다.

이 소설에는 늙은 소년의 변형태로서 그 나이 또래의 인물이 여럿 등장한다. 어린 작중인물들을 통해 작가는 이 시대 가난의 맨얼굴을 보여준다. 가난은 정당한 노동의 댓가를 받지 못하고, 자꾸만 현실에서 주변부로 밀려나는 무기력한 노동자들의 현주소이다. 이 작품의 서두에서 작가는 흙의 사람들의 몰락을 간결한 문체로 스케치하고 있는데, 흙으로부터 폭력적으로 떨어져 도시로 밀려나온 이들의 몰락은 늙은 소년 탄생의 전제가 되는 셈이다. 그 노동자들의 현재의 삶은 그들의 어린 자식들의 모습 속에 고스란히 투영되어 있는 것이다. 이보다 더 끔찍할 수는 없다.

어린 작중인물들의 배치와 더불어 이 작품에서 또 하나 눈여겨보아야 할 부분은 바로 매춘의 의미화일 것이다. 근대인들은 주인공의 누나처럼 직접적으로 몸을 팔고 있지 않을 뿐이지, 누구나 자신의 모든 능력을 저당잡히며 살아가고 있다는 사실을 감안할 때, 늙은 소년과 누이와 문곽호가 살고 있는 307호는 그대로 이 시대 삶의 축소판이 된다. 이렇듯, 누나와 늙은 소년을 둘러싸고 있는 환경은 근대적 삶의 현장으로 고스란히 치환된다. 소년은 가난을 벗어나려 발버둥치지도, 절망하지도 않는다. 가난을 재생산하는 순환의 연쇄고리를 절단 내려면 특별한 능력이나 운명의 힘이 필요할 것이다. 소수는 그것을 지녔지만 다수는 항상 무기력해왔다. 그렇다면 가난으로 인한 따돌림과 자기소외를 어떻게 견딜 것인가. 게으름/의욕 부진/불성실함/예의없음/영악/피곤/무기력/무관심 등 근대 사회가 애써 배제한 가치에 새로운 숨결을 불어넣어 스스로를 담금질하는 것, 이것이 바로 이 소설에서 타락한 시대의 타락한 인물인, 늙은 소년이 택한 생존의 방식이다. 눈물을 흘려도 세상은 변하지 않기에 소년은 열 살 이후부터 울어본 적이 없다. 소년은 이미 근대 (자본주의) 사회란 자신과 같은 운명의 존재를 격리/소외시킴으로써 유지된다는 사실을 간파한 것이다.

이렇듯 변화의 가능성이 원천봉쇄 된 철옹성의 사회에서 소년이 할 수 있는 일이라곤 증오 분노 냉소 환멸 등으로 무장하고 살아남는 길뿐이다. 소년이 원하는 것은 온세상이 뒤집히는 것이고, 그렇지 않다면 다른 그 무엇도 자신과 아무 상관도 없는 일이라고 말한다. 이런 늙은 소년의 태도는 송봉권의 노조에 대한 태도에서도 그대로 나타난다. "누나와 나의 세계가 세상과 접합되지 않은 것처럼(소년)", "공장 안의 파업도 세상과 접합되지 않는 것처럼(송봉권)" 느껴진다.

이재웅은 「그런데, 소년은 눈물을 그쳤나요」와 「젊은 노동자」에서 송봉권이라는 동일한 인물을 등장시킨다. 고등학교를 졸업하고 빵공장에 취직한 송봉권은 파업을 주장하는 동료 노동자에게 비판적 태도를 보인다. 이것은 파업을 계획한 사람들은 떠날 곳이 있지만 자신은 그렇지 못하다는 입장의 차이에서 기인하는 것이다. 송봉권은 복학생 출신인 정민호의 우월주의, 상고 출신의 관리실 여직원들이 현장 사람들을 무시하는 고압적 태도 등을 비판하는 계급적 현실인식을 드러낸다.

이처럼 이재웅의 소설은 민주노조 결성을 위한 파업은 언제나 정당하다는 식의 전통적 노동소설과는 일정한 거리를 취한다. 송봉권은 파업에 참여한 주류들과 갈등하면서 자신이 회사에서 왕따당하는 지경에까지 이른다. 노동자의 단일대오보다 소수자의 목소리를 내며 일터를 지키려고 애쓰는 송봉권의 모습은 다양한 스펙트럼을 지닌 당대 노동자의 현실을 반영하는 것일 터이다.

이 소설의 주인공 늙은 소년은 칼막써에 매료된다. 칼 마르크스와 "칼을 잘 쓴다"는 이중적인 의미를 갖는 칼막써는 자본주의 사회를 지탱하는 제도적 폭력(돈의 논리)인 감옥이나 사형 따위를 두려워하지 않는 인물이다. 학교로 돌아가지 않기로 결정한 늙은 소년이, 난공불락의 사회에 대항하는 방법은 칼막써의 방식과 유사하다. 첫째, 상점의 쇼윈도를 부수고 태호에게 인라인 스케이트를 구해주는 것이다. 이런 약탈 행위는 자본의 메카니즘에 편입되지 못한 소외된 존재들이 돈의 논리에 저항하는 처절한 몸부림의 한 방식임을 기억해야 할 것이다. 둘째, 날카로운 과도로 문곽호를 살해하는 것. 이는 살인, 방화 등으로 분노를 폭발시킨 1920년대 빈궁문학을 떠올리게 하는 부분이다. 하지만, 작품은 전자는 실행하고 후자는 실행하지 않은 상태에서 종결된다.

이렇듯 2000년대 노동문학을 대표하는 이재웅의 작품은 여러 가지 측면에서 현단계 노동현실의 이모저모를 다층적인 차원에서 그림으로써 우리가 살고 있는 현실을 창조해나가고 있는 것이다.

5. 새로운 노동문학을 정립을 위한 제언

신자유주의적 세계화의 여파로 IMF 이후 본격화된 노동 유연화 정책은 다수의 비정규직을 양산해냈다. 명퇴 조퇴 바람에다 취업난까지 겹쳤으니 생활을 계획하고 미래를 꿈꿀 가능성은 여지없이 위축되고 있는 것이다. 노조가 해결책을 제시하지 못한 지는 이미 오래이다. 날이 갈수록 늘어가는 비정규직들 사이에서 정규직 노조는 노조 이기주의라는 비난 속에서 운신의 폭이 좁아지고 있고 소수의 중산층과 대다수의 극빈층 사이의 골을 메울 방법은 보이지 않는다. 최근의 포항건설업 노동자들의 점거농성이나 고속열차 여승무원의 문제에서 보는 바와 같이 비정규직 노동자들의 처우 개선을 위한 몸부림은 협상의 대상을 누구로 설정해야 하는지조차 애매한 것이니, 도대체 무엇과 싸우고 어디에서 무엇을 얻을 것이며 누구와 연대해야 하는 것인가 하는 실로 진로가 아득한 상태가 바로 지금 이곳의 상황이다.

무엇보다도 우리는 현재 노동자라는 말로 뭉뚱그릴 수 없는 다양한 사례들을 목도하고 있다. 80년대 수많은 노동자들을 집단적 투

쟁의 길로 들어서게 한 노동현실이 개선된 것은 물론 아니다. 노동
문학은 점점 더 그 경계가 흐려지고 있으나, 어디나 노동의 현장이
고 현실인 것은 분명하다. 비정규, 무허가인 삶, '약소자'17)들의 삶,
그들의 삶과 노동이 더 이상 분리되지 않은 현실을 문학적으로 형
상화해내는 일, 그것은 앞으로 노동문학이 올곧게 담지해 나가야
할 영역임에 분명하다.

마르께스는 "주제에 접근하려는 작가들의 조급성"18)을 지적한
바 있다. "문학적으로 중요한 것은, 여태까지 많은 작가들이 그러했
던 것과 같은 사망자의 목록이나 폭력의 방법을 그리는 것이 아니
다. 내가 중시했던 것은 생존자들에게 미친 그 폭력의 뿌리이다."
다시 말해서 그의 소설은 폭력의 근원이라 할 수 있는 증오와 분노
의 발생 이유에 대한 심층 분석을 시도하는 것이었다. 소설을 매체
로 해서 한 시대를 살고 있는 집단의 열망, 이상, 감정의 방향을 이
끌어 주고, 현실의 참상과 모순의 원인을 갈파함으로써, 이에 대처
할 수 있는 가능성을 제공하는 것, 그것은 현단계 노동문학이 나아
가야 할 지점이 아닐까 한다. 언제나 역사서술은 지배담론의 형식
을 띠었다. 반면 소설은 지배담론으로 포획지 않는 소수자들의 잡
다한 목소리를 담는 형식이었다. 이같은 문학의 풍부한 가능성을
이용하고, 정치적인 이유에서만이 아니라 인간의 자기 실현의 요구,

---

17) 오창은은 기존의 소수자 개념을 대신해서 약소자(반대어는 유력자) 개
   념을 제안한다. 소수자 개념은 수적으로 다수임에도 전 지구적 자본주
   의 시스템에서 배제되고 있는 주체들이 존재한다는 사실에서 문제점이
   드러난다는 것이다. 가령, 한국 사회에서 비정규직 노동자는 수적으로
   다수이지만 약자의 위치에 있다는 점에서 소수자가 아닌 약소자 개념이
   더 타당하다고 주장한다. (오창은, 「지구적 자본주의와 약소자들」, 『실
   천문학』, 2006년 가을호, 324면).
18) 유왕무, 「『백년동안의 고독』에 나타난 노동자 파업의 역사적 현실과 문
   학적 형상화」, 『중남미 문제연구』8집, 1992년 6월, 한국외국어대학교
   중남미문제연구소, 133면에서 재인용.

개성의 요구, 자아의 요구도 대변할 때, 노동문학은 당대의 현실을 올곧게 반영해 낼 수 있는 것이 아닐까 한다. 누군가 현실(과 그것의 의미)은 그 자신을 넘어섬으로써만 문학이 될 수 있다는 말을 한 적이 있다. 현단계 노동문학은 바로 현재의 노동 현실과 그것의 의미를 넘어섬으로써만 진정한 이 시대의 노동 문학이 될 수 있을 것이다.

존재의 윤리, 사랑의 윤리
– 방현석 소설의 사랑학

오 홍 진

1. '비장미'의 윤리학

　방현석[1]의 등단작 「내딛는 첫발은」(『내일을 여는 집』에 수록)에
서 시작하자. 1988년 <실천문학> 봄호에 발표된 이 작품은 방현석
의 소설적 여정을 예시하는 작품이라 할 수 있다. 87년 6월 항쟁을
계기로 촉발된 변혁의 열기가 7·8·9월의 노동자 대투쟁으로 이
어졌음은 주지의 사실이다. 노동자의 시선으로 세상을 바라보고, 노
동자가 주인이 되는 세상의 건설을 지향했던 당대의 역사적 상황
속에서 방현석 소설은 탄생한다. '희망' 혹은 '전망'이라는 이름으
로 펼쳐지는 변혁의 세상은 방현석 소설이 지향하는 궁극적인 세상
이었으며, 그 세상으로 가기 위해 작가는 엄격한 '노동자의 시선'을
요구했다. 노동자의 시선은 타락한 세상과 싸우는 자의 시선이며,
동시에 타락한 세상을 혁명적으로 변화시키려는 자의 시선을 의미
한다. 타락한 세상(권력)이라는 뚜렷한 적이 전면으로 드러날 때,
투쟁하는 노동자의 시선은 무엇보다도 타락한 적을 향한 분노의 시
선으로 표출된다. 분노하는 주체의 윤리적 상황이 강조될수록 타락

---

1) 이 글에서 분석의 대상으로 삼은 방현석의 작품은 다음과 같다. 『내일을
　여는 집』(창비, 1991), 『십년간』(실천문학사, 1995), 『당신의 왼편』(해냄,
　2000), 『랍스터를 먹는 시간』(창비, 2003).

한 적의 비윤리적 상황은 그만큼 강화된다. 그래서 타락한 적에 분노한 주체들의 실천적 행동을 형상화하는 방현석 소설은 항상 주체의 윤리성을 강조하는 과정으로 나아간다. 노조가 벼랑 끝으로 내몰리는 상황에서 "절망의 벽"을 느끼는 주체가 "자신과의 처절한 싸움"을 통해 투쟁의 대오로 다시 나서는 「내딛는 첫발은」의 소설 구조는 타락한 세상을 살아가는 노동자의 존재조건이 윤리성에 근거하고 있음을 예증한다. 권력의 위상학에서 배제된 노동자들에게 윤리는 권력에 저항하는 가장 강력한 무기인 바, 방현석 소설을 관류하는 비장함의 미학은 실상 이러한 윤리성의 미학과 다를 수 없을 것이다.

"더러운 독점자본과 독재권력"이 지배하는 이 세상에서 작가는 왜 노동자의 윤리적인 삶을 말하고 있는가? 작가는 그것을 인간다운 삶에 이르는 근본적인 조건으로 생각하고 있기 때문이다. 「지옥선의 사람들」(『내일을 여는 집』)에 나타나는 '현중 조선소의 골리앗 투쟁 결사대'에게 "노동운동을 하는 것은 곧 생명을 건다는 것"을 의미한다. 자신의 생명을 걸고 타락한 적과 싸우는 것만큼 윤리적인 삶이 있을 수 있을까. 지금 이곳에서는 이루어질 수 없지만, 언젠가 이루어지리라는 믿음으로 행동하는 삶만큼 아름다운 삶이 있을 수 있겠는가. 방현석 소설을 차가운 논리만으로 읽을 수 없는 이유는 여기에 있다. 그의 소설에 등장하는 노동자의 영웅성은 타락한 권력과의 싸움이 그만큼 힘겨운 과정일 수밖에 없음을 역설적으로 지시한다. 독점자본-독재권력과의 싸움은 현실적으로 노동자의 패배로 귀결되지만, 그럼에도 그들은 항상 "새로운 출발"을 다짐한다. 투쟁은 당장의 승리(편안한 삶)보다는 미래의 궁극적인 승리를 지향한다. 언젠가는 이기리라는 믿음이 현재의 패배를 감싸안고, 언젠가는 이기리라는 믿음이 그들을 새로운 출발점에 다시 서게 한다.

미래의 승리에 대한 이러한 확신이 있기 때문에 방현석 소설에 등장하는 인물들은 항상 '자기결단'의 중요성을 가슴 깊이 간직하게 된다. '노동자의 이름'은 개별적인 인물의 자기 결단의 과정을 통해 구체화되고 있거니와, 그것은 방현석 소설이 '노동자의 시선(당파성)'이라는 관념적 세계에 함몰되지 않고 있음을 환기한다. 「새벽출정」(『내일을 여는 집』)의 등장인물 민영이 "세광물산에서 나의 의미는 무엇인가"를 끊임없이 되묻는 것처럼, 방현석 소설에서 노동자의 길은 '나'라는 개별적인 존재의 삶과 항상 겹쳐진다. 방현석 소설의 비장미는 이처럼 노동자의 길과 '나'의 길이 서로 맞물리는 지점에서 발생한다. 이 글에서 주목하는 방현석 소설의 사랑학 역시, 주체가 처한 비장한 상황과 뗄 수 없는 관계를 형성한다. "서로를 존경하는 동반자"(「내일을 여는 집」)로서의 사랑의 관계는 방현석 소설이 지향하는 사랑학의 핵심을 구성한다. 해직 노동자 성만과 그의 아내 진숙의 동반자적 관계를 형상화하고 있는 「내일을 여는 집」에서 사랑의 관계는 무엇보다도 타락한 세상과 맞서 싸우는 동반자적 관계로 나타난다. 남편이 처한 상황을 외면하지 않는 아내의 "무서운 힘"은 비장한 상황 속에서도 "반드시 이긴다는 믿음"을 간직한 노동자의 힘을 전제하고 있기에 현실화된다. '남편의 일은 옳다'라는 믿음이 아내의 "무서운 힘"을 낳은 원동력이라면, 방현석은 결국 존재의 윤리성에 근거하여 사랑의 참의미를 구현하고 있는 셈이다.

> 붉은 피가 이마로 흘러내렸다. 봉합수술한 성만의 머리가 터진 게 분명했다.
>
> 진숙이 그 큰 유리창을 주먹으로 깨뜨린 것도 그 순간이었다. 진숙은, 수위실 창안에서 빙글거리며 피투성이가 된 해고자들의 몸부림을 비웃고 있는 금테안경의 사내를 죽일 수만 있다면 죽이고 싶었다. 주먹으로 때려도 유리창은 끄떡없었다. 진숙은 오른 주먹에 왼손을 감아쥐

고 두 팔로 유리창을 내리쳤다. 유리창의 한쪽이 내려앉았다. 두 번 세 번 남은 조각의 유리창을 모아쥔 두 손으로 내려쳤다. 진숙의 팔뚝에선 흥건하게 피가 쏟아져 나왔다. 옆에 섰던 인식이 자지러지게 울어대기 시작했다.

　　성만이 울며 달려왔다. 강범이 뒤따라왔다.

　　"가란 말야, 가. 가서 싸워."

　　진숙은 둘을 정문으로 떠밀었다. 빗줄기가 진숙의 뺨에 뿌려졌다. 성만이 입술을 어금니로 깨물며 정문 위로 기어올라갔다. 비옷을 입은 채 막아대는 정문 안의 관리자 위로 성만은 머리부터 떨어뜨렸다.

(『내일을 여는 집』, 135쪽)

　　복직 투쟁의 상황을 다루고 있는 인용문에서, 진숙은 성만의 말대로 "무서운 힘"을 발휘한다. "지려면 뭐하러 싸워요. 하여튼 내 그놈의 사장 우리 죽이지 않는 한 항복시키고 말 거니까"라는 진숙의 외침은 그녀에게 복직 투쟁이 단순히 남편의 복직을 위한 투쟁만이 아니었음을 예시한다. 그녀는 회사 측의 무자비한 폭력, 다시 말해 노동자에 대한 회사 측의 비인간적인 처사에 저항하고 있다. '승리 아니면 죽음'이라는 극단적인 싸움의 방식은 비인간적인 상황에 직면한 사람들이 유일하게 선택할 수 있는 저항의 방식이다. 비가 내리는 상황에서 펼쳐지는 피비린내나는 싸움의 상황은 방현석이 이야기하는 동반자적 관계가 지극히 윤리적인 관계임을 입증한다. 진숙의 거리낌없는 행동은 진실은 성만(남편)과 같은 노동자들에게 있다는 믿음에서 비롯된다. 그 믿음이 진숙의 "무서운 힘"을 이끌어내고, 그 "무서운 힘"이 결국은 상황을 관조하던 노동자들을 투쟁의 대오로 집결시키는 상황을 만들어낸다. 진정한 사랑은 그러므로 비장한 상황 속에서도 윤리적인 결단에 이르는 동지적인 사랑을 의미한다. 성만이 진숙을 "존경"의 시선으로 바라보는 계기는 여기서 연유하거니와, 성만과 진숙의 이러한 동지적인 사랑은 방현석 소설의 사랑학을 규정하는 전범으로 작용한다 하겠다.

　방현석 소설의 동지적인 사랑은 이처럼 80년대의 노동운동이라는 비장한 상황 속에서 잉태된다. 시대적 상황과 직접적으로 맞물리는 사랑의 미학은 사랑에 대한 열정보다는 사랑을 통해 이루어질 이상적 세계상을 강조하는 방향으로 나아간다. 따라서 방현석 소설이 설정한 사랑학의 기준에 미달할 때, 사랑은 '노동운동'을 해치는 독소로 인식될 수밖에 없다. 동지적인 사랑이 아름답게 표현될수록 그에 어긋나는 사랑의 미학은 철저하게 배제되는 상황이 벌어지는 것이다. 이러한 점은 방현석 소설의 사랑학이 기본적으로 노동자들의 형제애(의리)와 긴밀하게 연관되어 서술되고 있다는 점을 보아도 알 수 있다. 사적 영역으로서의 사랑은 공적 영역으로 의미화되는 노동자들의 형제애에 바탕하여 그 가치가 판단된다. 성만과 진숙의 동지적 사랑은 노동자들의 형제애와 맞먹는 사랑이기 때문에 가치 있는 사랑으로 평가되는 것이다. 하지만 방현석 소설의 이러한 사랑학은 '노동자의 형제애'라는 담론이 현실적 상황과 배치될 때, 주체의 위기를 불러일으킬 수밖에 없다. 탈주체론이 횡행하던 90년대의 담론적 상황 속에서 방현석은 왜 70년대와 80년대를 추억하는(혹은 정리하는) 소설을 썼을까? 당대의 상황과 치열하게 맞섰던 그가 90년대의 상황을 비껴가면서까지 추구했던 소설적 세계는 무엇이었을까? 90년대에는 부정된, 그렇지만 90년대에도 여전히 유효했던 '80년대적인 것'의 의미망을 확인하기 위해 그가 걸었던 소설적 여정을 우리는 어떻게 평가해야 할까? 사랑의 미학은 '80년대적인 것'에 대한 그리움(혹은 믿음)으로 90년대의 포스트모던 사회를 지나온 한 작가의 소설적 중심에 자리잡고 있다.

2. 기억의 윤리, 사랑의 윤리

방현석의 첫 장편소설인『십년간』은 1970년대의 한국사회를 소설적 배경으로 하고 있다. 장편소설인 만큼『십년간』은 70년대를 치열하게 살아낸 여러 인물들의 삶을 초점화하고 있다. 유신정권의 비민주적 시대상을 배경으로 유신정권과 맞서 싸우거나 그에 동조하는 인물들의 다양한 삶을 묘사하며, 작가 방현석은 '70년대'를 1990년대의 상황 속으로 되불러낸다. 1980년대의 변혁에 대한 욕망을 '집단주의'로 비판하고 개인의 내면적인 삶에 가치를 부여한 90년대의 문학지형도를 고려한다면, 70년대로의 회귀는 그 자체로 90년대 문학에 대한 도전으로 의미화된다. 노동자의 이름(당파성)으로 그려낸 세상의 모습은 70년대를 '살아낸' 사람들의 삶 속에 고스란히 저장되어 있다. 70년대를 통해 90년대의 한복판으로 나아가는 방현석의 모습은 실상 '잃어버린 전망'을 과거에서 길어올리려는 자의 처절한 몸짓을 대변한다 하겠다.

그러므로 70년대는 과거의 기억이 아니라, 기억화된 현재로 나타나야 한다. 70년대에 대한 기억이 90년대라는 현재(『십년간』은 1995년에 발표되었다)적 상황 속에서 가치를 발현하기 위해서는 90년대에도 여전히 지속되는 '70년대만의 고유한 무엇'이 있어야 한다.『십년간』에서 그것은 '인간의 윤리'라는 이름으로 표출된다. 중심인물인 준호-석우-완수 사이에 흐르는 '친구의 의리'는 "스스로 실천할 것을 정하고 방법을 찾는 그들의 모임은 시샘이 날 정도로 우애가 넘쳤다"는 국제모방 JOC(카톨릭 종교모임) 회원들의 '우애'와 연결되어, 서익이란 인물로 대변되는 '가진 자'들의 가짜 의리를 비판하는 근거로 작용한다. 의리와 우애는 가난한 사람들(노동자)이 이 세상을 인간답게 살아갈 수 있는 유일한 방법이다. 70년대를 향한 방현석의 기억은 정확히 이 지점을 겨냥한다. 그것은 인물들의 소소한 내면에 탐닉한 90년대 문학에서는 볼 수 없는 70년대만의 고유한 것이고, 또한 80년대 후반에 소설가로 등단한 그가 지향해 왔던 소설(세계)의 윤리와도 이어진다. 기억의 윤리학은 이로써 『십년간』의 소설구조를 지배하는 중심원리로 작동하는 셈이다.

방현석 소설에서 기억의 윤리는 이렇듯 인물들의 삶과 사랑을 평가하는 기준으로 나타난다. 90년대 문학을 향한 비판의식이 70년대의 기억을 윤리적으로 해석하는 바탕이 되면서 『십년간』은 윤리적 삶(사랑)과 비윤리적 삶(사랑)의 대립구도를 형상화한다. 소설 속 인물들은 작가의 의도(윤리적 해석)에 따라 정해진 길을 걷고, 정해진 삶의 결과에 도달한다. 그들이 삶의 과정에서 겪게 되는 내면적 갈등은 "난 옳으니깐 한 게 아니고 옳은 사람 때문에 했어요"라는 미영(노동자 완수의 연인)의 말처럼, 옳고 그름을 판별해주는 타자의 설정을 통해 해소된다. 타자와의 관계를 묻는 것은 여기서 중요하지 않다. 중요한 것은 '옳은 사람'이 있다는 것이고, 그 때문에 옳은 행동을 실천해야 한다는 점에 있다. "요꼬 기술자"인 완수와 연인 관계를 형성하는 미영의 삶은 이처럼 외부적인 윤리를 내면적으로 수용함으로써 이루어진다. 노동운동에 무관심하던 그녀가 완수가 속한 국제모방 노조에 취직한 후 겪게 되는 삶의 풍파(風波)는 「내일을 여는 집」의 성만과 진숙 사이에서 벌어졌던 동지적인 사랑의 상황과 무관하지 않다. 노동자에 대한 믿음은 '완수'라는 "옳은 사람"을 향한 하염없는 믿음으로 대치되고, 그것은 "옳은 사람"을 본받아 노동운동에 전념하는 미영의 삶을 잉태한다.

"그럼 내가 먼저 사표 내버려요?"

그녀가 완수에게 할 수 있는 가장 센 협박이었다. 회사와 경찰의 압력에 못 이긴 미영의 부모는 그녀에게 사표를 쓰라고 때리기까지 했지만 그녀는 요지부동이었다. 어쩔 수 없이 아버지는 자기가 대신 사표를 써서 제출했지만 그녀는 자기와는 아무 상관이 없는 것이라며 사표를 인정하지 않고 지금까지 출근을 계속하고 있었다.

"지금까지 잘해 왔으면서 왜 그래?"

"그러는 그쪽은?"

"내가 집을 옮긴다고 해서 하던 일을 안 하는 게 아니잖아?"

"옳지 못한 요구에 굴복하는 건 똑같지 뭘 그래요. 내가 누구 때문에 이 일에 발 들여놨는데 거기가 그렇게 말해요?"

"아니, 노동조합을 누구 때문에 하고 안 하고 한단 말이야? 옳으니까 하는 거지."

"난 옳으니깐 한 게 아니고 옳은 사람 때문에 했어요. 거기도 그렇고 국제 언니들도 그렇고. 내가 거기를 좋아하면 안 돼요?"

그녀는 금방 눈물이 글썽했다.

"우리 아빠 엄마의 생각이 뭐예요? 우리들의 하는 일이 틀렸다는 것 아녜요. 그래서 너는 사표 써라, 너는 이 집에서 나가라 그러는 것 아니 냔 말예요? 그걸 인정하면 우리가 좋아한다고 해도, 거기는 어떻게 생 각하는지 모르지만, 틀려버린 일이 되고 만다는 걸 몰라서 그래요?"

(『십년간』 1권, 181~182쪽)

인용문은 방을 비워달라는 미영 부모의 요구를 받아들인 완수에게, 미영이 노동운동의 정당성에 빗대어 완수의 행동이 잘못되었음을 이야기하는 대목이다. 완수가 방을 비우면 노동운동을 죄악시하는 부모의 생각에 동조하는 것이고, 그러면 그들의 사랑 역시 이루어질 수 없다고 미영은 생각한다. 옳은 사람과 더불어 옳은 일을 실천하려는 미영의 의지가 잘 드러나 있지만, 미영의 이러한 생각이 외부의 타자에서 기원하고 있다는 점을 생각할 필요가 있다. 미영의 궁극적인 소망은 노동자 완수와의 사랑을 현실화하는 것이다. 그것이 그녀를 노동운동의 전사로 만들고 있고, 그것이 또한 노동운동에 대한 그녀의 윤리적 믿음을 생성하고 있다. 문제는 완수와의 사랑이 없는 상태에서 그녀가 과연 노동운동을 지속할 수 있을까 하는 점이다. 그녀가 비록 완수를 통해 노동운동의 필요성을 깨닫고, 국제 모방의 여성 노동자들의 삶을 간접적으로 체험하면서 노동운동의 진정성을 깨닫고 있을지라도, 그녀는 근본적으로 "옳은 사람"에 대한 믿음 때문에 노동운동에 참여하고 있다. 노동조합을 탈퇴하라는 부모의 압력에도 불구하고, 노동운동을 포기하지 않고 결국에는 감옥까지 가게 되는 과정이 그녀의 삶을 돋보이게 하지만, 그것은 궁극적으로 "옳은 사람"을 향한 믿음이 없었다면 결코 가능할 수 없는 상황이었던 셈이다.

얼핏 보면 한 평범한 여성이 노동운동을 통해 주체화되는 과정을 다루는 듯싶은 미영의 이야기는 이렇듯, 한 남자에 의해 주체화되는 여성의 삶이 그 밑바탕에 드리워져 있다. 미영이 노동운동을 꼭 해야만 하는 이유는 무엇인가? 방현석은 이 점을 분명하게 그려내지 않고 있다. 완수와 미영의 '아름다운 사랑'이 동지적인 사랑으로 펼쳐지기 위해서는 노동운동에 대한 미영만의 고민이 있어야 하고, 그러한 고민을 벗어나기 위한 '자기결단'의 과정이 있어야 한다. 하지만 미영의 고민은 완수에 대한 변함 없는 사랑으로 대치되고, 그것은 미영의 삶에서 '자기결단'의 과정을 배제하게 만든다. 종교적 신념으로 노동운동의 중심에 서는 완수의 주체적인 삶과는 대조적으로 묘사되는 미영의 삶은, 미영이란 인물을 형상화하는 작가의 관점이 그만큼 관념적임을 시사한다. 동지적인 사랑에 대한 작가의 신념이 "옳은 사람"을 향한 미영의 형상을 가능하게 했거니와, 이것이 『십년간』에 등장하는 인물들의 형상화 방식을 규정하는 소설적 기준이라 하겠다.

미영이라는 인물과는 대조적인 장소에 서 있는 인물이 '순분'이다. 준호-석우-완수와는 초등학교 동창 사이인 순분은 준호와 갈등 관계에 있는 서익의 도움으로 노동자의 처지에서 벗어난다. 국제모방의 JOC 회원이 되면서 "처음으로 사람대접을 받은 순분"은 국제모방의 사무직으로 옮기면서 공장의 여성 노동자들과 갈등상황에 빠지게 된다. 특히 순분이 잘 따랐던 공장의 고참언니 명자는 그녀에게 "'저질'도 아닌 '구제불능'"이라는 선고까지 내린다. 서익이 순분을 노동자에서 사무원으로 변화시키는 인물이라는 점에 주목하자. 서익 역시 순분과는 초등학교 동창생으로, 그는 초등학교 시절 집안의 힘(기업 운영)을 바탕으로 "빨갱이의 자식"인 준호에게 학생회장직을 빼앗은 비정한 인물이다. 완수와는 대립적인 입장에서 서익은 순분을 돌보고, 순분은 그의 의견에 따라 사무직으로 옮긴다. 완수와 미영이 노동운동이라는 같은 길을 걷고 그래서 동지적인 사랑을 형성할 수 있다면, 서익과 순분은 신분 자체가 다르므로 동지적인 관계를 형성할 수 없다. 서익은 베푸는 입장이고, 순분은 자신의 꿈(욕망)을 실현하기 위해 서익의 도움을 받아야만 하는 입장이다. 완수가 사무직으로 옮기는 것을 반대하자 순분은 "와 내 꺼지 평생 공순이로 지내야 되노?"라며 완수의 의견을 단호하게 물리친다. 아마도 이 지점이 미영과 순분의 삶을 결정적으로 갈라지게 하는 장소가 될 것이다. 미영이 "옳은 사람" 완수와 입장을 같이하며 노동운동의 길로 나선다면, 순분은 서익(자본가)의 도움을 받아 노동자의 길과는 반대되는 방향으로 나아간다. 서익의 부정적인 면모는 그와 연인(불륜?) 관계를 형성하는 순분에게도 그대로 적용된다. 서익의 아이를 낳은 후, "신사동에 술집"을 낸다는 순분의 후일담은 이렇게 본다면 당연한 결말일 수 있는 셈이다.

의리파 석우의 입을 통해 전해지는 순분의 뒷이야기는 여성을 바라보는 작가의 입장을 간접적으로 보여준다. 순분의 삶은 주체적인 삶이 아니라 타자(서익)에 의해 예속된 삶으로 표현된다. 개인적인 욕망에 빠진 순분이 노동자로서의 주체성을 포기했으므로, 작가는 당연히 그러한 순분의 삶을 '술집 여자'라는 부정적인 형상으로 뒷받침한다. 왜 하필 '술집 여자'일까? 서익으로 대변되는 자본가의 정부(情婦) 역할을 한 여성이 가야 할 길은 술집 여자가 되는 길밖에는 없다는 것일까? 미영을 통해 동지적인 사랑의 아름다움을 내보인 방현석의 시선은 순분의 삶을 평가하는 기준으로 작용한다. 전사(미영)와 창녀(순분)의 이분법은 남성의 시선으로 재단된 여성성의 두 단면을 드러낸다. 정숙한 여자와 난잡한 여자를 구분하는 사회의 여성관과 방현석의 이러한 여성관이 과연 다를 수 있을까? 전사 아니면 술집 여자라는 사고방식은 여성들이 선택할 수 있는 다양한 삶의 방식들을 배제한다. 동지적 사랑을 지향하는 방현석 소설의 사랑의 윤리는 이처럼 인물들의 삶 자체를 관념적으로 형상화하는 근간으로 작동한다. 옳은 사람(남성)과 옳지 않은 사람(남성)의 이분법은 옳은 여성(미영)과 옳지 않은 여성(순분)의 이분법으로 현실화된다.

　방현석이 『십년간』이라는 작품을 통해 70년대에서 길어올린 것은 무엇보다도 이러한 윤리적 이분법이라 할 수 있다. 착한 사람들은 못 살고, 옳은 사람들은 고문받는 사회 속에서 인간은 어떻게 살아가야 하는가? 70년대의 기억을 90년대의 시대상황 속으로 되불러내는 방현석의 관점에는 이러한 질문이 그 바탕에 스며들어 있다. 미영과 순분의 형상화 과정에서 드러나는 대립구도 역시 이러한 질문을 비껴갈 수 없다. 하지만 그와 같은 질문이 현실화되는 장소는 다양한 사람들이 살아가는 지금 이곳의 현실이라 할 수 있다. 질문이 관념으로 변해 현실의 삶을 규정하고, 현실의 삶을 평가하는 기준이 된다면, 세상은 옳은 사람과 옳지 않은 사람으로 구성된, 획일화된 구조로 나타날 수밖에 없다. 그 획일화된 구조의 중심에 노동자-남성이 서 있고, 노동자-남성을 통해 비노동자-여성은 자신들의 주체적인 삶을 상실하거나 타자 중심적인 삶을 내면적으로 수용해야 한다. 말을 해야 할 곳에서 말을 하지 못하는 주체의 삶은 이처럼 타자의 윤리를 절대화하는 주체의 상황에서 비롯된다. 그 절대적 윤리의 밑바탕에 작가의 관념이 스며들어 있다면, 그것은 곧바로 주체의 위기를 불러일으킬 수밖에 없다. 이러한 주체의 위기 상황을 방현석은 어떻게 풀어내고 있는가?

3. 위기에 처한 주체의 성찰의 서사

위기는 방향성의 상실이라는 주체의 상황을 불러내지만, 한편으로 위기는 항상 주체가 나아가야 할 새로운 길을 역설적으로 제시한다. 이념(관념)의 위기는 그 이념으로 만들어진 현실의 위기를 부르고, 그것은 또한 주체로 하여금 위기의 현실과는 다른 현실을 지향하게 한다. <창작과 비평> 1997년 가을호에 발표된 「겨울 미포만」(『랍스터를 먹는 시간』에 수록)에서 방현석은 집단주의적 감동을 상실한 노조원들의 "나 혼자 잘 먹고 잘 살겠다는 개인주의"에서 위기의 본질을 찾는다. "반드시 이래야만 될 때는 이래야만 되고 반드시 저래야만 될 때는 저래야만 되는 거야"라는 박현강의 주장은 90년대의 노동운동(노동조합)의 위기가 기준(윤리)의 상실에서 야기되었음을 예시한다. "남에게 피해를 주지 않는 개인주의"로 둔갑한 노조원의 이기주의는 이타심을 통해 구성된 노동운동의 이타주의(윤리성)를 무너뜨린다. 외부의 적은 그대로 있는데, 내부에서도 틈이 생겨 노동운동이 지향했던 이타주의는 심각한 타격을 입는다. 이타주의가 현실을 압도하지 못한다면, 노동자들이 공들이며 쌓아왔던 윤리적 세계는 일순간에 허물어질 수밖에 없다. 방현석이 생각하는 주체의 위기가 이타심을 상실한 주체들의 위기라는 점은 여기서 드러난다. 이타심의 상실은 이타심을 간직하고 있는 주체들의 위기("자기만 잘 살겠다고, 성과금 타서 아반떼에서 소나타로 바꾸겠다고 설치는데 우린 뭐죠?"라는 최이현의 말을 상기하자)로 이어지고, 그것은 종국적으로 노동운동의 윤리가 일상의 욕망과 마주하는 결과를 초래한다.

「겨울 미포만」의 등장인물 이현으로 대표되는 이러한 절망의식
은 방현석의 초기 작품들인 「내일을 여는 집」이나 「새벽 출정」 등
에서도 부분적으로 나타난 내용이다. 그렇지만 이현의 절망의 뿌리
는 초기 작품들에 나타난 절망의 깊이보다 한없이 깊다. 그의 내면
에는 이미 노동자에 대한 불신이 자리잡고 있고, 이타성을 상실한
노동조합에 대한 불신 또한 뿌리 깊게 박혀 있다. 노동운동의 윤리
만으로는 메꿔질 수 없는 고랑이 노동자들 내부에 깊이 자리하고
있는 현실 속에서 방현석은 무엇을 생각하고 있을까? 박현강이라는
인물을 통해 제시되는 작가의 관점은 여전히 이타주의의 흐름을 따
르고 있다. "나만 그런지 모르지만 대가를 바라는 마음이 한동안 생
기지 않았나 싶어. 한 사람의 마음을 돌리기 위해 내 주머니 털어서
밤새 술 사주며 설득하고, 철야한 다음 날 새벽에도 숱하게 유인물
뿌리러 다녔지만 손해봤다는 생각 없었잖아"라는 현강의 말은 "인
간적 유대와 신뢰"의 회복이 결국은 노동자의 이타주의(이념)를 회
복하는 것과 다를 수 없음을 나타내고 있다. 사람에 대한 편견만큼
이타주의를 허물어뜨리는 것은 없다. 이현의 '절망'과 현강의 '자성
(自省)' 사이를 가로지르는 거리는 실로 이타주의를 대하는 두 사람
의 태도의 차이에서 기인한다. 타자의 이기적인 행동에 이현이 절
망할 때, 현강은 자신의 마음속에도 흐르는 이기주의를 발견하고,
그것을 반성한다. 현강에게 드러나는 성찰의 힘은 실상 방현석의
두 번째 장편소설『당신의 왼편』을 흐르는 구성적 힘으로 작용한다.

이처럼 방현석 소설에 나타나는 주체의 위기는 90년대(2000년대)
의 비윤리적 현실과 80년대의 윤리성 사이에서 파생된 틈새에서 연
유한다. 70년대와 80년대를 거쳐 형성된 노동자의 윤리는 90년대
들어서 주된 담론적 비판의 대상으로 떠오른다. 옳은 것을 향한 순
정이 비판의 대상이 되고, 옳지 못하다고 생각한 것이 향유의 대상

으로 인식된다. 개인적 삶을 포기하고 노동자(억압받는 자)가 주인이 되는 세상을 꿈꾸던 삶이 도리어 비판의 부메랑이 되어 되돌아오는 상황 앞에서, 80년대를 치열하게 살아낸 주체들은 무엇을 할수 있을 것인가?『당신의 왼편』에 등장하는 현현욱의 생각대로, 그들 앞에는 "자기판단과 가치부여가 배제된" 일상적 삶이 끝없이 펼쳐져 있다. "순정 앞에서 순정할 줄 알았던 그들"의 삶이 일상의 늪에 빠져 허우적거릴 때, 세상은 자본주의적 욕망을 찬양하고, 자본주의의 '완벽한' 승리를 만끽한다. 그들이 바란 세상과 실제로 나타난 현실 사이에서 그들은 80년대의 정치적 감각을 잃고, 덧없고 구차스러운 일상의 삶을 영위한다. 80년대에 대한 기억과 90년대(2000년대)의 초라한 현실을 대조하며 서술되는『당신의 왼편』은 일상의 늪에 빠져 허둥대는 80년대 주체들의 삶에 주목한다. 이념(기억)으로 살아 있는 80년대와 일상-욕망으로 현실화된 90년대의 대립구조는『당신의 왼편』을 이끄는 구조적 힘으로 설정된다. 하지만『십년간』과 비교한다면,『당신의 왼편』에는 억압된 타자들이 자신들의 목소리로 이야기하기 시작한다. 그것은 80년대 주체들을 향한 비판적인 발언으로 나타나지만, 동시에 그것은 80년대 주체들의 내면에 드리워진 자성의 목소리로 펼쳐지기도 한다.

『당신의 왼편』에서 이러한 자성의 목소리는 우선 도건우와 엄선화의 관계를 통해 표출된다. 학생운동과 노동운동을 거친 도건우는 아버지의 회사를 승계하여 윤리적인 경영을 실험하는 인물이다. 바이올린을 켜는 음악가가 되고 싶어 했던 도건우가 노동운동의 현장에서 손가락 두 개를 잃었을 때, 말벗이 되고 "위안과 의지가 되어준 사람"이 엄선화였다. 중학교 2학년 1학기도 제대로 못 마친 채 노동자의 길로 들어선 엄선화와 도건우의 사랑은 동지적인 사랑이 일상과 맞물릴 때 야기되는 상황을 극명하게 보여준다. "결혼은 사랑의 시작이 아니라 상투화의 시작"이라는 도건우의 생각처럼, 두 사람의 결혼 생활은 서로에게 상처를 입히지 않으려는, 그래서 자신의 감정을 되도록이면 숨겨야 하는 박제된 생활로 나타난다. 남편과 성관계를 맺으며 "강간이라는 단어를 떠올리며, 모멸감에 떨면서, 그에게 몸을 열었다"고 생각하는 엄선화에게 결혼 후의 도건우는 과연 어떤 존재였을까? "그에게 나는 무엇인가……"라는 엄선화의 존재론적 물음은 실상 사랑이 동지적인 관계만으로 채워질 수 없음을 환기한다. 도건우가 엄선화를 사랑의 대상으로 선택한 이유는 무엇일까? 노동운동이라는 윤리적인 도정에서 만난 그들이, 노동운동의 틀에서 벗어나 일상과 마주하게 되면서 제기되는 이 질문은, 방현석이 존재의 탐색으로 나아가는 길목에서 핵심적인 문제로 떠오른다.

> 어둠에 익숙해진 시야에 그의 악기와 엄선화의 미싱이 모양을 드러냈다. 엄선화를 진정으로 사랑했던가, 미싱을 바라보며 그는 묻고 있었다.
> 왜 최지은이가 아니고, 심민영이 아니고 엄선화였나. 콤플렉스 때문은 아니었던가. 자본가의 집안에서 태어나 자란 자신의 출신 성분을 만회하려는 의도는 전혀 없었을까. 그는 일어서서 엄선화의 미싱으로 향했다. 광채를 잃은 자신의 악기들과 달리 윤기가 흐르는 그녀의 미싱에 손을 올려놓은 그는 그런 것은 아니었다고 부인하고 싶었다. 그러나 10년을 살아오면서도 넘어서지 못할, 아니 넘어서지 않은 벽의 실체는 무엇이었을까. 그는 다시 방바닥에 드러누워 뒤척거리다가 잠이 들었다.
> (『당신의 왼편』 2권, 48~49쪽)

「내일을 여는 집」의 성만과 진숙, 『십년간』의 완수와 미영으로 구현되는 동지적인 사랑의 의미를 생각한다면, 도건우와 엄선화의 사랑은 정확하게 '자기-의식'의 세계로 폐쇄되어 있다. 본받아야 할 타자의 상실은 타자와의 관계가 단절되는 상황으로 이어지고, 그것은 두 사람이 자신의 내면으로 폐쇄되는 상황으로 나아간다. 이러한 상황의 원인을 두 사람의 신분의 차이로 돌릴 수는 없을 것이다.

성만과 진숙, 완수와 미영의 사랑을 지탱하던 '윤리'가 도건우와 엄선화의 일상에는 애초부터 배제되어 있기 때문이다. 동지적 사랑이라는 외부의 윤리는 그들이 살아가는 일상 속에서 박제화된다. 그것이 도건우가 생각하듯, 자본가 아들의 콤플렉스이든 그렇지 않든, 그들이 일상을 수용하는 순간 그들의 삶을 지탱해주던 '윤리적 삶'은 서서히 무너지기 시작한다. 공유할 수 있는 장소를 상실한 사람들이 나아갈 곳은 '자기-의식'의 장소 외에는 있을 수 없다. 절대타자(노동운동의 윤리)를 상실한 존재들이 펼쳐내는 우울한 사랑의 미학은 "10년을 살아오면서도 넘어서지 못할, 아니 넘어서지 않은 벽의 실체"를 만들어낸다. 노동운동을 함께 한 동지라는 명분만으로 허물어질 수 있는 벽이라면, 벽 자체가 생성되지 않았을 것이다. 이타심으로 형성되는 동지적인 사랑은 그 이타심이 일상 속으로 함몰될 때, 타자와의 관계를 폐쇄하는 벽으로 나타날 수밖에 없다. 사랑의 관념(이념-윤리)이 사랑의 현실(일상)로 내려앉는 이 지점이 방현석 소설의 사랑학이 한 걸음 전진하는 장소가 될 터이다.

　존재의 벽은 또 다른 사랑의 주체들인 현현욱과 이어진의 관계에서도 나타난다. "매월리, 유년의 기억을 압도하는 현현욱"의 눈으로 세상을 바라보려 한 이어진에게 현현욱은 "넘어설 수 없는 완강한 벽"으로 의미화된다. 학생운동과 노동운동에 헌신적으로 참여했던 현현욱이 갈망하는 세상은 부유층의 딸인 이어진이 접근하기에는 머나먼 세상일 수 있다. "그들(노동자)을 왜 우리가 책임져야 돼?"라고 생각하는 그녀에게 현현욱은 "나도 그들"이라고 단호하게 주장한다. 생활의 차이는 신념의 차이를 불러내고, 그것은 그들 사이에 메꿔질 수 없는 고랑을 만든다. '부르주아 근성'이라는 말로 표현되는 이어진의 생활방식은 학생운동과 노동운동의 전위로 활동하는 현현욱의 삶에서는 배제해야 할 속물적인 근성이다. 노동자의 아내로 살아가기 위해 버려야 할 부르주아 근성은 그렇지만 그녀의 정서적인 삶을 지배하는 생활의 방식이다. 따라서 그녀가 "기름 냄새 비슷한 쇳내"가 나는 현현욱의 세계를 자신과 무관하지 않은 세계로 생각할지라도, 조직의 비밀을 지키며 살아가야 하는 현현욱에게 이어진이라는 존재는 그 자체로 부담스러운 존재일 수밖에 없다. 같은 길을 걷지 않는 한, 사랑의 대상으로서의 이어진은 그가 가야 할 길을 가로막는 독소로 작용할 수 있다. 동지가 아니면 이루어질 수 없는 사랑의 관계가 관계 자체를 부정하는 과정으로 나아가는 이유는 여기에 있을 것이다.

> "너도, 내가 너희 아버지가 원하는 그런 삶을 살아주기를 원하니? 양심도 신념도 없이 비겁하게 세상과 타협하기를 바래? 네가 그걸 원하다면 나에게 분명하게 요구해. 네가 요구하는 대로 할 테니까."
> 차라리 네가 싫어졌다고 말했다면 어진은 덜 모멸감을 느꼈을 것 같았다. 어진의 아버지는 아버지고 어진은 어진이었다. 그는 어진이 할 수 없는 요구를 하라고 요구했다.
> 어진은 고개를 저었다.
> "아니면 너도 네 길을 가. 내가 너에게 지워져가는 게 널 위하는 일이라고 생각해."
> (『당신의 왼편』 2권, 81~82쪽)

서로 가야 할 길이 다르다는 것, 이어진이 '노동자의 아내'가 될 마음을 품지 않는 한 자신과의 사랑은 이루어질 수 없다고 현현욱은 생각한다. 이어진이 "배신감"이라는 말로 표현하고 있는 것처럼 현현욱은 자신의 생각으로 이어진을 판단하고, 그에 따라 이어진과의 사랑을 포기한다. "당신은 한번도 제대로 기회를 주지 않았다"는 이어진의 말을 우리는 어떻게 이해해야 할까? 기회가 주어졌을 때 그녀가 과연 '노동자의 아내'의 길을 선택했을까라는 질문은 여기서 중요하지 않다. 중요한 것은 그 선택의 기회가 애초부터 배제되었다는 점이고, 그것은 이어진의 말대로 사람에 대한 뿌리 깊은 편견에 근거하고 있다는 점이다. 윤리성을 강조하는 주체들의 삶에 나타나는 배제의 역학은 존재 탐구로 방향 전환을 시도하고 있는 방현석 소설에서 중요한 성찰의 고리로 등장한다. 그들이 이룩하려 한 세상의 모습이 억압받는 자들이 주체가 되는 세상과 맞닿아 있다면, 그 세상은 그러한 윤리를 공유한 사람들과 더불어 건설해야 할 세상이어야 할 것이다. 노동자에 대한 사회의 편견과 맞서 싸우는 주체들의 내면에 잠재된 '인간에 대한 편견'을 직시함으로써 방현석은 2000년대에 필요한 존재의 윤리를 성찰할 수 있는 계기를 마련한다. 타자(이어진)가 요구할 수 없는 것을 요구함으로써 자신의 논리를 관철하는 현현욱의 방식은 이러한 존재의 윤리에서 보면, 타자와의 관계 자체를 부정하는 것이라 볼 수 있다. 현현욱이 이어진을 주체성을 지닌 존재로 파악했을까? '노동자의 아내'라는 형상도, 또 '부르주아 근성'이라며 현현욱이 타매(唾罵)했던 이어진의 생활방식도, 현현욱이 규정한 이어진의 형상일 뿐이었다. 그녀가 '노동자의 아내'를 선택했다면, 현현욱의 이러한 생각이 과연 바뀌었을까? 노동운동의 주체가 되기 위해 타자의 주체화 과정을 부정하는 정신은 80년대의 윤리에 내재된 폐쇄적인 구조를 예시한다. 80년대 주체들에 대한 반성이 시작되는 지점은 바로 이곳인 바, 존재의 새로운 윤리를 창출하기 위한 방현석의 소설적 성찰은 이 장소에 이르러 비로소 이루어지고 있는 셈이다.

　방현석이 80년대 주체들의 윤리를 부정하지 않고, 그것을 2000년대의 새로운 현실에 접목하고 있다는 점을 확인하고 넘어가야겠다. 이어진과 같은 억압된 타자들의 복귀는 80년대 주체들이 쌓아온 삶을 부정하는 계기가 아니라, 그것을 새로운 현실 속에서 다시금 성찰하는 계기로써 의미화된다. 그는 2000년대에도 노동운동의 윤리가 필요하며, 그 윤리가 노동자의 이타주의에 근거해야 한다는 점을 명확하게 인식하고 있다. 그러므로 문제는 노동자의 이타주의 자체가 아닐 것이다. 이타주의를 존재의 윤리로 받아들이는 과정에서 제기될 수 있는 '인간에 대한 편견'을 방현석은 문제의 핵심으로 짚어내고 있다. 70년대의 상황을 다룬『십년간』과 80년대에서 2000년대의 상황까지 아우르고 있는『당신의 왼편』의 차이는 이러한 편견을 반성하는 작가(주체)의 시선에서 비롯된다. 『십년간』에서는 억압되었던 타자의 목소리가『당신의 왼편』에서 자신의 목소리로 드러나는 이유는 이 때문이다. 이어진의 목소리가 방현석의 초기소설이나『십년간』에서 자기 목소리로 나타날 수 있겠는가? 억압된 타자의 복귀는 주체의 현재적 삶을 불편하게 만들지만, 동시에 그 불편한 삶으로 하여 주체는 자신의 현재를 반성하는 계기를 마련한다. 그래서 "꿈꾸며 살았던 시간의 기억"에 수시로 내상을 입었던 현현욱은 인터넷 신문 기자라는 새로운 길을 선택함으로써 자신의 삶을 휘감던 절망의 심연에서 비로소 벗어나기 시작한다. 80년대의 주체는 다시 '현실 세계'로 복귀하지만, 그것은 80년대의 윤리를 성찰하는 주체의 복귀라는 점에서, 2000년대라는 새로운 현실과 맞서는 새로운 주체로 복귀하고 있는 셈이다.

4. 존재의 윤리, '어머니'의 윤리

<창작과 비평> 2002년 겨울호에 발표된 「존재의 형식」에서 오롯이 부각되는 단어는 "명예"라는 말이다. '민주화운동 관련자 명예회복과 보상에 관한 법률'에 따라 보상금을 신청하려는 민주동문회장에서 이 소설의 중심인물 재우는 "우리가 언제 명예를 잃은 적이 있었나요?"라고 사람들에게 반문한다. "민주동문회의 회원들이 선고받은 총형량이 217년이고, 실 집행기간이 173년이며 제적 281명,

해고 43명"이라는 사실을 들어 진행되는 명예 회복의 절차 자체에 재우는 의문을 제기하고 있는 것이다. 옥살이가 민주화 운동의 결과라면, 보상금은 옥살이에 대한 사회적 보상이라 할 수 있다. 개인의 삶을 포기하고 한 사회의 민주화를 위해 싸운 사람들이므로 그들이 그에 대한 보상을 국가에 신청하는 것은 당연한 일일 것이다. 하지만 재우는 "자유주의자들도 싸우고 있는 이 정권에다 보상을 신청"하는 것은 지난날의 민주화 운동을 부정하는 것이라고 생각한다. 변한 것이 없는 세상(정부)에 명예 회복(보상금)을 신청하는 것은 자신들이 이룩한 80년대의 정신을 부정하는 것이다. 세상이 변하지 않았으므로 그들은 변하지 않은 세상과 싸우는 것이 옳다. 보상금 신청이 변하지 않은 세상과의 타협이고, 그것은 곧 명예를 잃는 것이라는 재우의 주장은 정확히 이 지점을 겨냥한다. 명예를 회복하기 위해 벌인 일 때문에 명예를 잃는다는 역설, "불명예스런 건 지난날이 아니라 지금의 우리"라는 재우의 생각은 2000년대의 현실 속에서 벌어지는 이러한 역설을 비판하는 것과 맞물려 있는 셈이다.

베트남에 체류하며, 베트남 정부와 한국 기업을 연결하는 일(통역)을 하고 있는 재우의 내면에는 철망을 감는 롤러에 말려 들어가 한쪽 팔을 잃은 창은의 고통스런 삶이 드리워져 있다. 2000년대에도 "무임금에 가까운 노조단체의 상근자"로 일하는 창은의 삶은 "충분히 외로워서 이 땅을 떠났고, 완벽하게 외톨이가 되어서 잠시 돌아왔다고 생각한 그"에게 여전히 남아 있는 80년대의 상처(징후)이다. "공장으로 갔던 셋 중에서 끝까지 공장에 남은" 사람이 창은이었지만, 그는 대중주의노선에 경도되었다는 이유로 자유주의자라는 비난을 받고 조직을 떠났다. 변호사로 활동하고 있는 문태라는 인물과 주인공 재우가 비합법 조직 속에서 지도선으로 지위를 높일 때 창은은 여전히 공장을 떠나지 않았고, 민주동문회의 회원들이 일상 속으로 스며들 때도 그는 노조단체의 상근자로 여전히 노동운동의 중심에 서 있었다. 그러한 창은이 보상신청을 하지 않는데 민주동문회가 나서서 보상신청을 하는 것이 과연 온당한 일일까? 고통받는 타자의 얼굴로 드러나는 창은의 삶은 예나 지금이나 전혀 바뀐 것이 없다. 원칙을 중시하는 그의 삶이 바뀌지 않았다는 것은 지금 이곳의 세상이 본질적으로 바뀌지 않았다는 것을 의미한다. 재우의 외로움이 창은 앞에서는 설 자리를 상실하는 이유가 여기에 있다. 재우는 외로워서 이 땅을 떠났지만 창은은 여전히 이 땅에 남아 세상과 싸우고 있다. 세상과 싸우는 사람이 분명히 남아 있는데도 민주동문회원들은 세상과의 타협을 시도한다. 본질은 그대로 남아 있는 세상과 타협하는 것이 과연 80년대를 뜨겁게 살아왔던 그들의 삶을 보상해주는 것인가? 80년대 주체들의 삶에 내재된 존재의 윤리를 탐색하는 방현석의 작업은 바로 이러한 질문과 함께 시작하는 것이다.

타자의 고통스런 얼굴을 외면할 수 없는 재우의 삶은 베트남의 시인 레지투이(반레가 필명)의 삶과 어울려 「존재의 형식」의 소설 구조를 형성한다. 베트남과 한국이라는 비슷하면서도 다른 역사적 상황을 공유하고 있는 두 인물의 삶의 방식은 인간의 윤리가 고통받는 타자를 외면하지 않는 데서 비롯되는 것임을 새삼 증명한다. 미국과의 민족해방투쟁(베트남 전쟁)에서 "죽어간 친구들을 대신해서 자신이 산다"는 레지투이의 말처럼, 그의 삶은 무엇보다도 민족해방투쟁의 과정에서 죽어간 존재들의 삶과 지속적으로 연결되어 있다. "시인이 되고 싶었지만 시인이 되지 못한 채 죽은" 친구의 이름 '반레'를 필명으로 하여 시를 쓰는 레지투이의 삶이 윤리적인 삶을 비껴갈 수 있겠는가. 그에게 삶의 기준은 죽은 자들이 지향하던 삶의 기준과 다를 수 없다. 이 지점에서 우리는 재우가 문태를 비롯한 민주동문회의 '친구들'과 불화의 상태에 빠진 이유를 물어야 한다. 그는 일상 속으로 휩쓸려 들어간 '친구들'의 삶에서 절망의 이유를 찾는다. 창은의 삶에 그는 강박당하고 있지만, 친구들은 창은의 삶에서 멀찌감치 벗어나 변하지 않은 세상의 일상을 즐기고 있는 것처럼 비쳐진다. 공유할 수 있는 기억을 상실한 친구들이 친구들일 수 있겠는가? "친구가 친구를 이해해주지 않으면 누구와 더불어 살아갈 수 있겠나"라는 레지투이의 말은 여기서 그 의미를 발산한다. 레지투이는 친구이기 때문에 모든 것을 이해해야 한다는 의미로 이 말을 사용하지는 않았을 것이다. 험난했던 80년대의 기억을 공유하는 친구들을 부정하는 것은 돌려 말하면 그 기억으로 구성된 재우 자신의 삶을 부정하는 것과 다르지 않다. 이런 점에서, "우리는 공산주의를 위하여 싸운 것이 아니고 공산주의를 살았어요"라는 레지투이의 말은 의미심장한 바가 있다. 공산주의는 사상이기도 하지만, 동시에 삶이기도 하다. 과거의 아름다운 기억이 현재의 삶을 절망으로 빠뜨릴 때, 과거의 아름다운 삶 역시 그 의미를 상실할 수밖에 없다. 재우의 절망이 친구들의 전향적 삶에서 잉태된 것이라면, 중요한 것은 그 절망을 분명하게 직시하는 주체의 시선일 것이다. 친구들의 삶을 절망의 근거로 생각하는 재우에게는 이러한 주체로서의 시선이 부재한다. "무언가를 꿈꾸려는 자는 그 꿈대로 가야 하지 않을까"라는 창은의 말을 기억하자. 그도 재우가 보는 것을 보고 있고, 재우가 생각한 것을 생각하고 있을 터이다. 하지만 그는 친구들의 전향을 자신이 절망하는 근거로 삼지 않고, 자신이 가야 할 길을 '계속' 걸어간다. 이것이 공산주의를 살고 있다는 레지투이의 말에 담긴 진의라면, 재우 역시 레지투이가 이야기하는 존재의 윤리와는 거리가 있는 삶을 살아온 셈이다.

작가는 공산주의를 '산' 사람들의 윤리를 레지투이의 말을 빌어 "마음가짐"이라는 말로 표현한다. 마음가짐은 "누구한테서도 경멸받을 삶을 살아서는 안된다"는 명확한 기준을 동반한다. 전쟁터로 떠나는 레지투이에게, 그의 어머니가 들려준 마음가짐의 기준은 실상 레지투이의 현재적 삶을 규정하는 기준이기도 하다. 어머니의 말이 레지투이의 삶을 이끄는 중심이라는 점에 주목하자. 장편『당신의 원편』의 말미에서 방현석은 <사이공의 흰옷>의 여주인공 '홍'의 삶을 언급한 적이 있다. "나라를 잃은 모욕에 맞서 싸운 자신의 세대를 이어 자신의 아들딸들은 가난의 모욕에 맞서 싸우고 있다"(『당신의 원편』 2권, 267쪽)는 점에 긍지를 느끼며, 베트남의 미래(역사)를 낙관(긍정)하고 있는 '홍'의 형상은 「존재의 형식」에서는 레지투이의 어머니로 변주되어 나타난다. 레지투이의 어머니로 표상되는 베트남 여성들의 윤리는 모성의 신화에 경도되어 모성성을 자식(남편)에 대한 헌신으로 사회화하는 한국사회의 모성담론과 대립된다. 당장, 「랍스터를 먹는 시간」의 등장인물인 건석의 어머니 역시 사회화된 모성의 신화를 답습하고 있지 않은가. 그에 비한다면, "경멸받을 삶을 살아서는 안 된다"는 어머니의 윤리는 민족해방투쟁을 통해 공산주의를 '산' 레지투이의 내면에 스며들고, 그것은 또한 베트남 사람들의 현재적 삶을 구성하는 존재의 원리로 작용한다. 문제는 방현석이 지금 이 시점(2000년대)에서 어머니의 윤리를 제기하는 이유일 것이다. 어머니의 윤리는 「랍스터를 먹는 시간」에서 '모계사회'의 윤리로 확장되어 표현되는 바, 이러한 점은 방현석의 최근 소설에 나타나는 존재의 윤리가 그만큼 여성성의 윤리와 결부되고 있음을 반증한다 하겠다.

「랍스터를 먹는 시간」은 두 개의 이야기로 구조화되어 있다. 주인공 건석의 가족사가 하나의 이야기를 이룬다면, 보 반 러이, 팜 반 꾹, 우예 티 리엔 등 베트남 사람들과 건석의 관계를 다룬 내용이 다른 하나의 이야기를 이룬다. 두 개의 이야기는 다른 공간에서 펼쳐지지만, 존재의 윤리를 형상화하고 있다는 점에서 하나의 공통된 의미를 발산한다. 건석의 가족사에서 핵심적인 위치를 차지하는 인물은 건석의 형 '건찬'이다. '우옌 카이 호앙', '최건찬'이라는 두 개의 이름에 명시되어 있는 바, 건찬은 베트남 전쟁에 참전한 건석의 아버지와 베트남 여성 사이에서 태어난 인물이다. '째보', '베트콩'이라는 멸시를 받으면서도, 어머니(건석의 생모)의 헌신적인 보호를 받으며 자란 그는 노동운동에 참여했다가 의문의 죽음을 당한다. 어머니의 말을 단 한번도 거역한 적 없는 그가 노동운동을 그만두라는 어머니의 단호한 요구를 거부하면서까지 노동운동에 전념한 이유는 무엇일까? "난 내 이름을 비겁하게 만들며 살아가지 않아"라고 건찬은 말한다. 어머니의 이름(모성의 신화)만으로는 지킬 수 없는 인간의 품위가 있다는 것, 이 소설의 곳곳에 나타나는 "인간의 품위"에 대한 담론은 레지투이의 어머니가 이야기하는 '마음가짐'과 더불어 방현석이 제시하는 존재의 윤리를 의미화한다.

이렇게 본다면, '어머니'에 대한 이야기가 최근의 방현석 소설에서 인간의 품위를 형상화하는 바탕으로 작용하고 있다는 점은 강조되어 마땅하다. 어머니와 관련된 소설담론은 방현석의 초기소설 「새벽출정」에서 '철순'의 어머니를 통해 부분적으로 다루어졌지만, 「존재의 형식」과 「랍스터를 먹는 시간」에 나타나는 '어머니 이야기'는 작품을 구성하는 핵심적인 원리로 작용하고 있다. 베트남이라는 공간에서 펼쳐지는 어머니의 담론은 방현석 소설이 지향하는 존재의 윤리가 '어머니'라는 타자와의 관계 속에서 의미화되고 있음을 보여준다. 레지투이가 어머니의 이름으로 존재의 윤리를 실현한다면, 건찬은 어머니의 윤리(모성의 신화)를 거부함으로써 존재의 윤리를 실현한다. 자식에 대한 헌신적인 삶을 통해 자식의 삶을 규제하는 모성의 신화는 노동운동이라는 새로운 세계로 나아가려는 건찬에게는 넘어서야 할 벽이다. 어머니와의 관계가 개인적인 관계로 폐쇄될 때 존재의 윤리는 한 개인의 윤리적 문제 이상으로 나아갈 수 없다. 한국사회의 '모성 신화'가 문제화되는 이유는 이처럼 모성의 윤리가 한 개인의 폐쇄적 윤리로 의미화된다는 점에 있다. 레지투이의 어머니가 이야기하는 '마음가짐'을 방현석이 '존재의 형식'이라는 이름으로 형상화하는 까닭은 여기서 연유한다. 마음가짐은 개인의 윤리를 넘어서는 마음가짐이라는 점에서, 자신의 이름을 비겁하게 만들고 싶지 않다는 건찬의 생각과 맞물린다. 어머니의 윤리(모성의 신화)를 거부해야 인간의 품위를 지킬 수 있다는 한국사회의 역설적 상황은 방현석이 베트남의 역사를 소설의 제재로 선택한 이유이기도 할 것이다.

베트남에서 펼쳐지는 건석과 우예 티 리엔의 사랑은 무엇보다도 이러한 존재의 마음가짐과 연관된다. 건석의 마음 속으로 흐르는 어두운 기억과, 리엔의 밝은 품성을 대조하며 전개되는 사랑의 윤리는 "인간의 품위"라는 말과 어울려 방현석 소설의 핵심적인 사랑학으로 표출된다. 리엔이라는 베트남 여성을 통해 작가는 여성성이 인간의 품위를 드러내는 본질적인 장소임을 이야기한다. 상처를 지닌 존재를 품어 안는 리엔의 형상은 "거침없는 남성성과 섬세한 여성성"을 공유한 존재로 나타난다. 역사적 상처에 억눌리지 않고, 그 것을 새로운 현실 속에서 갈무리하는 리엔의 형상에서 작가는 남성성과 여성성을 공유한 존재의 형상을 이끌어내고 있는 것이다.

우예 티 리엔은 제법 시간이 많이 지난 다음에야 시장에서 돌아왔다. 그녀는 식탁 위에 도마와 큰 접시를 갖다 놓고 랍스터를 손질할 준비를 했다. 1층으로 내려온 건석은 대바구니에서 랍스터를 꺼내는 리엔의 모습을 지켜보고 앉아 있었다. 무지개 색깔의 등을 가진 레인보우 랍스터였다. 랍스터 중에서 최상품으로 인정받는 육질과 맛을 지닌 것이었다. 두 뼘이 넘는 갑각류를 능숙하게 다루는 리엔의 손끝에서는 거침 없는 남성성과 섬세한 여성성이 동시에 묻어났다. 건석을 매혹시키는 것은 어쩌면 랍스터 요리가 아니라 랍스터를 다루는 레인의 모습이었는지도 모른다. 특히 랍스터의 신경을 한칼에 끊어놓는 그녀의 솜씨는 숨을 멎게 만들 만큼 대담하고 통렬했다. 늘 그랬던 것처럼 건석은 아이처럼 두 손으로 턱을 괴고 오도카니 앉아 바로 그 순간을 기다렸다.

(『랍스터를 먹는 시간』, 175쪽)

"랍스터를 다루는 리엔의 모습"이 건석을 매혹시키고 있다는 점에 주목해야 한다. 두 뼘이 넘는 갑각류를 능숙하게 다루기 위해서는 거침 없는 남성성과 섬세한 여성성을 동시에 요구한다. 랍스터를 거칠게만 다루면 랍스터의 숨통을 끊어놓기 전에, 랍스터의 집게발에 먼저 상처를 입을 수 있기 때문이다. 방현석은 랍스터를 요리하는 리엔의 모습을 통해 역사와 대면하는 주체의 자세를 성찰한다. 역사는 주체의 삶과 더불어 발전하는 역사로 의미화되지만, 동시에 그 역사(적 좌절)로 하여 주체는 끊임없이 상처를 입기도 한다. 거침없는 남성성의 신화로 타락한 세상과 맞서 싸운 80년대 주체들은 여전히 타락의 상태로 지속되는 역사(90년대, 2000년대)적 상황 앞에서 절망하고 있다. 그들이 싸워야 하는 '적'은 이제 외부에만 있는 것이 아니라 내부에도 도사리고 있다. 이기적 개인주의에 빠진 동지(내부)들의 삶을 바라보며 끝이 없는 절망에 빠진 주체들을 생각해 보라. 그들이 절망의 나락으로 빠져들 때 지금 이곳의 우리들은 베트남전에 이어 이라크전에 참전했다. 건석처럼, 미국과의 역학관계를 거부할 수 없는 한국사회의 치명적인 결함을 그 원인으로 지적할 수도 있겠다.

하지만 "절망은 당신(건석-인용자) 같은 다음 세대가 지난 세대를 답습하기 때문에 발생"한다는 팜 반 꾹의 말은 한국사회가 직면한 문제의 본질이 무엇인가를 새삼 강조하고 있다. 지난 세대의 잘못을 다음 세대가 반복하고 있다는 것은, 역사(과거)의 교훈을 다음 세대가 성찰하지 못하고 있다는 것을 의미한다. 미국에 대한 승리의 역사로 기록되는 베트남의 역사를 작가가 주목하는 이유는 여기에 있다. 베트남 전쟁 시기에 북한으로 유학을 떠난 팜 반 꾹은 "전쟁으로 고통받으면서 죽어가는 인민들에게 크나큰 빚을 지"고 있다는 생각을 여전히 마음 속에 품고 있다. 베트남 전쟁의 영웅인 보 반 러이는 어떤가? 무모한 모험주의에 경도된 자신 때문에 희생된 '이니'를 그는 수십 년이 지난 현재에도 잊지 못하고 있다. 베트남 전쟁의 와중에서 다른 삶을 산 그들이 공통적으로 생각하는 것은 타자에 대한 '빚'이다. 소설 속에 묘사되는 베트남 사람들의 현재적 윤리는 실로 이들의 마음에 새겨진 역사적인 '빚'과 무관할 수 없다. 공산주의를 '산' 사람들의 역사는 이렇게 한 세대의 상처를 넘어 다음 세대의 윤리로 이어진다. 지난 세대의 역사적 상처에 짓눌리지 않고, 베트남인의 가슴 속에 뿌리 깊은 상처를 남긴 나라의 사람을 사랑으로 감싸는 리엔의 형상은 이러한 베트남의 역사와 더불어 탄생한다. 섬세한 여성성은 거침없는 남성성을 거부한다고 생성되는 것은 아니다. 거침없는 남성성을 성찰하고, 그것을 다음 세대의 윤리 속에서 새롭게 정립해야만 섬세한 여성성은 생성될 수 있다. 어머니의 윤리를 다음 세대의 변함없는 윤리로 제시하는 레지 투이의 삶이, 또한 베트남 민중들의 고통스런 삶을 베트남의 현재를 구성하는 윤리적 원리로 생각하는 팜 반 꾹의 삶이, "거침없는 남성성과 섬세한 여성성이 동시에 묻어"나는 리엔의 형상을 가능하게 한 셈이다.

　방현석은 지금 '다음 세대'의 윤리를 이야기하고 있다. 다음 세대의 윤리는 지난 세대의 잘못을 답습하지 않을 때 올바르게 성립될 수 있다. 지난 세대가 이룬 것과 이루지 못한 것을 성찰하지 못한다면 다음 세대의 윤리는 정립될 수 없다. 모계사회의 질서를 유지하고 있는 에데족 출신의 리엔은 그러한 윤리의 중심에서 오롯하게 빛나고 있다. 리엔에게서 우러나오는 인간의 품위는 타자들의 고통스런 삶과 마주하는 존재의 윤리와 다를 수 없다. 어두운 기억 속을 헤매는 건석을 밝은 현실로 되불러낼 수 있는 존재로서의 품위, 그것이 리엔의 형상을 규정한다면 방현석은 이러한 리엔의 형상을 통해 다음 세대가 지녀야 할 존재의 윤리를 드러내고 있는 셈이다. 리엔은 건석이라는 타자를 품어 안는 존재이지만, 동시에 그녀가 살아가야 할 역사적인 상황(베트남의 역사)을 분명하게 인식하고 있는 존재이기도 하다. 그것이 방현석의 다른 소설에 등장하는 여성 인물들과 대별되는 리엔만의 독특한 형상일 것이다. 역사적 책무와 개인적 욕망 사이에서 끊임없이 갈등해야 했던 80년대의 여성 주체들을 생각한다면, 리엔은 분명 그와 같은 갈등의 상황에서 벗어나 있다. 리엔은 '어머니의 윤리'와 변함없이 연결되어 있지만, 한편으로 어머니의 윤리는 리엔이라는 인물을 통해 베트남의 새로운 윤리로 거듭난다. 어머니의 윤리가 리엔의 윤리로 거듭나는 이 지점이, 방현석이 제시하는 여성성의 윤리가 발현되는 장소일 것이다. 그렇지만 리엔으로 형상화되는 여성성의 윤리가 방현석 소설에서는 맹아의 단계로 나타나고 있다는 점을 아울러 생각해야겠다. 「랍스터를 먹는 시간」에 나타나거니와, 그가 생각하는 여성성은 소를 몰고 가는 베트남 소녀의 '신비함'에서 완전히 벗어나지는 못하고 있기 때문이다. 그가 이야기하는 다음 세대의 윤리가 여성성의 윤리와 결부된다는 점은 분명하지만, 그것은 한국사회의 정신세계를 지배하는 '모성의 신화', 다시 말해 '신비로운 모성'의 의미론적 맥락을 넘어서야 가능하다는 점을 지적하고 싶다. 방현석이 그러한 단계에 이를지는 확신할 수 없는 문제이다. 그만큼 모성의 신화를 향한 문학적 고랑은 깊기만 하다. 모성성과 여성성의 경계에서 2000년대를 살아갈 존재들의 윤리를 탐색하기 시작한 방현석의 소설은 그러므로 여전히 현재진행형이라고 말할 수 있다.

윤리의식과 휴머니즘을 통한 연대의식

― 김소진의 「달개비꽃」론

유 경 수

1. 들어가며

한국 현대 문학사에 있어서 김소진은 깊이있는 창작 활동을 하다가 요절한 작가로 알려져 있다. 그는 1991년 경향신문 신춘문예에 「쥐잡기」가 당선되어 문단에 나오게 되었고 이후 1997년 세상을 뜨기까지 작품집을 꾸준히 발표[1]하였으며 그만의 독자적인 작품 세계를 구축하는 데 힘썼다.

최재봉은 김소진의 문학에 대해서 '사실주의의 유래없는 빈핍을 겪고 있는 90년대와 21세기 한국 문학이 그에게 기대를 걸고 있다'[2]고 말하고 있고, 신승엽은 김소진이 '그 당시의 젊은 작가들에게는 찾기 어려운 우리 고유어와 토속어를 풍부하게 구사하는 능력을 지니고 있었고 뿐만 아니라 줄기차게 민중들의 삶과 애환에 관심을 기울여 온 작가'[3]라고 평하고 있다. 또한 '대상을 정시(正視)

---

1) 소설집으로는 『열린 사회와 그 적들』(1993), 『고아떤 뺑덕어멈』(1995), 『자전거 도둑』(1996), 『눈사람 속의 검은 항아리』(1997) 등이 있으며 장편소설로는 『장석조네 사람들』(1995), 『양파』(1996)가 있다. 장편 창작동화 『열한 살의 푸른 바다』(1996), 짧은 소설집 『바람 부는 쪽으로 가라』(1996), 『달팽이 사랑』(1998), 미완성 장편소설 『동물원』, 산문집 『아버지의 미소』(1998)가 있다.

2) 최재봉, 「김소진을 추억하며」, <실천문학> 46권, 실천문학사, 1997, p.291 참고.

함으로써 관념에 갇히지 않으려는 작가의식을 견지(堅持)했던 작가'4), '누구나 다 너무나 가벼워질 대로 가벼워졌다고 하는 90년대의 현실을 너무나 진지하게 저작한 작가5)라는 평가를 받는 김소진은 한국 문학사에 있어서 짧지만 굵은 글을 남긴 작가이다.

80년대적 이념의 상실이 90년대 작가들의 당혹감으로 이어지고 과도한 개인 정서로의 몰입과 낭만 취향으로 흐를 때에도 그는 80년대의 기억을 송두리째 안고 있다. 그가 주로 착취당하는 외국인 노동자, 산업재해 문제에 부딪힌 노동자, 최로사업장에 나온 빈민층, 서울역 근처의 홈리스 등을 다루는 이유는 80년대적 모순이 지금까지 이어지고 있고 오히려 심화되고 있을 수도 있다는 생각 때문일 것6)이다. 그래서 그는 자신만의 독특한 시선으로 현실적인 문제에 대해서 접근하려 한다.

김소진의 작품 세계에 대해서 신승엽은 세 개의 계열로 분류하고 있다. '아비는 개흘레꾼이었다'는 명제로 수렴되는 자신의 가족사 이야기 계열, 80년대 후반 이래 시대의 변화에 대응하는 지식인의 자의식을 다룬 작품 계열, 그리고 마지막으로 미아리 길음천변의 달동네 민중들의 이야기7)이다. 그간의 김소진의 작품에 대한 연구는 '아버지 찾기' 모티프를 중심으로 진행된 감이 없지 않다. 그의 첫 소설집『열린 사회와 그 적들』서문에서 "데뷔작「쥐잡기」가 소설이기에 앞서 애틋했던 아버지께 부치는 제문이었듯이, 이후의 작품들도 그러한 제문의 범주에서 크게 벗어나지 못했습니다."8)라고

---

3) 신승엽,「어제의 민중과 오늘의 민중」, <창작과 비평> 97호, 창작과 비평사, 1997, p.324 참고.
4) 정호웅,「쓸쓸하고 따뜻한 비관주의」, <한국문학>, 한국문학사, 1997, p.270.
5) 조형준,「우리의 말없는 중심 소진형」, <한국문학>, 한국문학사, 1997, p.243.
6) 김만수,「가난이 남긴 것」,『자전거 도둑』, 문학동네, 2002, p.456.
7) 신승엽, 앞의글, p.325 참고.
8) 김소진,『열린 사회와 그 적들』, 솔, 1993, p.7.

그가 밝히고 있듯이 김소진의 소설에 있어서 아버지의 존재는 큰 의미와 비중을 지니고 있었다. 따라서 김소진의 아버지와 80년대 다른 작가들의 아버지상에 대한 연구가 많이 논의되었다.

1990년대는 주관주의·상대주의 교리가 지배하는 시대였고 후일담 소설이라든가 성장소설 등이 지배하는 기억과 회상의 시대였다. 이러한 시대의 초입에 등단한 김소진이 그의 정신 속에 깃들이고 있던 예의 두 경향 중 체험의 소설화에 기울었던 것은 자연스럽다. 그는 1990년대라는 검은 허방의 세계가 강요하는 체험의 형상화로부터 벗어나고 싶어했지만 결정적으로 그러할 수는 없었다.9) 가족사 이야기나 지식인의 자의식을 다룬 김소진의 일련의 작품들 그리고 가난한 민중에 대한 이야기들은 자신의 체험을 문학적으로 형상화 한 것이다. 김소진은 「달개비꽃」에 이르러서 체험만이 아닌 사회적인 문제에 대해서 풀어나가려는 시도를 한다. 김소진의 「달개비꽃」은 세 계열 중에서 굳이 분류한다면 마지막의 민중들의 이야기를 다룬 계열에 속할 것인데 이 작품은 단순한 민중들의 이야기에서 좀 더 심화된 것으로 외국인 노동자 문제에 대해서 다루고 있다는 점이 김소진 문학에 있어서 이 작품의 변별점이다. 이에 본고는 김소진의 소설을 아버지 찾기 등의 개인적 차원에서 벗어나 사회적인 차원에서 논의하고자 한다.

2. 기억과 현실의 새로운 접합

김소진의 「달개비꽃」에 대한 논의를 진행하기 위해서는 먼저 작품 안에 내재된 기억에 대해서 살펴볼 필요가 있다. 개인의 기억은

---

9) 방민호, 「검은 항아리 속의 눈사람」, <실천문학> 47호, 실천문학사, 1997, p.222.

그 사람의 평생을 지배하게 만들 수 있는 힘이 있다. 특히 어린 시절의 기억은 이후 삶의 방향을 설정해 주는 데 있어서 결정적인 역할을 하기도 한다. 작중 인물인 기태는 어린 시절 흑인 병사에게 성폭행을 당한 기억이 있다. 이는 기태의 무의식에 내재되어 흑인을 대할 때마다 문득 문득 그 기억이 떠오르곤 한다.

> 내가 뭐라고 뇌까렸는지, 철책 너머 흑인 싸즌 하나가 히물거리며 다가오고 있었지. 그의 손에는 바로 시레이션 박스가 들려 있었고 나는 그때 얼마나 자랑스런 표정으로 순임이를 돌아봤는가. 그러나 멀찌감치 세워둔 동생은 보이지 않았다.
> 헌데 더러운 깜둥이 개새끼! 시레이션 박스를 미끼로 내 손목을 낚아채 철책의 쪽문을 통해 안으로 끌어들인 깜둥이가 느닷없이 바지춤을 까내릴 때…… 순임이는 여태껏 그에 대해 한마디도 하지 않고 있지만 분명히 둔덕에서 다 내려다보고 있었을 거야. 이 오빠가 짐승처럼 당하는 꼴을 분명히 다 봤을 거야. 순임이는 밤늦도록 돌아오지 않았지. (106면10))

기태는 동생 순임이 '걸레빵'을 먹지 못하게 하기 위해서 시레이션 박스를 구해주겠다고 장담하고 흑인에게 접근한다. 그가 친구 철기에게 배운 꼬부랑말은 '아 월 낄 유'와 '헤이, 뻐꾸 미'였고 둘 중의 하나는 통한다고 믿고 있었다. 그의 말대로 흑인 병사는 그를 성적 대상으로 대했고 결국 동생 순임이 어디선가 보고 있는 가운데 그는 성폭행을 당하고 만다. 이후 기태는 그 일에 대해서 함구하려고 노력했으나 그 기억은 그의 현재를 지배하고 있다. 같은 기억에 대해서 피해자인 기태는 '자신의 육체와 함께 그 어두운 기억을 고요히 잠재우려' 애쓰고 있으나 동생 순임은 그때의 기억을 잊지 못한 채 부부 생활에 문제가 생겨서 남편과 부부 클리닉에 다니고

---

10) 김소진, 「달개비꽃」, 『자전거 도둑』, 문학동네, 2002. 이후 면수만 표기.

있다. 이는 어린 시절에 목격한 것에 대한 충격으로 성에 대한 부정적인 인식이 생긴 이유에서일 것이다.

기태는 아지드와의 권투 경기 도중에 흑인에 대한 과거의 기억이 떠오르면서 흑인인 아지드에게 반감이 생기게 되고 정신적으로 흔들리던 중 결국 권투 경기에서 지고 만다. 그러나 이후 기태는 아지드와의 우정을 통해서 흑인에 대한 기존의 인식에서 벗어나려고 노력한다. 아픈 기억을 극복하는 방식으로 순임은 남편과 부부 클리닉에 다니는 것을 택했고 기태는 아지드와의 우정을 통해서 흑인에 대한 인식을 바꾸는 것을 택했다. 즉 과거를 떨어내고 현재에 정면으로 맞대응하는 방식을 택한 것이다. 두 가지의 방식 모두 과거와의 무조건적인 단절이 아니라 아픈 과거를 보다 발전적인 현재로 바꾸어 나가려는 의식의 발로라 할 수 있다.

기태의 이러한 의식 전환은 이유없이 이루어진 것이 아니다. 과거에는 물론 그가 흑인에게 당한 피해자였지만 현재 한국에서 벌어지는 현실은 흑인 아지드가 피해자적 입장에 서 있기 때문이다. 그는 한국에서 일하고 있는 외국인 노동자의 현실을 누구보다 가까이에서 대하면서 그러한 현실에 대해서 분개하게 된다. 흑인 노예는 오래 전에 해방이 되었지만 한국에서는 현재 신노예제도가 존재하고 있다.

90년대 초중반 이후, 남한의 경제적 현실에 대한 확실한 지표 중 하나는 이른바 IMF와 최근 FTA협상에 이르기까지 남한이 신자유주의라는 전지구적 경제 체제에 확실하게 편입되면서 노동수출국가에서 노동수입 국가로 변했다는 것[11]이다. 선진국으로 노동력을 수출하던 나라에서 후진국의 노동력을 받아들이는 나라로 변하면서 우리는 이들에 대한 정치적 제도적 장치를 마련할 준비를 하지

---

11) 복도훈, 「연대의 환상, 적대의 현실」, <문학동네> 49호, 2006, p.476.

못한 채 외국인 노동자를 다수 받아들였다. 따라서 여기에서 파생된 여러 가지 문제점들이 나타나게 된 것이다.

노동이란 '도구를 사용하는 활동'이나 '의식적이고 합목적적인 활동'이 아니라 '자본에 의해 가치화된 활동'이다. 물론 우리는 자본주의에서 행해진 노예노동에 대해서 매우 잘 알고 있다. 그들은 노동력을 부분적으로 판매하지 않으며 자신의 노동력에 대한 소유권을 갖고 있지 못한 채 노동했지만 그들의 활동의 결과는 자본주의적 시장에서 상품화되었고, 그것으로써 그들의 신체 자체가 상품화되었음[12])을 알고 있다. '노예 아닌 노예'로 부리기 위해서 한국에 외국인 노동자를 들여오는 것이 당시의 현실이었다. 작품에 구현된 모습을 구체적으로 살피면 다음과 같다.

> 규식이놈도 처음엔 그랬었다.
> "햐 고거 가무잡잡한 게 얼굴도 반질반질허고 이거 은근히 땡기는데 응."
> 규식은 불두덩께를 쓰다듬으며 목울대가 출렁거리도록 침을 꿀꺽 삼켰다.
> "형님은 어떻소 잉? 우리가 맘만 먹으면 요리할 방법이 아주 없진 않은 것 같지 않우?"(108면)

> 규식은 자신이 무시당했다고 느꼈는지 냅다 달려들어 아지드의 정강이를 걷어찼다. 아지드는 그 자리에 풀썩 주저앉아 고통스런 표정을 지었지만 그건 그날의 서곡에 불과했다. 엎드려뻗쳐는 물론 유격장에서 하는 피티 체조를 비롯해 각종 얼차려, 심지어는 공장 앞 질척한 논바닥 주변을 낮은 포복으로 기게 만들었다. 심지어는 뺨 때리기를 비롯해 갖은 욕설을 퍼부어도 참게 하는 모욕참기훈련이라는 것도 잠깐 실시했다. (110면)

---

12) 이진경, 『자본을 넘어선 자본』, 그린비, 2005, p.139.

소위 기득권층인 한국인 중간 관리 계층과 소외계층인 외국인 노동자 사이의 차이는 극렬하게 드러난다. 외국인 노동자를 하나의 인격체로 대하기보다는 하나의 기계 부품만도 못한 존재로 인식하고 있는 당시의 풍조가 이 작품에 잘 드러나 있다. 얼굴이 반반한 여자 외국인 노동자는 성적 노리개로 전락할 가능성이 아주 농후했고 체격이 좋은 남자 외국인 노동자에 대해서는 육체적 징벌과 정신적 치욕을 안겨줌으로써 지배하려 했다. 이러한 행동에 의해서 이들 두 계층간의 차이와 갈등은 극대화되게 된다.

노동력이란 상품의 최저가치는 먹고살 수 있는 최소비용, 다시 말해 노동력을 다시 사용할 수 있는 상태로 재생산하는 비용[13]이다. 타인의 노동력을 사용해서 잉여가치를 획득할 수 있다는 사실은 그 노동력을 사용하기 위해 자본가가 돈을 지불할 이유가 된다. 이처럼 노동을 하게 하기 위해 노동력을 사는 것이 바로 '노동력의 상품화'다. 이런 점에서 노동을 통한 가치증식이 노동력 상품화의 논리적 이유를 제공한다면 거꾸로 노동력 상품화는 노동을 가치화하기 위한 현실적 조건을 제공[14]한다. 그러나 이러한 당연한 논리가 외국인 노동자에게 있어서는 당연하게 적용되지 않는 것이 현실이다. 선반 보조공으로 일하던 아지드는 공장에서 손가락이 잘렸지만 아무런 보상 없이 나올 수밖에 없었다. 불법으로 일하는 외국인 근로자이기 때문에 산재보험도 적용되지 않았던 것이다.

"이 개자석들이 정말 눈에 뵈는 게 없나 잉? 암만 깜둥이구 불법으로 외국에서 들어온 거시기라고 월급도 제대로 안 주며 부려먹다가 손가락꺼정 꿀꺽 해처먹어 사람 빙신 만들어놓고 이제 와서 허는 수작이 데려간 값 내놓으라고? 아나. 이 세상에 종자를 남길까 무서운 놈들

---

13) 이진경, 『자본을 넘어선 자본』, 그린비, 2005, p.134.
14) 이진경, 위의책, p.130.

아!" (119면)

"돈, 받았어?"
　어느 정도 낯이 익었을 때 한번은 아지드를 붙잡고 그의 잘린 손가
락 부위를 가리키며 물어보았다. 그러나 아지드는 엄지와 검지를 맞붙
어 동그라미를 만들어 보이고는 그 사이로 눈을 들이대고 익살스럽게
싱긋 웃는 것이었다. 한푼도 받지 못했다는 시늉이었다. 기태는 속에서
뭔가가 움찔하다 이내 사라지는 느낌이 들었지만 며칠 동안 불쾌한 감
정이 사그라지지 않았다. (111면)

　산업연수제도는 실제로는 노동력을 활용하면서도 그 노동력의
주체를 '근로자'로 인정하지 않았기 때문에, 여권압류, 감금노동, 사
업장내 폭행, 저임금, 임금체불 등의 인권 침해를 유발15)하였다. 한
국에 처음 들어온 외국인 노동자들은 대부분 산업연수제도에 의해
일을 하기 시작한 사람들이었다. 이들은 근로자가 아니기에 사회에
서 어떠한 보장도 받을 수가 없는 입장이었다. 우리는 이들을 일을
하기 위한 대상으로만 취급했지 권리를 실행할 수 있는 인간이라고
는 생각하지 않았던 것이다. 따라서 여러 가지 문제가 발생하는 것
은 당연한 수순이었다.
　산업연수제도와 연수취업제도는 미등록 노동자를 통제하는 기능
을 상실하였다. '불법체류자'를 없애기 위해 도입한 산업연수생의
대부분이 산업체를 이탈하여 미등록노동자가 되었을 뿐 아니라, 정
부의 입국 규제에도 불구하고 관광 사증을 발급받고 입국하여 미등
록 노동자가 되는 사람도 계속 급증하였기 때문16)이다.

　"이것 보쇼. 이 사람이 인종이 다르고 말도 다른 이국 만리땅에 와서

---
15) 김진균 편저, 『저항, 연대, 기억의 정치』2, 문화과학사, 2003, p.80.
16) 김진균 편저, 위의책, p.80.

먹고살겠다고 남들이 다 싫어하는 일도 기꺼이 마다지 않고 하겠
다……"

"아, 그걸 누가 모르나, 공자님 말씀이지."

"그럼 서로 이해하면서 감싸줄 것은 감싸줄 줄 알아야잖소? 돈 몇
푼 때문에, 내 말이 지나치다면 이해 좀 허시고, 사람을 함부로 막 하는
것도 큰 허물이잖소."

"어휴, 당신 아주 높으신 공장장이라서 그런지 아주 입깨나 여무셨
어 응? 물에 빠져도 입은 동동 뜨겠는걸. 그런데 문제는 나는 황인종이
고 저기는 깜둥이란 말이야. 이건 내 유일한 학벌인 국민학교에서도 다
배우는 사실이거든."(120면)

　　1980년대 후반과 1990년대 초 한국에서 일했던 외국인 노동자는
극심한 임금체불, 산업재해, 폭행, 성폭행 등 매우 심각한 노동권
및 인권 침해에 시달렸다. 피부색이 검고 체구가 작다는 이유로, 또
그들이 힘든 일을 묵묵히 감수하며 일한다는 점을 빌미로, 그들에
게 차별대우를 일삼는 한국인이 적지 않았다.17) 아지드에 대해서
차별대우를 하는 이유가 그의 피부색이라는 것은 한국 사회가 지닌
의식을 잘 보여주는 부분이다. 백인에 대해서는 굽히고 들어가면서
흑인에 대해서는 일종의 우월의식을 갖는 것은 잘못된 인식이지만
당시 사회에서 팽배해 있는 인식이었다. 이러한 현실적인 모습에
대해서 작가 김소진은 「달개비꽃」을 통해서 냉정하게 보여주고 있다.
　　1990년대의 한국 사회는 민주화가 진행됨과 동시에 권위주의의
지배에서 벗어나 닫힌 사회에서 열린 사회로 이행되는 시기였다.
따라서 다원성과 상대성을 중시하는 사회로 변화하는 한 가운데에
있었다. 하지만 사회적으로 열린 사회에 대한 인식이 일반 민중에
게까지 널리 퍼진 것은 아니어서 여전히 다른 사회에 대한 배타적
이고 이질적인 감정은 남아 있는 상태였다. 자신이 속한 계층이나

---

17) 김진균 편저, 앞의책, p.81.

계급에 대한 의식이 분명히 존재하고 다른 계층에 대한 차이를 인정하지 않고 배척하는 것이 실상이었던 것이다. 그래서 외국인 노동자를 대하는 이들 한국인 노동자의 태도는 '나는 황인종이고 저기는 깜둥이'로 대표되는 것이다. 칼 포퍼가 말하는 다원주의와 상대주의는 한국 사회의 현실적인 벽에 부딪혀서 그 한계성을 드러내고 있다. 그러나 그것이 꼭 실패는 아니었다. 그 한계성이 모든 사람에게 적용되고 있는 것은 아니기 때문이다. 개중에는 기태같이 '서로 이해하면서 감싸줄 것은 감싸줄 줄 알아야' 한다고 생각하는 사람이 존재한다. 김소진은 기태를 통해서 자신이 전달하고자 하는 메시지를 전한다.

기태의 흑인에 대한 개인적인 기억은 처음에는 한국에 있는 흑인노동자를 향한 적대감으로 표출되지만 곧 과거의 기억을 넘어서서 새로운 기억을 만들어내려 노력한다. 그 과정에서 피해자로서의 의식을 버리고 현실을 대하는 새로운 시각을 갖게 되는 것이다. 과거의 기억을 극복하고 새로운 현실을 접합시킴으로써 현실의 문제들을 타개할 가능성을 제시한다.

3. 차이를 인정하는 윤리의식

김소진에게는 확고하게 내재해 있는 명확한 윤리 감각이 있었다. 그것을 신승엽은 '함께 살아가는 것 그리고 함께 사는 삶에 대한 책임의식 정도로 규정될 수 있는 것이 그의 확고한 윤리감각으로서 거의 모든 작품을 일관하고 있'[18]다고 말하고 있다. 김소진의 환유적 열망은 나(자아)에게서 출발하여 세계로 확장되어 다시 자아로

---

18) 신승엽, 「어제의 민중과 오늘의 민중」, <창작과 비평> 97호, 창작과 비평사, 1997, p.328.

회귀한다. 그의 소설은 세계에 대한 근원적 불화를 서사구조를 통해 되씹어보고 반추해보는 과정[19]이다. 그의 작품이 초기에는 가족과 관련된 서사를 중심으로 나타났다면 그 이후에는 사회적인 자아로 나아가서 자신의 주변에 있는 소위 민중에게로 시선을 돌린다. 「달개비꽃」에는 그런 그의 윤리 의식이 잘 드러나 있다.

중요한 것은 김소진의 작품들 속에 인문주의자로서의 김소진의 면모가 드러나 있다는 점이다. 흔히 김소진은 이 시대의 많은 젊은 작가들과는 달리 소박하고 따뜻한 민중의 삶을 구체적으로 그려내는 작가로 이해되곤 했는데 이는 어쩌면 그의 특징을 전체적으로 파악하지는 못한 것이었다. 김소진에 대해 더 정확히 말하기 위해서는 김소진의 강렬한 역사의식, 현실의식을 염두[20]에 두지 않으면 안 된다.

김소진은 시대적 현실을 냉정한 감각으로 「달개비꽃」을 통해서 전달하고자 한다. 이 작품은 단순히 외국인 노동자인 아지드의 현실 상황을 보여주기 위한 작품이 아니라 기태와 아지드의 소통에 대해서 말하고자 한 것이다. 그리고 그 소통은 김소진이 가지고 있는 인문주의자로서의 윤리의식에서 비롯된 것이다. 한국인 중간 관리자인 기태와 외국인 노동자인 아지드의 정신적 연대를 통해서 문학이 현실적인 문제를 어떻게 해결하는가를 보여주려 한 것이다.

그간의 외국인 노동자 지원 단체는 한국인들과 외국인 노동자가 서로 한데 어울려 살 수 있는 삶의 지혜를 터득하도록 하는 데 운동의 초점을 맞추어 왔다. 그 단체들은 '외국인 노동자'를 시혜(施惠)의 대상이 아니라 자신의 삶을 진취적으로 개척하는 주체적 존재로

19) 고인환, 「결핍의 서사-김소진 소설 연구」, 『어문연구』 110권, 한국어문교육연구회, 2001, p.196 참고.
20) 방민호, 「검은 항아리 속의 눈사람」, <실천문학> 47호, 실천문학사, 1997, p.217.

보고 '그들이 국내에서 자립할 수 있도록 지원'하는 데 운동의 초점
을 맞추고 있으며 동시에 한국인들에게는 '매우 이질적인 문화를
간직한 외국인 노동자들과 같이 살 수밖에 없다'는 점을 강조하면
서 상생(相生)의 자세를 갖추어야 함을 강조[21]하여 왔다. 하지만 90
년대 당시의 한국인들은 물론이고 지금의 우리에게 있어서도 상생
은 그리 쉬운 일이 아니다. 기태는 외국인 노동자에 대해서 그들이
단순히 노동력을 제공하는 기계가 아닌 인간이라는 사실을 인정하
는 몇 안 되는 사람이었다.

> "어울려 다니는 게 아녜요. 전 공장의 책임자고 걔들은 다 내 밑의
> 직원이라구요. 엄니도 차암, 요즘 노동자 얻기가 얼마나 하늘의 별 따
> 긴 줄 아세요? 지저분하고 힘들고 그리고 사양길에 접어든 이런 공장
> 에 와서 일할 한국 연놈들이 몇이나 된다고 그래요? 다 선불 떼먹고 삼
> 십육계 치기 일쑤죠. 나처럼 중간 관리자가 됐으면 이렇게 같이 놀아주
> 면서 사람 관리까지 맡아야 한다구요. 다 그런 차원에서 일이 되는 건
> 줄도 모르고선 엄니는 괜히……" (102면)

볼트나 너트같은 단순한 기계의 부품으로 외국인 노동자를 대하
는 것이 아니라 '내 밑의 직원'이라고 자신있게 말하고 있는 기태를
통해서 외국인 노동자에 대한 작가의 인식을 알 수 있다. 기태는 이
들과 등산을 가기도 하고 다른 공장의 사람들로부터 지켜주기도 한
다. 중간 관리자인 기태가 이들을 대하는 태도가 다른 공장의 사람
들과는 다르기 때문에 처음에는 이들을 모멸적인 태도로 대하던 공
장 직원들도 점차 기태의 시각에서 이들을 바라보려 한다. 김소진
은 「달개비꽃」의 인물 형상화에 있어서 도식화되고 전형화된 인물
상을 제시하려기보다는 기태같은 새로운 의식을 지닌 인물을 그려

---

21) 김진균 편저, 『저항, 연대, 기억의 정치』2, 문화과학사, 2003, p.97.

내는 데 힘을 기울인다. 자본주의 사회에 있어서 훼손되기 쉬운 인간적 가치와 공동체적 유대의식을 지닌 인물을 형상화하려는 노력을 보여주는 것이다. 또한 달개비꽃의 상징적인 의미를 통해서 유년의 기억을 자연스럽게 현재로 끌어내며 소통의 가능성을 열어 보인다.

> 달개비꽃은 그때 기태가 순임을 위해 곧잘 목걸이로 만들어주던 꽃이었다. 들판이고 야산이고 봄부터 여름까지 흔하디 흔하게 피는 연보랏빛 꽃이었다. 순임은 그 꽃목걸이를 아주 좋아했다. 오빠, 이 꽃목걸이를 차고 있으면 왠지 엄마가 빨리 우리 곁으로 와서 데리고 갈 것 같애. 그렇지? 밤늦게 돌아온 순임은 달개비꽃 덩굴을 온몸에 친친 감고 있었다. (107면)

기태와 순임에게 있어서 달개비꽃은 특별한 의미를 지닌다. 단순히 산에 들에 흔하게 피어 있는 꽃이 아니라 엄마가 돌아올 것이라는 믿음을 지니게 해 주는 꽃이다. 달개비꽃을 꺾어서 꽃목걸이를 만들던 유년 시절에 대해서 기태도 순임도 행복했다고 반추하는 것은 달개비꽃이 행복의 의미를 지니기 때문이다.

> 이따금씩 서서 불빛을 뿌리고 있는 가로등 발치께에는 풀들이 담뿍 담뿍 무리져 있는 게 보였다. 기태는 그 풀들 사이에 어쩌면 철 이른 달개비꽃의 싹이 숨어 있을지도 모른다는 생각이 들었다. (124면)

이제 기태는 아지드와 자신이 있는 현재에서 그 달개비꽃의 싹을 찾으려 한다. 이들의 소통과 연대의식이 바로 달개비꽃에 내재된 힘이다. 화려하지는 않지만 누군가에게는 희망으로 존재할 수 있는 달개비꽃같은 의식을 지닌 기태는 아지드에게서 연대의식을 느끼게 된다.

외국인 노동자는 분명 우리와 다르다. 하지만 다른 것이 곧 틀린 것을 의미하지는 않는다. 차이와 연대라는 두 가지가 잘 섞여야 우리 사회는 좀더 발전적인 방향으로 나아갈 수 있을 것이다. 즉 차이들에 주목하면서도 한국인 노동자와 외국인 노동자 사이의 연대의 가능성과 필요성에 대해서 생각해야 한다. 같은 노동자로서의 공통점을 먼저 인식하고 서로의 속마음을 읽어낼 수 있는 능력이 필요하다. 주인과 노예의 관계가 아니라 노동자 대 노동자로서 대등한 관계망을 형성하는 것이 중요하다. 그런 후에 연대를 통해서 서로 발전적 전망을 내다볼 수 있을 것이다. 김소진이 이 작품에서 추구하려는 것 역시 함께 살아가는 방식에 대한 전망 제시이다.

자유와 평등이 사회통합의 두 가지 대원칙이라면 이 원칙을 보조하면서도 자유와 평등보다 한층 고차원적인 개념이 바로 '연대'의 원칙이다. '연대'란 사전적 정의대로 구성원간의 상호책임감, 서로에게 관심을 갖도록 강제하는 우의적인 연결 의식을 말한다. 상호책임과 공동체 의식을 강조하는 이 연대의 구호는 특히 사회적 위기의 시기에 빈번히 제기된다. 불황, 빈곤, 소외가 만연하는 상황에서 절실하게 요구되는 것은 이성에 기초한 사회적 연결의식인 '사회적 연대'22)이다. 김소진은 이 작품을 통해 외국인 노동자에 대해서 연민의 자세를 갖는 것은 옳지 못하다고 언표한다. 그들을 무조건적으로 피해자로 규정하고 그들에게 무언가를 베풀어야 한다는 것은 잘못된 인식이다. 연민이 아닌 연민을 넘어선 연대의 가능성에 대해서 생각해야 한다. 그것이 바로 이 작품을 올바로 읽어내는 방식일 것이다.

한국에 와서 일을 하는 외국인 노동자는 디아스포라이다. 디아스포라에게는 조국(선조의 출신국), 고국(자기가 태어난 나라), 모국

---

22) 최연구, 「자유주의의 한계와 '사회적 연대'의 모색」, <당대비평> 1호, 생각의 나무, 1997, p.100.

(현재 국민으로 속해 있는 나라)의 삼자가 분열해 있으며 그와 같은 분열이야말로 디아스포라적 삶의 특징[23]이다. 그러나 이제 '조국=고국=모국'의 요건을 충족시키는 사람들은 점점 줄어들고 있다. 한편 여기에는 하나의 항이 빠져 있다. 조국도 고국도 모국도 아니지만 다양한 이유로 오랫동안 체류하는 나라, 거주국[24]이 바로 그것이다. 외국인 노동자는 한국의 구성원 중 하나가 분명하지만 그들은 국민이 아니라 단지 체류자에 불과하다. 그들에게 있어서도 한국은 거주국일 뿐이다.

국적을 보장받을 수 없는 디아스포라의 공포는 실제적이고 구체적인 자극에 의한 것이 아니라 막연한 항시적 불안이다.[25] 한국에 거주하고 있는 외국인 노동자들은 한국 사회의 주류가 될 수는 없다. 하지만 그들은 분명 우리 사회에 필요한 존재이다. 우리와 다른 의식을 지니고 있지만 우리와 같은 목표를 지니고 살아가는 그들에 대해서 이제 차이를 인정하고 받아들여야 한다.

문화와 문화가 부딪힐 때는 대부분 다양성이나 다원주의 따위로 해소될 수 없는, 치명적인 오해와 심리적 상흔들을 남긴다. 이런 문제는 톨레랑스, 다원주의 등으로 대표되는 '세련된 관용'과 '웃는 무관심'으로 해결되지 않는다. 문화적 다양성이라는 합리적 관념으로 너와 나의 차이를 거리화/객관화하는 것으로는 이런 구체적 실감의 얽힘을 해결할 수 없다.[26] 어떠한 문제에 직접 부딪혀 보기 전까지는 그 문제에 대해서 알아낼 수가 없다. 외국인 노동자와의 소통의 문제 역시 그러하다. 그리고 이러한 소통을 위해서는 배척의 마음이 아닌 정당한 윤리의식을 지니고 있어야 한다. 윤리의식을

---

23) 서경식, 『디아스포라 기행』, 김혜신 옮김, 돌베개, 2006, p.114.
24) 정여울, 「'국경'의 다면체들 :『북간도』에서 『리나』까지」, <문학동네> 49호, 2006, p.458.
25) 정여울, 위의글 p.459.
26) 정여울, 같은글, p.466.

지닌 휴머니즘을 통해서 비로소 연대의식이 발현될 수 있을 것이다.

4. 나가며

김소진의 「달개비꽃」은 과거의 암울한 기억을 딛고 현실적인 문제를 해결하기 위한 기태와 아지드의 소통 가능성을 보여주는 작품이다. 과거의 기억을 현재와 단절시키는 것이 아니라 현재에 새로운 기억을 만들어냄으로써 현재적 시각에서 과거의 기억을 긍정적으로 변화시키는 것이다. 여기에 외국인 노동자인 아지드의 삶을 함께 살아가는 이웃의 삶으로 바라보려는 기태의 윤리의식이 접합되면서 새로운 세상에의 가능성을 보여준다.

본고에서는 먼저 김소진의 문학에 대해서 전반적으로 살펴본 다음 개인적 차원에서 사회적 차원으로 나아간 작품으로 「달개비꽃」을 선택했다. 그리고 개인적 기억이 사회적 현실과 접합하는 과정에서 외국인 노동자를 대하는 기태의 새로운 시각을 보여주었다. 1990년대의 한국 사회는 다원성과 상대성을 중시하는 사회로 변화하고 있었다. 그러나 여전히 열린 사회가 되기에는 타문화나 외국인에 대해서 배타의 의식이 짙게 남아 있었다. 그러한 접점에서 기태는 자신의 불행한 기억을 외국인 노동자에 대한 새로운 인식으로 바꾸면서 보다 사회적인 인식으로 전환시킨다.

작가 김소진에게 있어서의 휴머니즘과 윤리의식은 작중인물인 기태에게 고스란히 나타나게 되는데 이는 한국인 중간 관리자인 기태와 외국인 노동자인 아지드 사이의 정신적 연대를 통해서 알 수 있다. 다른 것을 무조건 배척하지 않고 차이를 인정하고 받아들이는 기태의 모습을 통해서 바람직한 관계 형성과 소통의 가능성에 대해서 생각해 볼 수 있다.

달개비꽃은 기태와 여동생 순임의 행복했던 시절을 떠올리게 하는 매개체이다. 아지드를 보며 달개비꽃을 떠올리게 된 기태는 이제 흑인 병사에게 성폭행 당하던 기억에서 벗어나 흑인인 아지드에게서 새로운 흑인의 기억을 만들어낼 수 있게 되었다. 부정적인 관계 형성을 바로잡고 긍정적인 형태로의 전환을 꿈꿀 수 있게 된 것이다.

자본주의 의식이 팽배한 현대 사회에 있어서 인간성의 회복을 추구하자는 것은 어쩌면 약한 외침일지 모른다. 그러나 가진 자와 못 가진 자로 나누는 이분법적 사고에서 벗어나 함께 살아가는 방식이 무엇인지에 대해서 깊이있게 생각할 필요가 있다. 현대 사회는 오늘의 가해자가 언제 내일의 피해자가 될지 모르는 실정이다. 우리가 소위 선진국에 가서 겪어야 했던 외국인 이주 노동자로서의 삶이 한국에 온 네팔, 방글라데시, 필리핀 등의 외국인 노동자들에게 되풀이되는 것은 옳지 않다. 외국인 노동자와의 소통을 통해서 사회를 보다 발전적인 방향으로 나아가게 하는 힘이 바로 연대의식이다. 그리고 이러한 연대의식은 윤리의식과 휴머니즘을 통해서 나타날 수 있다.

5 · 18 기억의 재현과 치유의 윤리학
－ 8 · 90년대 중단편소설을 중심으로

1. 5 · 18과 기억의 서사

 이 글의 주제인 '기억'은 광주에서 온 것이다. 고통의 몇 겹을 벗겨내고서야 만날 수 있는 1980년의 5월 광주는 그 자체로 망각되지도, 망각할 수도 없는, 기억되어야 할 시공이다. '5 · 18'은 한국근현대사는 물론 근현대문학사에서도 사유 방식의 전환을 가져온 분수령적인 사건이다. 이 사건은 권력을 폭력화한 국가독재에 대한 항거의 표출인 동시에 독재의 청산과 민주화를 위한 준비의 표징이었으며, 변화의 한 복판에 있는 과도기이기도 하다. 또한 5 · 18이라는 사건은 독재와 민주의 쟁투장으로 역사의 주체가 새롭게 형성되는 주체 생성의 장이기도 하다. 이러한 복합적인 의의를 지니고 있는 사건이 곧 광주가 지니고 있는 중층적 의미이다.

 이 사건은 그간의 정치적 폭력과 군부 독재의 모순과 억압이 폭발적으로 분출된 것이다. 그 과정에서 현장에 있던 당사자뿐만 아니라 민족 전체가 직간접적인 '죄의식'을 갖게 되었고, 끔찍한 참상을 애써 외면하려는 어떤 '망각'에의 욕망이 있다. 적어도 광주의 참상을 아는 사람 중에 각인된 죄의식과 망각의 욕망 사이에서 자유로운 이는 없을 것이다.

 5 · 18의 참상이 기록1)으로 나타난 것은 사건이 일어난 한참 후

---

1) 최근 5 · 18에 대한 기록화 작업이 활발하게 이루어지고 있다. 4 · 3연구

인 1985년 황석영의 『죽음을 넘어 시대의 죽음을 넘어』부터이다. 86년도 이후와 90년대 초반까지 중단편소설이 주를 이루고 있으며, 장편소설로 형상화된 것은 95년을 넘어서면서부터이다. 시대의 아픔에 대한 재현은 먼저 증언(다큐) 형식으로 나왔고, 소설로 형상화된 것은 그 후의 일이다. 소설이 후에 나온 이유는 장르의 속성상 사건에 대한 자료의 정리와 조망할 시간을 필요로 하는 점에서 늦게 산출되었을 뿐만 아니라 5·18이라는 사건 자체의 고통의 무게가 너무나 컸기 때문이었을 것이다.

소설 언어는 사회를 담는 도구이며 이데올로기적 실체다. 소설은 객관적인 증언을 넘어 작가의 상상력으로 이루어져 있어 5·18이라는 특정 사건에 대한 다양하고 복합적인 문제의식을 추출할 수 있다.[2] 의미의 '복합성'은 역사로부터 생성되는 것이 아닌 그 역사적 순간을 기억하는 개별자들에 의해서 추동된다. 그런 의미에서 역사와 기억은 구별되어야 한다.

　　기억과 역사. 이 둘은 결코 동의어가 아니다. 오늘날 우리가 알고 있

소와 5·18연구소의 결과물인 『기억투쟁과 문화운동의 전개』(역사비평사, 2004)와 『항쟁의 기억과 문화적 재현』(선인문화사, 2006) 그리고 5·18기념재단이 펴낸 사료, 인물, 문학 등에 걸쳐 총망라된 집적물인 『5·18의 기억과 역사 1, 2』와 『5·18 민중항쟁과 법학』, 『5·18 민중항쟁과 문학·예술』은 지금까지 이루어진 작업에 대한 결과물이라고 할 수 있다.
2) 5·18을 담은 중단편소설에는 80년대 소설의 경우 김남일의 『망명의 끝』, 김중태의 『모당』, 김신운의 『낯선 歸鄕』, 김영옥의 「남으로 가는 헬리콥터」, 문순태의 「일어서는 땅」, 백성우의 『불나방』, 정도상의 「십오방 이야기」와 「저기 아름다운 꽃 한 송이」, 윤정모의 「등나무」와 「밤길」, 이명수의 「저격수」, 임철우의 「봄날」·「직선과 독가스」·「동행」·「사산하는 여름」·「불임기」, 한승원의 「당신들의 몬도가네」, 홍인표의 「부활의 도시」, 홍희담의 「깃발」, 최윤의 「저기 소리없이 한 점 꽃잎이 지고」 등이 있다. 90년대 소설로는 공선옥의 「씨앗불」·「목숨」·「목마른 계절」, 정찬의 「완전한 영혼」·「새」·「아늑한 길」·「슬픔의 노래」, 주인석의 「광주가는 길」, 이순원의 「얼굴」, 한승원의 「어둠꽃」 등이 있다.

듯이 이들은 어떤 점에서는 대립어이다…기억은 항상 현재 활성화되고 있는 현상이며, 영원한 현재에서 체험한 구속력이나 그에 반해 역사는 과거의 재현에 불과하다…기억은 회상을 성스럽게 하나 역사는 그것을 추방한다. 말하자면 역사가 하는 일이란 탈마법화이다. 기억은 집단에서 성장하여 맥락을 창출한다…그에 비해 역사는 모두에게 속하지만 아무에게도 속하지 않는다. 이렇게 하여 역사는 보편자라는 이름을 얻게 되었다.[3]

보편자로서 행하는 역사의 폭력과 탈마법화에 대항하는 것은 과거의 재현을 넘어 현재를 활성화하고 맥락을 창출하는 (대항)기억[4]이다. 소설에서 5 · 18의 광주를 누구의 관점에서, 어떻게 기억하느냐에 따라 그 사건의 의미는 달라진다. 다시 말하면, 그것을 바라보는 초점이 가해자에게 맞추어졌는가, 피해자에게 맞추어졌는가에 따라 그 재현 방식은 달라지며, 그에 따라 기억이 드러내는 진실의 '실체'도 새롭게 인식될 것이다.

소설은 인간의 삶을 재현해내는 개별적인 서사물이다. 작가가 5 · 18을 어떻게 호명해 내느냐의 문제는 작가의 의식뿐만 아니라 그 사건에 대한 시대적 의미를 구명하는 일과 관련된다. 따라서 그 사건을 재현하고 있는 소설들을 검토하는 일은 그 사건이 지닌 지

3) Pierre Nora, *Zwischen Geschichte und Gedachtnis*, Berlin, 1990.12, 알라이다 아스만(백설자 외 역), 『기억의 공간』, 경북대학교 출판부, 2004, 167쪽에서 재인용.
4) 푸코는 니체를 자신의 주장의 전거로 삼아 우리에게 기억된 역사란 대부분 지배 권력의 담론이 구성한 승리자의 역사임을 주장한 바 있다. 동시에 이러한 역사의 공식적이고 지배적인 기억이 망각시킨 잃어버린 역사를 재구성할 수 있는 '대항 기억counter-memory'이란 개념을 만들어냈다. 푸코에 따르면, '대항 기억'은 기원이라 불리는 거대한 사회적 연속성의 기억에 맞서 오히려 우연적 요인들로 간주된 미세한 일탈들이 만들어내는 불연속적 · 단층적 출발점들에 대한 기억이다.(미셀 푸코, 『니체, 계보학, 역사, 지식의 전복에 대하여』, 최문규 외, 『기억과 망각』, 책세상, 2003, 198쪽 각주 75번에서 재인용.

속적 혹은 단절적 의미를 추적하는데 의미가 있다. 특히 5 · 18과 같은 고통과 살육과 죄의식이 지속되고 있는 경우, 그에 대한 기억을 담아내는 일이 중요하다. 끔직한 장면을 기억해내는 것은 고통을 수반하지만, 그 고통을 극복하려는 의지가 있을 때에만 치유도 가능해질 것이다.

당시의 고통을 불러내 치유할 수 있는 도구는 단연 언어를 통한 기록(서사화)일 것이다. 언어는 가장 강력한 기억의 안정 기제이다. 서사텍스트야말로 사진으로 남은 기억의 이미지를 살아 있는 기억으로 옮겨 놓을 수 있는 유일한 것5)이다. 다시 말하면 이런 점에서 기억은 하나의 사건을 현재화하는 회로로서 중요한 의미를 지닌다. 특히 서사는 다른 매체보다도 사건을 현재화하는 유효한 매체이다. 예술적 회상은 저장으로서 작동하는 것이 아니라 오히려 기억과 망각을 부각시키면서 저장을 가상적으로 만들어 낸다. 그런 이유로 예술가들에겐 기술적인 저장만이 중요한 것이 아니라 그들의 예술적 토대가 되는 '상흔'이 중요한 대상으로 부각된다. 이러한 '흔적'으로서 과거의 것은 결코 완전한 물질적 존재로서 기억되는 것이 아니라 텍스트 내에서 '간직하기 · 지우기' 과정을 거칠 수밖에 없으며, 또한 특정 텍스트의 흔적은 또 다른 텍스트의 매개를 필요로 함으로써 상호 텍스트성의 관계가 형성된다.6)

그런데 기억하는 행위는 기술하는 자의 선택과 배제의 속성을 띠

---

5) 알라이다 아스만, 앞의 책, 285쪽. 아스만의 『기억의 공간』은 문학작품과 각종 텍스트, 신화와 종교적 제의, 기념물 및 기념 장소, 문서보관서 등을 통해 기억의 개념, 기억의 매체, 기억 연구의 의의 등을 정리하고, 더 나아가 기억의 문화적 재현을 모색하고 있는 의미 있는 저작이다. 우리의 경우 현대뿐만 아니라 '상흔'으로 대표되는 과거의 사건(식민지, 6 · 25 전쟁, 4 · 3사건 등)을 연구하는데 참조점이 될 것으로 보인다. 이 저작은 기억 연구를 시작하는 본 연구자에게 많은 흥미와 큰 도움을 주었다.
6) 최문규 외, 앞의 책, 37쪽.

는 바, 진정한 원상의 치유와 새로운 역사에의 생성을 담지하는 기억의 드러냄이야말로 가장 '윤리적'인 행위일 것이다. 이런 기억의 예술화(서사화) 과정은 곧 집단의식에 있어서 망각과 추방이 얼마만큼 진행되었는가 하는 상태에 대한 거울이요, 그에 대한 척도[7]이다. 따라서 소설에 형상화된 '5·18 기억의 서사화와 치유의 윤리학'의 관점에서, 중단편소설에 호명된 5·18의 실체와 '기억'의 의미에 대해 살펴보고자 한다. 소설에 '5·18'이라 불리는 사건, 곧 광주의 기억이 어떻게 재현되고 있으며, 기억의 재현 방식을 통해 드러나는 윤리적 태도는 무엇인가. 고통의 재현과 치유의 윤리학에 대한 올바른 정립은 5·18이라는 사건이 한국의 역사에만 머무는 것이 아니라 국가 폭력과 인간 주체의 문제가 대두될 경우 인류의 역사에서 어떤 지향점을 제공할 수 있을 것이다.

2. 고통에의 증언과 기억의 활성화

그간 5·18소설에 대한 분석은 주로 당시의 현장에 대한 형상화와 역사, 민중, 국가폭력이라는 관점에서 이루어져 왔다. 거시적 관점의 분석은 사건을 고발하고 계급적 정치적 모순을 폭로한 점에서 중요한 의미를 갖는다. 그런데 이러한 틀은 가해자와 피해자, 억압과 핍박, 국가폭력과 민중의 이항대립적인 구도를 전제로 하고 있다는 점에서 거대 담론의 억압성을 벗어나기 어렵다. 또한 80년대를 부각시키는 계급문학적 당파성의 관점에서 광주소설을 민중적 주체로 읽어내는 독법 또한 광주가 함의하는 개별적 진실을 간과할 우려가 있다.

---

7) 알라이다 아스만, 앞의 책, 60쪽.

하나의 사건에 대한 특정 시각을 통한 과거의 현재화, 곧 재구성 작업은 재구성 대상의 진실을 얼마나 충분히 포착하고 있는가 하는[8] 근본적인 물음이 전제되어야 한다. '진실'은 지배적 담론으로 언표화할 수 없는 틈새의 발견과 그에 대한 개입이 함께 이루어질 때 전 면모가 파악될 수 있기 때문이다. 특히 틈새에의 개입은 타자의 위치를 새롭게 바라보는 일이다. 왜냐하면 집단화된 기표에는 무수한 타자의 목소리가 억압될 가능성이 크기 때문이다. 우리는 폭도의 반란에서 민중항쟁으로 변화된 시대의 흐름에서도 여전히 억압된 타자가 있음을 기억해야 한다. 이것이 당시의 고통의 기억을 증언하는 서사가 주의 깊게 다루어져야 하는 이유이다.

5·18에 대한 기억은 어떤 형상으로 우리에게 다가오는가. 여러 작품 중에서 기억의 문제를 서사화한 작품에는 『꽃잎처럼』(풀빛, 1995)에 수록된 정찬의 「완전한 영혼」, 이순원의 「얼굴」, 최윤의 「저기 소리없이 한 점 꽃잎이 지고」, 임철우의 「봄날」, 그리고 『부활의 도시』(인동, 1990)에 수록된 한승원의 「어둠꽃」, 임철우의 「어떤 넋두리」, 박호재의 「다시 그 거리에 서면·2」, 김신운의 「낯선 歸鄕」, 이삼교의 「그대 고운 時間」, 백성우의 「불나방」이 대표적이다. 기억 서사를 다룬 작품 중에는 형상화의 실재성이나 정치적 독법으로 읽어내는 연구에서는 주목받지 못한 면도 많다. 그 이유는 미학성의 결여를 포함하여 어떤 광포한 현장이 아닌 개별 기억주체의 눈으로 후일담 형식으로 서사화되고 있기 때문일 것이다. 어떤 의미에서 고통의 심연을 증언하고 윤리적 책임과 힘겹게 싸우고 있는 기억 주체들은 문학의 지배적 담론에서 또 다시 '억압'되고 있는 듯하다. 이제 이들 작품을 중심으로 기억을 통해 현현되는 5·18의 또 다른 역사적 진실을 들여다보자.

---

8) 이성욱, 「오래 지속될 미래, 단절되지 않은 '광주'의 꿈」, 『비평의 길』, 문학동네, 2004, 330쪽.

이들 작품의 지배적인 정서는 비극적이다. 작중인물들은 공통적으로 어떤 병증을 지니고 있다. 외형적인 고통을 호소하는가 하면 잠재된 형태로 삶 자체를 뒤흔드는 공포에 갇혀 살기도 한다. 이들 작품에서 빈번하게 재현되는 고통의 순간은 서사를 지탱하는 중심 축을 이룬다. 서사 공간의 인물들이 겪는 고통은 가족을 포함한 주변 인물들에게 감염되어 정상적인 삶을 기대하기 어렵게 한다.

> 아들의 시체의 눈에 구더기가 생겨 꿈들거리면서 안구가 움직이는 것처럼 보인 그날 밤부터 달중 씨는 숨 넘어가는 천식의 발작으로 괴로와하기 시작했다.
> 영문모를 그 천식의 발작은 달중 씨가 당하는 육체적인 고통만큼이나 병수의 일가를 괴롭혔다. 손바닥만한 연탄가게를 닫아놓고, 그날부터 병원 순례가 시작되었다. 대학병원으로 기독병원으로 개인병원으로 여기저기 내과와 이비인후과를 찾아다녔다. 소문을 듣고 족집게같이 영험하다는 점쟁이를 찾아가고 박수를 불러 굿을 하기까지 했다. 그렇지만 달중 씨의 저주받은 기침은 멎지 않았다.(「낯선 歸鄕」, 175쪽)

어둠 속에 우울한 유령들과도 같은 저주받은 기침은 개인뿐만 아니라 개인이 속한 가족(집단)에게도 전이된 고통을 지속시킨다. 주체에게 있어 기억하는 행위란 곧 고통을 드러내는 방식이며, 이때 고통은 "기억술의 가장 강력한 보조 수단"이 된다. 기억을 주서사화하는 과정에서 극대화된 고통은 광주의 참상을 불러내는 가장 아프고도 강한 충격을 준다.

정찬의 「완전한 영혼」은 87년 겨울 12월의 대통령 선거 결과의 참담한 패배로 인해 잔인한 시간을 보낸 내가 장인하라는 인물을 통해 새로운 인간형을 인식하게 되는 1인칭 관찰자 시점의 소설이다. 허망의 늪에서 간신이 나와 생계를 위한 일상인의 모습으로 생활하고 있는 나는, 일상의 모습을 혐오하는 나의 무의식과 충돌하면서 고문을 받던 그 굴욕의 시간을 반복해서 회상한다.

　열패감으로 돌아나는 기억은 유효기간이 없는 상처와도 같다. 상처 혹은 진실의 부재를 다시 떠오르게 한 것은 '봄날'이다. '봄날'은 기억을 떠올리게 하는 보이지 않은 힘이자 광주를 되살리는 반-시간이며, 찬란한 오월 광주의 비극을 환기하는 기억의 메타포이다. 봄날의 정점에 출판사에서 만난 장인하가 있다. 그는 인쇄공으로 오월 현장에서 무고하게 공수부대에게 폭행을 당해 청력을 잃은 인물이다. 내가 만난 그를 통해 '우리'는 5월이 오면 괴로운 소리들이 극성을 부리는 80년 5월의 광주를 다시 만나게 된다. 5월만 되면 드러나는 광주의 비극적 고통은 짐승의 논리로밖에 말할 수 없는 폭력 그 자체이다. 그 이상스러운 비극은 광주의 참상이 폭력적 현장뿐만 아니라 무차별적인 피해자의 목숨을 대가로 치러졌다는 것을 의미한다. 장인하라는 인물은 "이 도회지 안에 그렇게 헷가닥해 버린 여자들 무지하게 많아. 남자들도 도라이 되어버린 사람들이 헤아릴 수 없이 많고……시내 정신병원이 대만원이란다. 그 일이 일어난 뒤로, 이 도회지 사람들 겉은 멀쩡한 것같지야? 그렇지만 속은 다 흐물흐물 흔들려 있어. 연장으로 무얼 만들다가 다친 손가락 끝에 생긴 피멍 같은 것이 수천 개씩 들어 있는"(「어둠꽃」, 33쪽) 이름도 없이 숨겨간 역사적 피해자들의 표상이다.

　이순원의 「얼굴」은 광주에 참여한 공수특전단 부대원으로 87년 이후 광주가 고향인 여자를 만나면서부터 테이프 속의 자기 얼굴을 찾는 '그'에 관한 이야기다. 그는 여자의 오빠가 광주에서 죽음을 당했다는 가족사적 비극을 들은 후에 불면증과 불안감으로 고통의 기억을 떠올린다. 가해자의 시선으로 광주의 참상이 그려진 점에서, 결국 살육의 가해자 역시 또 다른 피해자라는 공감을 얻어낸 의미 있는 작품이다. 광주청문회가 진행되는 동안 그는 광주 학살 진상 사진을 쳐다보면서 자신의 얼굴을 찾으며 불면의 날을 보낸다.

불을 끄고 누워서도 좀처럼 잠이 오지 않았다. 저는 그 당시 저희를 때렸던 공수부대의 얼굴을 역력히 기억하고 있습니다. 기억하고 있습니다. 기억하고, 기억…… 혹시 그가 기억하고 있는 것은 바로 내 얼굴이 아닐까.(「얼굴」, 120쪽)

'나'가 직면하고 싶지 않은 기억은 그 현장에 있었던 또 다른 무수한 '나'의 망각 욕망에 다름 아니다. 장인하와 그가 감당하고 있는 악몽 같은 그 기억들은 현대사의 집단적 무의식의 '흔적'이다. 엄마의 손을 놓아버린 후 정신을 잃고 돌아오지 않는 오빠를 찾아 떠도는 저주의 화신인 소녀의 고통을 그린 최윤의 「저기 소리없이 한 점 꽃잎이 지고」와 성경의 인물 카인과 아벨의 이야기를 자신에 빗대어, 친구 명부를 죽게 했다는 죄의식에 시달리는 상주의 고통을 그린 임철우의 「봄날」은 특히 신체적 정신적 고통과 함께 짙은 죄의식을 동반하고 있다.

"오월, 그 마지막 날 새벽, 명부는 죽음을 당하기 바로 전에 정말 상주의 집을 찾아갔었을까. 그리고 명부가 애타게 문을 두드리는 소리를 빤히 들으면서도 자신은 꼼짝않고 이불 속에 누워 있었노라는 상주의 말은 과연 사실일까."(「봄날」, 351쪽)

하는 과거 '사실'에의 물음은 강박적인 심리적인 기억 행위와 맞닿아 있다. 이때 사실의 여부는 상주에게 더 이상 중요한 사안이 아니게 된다. 쫓기는 친구를 외면했다는 죄의식은 '거짓'임이 판명되는 순간에도 여전히 지속된다는데 문제가 있는 것이다. 왜냐하면 어떤 사건에 대한 의미 부여는 적응의 문제일 뿐만 아니라 자기규정(정체성)의 문제[9]이기 때문이다. 상주의 죄의식이 성경에서 근친

---

9) 알라이다 아스만, 앞의 책, 334쪽.

살육을 자행한 동생 아벨을 죽인 카인과 등치되는 것도 이 때문이다.

이러한 개별 주체의 기억으로 환기되는 자기규정과 비유의 서사
는 문서화된 기록으로 채워지지 않는 어떤 잉여의 의미를 산출한
다. 왜냐하면 서사 주체의 기억이란 기록물보관소로 대표되는 텍스
트화된 저장 기억이 아닌 그 이면의 잉여적 틈새를 표상하는 활성
기억10)으로 작용하기 때문이다. 서사의 의미가 유효한 것은 저장기
억11)으로 포섭될 수 없는 개인들의 활성기억으로 확산될 수 있는

---

10) 알라이다 아스만은 그의 저작 『기억의 공간』에서 기억을 크게 활성적
기억(기능기억)과 비활성적 기억(저장기억)으로 나누고 있다. 그 특징은
다음과 같으며, 본 연구에서 주목하는 기억은 주체들의 활성적 기억의
서사화이다.

활성적 기억	비활성적 기억
- 기억은 집단, 제도, 개인일 수 있는 보유자와 결부되어 있다.	- 특수한 보유자로부터 분리되어 있다.
- 과거, 현재와 미래를 연결하는 다리를 놓는다.	- 현재와 미래로부터 과거를 철저하게 분리한다.
- 이것은 기억하고 저것은 잊어버리면서 사건을 선별적으로 처리한다.	- 모든 것에 관심이 있고, 모든 것이 동등하게 중요하다.
- 가치들을 중재하는데, 그 가치에서 정체성의 특성과 행동규범이 생기게 된다.	- 진리를 찾아내고 동시에 가치와 규범을 멀리한다.

11) 5 · 18에 관한 일반적인 기록 중 소설에서 중점적으로 그려진 내용만(논
문의 분량을 고려하여)을 제시하면 다음과 같다.(전체 기록은 5 · 18연
구소의 5 · 18 관련 자료 참조)
5월 18일(일요일, 맑음)
　• **10시 15분 : 곤봉을 휘두르는 공수부대원들의 진압으로 학생들이
피를 흘리며 쓰러짐**
5월 19일(월요일, 오후부터 비)
　• **3시 00분 : 증파된 11여단 병력, 광주역 도착**
　• **10시 00분 : 시민들 수가 점차 불어나면서 금남로에서 공수부대원**

점이다.

각주 11번에 기술된 굵은 글씨 부분은 기억 서사에서 자주 등장하는 장면이다. 광주에 대한 기억 서사에서는 기록의 부분들이 다른 소설들보다 적게 삽입되는 것도 한 특징이다. 또한 소설에 나타나는 시체안치소의 사망자 수와 기록상의 사망자 수가 엄청난 차이를 보인다. 이러한 부분은 '사실(다큐)'와 '허구(소설)' 부분의 간극이며, 이 양자가 '진실'과 어떻게 연결될 수 있는지 짚어봐야 할 대목이다. 이러한 기억들은 작품에서 부분적으로 삽입되면서 활성적인 기능기억에 대한 교정책으로서뿐 아니라 기능기억을 입증하고 지지하고 교정하는 역할을 수행한다. 그와 관련된 개인 주체들의 기억은 고정된 기록들을 선별하고 활성화함으로써 사건들과의 연결고리를 생성한다. 사료적으로 저장된 기억에 진실의 울림을 부여

들과 투석전 전개
5월 20일(화요일, 오전에 약간의 비)
• **20시 10분 : 시민들이 도청을 향해 금남로, 충장로, 노동청 방면에서 공수부대, 경찰과 대치**
5월 21일(수요일, 맑음)
• **13시 20분 : 청년들이 금남로에서 공수부대의 집중사격을 받고 계속 쓰러짐**
• **15시 48분 : 공수부대원들이 주요빌딩 옥상에서 시위대를 향해 조준사격**
• **16시 00분 : 화순, 나주지역에서 무기 획득한 시위대들이 도청 앞에서 시가전 전개**
5월 22일(목요일, 맑음)
• **9시 00분 : 도청광장과 금남로에 시민들 집결**
5월 23일(금요일, 맑고 한때 흐림)
5월 24일(토요일, 오후에 비)
5월 25일(일요일, 비)
• **24시 00분 : 시내전화 일제히 두절**
5월 27일(화요일, 맑음)
• **3시 00분 : 탱크를 앞세운 계엄군 시내로 진입하기 시작. "계엄군이 쳐들어옵니다. 시민여러분, 우리를 도와주십시오."라는 여성의 애절한 시내 가두방송**

하는 것은 개별자들이 겪은 현재진행중인 고통의 기억이다. 한 마디로 광주소설에 나오는 개인적 집단적 기억의 고통과 신체와 정신에 가해진 고통이야말로 진실에 대한 가장 중요한 기준이며, 고통의 심연은 무엇보다도 전이를 통해 가장 잘 확인될 수 있는 것이다.

3. 문자 · 감각 · 몸을 통한 기억의 소환

기억의 서사를 담당하는 인물들은 손상된 자아들이다. 신체적 정신적 고통은 물론 끝없는 죄의식에 갇혀 피폐된 자아이다. 유폐되고 손상된 자아는 정신적으로나 육체적으로 전혀 자신의 환경을 통제할 능력이 없으며 그의 언어가 능동적 힘을 가진 함축성을 모조리 잃어버린[12] 상태이다. 그럼에도 이들에겐 능동적 힘을 대체하는 기억을 전달하는 매체가 있다. 개별 기억들이 통합되고 갈등하면서 집단기억을 형성, 전수, 변화시키는 메커니즘을 제대로 규명하기 위해서는 기억의 '매체'에 대한 관심이 필수적이다. 광주 서사의 매체는 주로 기억의 가장 중요한 수단인 문자언어와 특정 계기가 조건화 되면 일으키는 각인된 감각과 몸이다.

먼저 기억의 문자적 양식을 가장 잘 보여주는 작품은 박원식의 「방패 뒤에서」이다. 작품의 서두 부분을 인용하면 다음과 같다.

오치일의 노우트에 대한 연구원의 소견

처음에 오치일의 노우트는 해독이 어려울 만큼 난삽한 상태였다. 깨알같은 글씨로 괴발개발 휘갈겨져, 세찬 바람결에 쓰러진 잡초 무성한 콩밭 따위를 연상시켰다.

---

12) 알라이다 아스만, 앞의 책, 335쪽.

그러나 본 연구원은 이내 사로잡히기 시작했다. 기록자의 생생한 육성이 울려 왔던 것이다. 그렇다. 그것은 무엇보다 생생했다. 누운 자획들을 일으켜 세우는 등 형식상의 몇 가지 정비를 완료했을 때 그 누추한 외모가 벗겨지고 마침내 거센 숨결에 휩싸여 생동하는 동체 하나가 드러나는 것이 아닌가. 그러자 거기에 또 하나의 '5월'이 있었다.

오치일의 노우트는 소포꾸러미로써 우리 '역사재료연구소'에 배달되었다. 소포의 발송자는 양현군이라는 가명의 남자였다. 양씨는 노우트를 발송하게 된 경위를 비교적 상세히 기술한 편지를 동봉하였다. 양씨의 덕분에 우리는 뜻밖의 귀중한 자료 하나를 추가한 셈이다. 그것은 기초 자료의 하나로서 연구되고 규명될 것이다. 그것은 또한 여타의 사료들과 마찬가지로 컴퓨터의 훌륭한 기억창고에 입력되는 한편 미구에 인쇄소로 넘겨질 것이다.

우리 연구소는 이미 수백여 건의 5월 관계 목격·체험담을 채록하였다. 천장까지 빼곡 차오른 채록들의 분량과 무수한 육성 테이프들을 바라볼 때마다 자부와 함께 비애를 느낀다.

그것들은 하나같이 통한의 증언들이기 때문이다. 우리는 도처에서 당한 자들의 고통과, 치유의 길을 모르는 채 여전히 계속되는 비극의 얼굴들을 확인했다.

한 가지 아쉬운 점은 가해자측의 시각이었다. 기껏 단편적인 관변의 증언에 접할 수 있었으나 왜곡과 자기방어의 변에 급급했다. 사태의 중심에 직접 투입되었던 사람일수록 당연한 듯 입을 옥다물었다.

오치일의 노우트는 그런 점에 있어서 단연 소중한 의미를 지닌다. 그는 당시 경찰기동대의 내무반장으로서 분명한 가해자측의 일원이었다.(「방패 뒤에서」, 231-2쪽)

길게 인용한 이유는 총기 난사로 사형선고를 받아 형장의 이슬로 사라진 오치일 사건이 "컴퓨터의 훌륭한 기억 창고에 입력되고" "인쇄되는" 과정과 그 후에 이어지는 사건의 스토리화 사이의 연관성을 제시하기 위해서다. '역사재료연구소'로 대변되는 작업과 통한의 증언으로 가득찬 오치일 개인의 비극적 사건은 사건을 기억하는 두 가지 경로를 보여준다. 단편적인 관변의 증언을 극복하는 기능기억은 '누운 자획들을 세우고 해독하는 형식상의 정비'를 통해 '기록자의 생생한 육성'을 최대한 저장기억으로 전환할 수 있게 한다. 어떤 이유로 오치일이 그런 잔인한 일을 행했으며, 그 근저에 악령처럼 잠복하고 있는 광주에 대한 참상이 인과적으로 서사화됨으로써 한 인간에 대한 또 다른 '진실'을 대면하게 해준다.

이와 함께 오치일의 노우트를 이해하는 데 중요한 단서가 된 양씨의 두 건의 편지, xx초소의 총기살상사건은 관계기관에 진위여부를 문의한 바 사실로서 확인되었다는 소견, 소견서에 이어 나오는 오치일의 자전적 소설, 10여 년간 간수해 온 또 하나의 오치일이 남긴 편지 등은 주체가 소멸된 후에도 주체를 대행해 기억을 현재화시키는 역할을 한다. 「봄날」에서 상주의 고통이 단순히 발작 상태에 빠진 한 청년의 병증으로 단정지어 버리기에는 석연치 않은, 광주와 관련되고 있음을 알게 되는 건 그간의 상황들을 "생생하고 치열한 실감"으로 '기록해' 놓은 상주의 "일기"가 있기 때문이다. 「얼굴」의 맨 처음 문장인 "타자기에 꽂힌 흰 종이에 '오월은 아직 계속되고 있다'가 찍히는 것을 끝으로 테이프는 끝이 났다…마지막 화면의 타자기가 총알 같은 글자쇠를 날려 그의 가슴에 그런 글씨를"(107쪽) '새기는' 장면 등은 모두 문자로 촉발된 기억이다. 「불나방」에서도 동생 역시 스타카토식으로 끊어진 전보지의 그 여섯 음절("형 위독 급 귀가 전보")이 머릿속을 가시처럼 들쑤셔대었고, "그동안 헤어나지 못해 발버둥치던 그 해 오월의 악몽이 그새 또 바람을 타고 해일처럼 한꺼번에 덮쳐 오는 것"(「불나방」, 299면)을 느끼게 된다.

문자는 시간의 파괴력에 영향받지 않는 유일한 불멸의 매체인 동시에 기억의 보완장치이다. 문자는 살아 있는 정신을 방사함으로써 우리에게 미래를 보여 준다. 이러한 서사를 이루는 일기, 편지, 소설, 문건, 사진, 증언 등에 쓰인 기록된 문자는 사실에 신빙성을 더 해주는 것뿐만 아니라 내밀한 소통의 장으로 작용한다. 즉 깊고 복잡한 사유를 추상적인 기호로 암호화하기 때문에 그것을 읽어나가는 독자는 문자에 압축된 작가의 의미를 다시 풀어내야 한다. 소통의 과정에서 작가의 사유체계는 물론 독자의 경험과 상상이 투여되기 때문에 상상된 무한한 이미지와 함께 작가가 투영한 개별 주체들의 사적인 기억은 여러 갈래의 의미망으로 확대된다.

그런데 말(문자)로 설명할 수 없는 기억과 사건은 어떻게 표상될 수 있는 것인가.[13] 기억은 단순히 전해지는 것이 아니라 항상 새로운 타협을 하고, 매개되고 적용되는 것이다. 개인과 문화는 언어적, 조형적, 제의적 반복이라는 소통을 통해서 그들의 기억을 교호적으로 만들어 나간다. 개인과 문화, 이 양자는 신체 밖의 저장매체와 문화적 행위의 도움으로 그들의 기억을 유기적으로 엮어간다. 이것 없이는 세대를 넘고 시대를 넘어 통하는 어떠한 기억도 형성될 수가 없다. 동시에 이 말은 이러한 매체들의 변화된 발전 상황과 더불어 기억의 저장 방법 또한 필연적으로 변한다는 것을 의미[14]하기도 한다. 서사 내의 매체들은 기록체계를 포괄하는 언어와 함께 신체, 그림, 목소리와 음색과 같은 감각까지도 추가적으로 저장할 수 있다.

소리를 통한 기억의 소환은 「낯선 歸鄕」에서 지배적이다. 병수는 피곤한 망막 위에 몇 개의 얼굴이 포개지고, 먼데서처럼 아버지의 '콜록콜록하는' 저주의 천식 소리와 함께 5월의 기억을 떠올린다. 부지불식간에 공포의 순간으로 치닫게 하는 「봄날」의 사이렌 소리, 「불나방」에서 나방의 타는 소리는 형의 죽음을 기억하게 한다.

나방들은 끊임없이 날아와 뜨거운 반사경에 몸을 부딪쳤다. 시커멓

---

13) 오카 마리(김병구 역), 『기억・서사』, 2004, 소명, 136쪽.
14) 알라이다 아스만, 앞의 책, 23쪽.

게 타 들어가는 소리가 요란했다.…그것은 뼈와 살이 타는 소리, 형의 시체가 타는 소리, 어둠 속에서 빛을 부르는 소리였다.(「불나방」, 312쪽)

이러한 소리 감각과 함께 표현된 "오월의 햇살 아래 허옇게 드러나던 어느 젊은 여자의 젖무덤, 서슬 퍼렇게 뒤를 쫓던 군화발 소리, 숨이 끊어질 듯 답답하던 다락방 속의 좁은 공간, 공포의 얼룩무늬, 날이 선 대검, 진압봉, 그리고 피냄새……"(「불나방」, 301쪽) 등은 다양하면서도 미시적인 감각 기억의 매체임을 잘 보여준다. 「완전한 영혼」이 소리 감각으로 채워져 있다면, 「저기 소리없이 한 점 꽃잎이 지고」는 구멍난 엄마의 손을 뿌리친 소녀의 촉각이 지배적 인상으로 채워져 있다.

기억을 다룬 작품들에서 기억술의 핵심은 각인 혹은 "이미지"와 "장소"이다. 이미지란 기억의 내용을 명확한 형상으로 코드화한 것이고, 장소란 이 형상을 일정한 구조로 되어 있는 어떤 공간 속의 구체적인 장소에 대응하는 것을 뜻[15]하는데, 기억을 매개하는 대표적인 이미지는 '봄' '오월' '국회 광주특위 청문회' '얼룩무늬' 등이다. 또한 죽음과 통곡과 환호와 박수와 구호, 그리고 군중들의 열창이 뒤얽힌, 시원스레 물줄기를 뿜어대던 분수대, 제왕처럼 위엄을 부리고 서있던 도청, 강폭처럼 넓게 뻗은 금남로, 부신 눈으로 올려다보아야 했던 빌딩들, 신체안치소, 병원, 그리고 '극렬분자'와 '폭도'와 '빨갱이'가 득실거리는 무법천지, 반역의 도시, 해방구 등으로 호명된 '광주'는 기억의 가장 중심에 있는 장소이다. 주체들은 자극으로 촉발된 이런 영상들을 접하면서 사건이 벌어진 그 순간으로 이동한다. "일상에서 마주치는 그런 모든 사물들이 이제는 어느덧 또다른 의미와 냄새와 촉감과 빛깔과 소리를 지닌 채 그 어둡고 두려운 기억들을 문득문득 망각의 저편으로부터 불러내곤 하는 것

---

15) 알라이다 아스만, 앞의 책, 200쪽.

이었다. 모르는 새에 그렇듯 우리는 조금씩 병들어 있었다. 그리고 어쩌면 우리는 그 음침한 기억들과 함께 일생을 살아갈 수밖에 없을 것이다."(「얼굴」, 375쪽)

이와 함께 또 하나 중요한 것은 '각인' '낙인'과 관련된 '몸'이다. 특히 각인된 '몸'은 여러 감각들과 뒤섞이면서 언어와 이미지 이상의 직접적이고 충격적인 효과를 자아낸다. 몸 혹은 감각, 특히 얼굴에 대한 묘사는 작품들에서 빈번하게 나오는데 대표적인 부분을 인용하면 다음과 같다.

> 이 고통 속에서 어느 순간 얼굴들이 둥둥 떠오르고 사건이 거센 물살로 이해할 수 없을 정도로 빠르게 흐른다. 그 고통의 박동 속에서 그녀는 수많은 잊어버린 얼굴과 사건을 다시 만난다. 소리 지르는 얼굴, 쓰러지는 얼굴, 위협하고 구타하는 얼굴, 피 흘리고 쓰러지는 수많은 얼굴, 발가벗겨진 채 숭어처럼 팔짝거리며 경련하는 얼굴, 헉 하고 소리 지를 시간도 없이 사라져버리는 얼굴, 쫓기는 얼굴, 부릅뜬 얼굴, 팔을 내휘두르며 무언가를 외치는 얼굴, 굳어진 얼굴, 영원히 굳어진 보통 얼굴들, 깔린 얼굴, 얼굴 없는 얼굴, 앞으로 나아가는 옆얼굴, 빛나는 아름다운 이마의 얼굴, 꿈과 힘이 합쳐진 얼굴, 그리고 다시 모로 쓰러지는 얼굴, 뒤로 나자빠지는 얼굴, 다시 깔리는 얼굴, 그녀의 이름을 부르다 말고 꺼지는 눈빛의 얼굴……(「저기 소리없이 한 점 꽃잎이 지고」, 164쪽)

사람의 신체는 일어났던 '사건'의 메타포이다. 특히 '얼굴'은 고통받는 순간을 가장 뚜렷한 인상으로 떠오르게 하는 매체이다. 공포와 광기와 비극과 상처로 얼룩진 얼굴들은 일상 어디에선가 잠복해 있다가 계기화되면 떠오르는 영상이다. 수만 가지 표정의 얼굴이 생생하게 살아나면서 그 고통은 감염되는 것이다. 기억에 매개된 폭력적인 사건이 지금 현재형으로 생생하게 일어나고 있는, 바로 그 장소에 자기 자신이 그 당시 마음과 신체로 느꼈던 모든 감

정, 감각과 함께 내팽개진 채로 그 폭력에 노출되는 경험16)인 것이
다. 고통이 끝나지 않았음을 보여주는 주체들의 자해행위는 가장
비극적인 현재를 보여준다.

> 상주의 손에 깨어진 거울 조각이 쥐어져 있었다. 그 유리 파편의 날
> 카로운 끝을 벌거벗은 가슴팍에 가져가더니 이윽고 녀석은 천천히 살
> 가죽 위에 붉은 줄을 그어갔다.(아벨은 내 머리 위에 향유를 붓주듯 저
> 주를 남기고 갔습니다. 보소서. 이제 저주는 여기 이렇게 낙인으로 새
> 겨지나이다. 내 손으로 걸어 잠근 대문의 기억을 위하여.)…거울 조각
> 은 네 번째 줄을 팔뚝에 그어 놓았다.…
> 불현듯 나는 진저리를 치며 그 끔찍한 환상을 털어내려고 애썼다.
> 햇빛도 들지 않는 산속 기도원의 음침한 골방에 틀어박혀 벌거벗은 채 제
> 손으로 살가죽을 저며내고 있는 상주의 모습이 그의 일기장 속에 격앙
> 된 언어들과 한데 엉키어 자꾸만 시야를 어지럽혔다.(「봄날」, 357쪽)

저주에 걸린 마법을 풀기라도 하듯 그들은 미친 듯이 자신의 몸
에 상처를 낸다. 몸에 찍힌 '낙인' '자국' '얼룩'은 흔적으로 남아
생생한 충격을 되살려오는 주문과도 같다. 타자들의 육체는 "의식
이 때때로 알 수 없는 구렁텅이로 곤두박질해 들어가고 혼돈과 광
기의 지하 지대를 치달을 때도 그가 맡은 최소한의 기능을 철저히
완수했을 것"이며, "과거의 증거를 지우려는 범죄자의 불안정한 손
길처럼 몸에 치명적인 상처로 남은 자국들, 현재를 혼동하고 잊어
버렸을 때에도 육체만은 어느 구석엔가 사건의 냄새를 녹음해두고
있어서 어떤 이성적 추리보다도 정확한 방향 감각으로 여정을 채우
고 있"(「저기 소리없이 한 점 꽃잎이 지고」, 192쪽)는 것이다.

---

16) 오카 마리, 앞의 책, 53쪽.

4. 분유(分有)와 환대를 통한 타자의 윤리학

누적된 사회적 모순이 거대한 용암이 되어 폭발한 5월 광주항쟁은 80년대를 지시하는 하나의 역사적 전형이다. '광주'라는 말은 혼란한 80년대의 정치적 소용돌이의 환유처럼 맴도는 말이다. 광주는 국가폭력에 의해 자행된 '살(殺)의 정치'의 가장 극명한 단면을 보여준다. 광주 체험은 개인을 넘어 집단적이고 대사회적인 차원에서 행해진 참극이라는 점에서 80년대의 정신적 외상, 트라우마에 해당한다. 또한 빠른 시일에 치유되지 않는다는 점에서 역사적으로 잠재적인 원상(冤傷)이라고 할 수 있다. "저마다 가슴속의 크고 작은 기억들을 지워내고 아물리고 꿰매는 방식을 나름대로 터득하며 살아가고 있는"(「봄날」, 359쪽) 이들에겐 끈질긴 죄책감, 어떤 거대한 덫, 상채기, 가슴에 박힌 커다란 나무못, 아물지 않는 진물이 잠재되어 있다.

살아남는다는 게 폭력일 수밖에 없다는 자체가 폭력적인 그 '사건'의 기억을 우리는 어떻게 공유할 수 있는가.[17] 비극적인 참상이 망각되지 않기 위해서는 기억의 항쟁이 필요하다. 항쟁이라 함은 "화해 조정(調停)을 받지 않은 망각"(하랄트 바인리히)의 '깨어남'을 의미한다. 화해 조정을 받지 않은 망각은 예기치 않게 다시 일어나 흡혈귀처럼 현재를 괴롭힌다. '아직 끝나지 않은 일'에 대한 비유, 아무 말 없이 금기시된 채 한 세대 한 세대 계속 영향을 끼치는, 해결되지 않고 보상받지 못한 과거[18]는 치유되지 않은 이유로 어떤 계기가 주어지면 다시 주체를 고통스럽게 만든다.

라깡은 트라우마가 근본적으로 윤리의 문제임을 제기한다. 즉 트라우마 안에는 윤리적 정언명령과 윤리적 실천의 책임이 존재한다.

---

17) 오카 마리, 앞의 책, 96쪽.
18) 알라이다 아스만, 앞의 책, 222-3쪽.

상흔(傷痕)에 대한 치유는 그 사건에 대한 기억을 나누어 갖는 것으로부터 시작된다. 이 흔적들은 적어도 텍스트와 텍스트의 이면에서 끈질기게 나타나며, 공식화된 역사, 즉 정사(正史)에서 배제된 희생자들에 대한 망각에 새롭게 이의를 제기할 수 있을 뿐만 아니라 주변의 사회 상황 등에 대한 성찰도 가능하게 한다.19)

'사건'의 기억을 타자와 나누어 갖기 위해서 '사건'은 우선 이야기되지 않으면 안 되며, 그것은 전달되어야만 한다. 그런 점에서 구술화된 증언을 포함하여 저장기억과 기능기억은 기억을 소통의 장으로 끌어들이는 점에서 중요한 전달자이다. '사건'의 기억은 어떻게 해서든지 타자, 즉 '사건'의 외부에 있는 사람들과 함께 나누어 갖지 않으면 안 된다. 집단적 기억, 역사의 언설을 구성하는 것은 '사건'을 체험하지 않은 살아남은 자들, 곧 타자들이기 때문이다.20)

복수적이고 복합적인 주체를 발견하는 일은 곧 풍요로운 주체를 생산하는 일이며 억압되고 소외된 타자를 불러들이는 행위이다.21) 그럼 기억을 서사화한 작품들에서 타자들을 부르고 치유하는 방식은 어떻게 그려지고 있는가. '사건'의 기억을 나누어 갖는다는 행위란 타자가 호소하는 목소리(고백)에 귀기울이는 것이다. 한승원의 「어둠꽃」은 광주로 인한 상처를 지니고 있는 아내 순애와 남편 종남에 관한 이야기를 담고 있다. 광주 민주화운동 국회 청문회를 보던 아내 순애는 뱀에게 잡힌 개구리의 비명 같은 소리를 내는 정신질환의 병력이 있다. 얼룩무늬옷은 고등학교 시절 당했던 윤간의 공포로 이어지고, 더 나아가 남자들에 대한 공포감으로 연결된다. 남편 종남은 공수부대원으로 한 건물의 옥상에서 분수대와 금남로 일대를 향해 총을 갈겨대던 일을 숨긴 채 살아가고 있다. 아내가 정

---

19) 최문규 외, 앞의 책, 170쪽.
20) 오카 마리, 앞의 책, 147쪽.
21) 졸고, 『한국현대소설과 주체의 호명』, 2006, 역락, 60쪽.

신치료를 받는 동안 남편 종남은 아내에 대한 죄의식의 갚음과 함께 스스로를 치유할 수 있는 길이 '고백'임을 느낀다. 그런데 이런 다짐은 머리에서만 맴돌뿐 실천되지 못하고 여전히 죄의식으로 남겨진 채 종결된다.

> 병든 아내를 어떻게 버리고 간다는 말인가. 아내의 병은 내가 치유해주어야 한다. 나로 말미암아 생긴 병이다. 도망간다고 해서 될 일이 아니다. 다른 도회나 다른 어느 시골 속에 처박힌다 할지라도 그 죄책감은 어떻게 씻을 수가 없을 것이다. 이 고통은 내가 당연히 받아야 할 형벌이다. 이 형벌을 면할 수 있는 길은 고백을 하는 것뿐이다. 아내에게도 털어 놓고, 사촌매부, 사촌누님, 회사 동료들에게도 털어놓아야 하는 것이다.
>
> 길거리를 미친듯이 휘돌아다니면서 '나는 그때 얼룩무늬옷을 입고 이 도회 한복판에 들어와서 총질을 하고 칼질을 한 놈이요. 나는 미친 개보다 못한 놈이요, 나를 쳐죽여주시오. 나는 죄인이요. 쏘라는대로 쏘고 찌르라는대로 찔렀소. 간첩들의 충동질을 받은 폭도들이라고 하길래 정말 그런 줄만 알고, 시키는대로 했소'하고 소리를 지르고 다녀야만 한다. (「어둠꽃」, 45쪽)

고백이 발화하는 주체 자신에게 향해 있다면 '질문'은 고통스럽지만 타자의 기억을 공유할 수 있게 한다는 점에서 타자에게 향한 방식이다. 「낯선 歸鄕」에서 고향을 찾아가는 버스 안에서 "나에게 불필요한 것까지 꼬치꼬치 따져 캐묻고야 마는 영감쟁이가 쓸데없는 질문을 늘어놓아 남의 불편한 기억을 들쑤시는" 장면, 「다시 그 거리에 서면·2」에서 찬수를 자꾸 회상 속으로 몰아넣어 인숙이 술에 취해 미쳐가던 날 밤의 일, 그리고 그해 5월, 거듭 꼬리를 물고 떠오르는 기억을 하게 한 대답 없는 질문은 자신의 기억을 스스로 돌아보게 함으로써 치유에 더 가까이 근접해 가게 한다. 치료는 기억의 재구성과 구조 전환에 도움을 줄 수 있는 바, 치료의 전형적인 방법인 스토리화를 통해 주체는 치유의 과정에 참여하게 되는 것이다.

이와 같이 주체들의 증언을 듣는다는 것은 이야기되는 언어의 의미뿐만 아니라 그러한 침묵, 신음 그리고 몸부림이 이야기하는 전체를 받아들이는 것이다.

> 증언한다는 것은 무엇을 뜻하는 것인가. 순수한 방관자가 되는 것은 아니다. 그것은 함께 살아가는 것이다. 관찰하는 게 아니라 서로 나누어 갖는 것이다. 역사를 결정하는 저 높은 곳에 서 있는 게 아니라, 역사를 견뎌내고 있는 이 낮은 곳에 몸을 두는 것. 낮게 그것도 철저하게 낮게. 수동성이라는 말이 이미 허튼소리가 아니라 실제 살아가는 행위 자체가 되는 것과 같은, 바로 그러한 낮은 곳에 몸을 두는 것. 낮게, 어디까지나 낮은 곳. 거기에 쥬네가 있다.(르네 셸레르, 『환대의 유토피아』)22)

낮은 곳에서 역사를 견뎌내는 모습이야말로 타자와 함께 살아가는 환대의 윤리이다. 「완전한 영혼」의 장인하가 총칼에 맨몸으로 맞서고 그 고통을 '견딤'으로 살아내는 것은 수동적 태도가 아니라 낮은 곳에 몸을 두는 환대를 실천하는 것이다. 식물의 내음만 가득한 어린아이와도 같은, 이 유폐의 삶에서 흘러나오는 식물의 내음은 불완전함에 대한 인식, 곧 불완전한 인간에 대한 하염없는 사랑의 원천이며, 강인한 철의 영혼을 만든다.(「완전한 영혼」, 101쪽) 악을 모르는 정신, 고통에 대응하는 그의 식물적 정신은 고통에 직면한 이가 가져야 할 최고의 '염결성'이라고 할 수 있다. 장인하의 증언은 "이 세상에서 살아 있는 유일한 소리, 닫힌 방의 창살 틈으로 새어들어오는 인간의 다정한 소리, 험하고 힘든 길을 허우적거리며

---

22) 알라이다 아스만, 앞의 책, 177쪽에서 재인용.

걸어와 헤진 가슴에 안기는 생명의 소리"(「완전한 영혼」, 80쪽)로
화하게 된다.

그 식물적 환대의 정신은 「저기 소리없이 한 점 꽃잎이 지고」에
서는 "부드럽게 떼어놓아 주십시오. 그녀를 무서워하지도 말고, 그
녀를 피해 뛰면서 위협의 말을 던지지도 마십시오. 그저 그녀의 얼
굴을 잠시 관심있게 바라보아 주시기만 하면" 되는 부드러운 응시
로, 「다시 그 거리에 서면·2」에서는 상대가 원하는 것을 들어주는
구체적 삶과 통한다.("상대가 해주라고 대주면 해주는거야. 배고프
다면 밥퍼주고, 아프다면 아까징끼 발라주는거야. …그렇게 사는
것이 구체적으로 살아내는 거야. 인간은 그렇게 살아야 돼."(148
쪽)) 또한 이 정신은 가해자로서 고통스럽게 살아가는 공수부대원
이었던 아들을 바라보는 어머니의 모성으로 변이된다.

> "그래, 마음 아프기사 자식 잃은 에미가 백배 천배 더하것제. 하지만
> 서도 그쪽은 이미 가슴속에 묻어두고 지키는 자식이고 나한테 니는 이
> 제나저제나 가슴 밖에 내놓고 지키는 자식 아니겠냐. 언제 또 어떻구러
> 세상이 변해 그때 거기 간 느들 말이 나올지도 모르는 세상이구."(「얼
> 굴」, 141쪽)

가슴 밖에 내놓고 늘 노심초사할 모성은 「낯선 歸鄕」에서 광주의
현장에서 죽어 처참한 시신이 된 둘째 아들을 유골로 지켜오다가
임종을 앞두고 큰 아들에게 고향에 가서 뿌려달라는 유언을 남긴
아버지의 가슴 아픈 사랑과 같다. 죽음을 통해서만 내쫓았던 땅에
돌아올 수 있는 길이었지만 그 길은 비극적이나 화해의 도정임을
상징한다. 타자들과 사건을 나누어 갖으며 치유를 모색하는 일은
궁극적으로 윤리적인 치유 행위이다. 그런데 5·18 소설들에서 고
통의 재현에 비해 치유의 측면은 미약하다. 치유의 형상화보다는
여전히 고통의 현재화가 주를 이루고 있기 때문이다. 이런 점에서

기억의 서사에서 고통의 증언과 함께 '치유'의 서사가 적극적으로 모색되길 기대해 본다.

5. 5·18 기억 연구의 의미와 제언

어떤 사건을 기억하는 행위는 봉합될 수 없는 타자의 속사정을 함께 나누어야 한다는 점에서 여전히 문제적이며 현재적이다. 기억이 중요한 이유가 여기에 있다. 정찬의 「완전한 영혼」은 서두에서 '회상'의 행위가 시간에 대한 인간이 지니는 유일한 특권임을 제시하면서 직접적으로 기억이 지닌 서사적 가치를 제시한다.

> 회상이란, 그것이 즐거움이든 혹은 괴로움이든 사유(思惟)의 일상적 영역이다. 인간에게 있어서 시간은 영원한 쇠사슬인 동시에 자유의 짙푸른 공간이다. 그리하여 시간이란 절망이며 치욕이며 희망이며 혁명이다. 그리움이며, 눈물이며, 탄생과 죽음이다. 회상은 이 시간의 살 속으로 파고드는 인간의 사유 행위이며, 언제나 구체적인 영혼과 구체적인 육체에 닿는다. 인간은 순수히 사물만을 회상할 수 없다. 설혹 회상의 대상이 사물이라 할지라도, 그 사물의 핵심에는 인간의 모습, 인간의 영혼이 있다. 이것은 인간이 시간에 대해 가질 수 있는 유일한 특권이다. 시간은 결코 이 특권을 빼앗지 못한다.(「완전한 영혼」, 43쪽)

기억이란 "사라지지 않는 불멸의 인상들의 피난처"[23]이다. 또한 기억은 고통이 수반된 타자화된 주체들의 숨겨진 목소리들이다. 우리는 "그녀의 아물지도 않은 상처를 통해, 모든 의미가 비어버린 실성한 웃음을 통해, 흔적이 없이 지워져버린 인격의 모든 부재를 통해…점점 더 자세히, 점점 더 강한 증폭과 깊이로 그녀가 겪었을

---

23) 알라이다 아스만, 앞의 책, 195쪽.

지도 모르는 소문"(「저기 소리없이 한 점 꽃잎이 지고」, 200쪽)을
불러내어 분유함으로써 그 상처를 치유해야 한다.

　개별 주체들(타자)의 '기억'은 사건의 미종결성을 의미하며 그들
의 목소리를 현재화하는 통로이다. 기억이란 분명 오랜 보존이나
오래 전에 사라졌거나 상실되어버린 것의 인공적 대체일 뿐만 아니
라 망각과 억압에 대항해 자기를 관철시키는 힘이기도 하다.[24] 그
래서 억압된 타자들의 목소리를 복원[25]하는 일이 지속적으로 이루
어져야 한다. 복원은 구술과 문자와 감각, 그리고 기억하는 몸에 대
한 담론화를 통해 이루어질 수 있다.

　기억은 보상되지 않은 문제들을 밝혀주는 혁명적 힘이다. 혁명적
회상기억은 역사의 고통과 부당함에 이의를 제기할 수 있는 가장
큰 권리를 갖고 있다.[26] 그와 함께 타자들의 활성적 기억이 범하기
쉬운 심층 조사의 한계, 정확성과 신뢰성의 확보의 난관을 타개하
는 기록화가 필요하다. 왜냐하면 '홀로코스트'라는 사건의 유일성
을 '사건'이라는 것의 본질적인 유일무이성, 단독성과 동시에 말하
는 것, 그리고 그렇게 말할 수 있도록 하는 사고의 지평을 찾아내는
일이야말로 바로 역사수정주의의 언설에 저항하기 위해 우리가 긴
급하게 수행해야 할 과제들 중의 하나[27]이기 때문이다.

---

24) 알라이다 아스만, 앞의 책, 441쪽.
25) "기원이 허구이고 허구가 기원이 되는 인간의 서사가 바로 그에게 주
　　어진 텍스트이고 증후, 꿈, 역사이다. 그 역사는 아름답지 않다. 그것은
　　환상과 망각, 좌절과 상처, 억압과 패배로 가득한 얘기이다. 그러나 그
　　역사를 읽어내고 상처받은 자들을 치유하기 위해 그가 해야 할 일은
　　억압된 타자들(타자의 목소리)을 드러내고 복원하는 것이며 그가 인정
　　해야 할 것은 허구, 환상, 무지가 인간의 담론을 만들고 또 그런 담론
　　을 필요로 한다는 사실이다." 도정일, 「자끄 라깡이라는 좌절, 유혹의
　　기표」, 『세계의 문학』, 1990 여름호, 민음사, 148쪽.
26) 알라이다 아스만, 위의 책, 442쪽.
27) 오카 마리, 앞의 책, 25쪽.

기억은 단순히 개별 주체의 문제로만 끝나는 것이 아니다. 회상이 집단적 기억으로 수용되기 위해서는 '의미'로의 전환이 필요하다. '의미'가 집단으로 증식되는 일은 곧 문화적 기억으로 확대된다는 것을 뜻한다. 따라서 문화적 기억에 대한 매체의 초점은 '텍스트에서 흔적으로' 나아간다. 흔적은 언제나 과거의 의미 가운데 일부만 복원될 수 있기 때문에, 흔적은 기억과 망각을 서로 불가분하게 연결해 주는 이중의 기호이다. 다시 말하면 '텍스트'는 코드화한 정보와 그와 결부된 편파적인(자기) 기만을 포함한 한 시대의 의식적 표현물이다. 반면 '흔적'은 한 시대의 양식화되지 않은 기억을 증거해 주며, 어떤 검열이나 왜곡의 지배도 받지 않는 간접적 정보라는 점[28])에서 주목을 요하는 대상이다.

다음의 두 인용문은 '흔적'의 의미를 생존자의 구술된 기억과 '여행'을 통해 보여준다. 십 년 동안 자신의 고통을 드러낼 수 없었던 그녀는 '기록 능력'이 없는 초로의 시골 아낙이다. 채록하는 학생들이 두 번 찾아갔을 때 처음에 거절했던 그녀는 남편과 자신들이 겪은 고초의 세월을 '넋두리'로 풀어놓는다.

> 우리 순옥이 아부지가 왜 이렇게 되었는가라우, 힘없고 이름없고 죄
> 없는 죄로, 아니 인정많고 천성 착한 죄 하나 땜시 광주사태 때 물불 안
> 가리고 나섰다가 저 짐승같은 놈들한테 생병신이 되가꼬, 이날 이때 까
> 장 산 송장으로 살아온 줄을 몰라서 그러시요? 빨갱이다 폭도다 불량
> 배다 억지 누명 뒤집어 쓰고 시방까장 천대받고 살아온 것도 억울하고
> 분통이 터져 눈구녕에 신불이 나는디, 죽어서 마지막 가는 날까장도 이
> 추운 겨울에 길바닥에다 눕혀 놓을란다고라우? 안되라우.(66쪽)……
> 어쨌거나 고맙소. 남의 아픈 속을 귀담아 들어 볼란다고 찾아와 주
> 는 성의가 얼마나 갸륵허냔 말이시. 솔직히, 그동안 십년이 다되도록
> 이렇게 나한테까장 직접 찾아와가꼬 우리집 사정 얘기를 들어볼란다고

---

28) 알라이다 아스만, 앞의 책, 267~8쪽.

졸라보기라도 했던 사람은 시방까장 아무도 없었응께.(「어떤 넋두리」, 51쪽)

작품 전체가 그녀의 사투리 독백으로 이루어져 있어 직접 듣고 있다는 느낌을 갖게 된다. 구술로만 이야기할 수밖에 없는 타자들의 기억(이야기)을 우리는 공유하고 기록해야 한다. 이것이 광주의 체험자이면서 권력과 무관한, 그녀와 같은 소외되고 희생된 타자들에 대한 구술 채록이 서둘러 이루어져야 하는 절박한 이유이다. 그들의 생이 다하면 그들의 '기억'조차 소멸되기에.

여행의 의미는 무엇인가? 시간을 거슬러 흔적을 더듬어가는 여행이라는 행위는 우리가 미체험의 광주에 대해 의미화하는 일의 환유적 표현이다. 다시 말하면 왜 우리는 지금 혹은 계속해서 광주에 대해 이야기해야 하는가? "이미 가버린 친구의 누이를 찾아 위안해주려고? 그리고 그의 어머니의 죽은 혼을 안심시키려고? 그날, 그 도시, 그 이후 무언가를 했어야 했기 때문에? 그렇지 않고서는 더 이상 사는 일이 불가능했기 때문에? 우리의 미성숙한 고통을 섣불리 치유하기 위해서? 그녀의 모습에서 끔찍함의 구체적인 흔적을 찾고자 하는 자학 심리? 아니면 이미 피폐될 대로 피폐된 그녀를 보호해주겠다는 경박한 인도주의? 어딘가를 돌아다니고 있을 그녀처럼 잠을 두려워하면서 깨어 있기 위해서? 악몽을 암처럼 세포 속에 품고 그러고도 앞으로 나가기 위해서?(「저기 소리없이 한 점 꽃잎이 지고」, 225쪽)

이 끝없는 질문의 연쇄 반응이야말로 여행이 제공하는 흔적-그리기이다. 여행의 길에는 죽음과 상처와 영혼을 지닌 그와 그녀, 그리고 우리가 의미화할 '광주'가 존재한다. 광주에 대한 기억의 서사는 세 주체의 이야기로 전개될 것이다. "머리에 흙을 이고 망월동 묘지에 누워" 있거나, "정신병원에 갇혀 있는 신세"이거나, 그리고 "지금 그 살아 있는 한 사람을 찾아가려는 길"(「봄날」, 360쪽)에 있는 우리들이 그들이다. 세 주체의 기억을 공유한다는 것은 죽음(과거)-상처(현재)-미체험(미래) 세대를 이으며 시간을 넘나들게 하는 집단적 주체의 연대를 모색하는 일이 될 것이다.

여기서 또 하나 기억연구가 나아갈 방향은 '비유'의 양상을 살펴보는 일이다. 기억에 대해 이야기하려면 비유 없이는 하지 못한다. "비유"는 단순히 돌려 말하는 언어가 아니라 연구 대상을 비로소 개척하고 구성하는 언어이다. 따라서 기억에 대한 비유에 어떤 것이 있는지 살펴본다는 것은 기억에 대한 여러 가지 모형이나 그 역사적 맥락 혹은 문화적 욕구나 해석 원형을 살펴보는 것과 다름없다.[29]

청문회, 진상 규명 및 피해자 보상 등을 통해 5·18은 공동체의 트라우마, 사회가 억압한 죄라는 인식이 어느 정도 공유되고 있다. 반가운 일이지만 한편 기념비와 성역화 작업 등은 역사의 영역으로 고정화시켜 탈현재화로 나아가고 있는 건 아닌가 하는 우려도 상존한다. 기억된 과거는 우리가 역사라 명명하는 냉담한 전문지식의 과거와는 동일시될 수 없다. 그것은 정체성 확보의 문제이자 현실의 해석이며, 가치의 정당화로 연결된다.[30] 따라서 5·18에 대해 필요로 하는 것은 사회학적 진상규명 작업으로부터 벗어나, '오월' 자체가 제도화되지 않고, 끝없는 증식을 계속하도록[31] 하는 데 있다.

'오월 광주'가 반성적 역사로 지속적으로 갱신되기 위해서는 보편자로서가 아닌 개별 주체들의 기억에 대한 의미화가 분자적으로 이루어져야 한다. 기억 연구는 한편으로는 다양한 차원의 내러티브

---

29) 알라이다 아스만, 앞의 책, 188쪽.
30) 알라이다 아스만, 위의 책, 204쪽.
31) 김형중, 「『봄날』 이후」, 5·18기념재단 엮음, 『5·18 민중항쟁과 문학·예술』, 심미안, 2006, 255쪽.

들이 경쟁하고 공존할 수 있게 함으로써 특정한 기억이 여타의 힘 없는 기억들을 '억압'할 수 없도록 하는 반사적 효과가 있다.[32] 그 '사건'과 시간적으로 멀어질수록 '기억↔상처↔치유↔진실'의 또 다른 서사가 필요하다. 앞으로 우리가 기억을 소홀히 한다 해도 그 기억은 결코 우리를 자유롭게 놓아주지 않을 것이다. "시간이 해결 의 마술사일 수는 없다. 우리가 여태 누나를 만나게 될 것이란 소망 과 희망을 버린 적이 없"(「그대 고운 時間」, 207쪽)었던 것처럼 피 해자와 가해자의 기억을 넘어, 남성과 여성의 기억, 가족의 기억, 저장기억과 기능기억의 겹침과 괴리 양상, 기억에 대한 비유, 기억 의 매체 등에 관한 세분화된 기억 연구가 후속적으로 이어져야 할 것이다.

32) 전진성, 「억압적 '역사'에 대한 재현의 정치학」, 『批評』, 2006.12, 2쪽.

거대한 뿌리를 찾아가는 기억의 서사

- 김중미의 『거대한 뿌리』론

김 화 선

> 회상이란, 그것이 즐거움이든 혹은 괴로움이든 사유(思惟)의 일상
> 적 영역이다. 인간에게 있어서 시간은 영원한 쇠사슬인 동시에 자유의
> 짙푸른 공간이다. 그리하여 시간이란 절망이며 치욕이며 희망이며 혁
> 명이다. 그리움이며, 눈물이며, 탄생과 죽음이다. 회상은 이 시간의
> 살 속으로 파고드는 인간의 사유 행위이며, 언제나 구체적인 영혼과
> 구체적인 육체에 닿는다. 인간은 순수히 사물만을 회상할 수 없다. 설
> 혹 회상의 대상이 사물이라 할지라도, 그 사물의 핵심에는 인간의 모
> 습, 인간의 영혼이 있다. 이것은 인간이 시간에 대해 가질 수 있는 유
> 일한 특권이다. 시간은 결코 이 특권을 빼앗지 못한다.
>
> — 정찬, 「완전한 영혼」

1. 또 하나의 프롤로그

『거대한 뿌리』는 "감정과 사유로 구성된 강렬한 경험"[1])에서 시
작한다. 작가 김중미에게 실재했던 십대의 삶은 동두천에서의 경험
으로 대체되어 『거대한 뿌리』의 서사를 태동시킨다. 그녀가 보고
생각하고 느꼈던 것들, 동두천에서 그녀가 겪어왔거나 견뎌온 것들

---

1) 이-푸 투안, 『공간과 장소』, 도서출판 대윤, 1995, 26면.

이 고스란히 재현되는 서사, 그것이 바로 『거대한 뿌리』라는 문학 텍스트이다. 따라서 그녀가 말하고자 하는 이야기가 무엇인지를 알기 위해서는 동두천에서 경험한 것의 실체에 다가서야만 한다. 그것이 『거대한 뿌리』를 읽는 하나의 방법이 될 것이므로.

『거대한 뿌리』의 프롤로그는 『괭이부리말 아이들』의 작가이며, '기찻길옆작은학교'의 큰이모로 익히 알고 있는 김중미의 현재 삶을 환기시키며 그녀의 현실을 과거와 연결짓는 역할을 한다. 1987년 봄, "잿빛 하늘과 빛바랜 슬레이트 지붕, 추저분한 시멘트 벽돌과 검은 때가 낀 판잣집들"로 이루어진 "빈민촌의 맨 끄트머리" M동에 몸을 누이면서 왜 작가이자 그녀의 분신이기도 한 주인공은 "그 동네에 혼을 빼앗기고 말았"을까? "마치 구석에 몸을 숨긴 거미가 실을 뿜어내 먹이를 둘둘 말아 올리듯이 골목 어디선가 뿜어져 나오는 보이지 않는 기운이 나를 휘감아 골목으로 끌어들이는 것 같았다."는 그녀의 고백은 I시의 M동에서 "60~70년대 어느 시점"을 불러들인다. "그저 까닭을 알 수 없는 눈물이 자꾸만 흘러내"린 이유는 M동의 모습을 통해 작가 김중미가 몸소 경험한 "1970년대 대한민국의 풍경들" 속에서 친밀한 어떤 집, 어떤 골목을 보았기 때문이다. 그 골목에서 본 풍경들은 오랜 시간이 흐르는 동안 그녀 안에 숨어있다가 비로소 기억이라는 행위를 통해 형체를 드러내는데, 그 기억의 중심에 바로 동두천이 자리한다. 여기서 동두천은 사건의 기억이 침윤되어 있는 무의식에 다름 아니다. 지금부터 이 글은 작가의 자전적 체험이 반영된 『거대한 뿌리』에서 작가가 기억하고 있는 경험의 실체와 그것을 기억해내는 작가의 의도를 살피려한다. 무엇을 기억하는가, 왜 기억하는가, 이것이 이 글로 하여금 『거대한 뿌리』를 읽어내도록 추동하는 의문들이다.

2. 기억찾기의 시작, 그 길을 나서다

가히 동두천은 기표의 물질성을 강력하게 상기시키는 기호이다. 우리에게 동두천은 특정 지역을 가리키는 고유명사로 인식되기보다 미군부대와 기지촌이라는 기의를 전면에 내세운 식민지적 상징으로 읽힌다. 동두천의 이미지는 시인 김명인이 『동두천』에서 노래하듯, "병든 몸뚱이들도 닳아/ 맨살로 끌려 가는" 벗어날 수 없는 진창길로 형상화되고 아메리카 드림을 꿈꾸는 "더러운 그리움"이 아픈 상처를 쑤셔대는 고통의 근원지로(『동두천』, 1979, 문학과지성사) 다가온다. 실제로 동두천은 평택, 용산 등과 함께 기지촌 문학2)의 근거지로 인식되면서 식민화된 국가와 억압받는 여성, 위협받고 있는 단일민족 이데올로기가 중첩되어 형상화된 수난과 훼손의 역사를 지니게 되었다.

그러나 동두천에서 자라고 동두천에 살면서 세상을 어렴풋이 알게 된 주인공 '김정원'은 동두천을 수많은 개별자들이 자신에게 주어진 삶을 살아갔던 실질적인 삶의 공간으로 이해한다. '김정원'이 직접 언급한 동두천에 대한 발언은 동두천이라는 기호에 담긴 이질적인 기의들을 이야기하고 있다. 그녀의 발화를 다시 한 번 인용하면 다음과 같다.

동두천을 어떻게 평가하고 기억하는지는 삶의 문제이다. 이 동두천

---

2) 기지촌 문학은 외국 군대, 특히 미국 군대의 주둔지 주변을 배경으로 형상화한 작품을 가리킨다. 한국의 기지촌은 부평, 부산의 서면일대, 포천군의 동두천, 의정부, 용산의 미8군 본부, 평택군 송탄의 신장리 등의 지역이 해당된다. 그리고 이러한 기지촌 문학에는 자본주의의 확산과 한국 농촌의 피폐, 해방과 전쟁의 빈곤, 매춘의 정치사회화라는 함수관계가 자리잡고 있다. 김형자, 「한국 기지촌 소설의 기법적 연구」, 『한국문학논총』 제16호, 1995. 12, 377~382면 참고.

에서 1960~70년대를 살면서 돈을 벌고, 그 돈으로 좋은 대학을 나와 성공한 사람의 눈으로 본다면 동두천은 한밑천 잡을 수 있는 기회의 땅이었을 것이다. 그런 사람들에게 동두천을 따라다니는 그림자는 그저 양지를 위한 희생물에 지나지 않았을 것이다. 하지만 그 그늘에 서 있던 사람들에게 동두천은 또 다른 곳으로 기억될 수밖에 없다.3)

예문에서 보듯 '김정원'은 동두천을 양지를 위한 희생물로 보고 있지만 정작 그녀가 말하고자 하는 바는 바로 "그 그늘에 서 있던 사람들"과 그들이 기억하는 동두천이다. 자신을 포함하여 동두천의 그늘에 서 있었던 사람들이 기억하는 동두천은 무엇인가. 이에 대한 해답을 작가는『거대한 뿌리』라는 텍스트를 완성하면서 준비하고 있었던 것이다. 작가가 일종의 지식인/관찰자의 성격을 지닌 작중인물 '김정원'의 눈과 입을 빌어 말하고 싶었던 것은 바로 그늘에 서 있던 사람들의 기억이다. 작가의 분신으로 볼 수 있는 주인공의 목소리로 말하고자 했던 바는 지금 현재의 동두천이 아니라 기억 속에 남아 있는 동두천이며, 동두천에 대한 기억을 지니고 있는 그늘 속 사람들이다. 그 안에는 물론 어린 시절 열네 살 먹은 자신도 포함되어 있다. 이렇게 자신이 기억하는 동두천을 찾아가기 위해 길을 나서는 것, 그것이『거대한 뿌리』의 서사를 이루는 원동력이 된다.

그렇다면 왜 갑자기 동두천을 찾아가는가 하는 점이 의문스럽다. 작중인물 '김정원'이 동두천을 찾아가게 되는 계기는 그녀가 찾고자 하는 바가 지금의 동두천이 아니라 동두천에 대한 기억이라는 점과 무관하지 않다. '김정원'이 "26년"만에 동두천으로 가기 위해 길을 나서는 계기는 M동에서 만난 "아비의 폭력과 어미의 무기력"

---

3) 김중미,『거대한 뿌리』, 검둥소, 2006, 189면. 앞으로 이 작품의 인용은 면수만 밝힘.

앞에 불우한 어린 시절을 보내고 이제는 네팔에서 온 이주노동자 '자히드'를 사랑하고 그와의 사이에서 아이를 가진 '정아' 때문이다. 놀이방 선생님이 된 '김정원'은 "마치 뱀 여러 마리가 휘감고 있는 그림이 그려진 것처럼" 온몸이 "불그스름하게 부어오른 상처 자국투성이"였던 '정아'의 눈빛에서 오래전 "겁에 질린 눈으로 도움을 청하던 재민이의 눈빛"을 본다. '정아'의 눈빛은 "온몸에 실오라기 하나 걸치지 않은 채" 미군에게 맞아 "시궁창에 쓰러져 있던 재민이 엄마와 재민"이를 떠올리게 하고 그렇게 살아난 기억은 꿈속에서도 '정원'을 괴롭힌다.

'정아'는 상처입은 몸으로 보산리의 과거와 M동의 현재를 연결하는 고리로 기능한다. '정아'의 눈빛은 주인공 '정원'에게 '재민'의 눈빛을 상기시키고 이어 "먼 곳을 향한 여자들의 눈빛"을 떠올리게 한다. "항상 술기운으로 빨갛게 충혈되어 있고 총기가 하나도 없었"던 "기지촌 여자들의 눈길도 골목 너머, 남산머루 너머 먼 하늘을 바라"볼 때만은 달랐다. '정원'은 "그 골목 너머를 바라"보는 "여자들의 눈빛에서 자유를 향한 갈망을 읽"었던 것이다. '정아'와 '정아 엄마'의 상처는 '재민과 재민 엄마', 나아가 사촌인 '윤희 언니'의 상처로 연결되는데 이들은 모두 상처입은 몸의 소유자들이라는 점에서 공통성을 지닌다. 그런 정아의 용감한 사랑 앞에서 '정원'은 이중적인 자신의 모습을 목도하게 된다.

> "정아야, 내가 말한, 너다워지는 거, 당당하게 사는 건 네가 아무런 미래도 없는 이주노동자랑 연애하고, 그래서 스물둘에 덜컥 임신을 해서 애 엄마가 되라는 건 아니었어."
> 내 말에 정아의 얼굴이 굳어졌다. 그리고 볼멘소리로 물었다.
> "아무 미래도 없는 이주노동자라니요? 그럼 난 뭔데요? 나는 미래가 있어요? 선생님 친구처럼 이주노동자를 돕는 활동가는 괜찮고, 이주노

동자를 사랑하고 그 사람의 아이를 갖는 건 안 된다는 게 말이 돼요? 도대체 뭐가 달라요? 선생님도 편견으로 가득 찬 사람들과 똑같은 사람이었어요? 손바닥 뒤집듯이 그렇게 생각이 바뀔 수 있는 거예요? 선생님은 저랑 자히드 관계를 이해할 줄 알았어요. …중략… 나는 그저 정아가 제 엄마처럼 될까 봐 걱정스러울 뿐이라고, 자히드란 청년이 정아 아버지처럼 정아의 발목을 잡고는 늪이 될까봐 걱정이 된다고 말해야 했다. 하지만 나는 그런 변명을 하지 못했다. 정아의 말에 내 표리부동한 모습이 적나라하게 드러나버렸기 때문이다. (24면)

'정아'와 '자히드' 문제로 "표리부동한 모습"을 발견한 '정원'은 "지금의" 내가 "그토록 경멸했던 비겁한 어른들의 모습 그대로였다"는 사실을 깨닫고 계속해서 악몽에 시달린다. 어쩌면 그 이유는 어린 시절 '재민'으로부터 들은 "김정원, 너도 똑같아. 겉으로는 자기는 다른 사람들하고 다른 것처럼 굴어놓고는, 나는 너 같은 애들이 더 싫어. 혼혈아들이라고 불쌍해하고, 동정하고, 잘해주는 척하고, 그러면서 마음속에는 자기랑 다르다고 생각하지."라는 말이 그녀의 가슴 깊숙이 앙금처럼 남아있었기 때문이다. 정아와 네팔 청년의 사랑을 외면하고 묻어버리려는 자신의 모습에서 수치심을 느낀 '정원'은 각성의 계기로 고향을 찾는다. 그리하여 "사춘기를 지나고 난 뒤" "미군들과 양색시들이 어울려 휘청거리고, 개기름이 번질번질 흐르는 살찐 포주들이 얼굴이 누렇게 뜬 양색시들의 머리채를 뒤흔들고" "막다른 골목에서 해자가 미군에게 쫓기고 있거나 침대에 누운 윤희 언니의 자궁에서 계속 흑인 아기가 나"오는 꿈속에서 끊임없이 자신을 찾아오는 동두천 보산리 기지촌의 "그 골목으로 되돌아"간다. 이것이 동두천으로 떠나는 기억 찾기의 시작이다.

3. 숨어있던 그림자, 타자들과 만나다

2002년 12월 30일, 다시 동두천을 찾아가기까지 26년의 시간이 걸렸다. 작중인물 '정원'에게 26년이라는 시간은 동두천에서의 기억을 다시금 공유하기까지 지연된 시간이다. 26년 동안 '정원'은 "지금의 나를 키운 곳이" 보산리라는 말을 하지 못하고 동두천에서의 기억을 억압한 채 살아왔다. 『거대한 뿌리』에서 동두천의 기억이 담론화되는 방식은 그녀가 동두천으로 걸어 들어가는 시간의 흐름과 그 속에서 다시 마주친 동두천의 건물들이 긴밀하게 직조되면서 기억 속의 인물들을 불러들이는 구조로 이루어져 있다. 여기서 기억의 수행은 일정한 사건들, 혹은 사건의 흔적들에 시간적 질서를 부여하고 그것을 일정한 내러티브의 한 계기로 전화시킨다.4) 소제목 "2002년 12월 30일 동두천" "내 짝꿍 임경숙", "2002년 12월 30일 낮 12시, 보산리 B홀 앞", "어릿광대 해자", "2002년 12월 30일 낮 1시, P테일러 양복점", "제이콥 엄마 윤희 언니", "2002년 12월 30일 낮 2시, 그림자와 마주 서다", " 첫사랑"은 이러한 내러티브 구조의 특성을 명확히 보여주고 있다.

이렇게 다시 찾은 과거의 동두천에서 '정원'은 6학년 때 짝꿍이었던 '임경숙'과 단짝 친구 '해자', 사촌 언니 '윤희', 그리고 자신의 첫사랑 상대였던 '재민'과의 추억을 떠올린다. 그들은 동두천의 그늘을 이루고 살아가던 수많은 타자들의 이름에 다름 아니다. '정원'의 초등학교 6학년 시절 짝꿍이었던 '임경숙'은 "팔 병신인" 아버지, "양색시들 빨래를 해주는 어머니, 양색시가 된 언니들" 틈에서

---

4) Jürgen Straub, "Geschichte erzählen, Geschichte bilden: Grundzüge einer narrativen Psychologie historischer Sinnbildung," *Erzählung, Identität und historisches Bewußsein*, 1998, p.143. 박성수, 「기억과 정체성」, 『문화과학』 40호, 2004년 겨울호, 116면에서 재인용.

미국으로의 입양을 꿈꾸다 결국 미국으로 떠나버린 아이다. "집집마다 자가용이 있"고 이층집에서 살 수 있다는 꿈에 부풀어 가족을 버리고 기꺼이 미국으로 입양된 '경숙'을 보며 어린 시절의 "나는 아무리 가난해도 미군의 양녀로 가고 싶어 안달복달하는 경숙이나 경숙이를 그렇게 보내야 하는 경숙이네 식구들을 온전히 이해할 수 없었다." '경숙'의 아메리칸 드림은 궁핍한 현실에서 탈출하려는 욕망이 만들어낸 하나의 비극이라고 할 수 있다.

'경숙'이 입양과 아메리칸 드림에 얽힌 가슴 아픈 추억의 한 가지 기억이라면 절친한 친구였던 '해자'는 동두천을 삶의 터전으로 하여 살다간 비극적 삶의 전형으로 제시된다. "6학년 때 경숙이 때문에 가끔 티격태격했지만 중학교 때까지 유일한 단짝 친구"였던 '해자'는 "월남에서 지뢰를 밟아 발목이 잘린 아버지"와 "보산리에서 포주 노릇을 하는 동안 악다구니만 늘어가는" 엄마의 딸이었다. 그런 '해자'는 '정원'에게 어떤 존재였는가. 예문을 보면서 생각해보기로 하자.

> 해자는 보산리에 떠도는 온갖 유언비어들과 자기 동네에 사는 양색시들의 구구절절한 사연들을 굴비 꿰듯 다 알고 있는 타고난 이야기꾼이었다. 나는 해자가 해주는 이야기에 울고 웃으며 내가 사는 세상에 기쁘고 즐거운 일보다는 슬프고 이상한 일이 더 많다는 걸 알게 되었다. 특히 해자네 식구들과 해자네 집에서 드난살이를 하는 양색시 언니들이 함께 사는 모습은 낯설면서도 흥미로웠다. …중략… 해자네 집에는 보산리에서만 나는 독특한 향기가 있었다. …중략… 그리고 그 냄새와 해자네 식구들이 뒤범벅된 북 새통 속에서 슬프고 가슴 저미는 이야기들이 꿈틀거렸다. 해자네 집에는 소설보다 더 코끝이 찡해지고 가슴이 먹먹해지는 이야기들과 세상에 대해 끊임없이 의문을 던지게 하는 일들이 벌어지고 있었고 나는 그런 해자네 집이 좋았다. (64면)

인용문에 제시된 "보산리에서만 나는 독특한 향기"는 기지촌 보산리에서의 구체적 삶을 의미하는 것으로 이해할 수 있다. 후각에 기억된 그 향기는 동두천 보산리라는 공간과 그 안에서 살아가는 해자네 식구들, 양색시들의 삶을 환기시킨다. 사람들이 살아가는 구체적인 삶의 현장에서 생겨나는 온갖 이야기들이 꿈틀거리며 '정원'에게 세상살이의 의미와 그 고단함을 강하게 호소하였고 그런 이유로 '정원'은 '해자네 집'이 좋았던 것이다. 달리 말해 그 시절 '정원'이 해자네 집을 좋아했던 이유는 해자네 집이 '정원'에게는 작은 보산리, 또 하나의 세상이었기 때문이다. '정원'은 해자네 집에서 "슬프고 가슴 저미는" 진짜 이야기들을 보면서 세상을 이해하기 시작했던 것이다. 그 세상의 틈바구니에서 살고 있는 '해자'는 "무대에 오를 때는 알록달록 화려한 복장에 화장을 하고 자신을 숨긴 채 우스꽝스러운 몸짓으로 사람들을 웃기지만, 정작 자기 안에는 깊고 깊은 슬픔을 간직하고 있는 어릿광대"로 보였다. 그리고 어릿광대 '해자'의 슬픔은 열 번이 넘는 자살 미수와 간경화로 마흔이 안 된 젊은 나이에 세상을 등지는 비극적인 양태로 드러난다.

그리고 기지촌과 관련하여 필수적으로 등장하는 존재는 양공주[5]와 혼혈아인데, 사촌 언니였던 '윤희'와 '재민'이 바로 그들이다. '정원'과 "육촌 사이였던 윤희 언니는 어릴 때부터" '정원'의 우상이었지만, 두 오빠의 학비를 벌기 위해 미군부대에 취직하고 이어

---

[5] '양공주'는 외국 군인, 특히 미군을 대상으로 매춘을 하는 한국인 여성을 지칭하는 용어이다. '양공주'는 특정 여성들을 비하하는 용어로 '양키 창녀', '양키 마누라', '유엔 레이디', '서양 공주'라는 뜻이다. 이 용어는 외국인 남성을 상대로 군대 매춘에 종사하는 한국인 여성을 매춘이라는 위계에서도 최하위로 분류하고 있음을 보여 주는데, 한국 전쟁이 끝난 후에는 미국 군인과 결혼한 한국인 여성들까지도 포괄하게 된다. 김현숙, 「민족의 상징, '양공주'」, 일레인 김·최정무 편, 박은미 역, 『위험한 여성』, 삼인, 2002, 221면.

미군 부대 앞 흑인 양복점 'P테일러'에서 일하다 결국 혼혈아 '제이콥'의 엄마가 된다. 흑인 혼혈아 '제이콥'을 낳은 '윤희 언니'는 그녀가 가져다주는 미제물건을 팔아 생활하던 어머니나, 그녀가 벌어주는 돈으로 대학을 마친 오빠들로부터 철저하게 외면당하는 양공주로 전락한 존재로서 양공주의 매춘이 민족과 성, 계급이라는 중첩된 코드 속에 위치된다6)는 사실을 자신의 삶을 통해 분명히 보여준다. 그러나 『거대한 뿌리』가 주인공 '정원'이 열세 살, 열네 살이었던 과거를 회상하는 구조에서 주로 '정원'의 시선에 포착된 '윤희 언니'의 삶을 반추하다보니 집안의 생계 때문에 양공주가 된 '윤희 언니'의 인식적 차원에서의 고민과 그녀가 처한 구체적 현실이 피상적으로 재현될 수밖에 없는 한계를 지니기도 한다.

양공주와 혼혈아라는 존재는 '윤희 언니'와 '제이콥'에 이어 '재민'과 '재민 엄마'에 대한 기억에서 다시 반복된다. '정원'의 첫사랑이었던 '재민'은 양공주였던 엄마와 미군 사이에서 태어난 "우리 동네에서 유일한 혼혈아"였다. '재민'은 "색안경을 끼고 자기를 바라보는 세상 사람들에 대한 원망과 반발심으로" 악바리가 되어 세상을 향해 가시를 세우지만, 자신이 소위 말하는 튀기라는 사실은 그가 살아갈 현실에서 커다란 장애물로 작용한다. 누구나 알고 있듯 "동두천 사람들은 거의 다 미군부대 덕분에 먹고살았다고 해도 틀린 말이 아니"지만 "누가 뭐래도 불행한 건 한국 이름에 한국 호적을 갖고 있으면서도 이방인 취급을 받는 혼혈아들이었다. 그 아이들 가운데는 아예 호적도 없이 학교조차 못 다니고 보산리 골목을 떠도는 아이들도 있었다. 미군만 보면 군침을 흘리고 쩔쩔매는 사람들도 자기들이 그토록 동경해마지 않는 미군의 피가 섞인 혼혈아들만 보면 마음 놓고 비난하고 터부시"(128면)하는데 이러한 어

---

6) 김은하, 「탈식민화의 신성한 사명과 '양공주'의 섹슈얼리티」, 『여성문학연구』 10호, 2003. 12, 171면.

른들의 태도는 '재민'과 '재민 엄마'에게 너무나도 큰 상처를 안겨준다. 그래서 '재민'은 열네 살 '정원'에게 "물건은 미제라면 사족을 못 쓰면서, 왜 우리 같은 애들은 싫어해? 나도 반쪽은 사람들이 좋아하는 미제야. 그리고 나머지 반은 너희들하고 똑같다고. 도대체 왜 우리가 너희들한테 무시를 당해야 하냐고, 왜?"(150면)라고 강변하였던 것이다.

혼혈아를 바라보는 왜곡된 시선은 '재민'의 정체성마저 위협하고 그에게서 미래마저 앗아갔다. 그리하여 '재민'은 자신과 같은 혼혈아를 낳지 않으려고 결혼도 하지 않고 똥개들을 키우며 살아간다.

> 어떻게 보면 내 신세 같기도 하고, 그래서 똥개가 좋은 거야. 똥개들은 자유롭게 다니면서 서로 지가 좋은 놈하고 짝 맺고 똥 먹고 그렇게 사는 놈들이잖아. 자기 조상이 누군지, 뭔지 알 수가 없단 말이야. 하도 이렇게 저렇게 섞여서 말이야. 난 똥개들의 그 자유정신이 좋다.
>
> (123-124면)

'재민'이 언급하고 있는 똥개는 혈통주의를 거부하는 상징적인 존재로 제시되고 있다. 단일 민족이라는 이데올로기 앞에 무력할 수밖에 없었던 혼혈아 '재민'처럼 이질적인 혈통의 잡종이면서 자유롭게 살아가는 똥개는 '재민'과 같은 듯 다른 존재들이다. 혼혈아라는 정체성이 부여된 '재민'에게 이 땅에서의 삶은 결코 녹녹치 않은 것이었다. 미국으로의 입양도 여의치 않고 수의사가 되고 싶었던 꿈마저 사라지고 '재민'에게 남은 것은 그와 같은 존재들인 똥개들뿐이다. 오랜 망설임 끝에 동두천을 찾아가 '경숙'과 '해자', '윤희 언니'를 회상하던 '정원'의 앞에 나타난 '재민'은 '정원'으로 하여금 "26년 만에 동두천은 다시 악몽이 아닌 현실이 되었다. 동두천 한가운데서 아슴푸레 사라져가던 기억들을 되살리고, 재민이를 만나면서 지난 26년이란 시간이 과거가 아닌 오롯이 현실이라는 것을 깨"(199면)닫게 만든다. 이러한 인식의 변화는 '정원'의 '활성적 기억'7)을 통해 그녀를 기억하는 주체, 윤리적 주체로 만들어준다.

'정원'의 기억 속 동두천에서 구체적으로 솟아오른 것은 '경숙'이나 '해자', '윤희 언니'와 '재민과 그 엄마'와 같은 이 땅에서 타자화된 존재들이다. 그들을 기억하는 작중인물 '정원'에 의해 동두천은 타자화된 존재들의 공간인 동시에 양지와 대립되는 그림자의 은유로 기능하게 된다.

4. 과거에서 현재로, 너와 나로 이어지는 거대한 뿌리를 발견하다

26년이 지나서야 비로소 동두천을 기억하는 행위에 담긴 의미는 무엇인가. 이미 어른이 된 후 어린 시절, 기억 속의 장소를 다시 방문하는 사람들은 으레 당혹감을 느끼게 된다. 기억 속의 장소와 현실에서 재직면한 장소가 너무 다르기 때문이다. 『거대한 뿌리』의 '정원' 역시 기억 속에서 커다랗고 매혹적이었던 장소와 "작고 추레한 곳"으로 변질된 현재의 장소 사이에서 그 차이를 실감하게 된다.

간혹 삼사 층짜리 새 건물들도 보였지만 보산리 기지촌은 26년 전 그때와 별달라 보이지 않았다. 텍사스 커스텀 테일러, 뉴욕 커스텀 테일러. 크고 작은 클럽들 앞에는 26년 전과 다름없는 간판들이 즐비하

---

7) 알라이다 아스만, 백설자 외 역, 『기억의 공간』, 경북대학교 출판부, 2004, 164면.

고 건물 사이로 난 어두컴컴한 골목들은 옛 기지촌 그대로였다. 그런데 뜻밖에도 기지촌이 생각보다 작았다. 꿈에서 보던 기지촌은 동두천 땅의 전부였다. 꿈속의 보산리는 아무리 헤매도 그 끝을 알 수 없는 수많은 실골목으로 얽히고 얽힌 곳이었다. 그러나 현실의 보산리 기지촌은 미군클럽과 상점이 몰려 있는, 작은 거리에 지나지 않았다. 보산리가 이렇게 작고 추레한 곳이었는지 믿어지지가 않았다. 보산리 기지촌은 마치 영화 세트장 같았다. (56-57면)

그런데 여기서 중요한 것은 단순히 과거 기억 속의 공간과 다시 찾아온 현재의 공간이 다르다는 것을 단지 아는 데 있지 않다. 기억 속 보산리가 '정원'에게 어떤 공간이었는가. 바로 "아무리 헤매도 그 끝을 알 수 없는 수많은 실골목으로 얽히고 얽힌 곳"이 바로 동두천 보산리였다. 실제로 그 곳이 정말로 많은 골목들이 있는가가 중요한 것이 아니라 어른이 된 '정원'에게 동두천 보산리가 그러한 곳으로 인식되고 있다는 사실이 유의미하다. '정원'이 기억하는 보산리는 미로처럼 도저히 빠져나올 수 없는 작은 골목들이 얽혀 있는 곳인데, 이것이 동두천을 기억하려는 작중인물 '정원'에게 무의식으로서의 동두천이 차지하는 의미이다. 얽히고 설킨 삶의 공간에서 '정원'은 그 공간에 존재하는 개인들의 삶을 주목하면서 "미군의 능글능글한 눈빛"을 피해 둑에 나와 "어둠 속에서 몸을 옹송그리고 앉아 담배를 피우는 여자들"을 기억한다. "깜박거리는 담뱃불"이 "그렇게 슬퍼 보일 수 있다는 것을 처음 알"고, "그 여자들의 삶도 손끝의 담뱃불처럼 곧 꺼지고 버려져 짓밟힐 것처럼 느"끼면서 힘없는 약자들의 아픔을 깨닫으며 세상을 알아갔던 것이다.

그리고 이제는 그 골목을 또 다른 사회적 약자인 이주노동자들이 채우고 있음을 확인한다. 기지촌의 클럽 골목을 지키는 러시아, 필리핀 여성들, "변두리로 옮겨가면서 코리안 드림을 꿈꾸는 이주노동자"들, 그리고 '정아'의 연인인 '지하드'. 이들은 70년대와 80년

대, 90년대를 지나 2000년대에 이어지는 사회적 소수자들이라는 점
에서 공통점을 갖는다. 기억 속의 동두천에 존재했던 혼혈아나 양
공주, 입양아들은 오늘날의 이주노동자로 이어지면서 중심에서 소
외되고 주변부로 밀려나는 소수자들의 망을 형성한다. 하지만 실제
로 가난하고 착한 사람들과 함께 살아가고 있는 작가 김중미는 동
두천의 '실골목'에서 거대한 뿌리로 이어지고 있는 소통의 통로를
본다. 그리고 작가의 그러한 시선은 소통의 작은 골목들이 끝없이
이어져나가기를 다음과 같이 염원한다.

> 거기서 연애하고, 장가가고 애 낳고 징하도록 오래오래 살았으면 좋
> 겠다. 캠프 케이시 입구에 있는 인디언헤드를 미군이 아닌 진짜 인디언
> 조상에게도 돌려주고, 높은 콘크리트 담장과 철조망을 걷어내 걸산동
> 에 묻힌 재민이의 외할아버지의 아버지, 그 아버지의 아버지 뼈 위에
> 단단히 뿌리내리고 살았으면 좋겠다. 비록 그 땅이 예전의 비옥한 땅이
> 아닐지라도, 기름에 절고 쇳물과 쇳가루에 죽어가는 땅이라 해도 재민
> 이와 재민을 닮은 아들딸들이 뿌리를 내리고 가지를 뻗어 그 땅을 정화
> 시키며 살았으면 좋겠다. (204면)

혈통주의를 거부하고 "똥개들의 자유정신"을 따라 섞고 섞이며,
"외할아버지의 아버지, 그 아버지의 아버지"에 이어지면서 이 땅의
온갖 더러움을 정화시키려는 소망은 시인 김수영이 「거대한 뿌리」
에서 말한 "무수한 반동"의 힘과 닿아있다. 권력으로부터 잊혀졌던
혹은 중심으로부터 주변화된 무수한 타자들에 대한 무한한 애정에
기초한 김수영의 탈식민적 선언[8]은 2000년대를 살아가는 오늘날의
우리들에게 여전히 유효하다. 권력이나 중심에서 소외된 존재들이
회귀하면서 형성해내고 있는 거대한 뿌리는 "인간에 대한 연민과

---

8) 노용무, 「김수영의 「거대한 뿌리」 연구」, 『한국언어문학』 제53집, 399면.

이해"에 기원한다. 그것이야말로 핏줄을 대체하는 다른 의미의 핏줄을 형성해줄 것이기 때문이다. 아니 형성하고 있기 때문이다. 그것은 사랑이라는 이름이어도 좋고, "연민과 존경"으로 불리워도 좋다. 온 몸 구석구석 퍼져있는 실핏줄처럼 상상도 할 수 없는 거대한 뿌리들이 그 잔가지들을 깊이 뻗어나갈 때 김수영이 말한 바와 같이 "인간은 영원하고 사랑도 그"(「거대한 뿌리」)러할 것이기 때문이다.

5. 김중미 문학의 뿌리를 확인하다

  거대한 뿌리를 발견하는 과정은 『괭이부리말 아이들』, 『종이밥』, 『우리 동네에는 아파트가 없다』, 『내 동생 아영이』에 이르기까지 일관되게 사회적 약자와 도시 빈민들의 삶에 관심을 가져온 작가 김중미의 문학적 뿌리를 확인하는 과정이라고 할 수 있다. 동두천을 기억하는 행위는 "1970년대 동두천에서 살고 있던 열네 살배기 소년인 내 자신"을 "밖으로 불러내고 싶었던" 작가의 강렬한 욕망에서 기인한다. 그리고 결국 김중미는 동두천이 "내 삶의 일부"이며 "이 땅 어디를 가도 지워버릴 수 없는" 현실이라는 사실을 인정하게 된다. 과거를 기억하고 그 기억을 서사화하면서 작가는 "동두천은, 그 그림자는 바로 내 자신이었다"는 고백을 하기에 이른다. 그리고 "그림자를 찾으러" 동두천으로 떠나는 기억의 서사는 자신의 정체성을 확인하는 과정이었다.

> 동두천이 아니었다면 나는 이 세상이 부조리하고 불공평하다는 것을 그렇게 예민하게 감지하지 못했을 것이라고 말이다. 그랬다. 동두천에서 자란 덕분에 힘세고 돈 많은 나라에서 온 미군들의 정체를 또렷이

인식할 수 있었고, 힘센 자들에게 빌붙어 자신의 주머니를 불리는 파렴치한 이들을 알아볼 수 있는 눈을 갖게 되었다. 나는 차별과 편견이 열등감에서 비롯된다는 것을 동두천에서 경험하고 배웠다. 그래서 동두천은 언제나 내가 극복해야 할 대상이면서 동시에 나를 성장하게 하고 바른 길로 이끄는 도반이기도 했다. (207면, 작가의 말)

예문에 나타나 있듯이 동두천은 "90년대 이후 리얼리즘의 정통을 잇는"[9] 작가 김중미의 문학의 근원지이다. 『괭이부리말 아이들』의 '영호'와 '동수', 『우리 동네에는 아파트가 없다』의 상윤, 상민, 상미, 상희 남매, 『종이밥』의 '철이'와 '송이', 『내 동생 아영이』의 '영욱'이와 '아영이' 이들은 모두 『거대한 뿌리』의 "해자와 재민이, 윤희 언니, 내 아버지와 어머니, 그리고 나"에게서 나온 실뿌리들로 연결되는 인물들이다. 그들은 그야말로 '거대한 뿌리'의 실체이다. 김중미는 양지를 돋보이게 하는 음지로 또, 시대의 그늘로 살아가는 수많은 그림자들을 확인하면서 자신을 되돌아본다. 따라서 『거대한 뿌리』는 지난 과거의 회고담이 아니라 작가 김중미가 직면한 지금, 현재의 이야기가 될 수밖에 없다.

이제야 또렷이 알게 되었다. 내가 왜 14년 전 M동의 그 판자 골목으로 단번에 휘감겨 들어갔는지, 마을을 가로지르는 철길 위에서 왜 그렇게 가슴이 설레었는지, M동에서 지낸 첫날 밤, 왜 그렇게 눈물이 솟았는지를. 나는 M동에서 동두천을 만났던 것이다. 잊었다고 생각했던 동두천은 그림자로서 현실의 나를 움직여왔던 것이다. 그 그림자는 70년대의 동두천이었고 미군부대에 빌붙어 먹고살던 내 부모, 내 이웃이었고, 나와 내 친구들의 어둠이었다. 스무 살 내 젊음을 거리로, 공장으로, 빈민촌으로 끌여들였던 것은 사회과학 공부나 80년 광주의 충격 때문만이 아니었다. 동두천은 화염병과 최루탄이 어지럽던 시청 앞보

9) 원종찬, 「우리 아동문학은 과거를 어떻게 그리고 있는가−아동문학의 현대성과 과거 문제」, 『창비어린이』 제9호, 창작과비평사, 2005. 6, 24면.

다 앞서서, 광주보다 앞서서, 새 세상을 꿈꾸게 하는 사건이었다. 살아서 꿈틀대는, 누르고 눌러도 끝내 비집고 고개를 드는 살아 있는 존재였다. 내 의식의 밑바닥에서 그림자로 살면서 끊임없이 현실과 맞서게 했던 동두천. 동두천은 내가 어떤 삶을 살아야 할지 어디로 가야 할지 갈팡질팡할 때마다 내 의식보다 앞서서 내 삶을 결정하게 하는 동기였다. (191-192)

김중미의 기억 서사는 차마 재현할 수 없었던 불가능성의 그것을 어떻게든 이야기함으로써, '사건' 그 자체의 현실을 지시하고 있는 것이다. 그리고 자신의 내부에서 벌어지는 기억 투쟁의 장에서 과거는, 글을 쓰는 작가 김중미의 살아있는 현실이 된다. 동두천이라는 사건을 둘러싸고 벌어지는 기억의 항쟁 그 한복판에 우리가 서 있는 현재[10]가 있음을 작가는 말하고 있다. M동에서 보산리를 느끼는 순간, 기억은 그녀를 휘감고 언어로 도래한다. 그렇게 동두천은 기억하는 행위를 통해 회귀하여 김중미 문학의 뿌리, 이 세계를 지탱하는 작지만 강한 뿌리들을 상기시키고 있다. 그 뿌리들이 지탱하고 있는 현실에 발을 딛고 서서 그녀는 기억찾기에서 돌아온 자신을 마주한다.

---

10) 오카 마리, 김병구 옮김, 『기억 서사』, 소명출판, 2004, 39면.

기억의 재현을 넘어선 존재의 탐색*
─ 방현석의 「존재의 형식」을 중심으로

유 경 수

1. 머리말

등단작에서부터 노동자 계급의 모습을 작품에 투영하기 시작한 방현석은 작품 전반에 걸쳐 1970년대의 유신체제나 80년대의 5공화국 체제에 대한 운동권의 저항적인 모습, 그리고 90년대의 현실에 이르기까지 리얼리즘적 시각에서 사회적인 문제를 깊이있게 다루고 있다. 소위 노동문학이라는 장르는 그동안 문학성보다는 실천적 의미에서 가치평가를 받아왔는데, 방현석에 이르러서 비로소 미학적 측면에 있어서도 가치평가가 가능하게 되었다는 것이 그의 문학이 지닌 의의라 할 수 있다.

방현석의 작품에 대한 그간의 연구는 1970년대부터 1990년대에 이르기까지 노동운동의 현장을 냉정하게 보여주는 것에 초점을 맞추거나 연대의식이나 노동해방 등을 부르짖는 작가의 목소리에 대한 비평이 주를 이루고 있다. 방현석의 작품을 읽어낸 그간의 연구는 리얼리즘의 관점에서 대부분 이루어졌다.

본고에서는 방현석의 소설집 『랍스터를 먹는 시간』(『창작과 비평』, 2003)에 실린 「존재의 형식」을 중심으로 논의를 진행하려 한다. 먼

---

* 본고는 『비평문학』 22호에 「존재의 탐색과 탈식민성 연구─방현석의 「존재의 형식」을 중심으로」라는 제목으로 게재된 논문임을 밝힙니다.

저 본고에서는 방현석의 작품속에 드러난 인물들을 통해서 그가 생각하는 바람직한 존재의 형식이란 무엇인지에 대해서 분석하도록 하겠다. 다음으로 이 작품에서 통역과 번역이 어떠한 기능을 수행하는지에 대해서 살펴보고 올바른 통역과 번역을 통해서 국가와 민족간의 연대의식을 형성할 수 있는 가능성을 탐구하도록 하겠다. 마지막으로 베트남에 들어온 자본주의가 베트남에 어떤 영향을 미치는지에 대해 살펴보고 이를 베트남 국민들이 극복해 나가는 방식에 대해서 고구하도록 하겠다. 이를 위하여 베트남에서 재우가 레지투이를 만나서 변화하는 모습을 통해서 베트남이라는 공간이 지닌 의미와 베트남 정신에 대하여 살펴보고 이것이 현재적 관점에서 우리에게 제시하는 것은 무엇인지를 밝히는 것을 본고의 목적으로 삼도록 하겠다.

근래에 탈식민주의에 대한 논의가 활발히 진행되고 있고 이를 한국 문학에 접목시키려는 시도도 점차 많아지고 있다. 본고는 탈식민주의적 시각에서 이 작품을 분석하되 베트남이라는 공간이 지닌 의미에 대해서 깊이있게 논의하고자 한다. 또한 「존재의 형식」을 읽어냄에 있어서 작가의 목소리와 작품에 내재된 의미를 모두 분석하고 작품 분석의 새로운 시각을 제시하고자 한다.

2. 기억의 서사와 이상적 존재 방식

2-1. 기억의 서사에 따른 존재의 탐색 방식

「존재의 형식」은 제목에도 드러나 있듯이 존재란 무엇인지 그리고 어떤 형식으로 살아가는 것이 가치있는 존재인지에 대해 의문을 제기하고 이를 풀어나가려 애쓴다. 이야기를 풀어가는 재우의 한국과 베트남에서의 모습을 통해 그가 지향하는 실존찾기의 양상이 드러난다. 각자 지향하는 존재방식의 차이는 재우, 문태, 창은을 통해서 잘 보여주고 있다. 이 작품은 1980년대에 혁명운동을 하던 세 친구의 90년대적 모습을 보여주고 있다. 이들은 함께 학생운동을 하고 그로 인해 감옥에 가기도 했다. 80년대를 대표하는 대학생으로 정권을 향해 목소리를 높이고 이상을 함께 했던 이들 세 친구는 90년대의 변화된 현실을 맞이하는 시점에서 서로 다른 자리에서 자신의 지향점을 향해 나아가고 있다.

대학 시절 공개 종교 써클의 대표였던 문태는 지하 써클의 대표자들이 당시 정권의 정책을 역이용하기 위해서 내세운 학생대표였다. 정권의 정책에 맞서고 이를 활용한 이들의 시도는 당시에는 시의적절한 판단이었다. 감투나 명예보다는 내용과 전망을 지켜서 내실을 기하자는 재우의 주장에 힘입어 학생회장을 하게 된 80년대의 문태는 이제 90년대의 잘 나가는 변호사로 살아가고 있다. 80년대의 열정 대신 현실과 손을 맞잡고 가장 현실적인 모습으로 삶에 임하게 된 것이다.

창은은 위장취업해서 들어간 공장에서 노조간부 자리 하나 맡지 않고 계속 밑바닥을 고수한다. 그러던 중 창은의 팔이 철망을 감는 롤러에 말려들어가게 되고 그는 오른손을 잃는다. 노동자로 살아가며 노동자의 현실을 절감하는 길을 택한 창은은 명예나 실리보다는 이상을 택한다. 굳건히 자신의 자리를 지키며 묵묵히 노동자로 살아가는 그는 문태가 청년운동을 하고 재우가 노동단체에서 자리를 굳혀갈 때에도 대중주의 노선을 고수하며 자유주의자로 남는다. 결국 어느 것이 옳다 그르다는 끝나지 않는 논쟁속에 이들 세 친구의 의식은 분열된다.

서로에게 상처를 입힌 채 흩어진 이들이 10년 만에 '민주화운동 관련자 명예회복과 보상에 관한 법률'에 의한 보상금 문제로 모였을 때 이들의 갈등은 정점에 이른다. 보상금을 가장 합리적으로 배분해서 가치있게 쓰려는 문태의 모습과 입을 다문 창은의 모습을 보며 재우는 자신의 입장을 밝힌다.

> "우리가 언제 명예를 잃은 적이 있었나요? 지금까지 한번도 내게 회복해야 할 명예가 있다고 생각해보지 못해서…… 난 잘 모르겠네요. 보상은 더욱 잘 모르겠네요. 누가 누구의 명예를 회복시켜 주고 누가 누구로부터 보상을 받죠?"
> 그는 말끝을 흐리며 자리에 앉았지만 술자리는 찬물을 끼얹은 것처럼 가라앉았다.(15면)

옳은 일을 했다고 믿고 있고 그에 대한 자부심이 있는 재우에게 정부의 보상금은 그들을 우롱하는 처사로 비쳐지기만 한다. 그는 문태와 창은의 중간에서 머리는 이상을 향하고 몸은 현실에 몸담고 있는 모습을 보여준다. 그런 그에게 '허름한 셔츠'의 창은은 그 존재만으로도 상처가 된다. 이는 재우 자신이 이상을 향한 삶을 과감하게 택하지 못한 데서 오는 부끄러움과 갈등이 드러난 것이다.

문태가 변호사가 되어 사회의 상류층이 되어 살아갈 때 창은은 '이주노동자의 집' 소장을 맡으며 이주노동자 계층의 권익을 대변하려 애쓰는 길을 여전히 고수하고 있었다. 이주노동자의 권리 보장을 위하여 명동성당에서 농성을 하고, 이들과 함께 하는 삶을 택한 창은 앞에서 재우는 부끄러움을 느낀다. 그리고 그 부끄러움의 의식은 결국 그를 한국에서 견딜 수 없게 만들었다. 변해버린 현실 속에서 80년대에는 그 실체가 분명히 보이던 대항해야 할 적의 모습이 이제는 흐릿하게 되어버린 90년대에 이르러서 문태는 생활과 타협을 하는 길을 택했고, 창은은 노동자와 함께하는 삶을 살아가고 있다. 그리고 이 두 갈래의 길 중간 지점에 갈등하는 재우의 모습이 있다. 그래서 그는 한국에서 무작정 베트남으로 떠난다. 창은의 '손톱에 낀 까만 기름때'를 기억하며 이도 저도 아닌 어정쩡한 상태로 한국을 떠난 것이다.

재우, 문태, 그리고 창은의 90년대적 모습은 존재의 세 가지 형식을 잘 보여주고 있다. 결국 이들이 보여주는 한국에서 살아가는 방식은 현실에 안주하는 길을 택한 문태와 이상을 향해 가고 있는 창은 그리고 그 중간적인 모습의 재우로 나타난다. 재우, 문태, 창은의 기억이 중첩되고 끊임없이 재우의 의식 속에서 재현되면서 되새김질을 하는 동안, 그 어느 것이 가치있는 존재의 형식이라 규정하지 못한 채 자신의 길을 가고 있는 이들의 모습은 80년대를 혁명적으로 살았던 이들이 90년대에 이르러서 어떻게 변화하는지를 보여주고자 한 작가의 의식이 투영된 것이다.

2-2. '바이 꼬 떰 롬', 마음가짐을 지닌 이상적 존재 방식

재우는 문태처럼 이상을 접고 생활에 충실하지도 못하고, 창은처럼 여전히 이상을 이루기 위해서 살아가는 것도 아니었다. 그런 그는 한국에서 자신의 자리를 찾지 못한 채 방황하다가 베트남행을 결정한다. 그러나 그가 베트남에서 무엇인가를 얻으려는 의식이 있어서 베트남을 택한 것이 아니었다. 한국에서 적응하지 못하고 환멸을 느낀 그에게 있어서 베트남은 단지 도피의 장소였을 뿐이다. 그러나 베트남에서 생활을 하는 과정에서 재우는 한국에서 느끼지 못한 무언가를 느끼고 달라지게 된다. 그는 한국에서 느낀 짙은 패배의식을 베트남에서 점차 극복할 수 있게 되었고 또다른 존재로 거듭나게 된 것이다. 미국의 제국주의적 영향력에서 벗어나지 못하는 한국의 현실을 참담해하며 한국을 떠난 재우가 우리와 비슷한 상황에 놓인 적이 있었던 베트남에 가서 느낀 것은 단순한 동지의식을 넘어선 것이었다. 그들은 좀더 여유를 가지고 적극적으로 세상을 대하고 있었고 우리에게서 80년대 이후에 사라진 그 무엇인가가 그들에게는 있었다. 거친 80년대를 살아낸 재우에게 한국에서의 80년대는 이미 과거가 되었지만 베트남에서는 한국의 80년대가 현재적 모습으로 재현되고 있었다. 그러나 베트남에서 재현되는 모습은 베트남식의 사고방식이 투영된 것으로 한국의 모습과는 다른 모습을 띤다. 이를 읽어내기 위해서 노력하던 재우는 레지투이를 만나면서 베트남의 숨겨진 모습을 알게 되고 존재의 바람직한 형식이란 무엇인지에 대해서 해결책을 찾게 된다.

레지투이는 해방영화사 감독이자 시인이고 베트남 민족해방혁명 당시 게릴라였으며 전쟁에서 살아남은 사람이다. 그러나 그를 단순히 전쟁에서 살아남아서 살아가는 사람으로 치부해서는 안 된다. 그는 300명의 게릴라 중 살아남은 다섯에 속한다. 그는 죽어간 동료들을 항상 생각하며 살아가는 인물이다. 그는 베트남 전쟁을 몸소 체험하고 그 전쟁이 남긴 상흔을 사람들이 잊지 않게 하기 위해서 살아간다. 비가 오면 죽어간 동료들 생각에 적멸감에 젖어 있는 그는 한 사람의 인생이 아닌 죽은 동료들 모두의 삶을 살아내기 위해 노력하는 사람이다. 재우가 오늘을 살아내야 할 분명한 이유를 알지 못하는 인물이라면 레지투이는 너무도 분명한 이유로 하루하루를 살아가는 인물이다. 레지투이가 겪어낸 게릴라로서의 현실과 마찬가지의 상황은 물론 재우에게도 있었다. 레지투이에게 대신 지뢰를 밟고 죽어간 동료가 있다면 재우에게도 함께 싸우다가 전경에게 끌려간 친구가 있었다. 같은 곳을 바라보며 그런 시대를 함께 살아낸 친구들과 점차 다른 길을 가게 되면서 방황을 하던 재우는 레지투이의 이야기를 들으며 함께 할 수 있는 친구들이 아직 살아있다는 사실에 감사하게 된다.

"서울에서 온 자네 친구 말이야. 내일 새벽 비행기로 떠난다면서? 잘해주게. 친구가 친구를 이해해주지 않으면 누구와 더불어 세상을 살아갈 수 있겠나."

말없이 웃고 있는 재우에게 레지투이는 자신의 휴대폰을 내밀었다.

"전화해보게."

"……"

"전쟁중에 우린 사람들을 만나면 서로 정을 주지 않으려고 애썼지. 얼마 지나지 않아서 헤어져야 한다는 걸 알았으니까. 그것도 영원히. 처음 만난 사람을 보면 무슨 생각이 가장 먼저 드냐 하면 말이야, 내가 저 사람을 앞으로 두 번은 더 만날 수 있을까, 아니면 세 번? 그 안에 우린 대부분 죽게 마련이니까. 살아서 만날 수 있는 친구가 있다는 건 얼마나 좋은 일인가."(66면)

살아서 만날 수 있는 친구인 문태와 창은에게 생각이 미치면서 재우는 그들과 함께했던 기억을 공유할 수 있다는 사실만으로도 감사할 수 있게 되었다. 재우에게 친구의 가치를 새롭게 깨닫게 해 준 레지투이의 반레라는 필명에도 사연이 담겨 있다. 시인이 되고 싶었지만 그 꿈을 이루지 못하고 죽어간 친구의 이름을 자신의 필명으로 삼은 레지투이는 반레의 삶과 자신의 삶을 함께 살아간다. 그러나 무조건 '대신' 살아주는 것이 아니라 자신의 인생에 친구의 못다 이룬 인생의 무게도 함께 더해서 더욱 소중하게 자신의 삶을 지켜가는 사람이 바로 레지투이이다. 다큐멘터리를 통해서 전쟁의 비극과 상처를 다루면서도 그 자체에만 머물러 있는 것이 아니라 잊지 말아야 할 것들을 기억하게 하려는 영화감독으로서의 레지투이와, 시를 통해서 전쟁이 가져온 비극성뿐만 아니라 그 전쟁의 비애를 넘어설 수 있는 무언가를 제시하려 애쓰는, 두 가지의 모습을 모두 지닌 레지투이는 바람직한 존재의 형식을 갖춘 인물이라 하겠다. 과거나 현재에만 머물러 있는 것이 아니라 과거를 잊지 않으면서 그 의미를 현재적으로 재현해 내고 또 미래의 지향점을 잃지 않

는 레지투이야말로 작가가 제시하는 '마음가짐'을 제대로 지닌 이
상적 존재이다.

재우가 자신의 삶도 제대로 감당하지 못해서 한국에서 도망친 것
과는 반대로 베트남의 레지투이는 자신의 삶을 제대로 값지게 살아
가는 사람이다. 그런 레지투이의 의식이 점차 재우에게 투영되며
재우는 문태나 창은에게 솔직하게 드러내지 못한 자신의 마음을 드
러내게 되고 친구의 의미에 대해서 다시 생각하면서 이들과의 연대
의식을 다시금 깨닫게 된다. 그런 재우에게 레지투이는 어머니에게
들은 '마음가짐'이라는 말을 전해주게 되는데 이것이 바로 '존재의
이상적인 형식'인 것이다.

언뜻 보기에 사람이 가져야 할 마음가짐은 그리 어려워보이지 않
지만 쉽사리 우정이라는 것으로 귀결되지 않는 무엇인가에 가로막
혀서 이들 세 친구는 서로에게 마음을 드러내지 않고 살아가게 된
것이다. 하지만 모든 것이 마음먹기에 달려 있다는 말처럼 재우는
레지투이와 함께 문태를 만나면서 그와 문태 사이에 여전히 끈끈한
그 무엇이 남아있음을 느낀다. 베트남에 와서 처음에는 재우와 불
협화음을 내던 문태도 레지투이와의 대화를 통해서 여러 가지를 다
시 생각하게 된다. 결국 한국으로 돌아가는 문태는 어색하기는 하
지만 재우에게 자신의 마음을 분명히 전하고 떠난다.

"마음가짐이 있어야 한다, 그건 뭐라고 그래?"
일행의 마지막 차례로 출국 심사장으로 들어가던 문태 녀석이 걸음
을 멈추고 돌아서서 목소리를 높여 물었다.
"그건 알아서 뭐 하려고?"
"여기까지 왔다가면서 베트남 말 한마디는 알고 가야지."
"바이 꼬 떰 롬."
"알았다, 인마. 바이 꼬오 떰 로오옴."
돌아서는 문태의 얼굴에 웃음이 번지는 것 같았다. 녀석을 처음 만

났던 20년 전, 그때의 맑았던 웃음을 떠올리게 하는 문태의 웃음을 바라보는 재우의 얼굴에도 희미하게 웃음이 번져났다.(70-71면)

20년의 시간을 순식간에 뛰어넘을 수는 없겠지만, 그리고 이들 간에 놓인 현실이 당장 달라지는 것은 아니지만, 그래도 웃음을 통해서 생각이 같다는 것을 확인하는 것은 중요하다. 문태를 보내고 창은의 얼굴을 떠올리며, 기름때 낀 그의 손을 생각하며 재우는 명동성당에서 창은이 한 말을 기억해낸다. "무언가를 꿈꾸려는 자는 그 꿈대로 살아가야 하지 않을까"라는 창은의 말에는 자신의 삶을 소중하게 여기면서 베트남으로 떠나는 재우의 선택 역시 존중하려는 의식이 담겨 있었다. 결국 재우는 베트남에서 택시를 타고는 명동성당에 가자는 말을 던진다. 이것은 비록 그의 몸은 베트남에 있지만 그의 의식은 창은과 함께 한국에서 함께하고자 하는 것을 드러내는 것이다. 재우는 문태나 창은과 마찬가지로 자신도 역시 무언가를 꿈꾸려는 자라고 생각하고, 비록 현재는 세 친구가 각자의 길을 가고는 있지만 그것이 서로의 생각을 배반하는 것이 아니라 각자의 몫을 살기 위한 것이라고 느끼게 된다. 이것은 재우가 베트남에서 알게 된 새로운 것이며 레지투이를 통해 깨닫게 삶의 의미이다.

3. 통역-번역의 두 가지 존재 방식

3-1. 언어제국주의에 매몰된 부정적 통역

언어제국주의는 생각보다 우리의 삶을 여러 부분에서 지배하고 있다. 제국의 언어인 영어는 이미 우리의 삶에서 한 부분을 차지하고 있다. 유치원에 가면서부터 영어를 배우는 현실 역시 영어가 지닌 힘을 모두가 알고 있기 때문이다. 물론 영어공부를 어려서부터 시키는 것을 무조건 부정적으로 바라볼 수는 없다. 자국어가 아닌 외국어를 더 구사할 수 있다는 것은 그만큼 다른 나라의 사람들과 소통이 가능해지는 것이고 이는 나아가서 세계화라는 이름으로 각광받을 수도 있기 때문이다. 그러나 영어권의 사람들이 다른 외국어를 배우는 것을 게을리하는 것을 볼 때 영어가 지닌 힘이 결국은 미국이라는 거대한 제국의 힘에 의지한 것이라는 사실은 간과할 수 없다. 이는 이 작품에서도 잘 드러나고 있다. 영어 자체가 부정적 영향을 지니는 것이 아니라 영어를 대하는 우리의 태도에 제국의 언어에 대한 맹신이 드러난다는 것을 이 작품은 보여주고 있다.

재우는 문태가 한국에서 보낸 '베트남에서 머물 호텔과 통역자를 구해 달라'는 내용의 이메일을 베트남에서 시나리오 번역 작업을 하는 도중에 받게 된다. 여기서 중요한 것은 베트남에서 한글로 된 이메일을 읽을 수 있다는 사실이다. 인터넷 초기에는 영어 이외의 언어는 인터넷에서 사용이 불가능했는데 이제는 인터넷 다언어주의[1]의 영향으로 다른 나라의 언어도 인터넷상에서 읽어낼 수 있다. 물론 인터넷을 통해서 다른 나라의 언어도 볼 수 있게 된 것은 최근의 일이다. 이는 인터넷이 영어로만 통용되던 것보다는 다국화된 모습을 띠게 된 것이라 할 수 있다. 그러나 이것은 프로그램을 많은 나라에 팔기 위한 자본의 논리로도 읽힐 수 있기 때문에 긍정적으로만 바라볼 수는 없다. 하지만 영어만이 아닌 다국어가 인터넷상에서 통용가능하다는 것만으로도 다양성을 인정하는 경향이 확산되는 것으로 볼 수 있다.

통역과 번역은 서로 다른 언어를 구사하는 국가나 민족 사이에서

---

[1] 니시가키 도루, 「인터넷 시대의 아시아 언어」, 『언어제국주의란 무엇인가』, 돌베개, 2005, P.449 참조.

는 필수불가결한 요소이다. 통역과 번역을 통해서 서로의 소통이 가능하게 된 후에야 비로소 이들간의 교류가 가능해진다. 이 작품에는 두 가지 형태의 통역이 존재하는데 그 하나는 문태와 골프를 치기 위해 베트남에 온 사람들에게 하는 통역이다. 이들은 회의를 명목으로 베트남에 와서 골프를 치는 변호사 집단이다. 이들은 베트남이라는 나라 자체를 무시할 뿐만 아니라 그들과 소통하려는 의식이 전혀 없다. 단지 거들먹거리며 돈자랑을 하고 싶어하는 사람들로 연대의식이 형성될 수 있는 가능성이 없다. 다음으로 나타나는 것은 레지투이와 재우의 통역(번역)으로 이는 단순한 의사소통을 넘어선 통역이다. 이 장에서는 부정적으로 기능하는 통역에 대하여 살펴보도록 하겠다.

재우는 바쁘다는 후배 상환에게 통역을 부탁하며 '이번에는 돈 있는 사람들이니까, 다 받으라고' 말한다. 정식 학술 통역으로 나가면 받는 통역료를 모두 받으라고 하는 재우의 말에 따라 상환은 통역료를 요구하고 그런 그에게 문태측 일행은 모멸감을 주는 말을 서슴지 않는다. 통역료의 기준을 미국으로 매기며 통역자의 실력은 고려하지 않은 채 언성을 높이는 이들에게 있어서 통역자는 단순히 언어를 전달하기 위한 수단이며 도구로밖에 인식되지 않는다.

> "당신들 사람 아주 잘못 봤어."
> 목소리의 주인은 자신이 누구인지도 밝히지 않았다.
> "우리가 외국에 한두 번 다녀본 줄 알아. 내가 학위를 미국에서 했어. 미국에서도 말이야, 하루 통역비 오십불이면 떡을 쳐. 그런데 베트남에서 이백오십불을 내놓으라고. 이봐, 자네들 말이야, 우릴 바지저고리 취급하지 말라구."
> 당신, 이봐, 자네. 무시와 모욕의 의도를 드러낼 수 있는 대명사는 모두 동원되었다. 재우는 입술을 깨물며 목구멍으로 기어나오려는 욕설을 간신히 참았다. (22면)

이들은 통역을 하는 사람의 실력보다는 돈을 앞세운다. 결국 이들이 이렇게 화를 내는 것은 이백 오십불인 통역료를 백 오십불로 깎기 위해서이다. 제대로 된 통역 능력을 갖춘 사람을 구하는 것이 목적이 아니라 단지 아는 사람을 통해서 값싸게 통역을 구하려 한 것이다. 언어는 그 사람의 인격을 반영한다. 같은 상황에 처했더라도 충분히 다르게 대처할 수 있는데 이들은 자신들의 경제력만 믿고 다른 사람들을 무시하려 한다. 그리고 그것은 반말을 하면서 훈계조로 대꾸를 하는 것으로 나타난다.

> "통역 없어도 괜찮아. 영어로 하면 돼. 영국, 미국에서 유학한 멤버들 즐비해."
> "누구신지 모르지만, 그러면 그렇게 하시죠."
> "그렇게 하라면 못할 줄 아나. 자네들 말이야, 인생 이렇게 살면 안 돼."
> 아무리 참으려고 해도 더는 참기가 곤란했다.(22면)

영국과 미국에서 유학한 것을 자랑으로 여기면서 베트남과 한국을 동시에 무시하는 이들은 이중식민지 의식을 지니고 있다. 영어로 하면 된다고 말하는 이들의 의식 속에는 이미 영국과 미국에 대한 생각이 굳건히 자리하고 있다. 이들은 베트남에 대해서 일종의 우월의식을 느끼면서 베트남에서 유학하고 있는 상환을 함부로 대하는 것이다. 결국 사흘로 나눠져 있는 한국의 주제발표를 하루로 몰아서 통역을 하라고 한 이들은 베트남 관광을 할 때에도 자신들의 우월의식을 버리지 못한다.

> "무슨 사람들이 이래? 지금만 그러는 게 아냐. 승합차 타고 오는 동안에도 내가 이것저것 설명하면, 한 아저씨는 어떻게 하는지 알아? 맨 뒷자리 가운데에 다리 길게 꼬고 앉아서 영어로 된 가이드북 들척들척

하면서, 그건 여기 그렇게 안 씌어 있는데, 뭘 잘 모르는구만. 응, 그 말은 맞네, 이러는 거야. 그렇게 지들이 잘났어? 잘났으면 사람한테 이렇게 모욕을 줘도 되는거야?"(57면)

이는 언어 제국주의에 빠져 있는 모습을 잘 드러내고 있다. 이들은 영어로 된 가이드북에 써 있는 내용은 맹신하면서 현지 가이드의 말은 무시하려 한다. 영어로 된 내용은 무조건 옳다는 의식에 사로잡힌 이들은 제국의 언어에 사로잡혀서 스스로를 식민지의식 안으로 밀어넣는다. 이는 이들이 얼마나 제국의 언어에 사로잡혀 있는지를 보여준다. 결국 이들은 베트남에 머무는 동안 베트남에 대해서 이해하고 무엇인가를 배워가려 하지 않고 단순히 미국의 눈을 통해 본 베트남의 모습이 맞는지 그렇지 않은지를 확인하는 작업만을 하다가 가게 되는 것이다. 이들의 의식속에 이미 미국은 선진국이고, 한국은 그 논리에 맞게 따라가는 나라이며, 베트남은 후진국이라는 도식이 형성되어 있다. 따라서 상환이나 김언니가 정확한 통역을 통해서 이들의 의식을 바로잡기에는 역부족일 수밖에 없다. 이처럼 통역이 단순히 의사소통의 도구로 전락하고 말 때 통역은 제기능을 제대로 수행하지 못한다. 특히 제국의 언어에 매몰된 의식을 지닌 사람들에게는 더더욱 그렇다. 영어를 통해서 의사소통을 하는 것과 영어만을 맹신하며 다른 것들을 멸시하는 것은 전혀 다른 문제이다. 영어가 미국이라는 제국의 언어이므로 무조건 맹신하는 것은 언어제국주의에 사로잡혀서 스스로를 식민지인으로 자처하는 것밖에 되지 않는 것이다.

3-2. 연대와 화해로서의 긍정적 번역

다음으로 재우와 레지투이의 번역 작업에 대하여 살펴보도록 하겠다. 이 작품에서 재우는 레지투이와 함께 시나리오 번역 작업을 한다. 한국의 조감독인 희은과 베트남의 영화 감독인 레지투이의 사이에서 통역을 해 주며 적절한 표현을 찾는 것이 재우의 몫이다. 번역 초기에는 사무적이고 수동적이었던 레지투이는 번역이 계속 될수록 '자기 성에 차는 표현을 찾아낼 때까지 진도를 나가지 않는 것은 물론이고 이미 한참 전에 지나온 문장으로 되돌아가기까지' 하는 모습을 보인다. 그리고 그런 그의 작업 후에는 베트남어로 번역된 문장이 훨씬 더 매력적으로 바뀐다. 레지투이와 재우가 원하는 번역은 단순히 원문을 옮겨 놓은 것에 그치는 것이 아니라 한국어를 베트남어로 가장 적절하게 바꾸는 것이다. '번지다'라는 단어를 레지투이에게 설명하기 위해서 여러 가지 시도를 하는 재우의 모습에서 단순히 의사소통의 수단을 넘어선 기능을 하는 번역의 힘을 읽어낼 수 있다.

> "이게 번지다, 예요."
> 세 겹으로 접은 휴지 가장자리에 재우가 남은 커피 한방울을 떨어뜨렸다. 흑갈색의 물기는 빠르게 휴지 전체로 번져나갔다. 레지투이는 고개를 크게 끄덕였다.
> "노 누 끄이?"
> "오케이"(16-17면)

이는 베트남어와 한국어의 번역작업을 통해서 정서적으로 연대감을 형성할 수 있게 있게 하기 위한 노력이다. 단순한 번역은 누구든지 할 수 있지만 모든 상황에 맞게 이해할 수 있게 해 주는 번역을 위해서 이들이 애를 쓰는 것이다. 쉽게 넘어가지 않고 정확한 표현을 찾으려 애쓰는 레지투이는 시나리오 번역을 통해 베트남의 모습을 잘 드러내고 싶은 것이다. 그리고 이런 의식에 맞추어 나가는 재우 역시 베트남을 이해하는 한국인이므로 이들간에는 연대의식이 형성될 수 있는 것이다. 재우는 한국 기업이 베트남에서 자리를 잡을 때 큰 역할을 했던 인물이었다. 그는 베트남을 진정으로 이해하고자 베트남을 연구하였고 그런 그의 노력에 힘입어 한국 기업이 베트남에 정착할 수 있었다. 단순히 번역이나 통역을 하고 돈을 벌기 위한 것이 아니라 베트남의 역사와 현재적인 가치를 읽어내려 애쓴 재우는 베트남의 사회주의 이념과 이론을 학습하고 이를 통해서 베트남을 이해하려 했다. 그래서 그는 베트남과 한국을 잇는 다리역할을 할 수 있었던 것이다. 그는 레지투이와의 번역 작업에 있어서도 그런 생각으로 임한다. 그러나 이러한 번역 작업이 말처럼 쉬운 것은 아니다. 번역작업의 어려움은 게릴라들의 일상을 희극적 방식으로 표현하고자 하는 부분에서 정점에 달한다.

> 레지투이는, 희은의 말을 빌리자면, 질기게 뭉갰다. 희은이 몇 번을 침대에 엎어졌다 일어났다 하고, 재우가 커피를 두 잔이나 비운 다음에야 레지투이는 최종표현을 찾아냈다.
> "밥그릇 밑 빠질라."
> 그가 부르는 대로 두드린 다음, 모니터 위에 뜬 베트남어에 성조를 넣어서 읽던 재우는 탄성을 지르지 않을 수 없었다. 베트남어의 신비는 성조였다. 6성의 언어구조는 성조에 따라 노래만큼이나 변화무쌍한 느낌을 만들어냈다. 그가 찾아낸 대사의 성조는 한국어로는 도저히 표현할 수 없는 매혹적인 어감을 부여했다. 단어들 위에 얹힌 성조는 짠돌이의 대사를 뫼비우스의 띠처럼 슬픔과 익살이 일렬선상에서 뒤집어지며 이어지도록 만들어놓았다. 그 상황을 드러낼 수 있는 더 이상의 언어는 지구상 어디에도 없을 것 같았다.(29-30면)

레지투이는 실제 게릴라들의 생활을 경험해 보았기 때문에 그 상황을 가장 생생하게 전달할 수 있는 언어를 표현하려 애썼고 결국 적절한 표현을 찾아냈다. '밥그릇 밑 빠질라'라는 표현은 보쌈요리를 비싸게 시킨 재우와 희은에게 레지투이가 화해를 청할 때 이들을 하나로 묶어주는 기능을 한다. 제대로 된 번역 한 문장만으로도 이들은 마음의 벽을 허물 수 있게 된 것이다. 이처럼 번역의 기능은 중요하다. 단순히 언어를 전달하기 위한 것이 아닌 연대와 화해의 기능을 담당할 수 있는 번역을 통해서 이들은 서로에 대한 이해도 높이고 친밀감도 형성할 수 있었다. 의사소통 수단을 넘어선 번역은 레지투이나 재우 같은 인물을 통해서 계속해서 이루어져야 한다. 그 나라의 문화와 정서를 이해하고 번역을 해야만 올바른 번역이 될 수 있기 때문이다.

4. 자본주의에 포획된 베트남과 베트남 정신을 통한 탈주

자본주의는 이제 세계를 지배하는 거대한 힘이 되었다. 국가의 경제력이 그 나라의 국력을 결정하게 된 것을 이제 누구도 부인하지 못한다. 선진국, 개발도상국, 후진국의 구분은 자본주의의 냉정한 법칙에 의해서 정해지고 이에 따라 세계의 국가들은 자존보다는 실리적인 경제 원칙에 따라 움직이게 되었다. 한국에서 자본주의의 문제점이 드러나기 시작한 것은 60년대에 들어서면서부터이고 70-80년대 정치적인 것과 맞물리면서 더욱 심화되었다. 그런 자본의 논리를 이겨내기 위해서 재우, 문태, 창은 학생운동을 전개한 것인데 이들의 노력에도 불구하고, 90년대에 들어서면서 자본가와 노동자의 문제는 더욱 확대되기만 할 뿐 해결책을 찾지 못한 채 문제점만 부각되었다. 이런 자본주의의 논리를 지켜본 재우가 베트남에서 새롭게 시작한 것은 그들의 문화를 이해하고 그들의 이념과 이론을 체계적으로 학습한 후 베트남의 개방 체계를 이끄는 것이었다. 한국에서 나타났던 자본가와 노동자의 실질적인 문제를 먼저 겪어 본 재우는 그런 것들을 답습하지 않기 위해서 열심히 노력을 했다. 그러나 베트남에서 한국의 70년대와 같은 노동현실이 재현되는 것을 알게 된 재우는 통음하게 된다. 특히 노동자를 비인간적으로 다루는 자본가의 모습에서 재우는 여전히 되풀이되는 자본의 논리에 대해 분노하게 되었다. 이 작품에 드러나는 베트남의 모습은 이를 잘 보여주고 있다.

> 그의 손을 거쳐간 한국기업들이 자리를 잡기 시작하면서 그는 견디기 어려운 장면을 자주 목격해야만 했다. 베트남에서 조금 자리를 잡기 무섭게 우쭐거리고 거들먹거리는 사람들이 너무도 흔해서 일일이 보아줄 수조차 없었다. 그를 결정적으로 참을 수 없게 만든 것은 노동자들을 대하는 한국기업의 태도였다. 70년대 한국의 주력산업이 베트남으로 이전해오면서 노동자를 다루는 습성도 70년대 한국의 것을 그대로 가지고 왔다. 그의 주선으로 베트남에 진출한 공장에 들렀다가 베트남 노동자를 신발로 때리는 한국관리자를 목격한 날, 그는 밤을 새워 통음했다.(44면)

한국 기업의 베트남 진출을 적극적으로 도왔던 재우는 이러한 상황을 바로잡기 위해서 고발하는 글을 쓰게 된다. 그러나 그의 이런 행동은 베트남에서의 한국 기업을 행태를 바로잡기는 커녕 그를 기피와 저주의 대상으로 만드는 것에 그치고 만다. 재우는 베트남에 있는 한국인으로는 유일하게 베트남의 문화를 이해하면서 그들에게 접근한 사람이다. 그러나 그러한 그의 노력은 자본주의의 논리 앞에서 무기력해진다. 전지구적 자본주의 시대는 미국같은 새로운 초국적인 '제국[2]'의 출현으로 인해 더욱 자본의 원리에 충실하게 되었다. 이미 자본주의는 세계의 대세가 되었고 베트남이 개방경제

---

2) 네그리, 윤수종 역, 『제국』, 이학사, 2001. 네그리는 과거의 제국주의와 구분되는 새로운 '제국' 개념을 말하고 있다. 제국은 특정한 민족국가로서가 아니라 탈영토화된 전지구적 네트워크를 통해 권력을 행사한다. 나병철, 「한국문학과 탈식민」, 『한국문학과 탈식민주의』, 깊은샘, 2005, p.36. 참고 재인용.

체제를 받아들이게 되면서 자본주의적인 사고방식은 그것이 옳은 것이든 그른 것이든 간에 베트남을 지배하는 주도적 역할을 하게 된 것이다. 한국에서 70년대에 겪었던 그 모든 수모를 베트남인들이 겪게 되는 것을 보게 된 재우는 상황을 바꿔보려 하지만 그는 오히려 사회에서 소외되고 철저하게 외톨이가 될 뿐이었다.

제3세계에 있어서 근대화란 이름의 서구 산업 기술 이전의 과정은 문화적 침략의 모습을 띠며, 이것은 침략자의 현지 주둔을 수반하지 않기 때문에 식민주의나 신식민주의보다 더욱 음험한 것이다. 따라서 제3세계에 대한 서구의 기술제국주의가 존재하는 한 서구 제국주의의 시대는 끝나지 않았다 볼 수 있다.[3] 베트남에 자본이 들어오고 외국 기업이 들어오게 되면서 빠른 속도로 근대화가 진행되지만 이는 베트남 자체를 위한 근대화라기보다는 자본주의의 힘을 과시하기 위한 서구 제국주의의 한 모습을 보여주는 것이다. 여기에 한국 기업의 이속까지 더해지면서 노동자에 대한 차별적 대우는 점차 심화된다. 재우는 베트남에서만큼은 한국에서처럼 자본의 논리에 굴복하는 노동자상을 만들고 싶지 않아서 이를 극복하려 하지만 그의 힘만으로는 현실이 쉽게 바뀌지 않는다.

서구의 과학기술은 자본주의와 맞물려서 부를 창출해냈지만 그 자본력을 바탕으로 제3세계를 지배하려 하는 결과를 낳았다. 이는 정치적인 간섭뿐만 아니라 경제적 주종관계를 심화시켰고 결국 제3세계의 정신적인 면까지 침식하려 하는 부정적인 영향을 끼쳤다.

호치민 루트는 제2인도차이나 전쟁, 즉 월남전에서 북베트남이 남베트남과 함께 공산화 과정을 지원했던 라오스와 캄보디아의 밀림 지역에 그들의 군대, 물자, 정보 등을 수송하기 위해서 만든 연결루트이다. 호치민 루트는 북베트남의 주도로 2차 세계대전 이후

---

3) 김석영, 「신동엽 시의 서구 지배담론 거부와 대응」, 『한국문학과 탈식민주의』, 깊은샘, 2005, p.139.

라오스와 캄보디아의 공산화를 지원하기 위해 만들어진 군사적 네트워크라 할 수 있다. 월남전에서 미국이 베트남을 굴복시키지 못한 것은 이 호치민 루트의 힘이라 할 수 있다. 그러나 이러한 호치민 루트를 관광자원으로 개발하려는 것은 자본의 논리에 침식당하는 대표적인 모습이라 하겠다.

> "기획과 제작은 우리가 하지만 제작비는 일본의 NHJ TV가 대기로 한 것이거든. 그들이 내용을 또 고쳐달라고 요구해왔다네. 이미 두 차례나 그들이 요구한 방향으로 고쳤고, 좋다고 서로 협정서에 서명까지 해서 작업을 시작했는데 말이야."
> 레지투이는 자세하게 설명하지 않았지만 NHJ측은 호치민 루트 주변의 소수민족 마을을 비롯해서 일본인이 갈 만한 관광상품 소개를 대폭 늘려달라고 주문한 모양이었다.
> "너희 자본주의에서 좋아하는 말이 있지. 고객은 왕이라고."

호치민 루트 주변을 관광화하는 것은 베트남의 정신을 뿌리째 흔들어 놓겠다는 것에 다름 아니다. 호치민 루트에는 베트남의 정신이 서려 있고 이는 관광상품으로 개발해서 외화를 벌어들이는 것 이상의 가치를 지닌 것이다. 이것을 알고 있는 레지투이에게 호치민 루트를 자본주의의 논리에 맞게 찍어내는 것은 자존심에 금이 가는 일이었다. 그러나 영화사에 가서 꽝사장과 이야기를 나누고 온 레지투이는 '나라가 가난하고 영화사가 가난한데, 해야지 어떻게 하느냐'는 말을 듣고 돌아온다. 자본주의가 철저하게 지배하는 사회에서 결국 그의 생각은 묻히게 되는 것이다. 레지투이와 재우는 아픈 현실을 받아들이고 이를 실소하며 넘긴다. 그러나 이들이 무조건 자본주의에 굴복하고 자존을 포기하는 것은 아니다. 자본주의가 베트남에서 지배적 위치를 점한 것은 사실이지만 자본주의의 침식현상을 받아들였다고 해서 이들이 자신의 민족 자존까지 포기하는 것은 아니다. 비록 자본주의의 논리 한중간에 놓여 있기는 하지만 이들에게는 이것을 넘어선 무언가가 존재한다.

베트남 정신을 가장 잘 드러내는 곳이 바로 구치이다. 겉으로 드러난 베트남의 가난하고 낙후된 모습이 베트남의 전부는 아니다. 베트남은 미국을 위시한 제국들이 경제력만으로 굴복시킬 수 있는 나라가 아니다. 왜냐하면 이들에게는 베트남 정신이 있기 때문이다. 구치의 터널을 뚫은 베트남 사람들은 70년대에 이미 세계 최강의 위치에 있어서 아무도 대항하려 하지 않았던 미국을 상대로 전쟁을 계속한다.

> 구치는 사이공 시내에서 한시간 반 거리 떨어져 있는 마을이었다. 해방전선은 그곳을 중심으로 총연장 250km의 땅굴을 파고, 사이공 시내를 드나들며 미국과 싸웠다. 3층으로 거미줄처럼 뚫린 구치의 터널을 따라 들어가다보면 세계 최강의 미국을 베트남이 어떻게 이길 수 있었는지를 알 수가 있다. '원 달러'를 외치며 달려드는 관광지의 아이들과 십불의 팁에 손목을 내맡기는 술집 아가씨들을 보고 베트남을 알았다고 생각했던 사람들조차 구치에 가면, 가서 단돈 일원도 받지 않고 오로지 호미와 망태기만으로 24년에 걸쳐 파놓은 250Km의 땅굴을 보면 전혀 다른 베트남이 있다는 사실을 소스라치게 깨닫게 된다.(58면)

베트남은 미국의 침략에 굴복하지 않은 나라이다. 그리고 베트남 국민들은 이 사실을 너무나도 분명히 알고 있다. 나라를 지키기 위해서 땅굴을 파고 목숨을 걸고 싸운 이들에게는 미국에 대한 승리의 의식이 분명 내재되어 있다. 바로 이것이 우리와 베트남 사람들이 다른 점이다. 베트남에 자본주의가 들어섰고 그에 따라 근대화되고 발전 중이지만 베트남은 단순히 제국주의와 자본주의에 굴복하는 나라는 아니다. 베트남 국민들은 이에 굴복하지 않는 민족 자존을 지니고 있고 이것이 바로 베트남 정신이다. 전쟁에서 미국과 싸워서 미국을 이겨낸 베트남 국민들은 미국을 단순히 추종해야 하는 나라라고는 생각하지 않는다. 이런 이들의 의식이 탈식민 담론으로 요약될 수 있다. 미국이나 한국의 기업들이 베트남을 자본의 논리로 얽어매고 지배하려 들지만 그들을 쉽게 지배할 수 없게 만드는 것 역시 이들이 지닌 의식 때문이다. 재우는 레지투이와의 대화를 통해서 이를 깨닫게 된다. 이들은 목숨을 걸고 베트남을 지키려 했고 그 이유는 외국의 군대가 베트남을 유린하지 않게 하기 위해서였다. 그것을 지켜내기 위해서 수많은 사람들이 죽었지만 그것은 여전히 현재적 의미를 지니고 있다.

문태는 레지투이에게 목숨을 걸고 지켜낸 나라에 남은 것은 결국 가난한 현실이 아니냐는 질문을 던진다. 그러나 그런 문태의 질문에 레지투이는 '우리 세대가 해야 할 일'을 한 것이라고 대답한다. 80년대를 거친 재우와 문태가 의문을 갖고 있던 것이 바로 이것이었을 것이다. 목숨을 걸고 싸워서 바꾸고자 했던 80년대의 한국의 모습이 90년대에 바뀌는 것을 보면서 문태와 재우는 환멸을 느꼈을 것이고 그러면서 그들이 목숨을 걸고 지키고자 했던 것이 무엇이었는지에 대해 자문하게 된 것이다. 그러나 그 해답을 레지투이는 너무나 간단하게 제시한다. 80년대를 살아간 재우, 문태, 그리고 창은은 '자기 몫의 할 일을 한 것'이다. 변하는 시대에 대해서 한탄을 하기보다는 그 당시에 자신의 이념을 위해서 힘껏 싸울 수 있었던 스스로에게 칭찬하고 만족할 수 있어야 한다는 것을 이들이 비로소 깨닫게 된다.

결국 한국에서 해답을 얻을 수 없었던 문제가 해결되면서 재우도 문태도 자신의 자리를 찾게 된다. 술집이나 식당에 잡상인들이 들어와서 안주를 팔아도 서로 이해하는 나라가 바로 베트남이다. '아직 가난하지만 남의 고된 생계수단을 빼앗으면서까지 부자가 되려고 하진 않는' 나라가 베트남인 것이다. 이것이 자본주의가 넘어설 수 없는 이들만의 자존이다.

자본주의가 지배하는 남쪽에서 십년을 싸우는 동안에도 이들의 의식은 여전히 공산주의의 삶이 지배하고 있었다. 공산주의를 위해 싸운 것이 아니라 공산주의를 살았다고 말하는 이들을 통해 사소한 것들을 지키며 살아가는 것이 얼마나 중요한지를 재우와 문태는 알게 된다. 오늘날 탈식민 담론은 두 개의 상이한 영토들 간의 '틈새'에 위치하고 있다4)고 나병철은 말한다. 제국의 자본주의적 논리가 제3세계인 베트남을 자본에 의해 식민화시키려 하지만 베트남의 정신에까지 그 권력이 쉽게 미치지는 못한다. 이들은 적극적으로 제국에 대항하려는 논리를 펴는 것이 아니라 자신의 위치에서 자존을 지니고 살아갈 뿐이다. 그리고 이것은 제국도 침범하지 못할 틈새의 공간이 된다. 물론 이는 베트남 자체의 모습을 투영하고는 있지만 작가 방현석의 눈을 통해 작품 안에 드러난 베트남의 모습이다. 물론 이 작품에서 현재적인 베트남의 모습을 모두 그대로 반영하고 있다고는 할 수 없지만 베트남적인 정신을 찾아내고 작품에 잘 투영하고 있다.

보이지 않는 제국과 베트남의 경계선이 해체되기 위해서는 민족적 주체성을 지닌 동시에 자본주의에 배타적이지 않은 주체들이 있어야 한다. 서구의 지배 논리가 베트남에 들어왔고 서구의 문화를 모방한 문화가 베트남에서 형성되고는 있지만 이들은 베트남식의 자본주의를 형성해내고 있다. 제국의 자본주의적 논리가 베트남을 지배하려 하지만 서구 자본주의에 침식당하는 것은 외부적인 것일 뿐이고 내부적으로는 저항 논리가 담겨 있다. 따라서 베트남은 서구로부터 탈식민화된 혼성성의 전복적 공간이다. 여기에서 제국과 식민지 간의 틈새의 공간을 발견할 수 있다. 그리고 이들의 의식을

---

4) 나병철, 「한국문학과 탈식민」, 『한국문학과 탈식민주의』, 깊은샘, 2005, p.11.

통해서 이 작품에서의 베트남은 새로운 공간으로 거듭나는 것이다.

5. 맺음말

본고에서는 먼저 80년대를 살아간 재우, 문태, 창은의 모습을 통해서 존재의 형식들을 살펴보고 「존재의 형식」에서 추구하는, 존재의 바람직한 형식이라 할 수 있는 레지투이를 통해 이들이 화해를 하게 되는 과정을 정치하게 분석해 보았다. 이에 대한 그간의 논의는 대부분 이들 인물 군상의 모습을 분석하는 것에 그치고 있어서 본고에서는 이들의 의식이 단순한 화해를 넘어서서 어떻게 기능하는지에 대하여 살펴보고자 하였다.

다음으로 제국의 언어인 영어에 매몰되어 진정성을 띤 소통보다는 통역 자체에 중점을 두는 부정적인 번역과 이를 넘어서서 긍정적으로 기능하는 번역에 대하여 살펴보았다. 이를 통해서 이 작품에서 재우와 레지투이가 하는 시나리오 번역 작업이 이들의 연대의식 형성에 기여했음을 알 수 있었다.

마지막으로 작품 안에서 자본주의가 베트남에 들어와서 그들의 자존을 침식하는 과정에 대하여 살펴보고 이를 베트남 국민들이 극복해 내는 것을 보았다. 이 작품에 드러나는 베트남은 제국의 자본주의 논리에 가시적으로 맞서지는 않지만 그들의 정신을 통해서 틈새의 공간을 만들어 낸다. 또한 작품에서 방현석이 그려내는 베트남은 근대화의 명분을 내세우는 제국의 자본주의에 굴복하지 않고 베트남 나름의 자존을 지켜내는 공간이다. 이에 이 작품에 서 나타나는 베트남은 제국으로부터 탈식민화된 틈새의 공간이 되는 것이다.

작품 안에서는 한국의 기업이 베트남에 들어가서 여러 가지 악행을 행하는 것은 자본주의의 발전 과정에서 잘못된 관행이 되풀이되는 것이다. 우리에게 있어서의 거대한 제국은 미국이라면 어쩌면 베트남에게 있어서의 부정적 제국은 한국일지도 모른다. 이 작품에서는 베트남의 모습을 보여줌으로써 베트남이라는 나라가 지닌 긍정성을 보여주는 동시에 한국이 지닌 부정성을 부각시키고 있다. 그리고 그 모습을 통해서 우리가 80년대에 지니고 있었던 생생한 의식을 되살려내기를 촉구하고 있다.

작가 방현석은 80년대의 기억을 지닌 존재들의 모습을 서로 만나게 함으로써 현재의 모습을 투영할 수 있게 했다. 또한 한국의 80년대와 베트남의 현재를 중첩시키면서 과거와 현재가 만나는 공간으로 베트남을 상정하였다. 작품에 드러난 것처럼 베트남이 처한 사회적 현실은 어렵지만 베트남 국민들이 품고 있는 이상은 고귀하다. 이 작품에서는 월남전 이후부터 오늘에 이르기까지 베트남이 처한 현실이 잘 드러나 있다. 상흔을 지닌 이들의 모습은 우리가 겪었던 현실과 묘하게 중첩되고 특히 자본주의의 지배를 받는 모습은 우리의 현재적 모습과도 상통한다.

본고에서는 앞으로 한국이 나아갈 바는 무엇인지 그리고 베트남이 지닌 베트남 정신이 작품 안에서 어떻게 구현되었는지를 살폈다. 또한 본고에서는 작품을 전체적으로 꿰뚫을 수 있는 정치한 분석을 통해 작품이 지닌 의식에 대해 구명해 내고자 하였다. 이 작품은 베트남을 통해 우리의 모습을 돌아보게 하고 동시에 베트남을 통해 깨달아야 할 것들에 대해서 잘 드러내 준다고 할 수 있다.

흙의 기억, 나무의 상상
— 문태준론

한 상 철

1. 적(赤)

저녁 무렵은 종요롭다. 빛과 어둠이 뒤바뀌는 세상의 '한 호흡', 사라지면서 다시 살아나는, 마치 존재 이후의 존재처럼 피어나는 공간. 그것은 상상의 방정식과 같아서 특정한 조건만 구비한다면 무엇이든 자신의 잃어버린 기억을 떠올리게 만드는 시간이기도 하다. 그 '어두워지는 순간' 속에서 빛은 '오래오래 전의 시간과 방금의 시간과 지금의 시간'(「어두워지는 순간」2-20)[1])으로 버무려진 채 굴절된다. 세상의 경계가 사라지는 때 '물속까지 들어오는 여린 볕'(「思慕」3-11)들이 되살아나는 법이다.

'물을 달여 햇차를 끓이'면 '마르고 뒤틀린 찻잎들이 차나무의 햇 잎들로 막 피어나'듯이 혹은 '소곤거리면서 젖고 푸른 눈썹들을 보여주'(「햇차를 끓이다가」2-16)듯이 기억은 눈에 보이는 세계와 보이지 않는 세계의 사이에 걸친 불완전한 소통이다. 말(言)이 되는 순간 투명하게 굳어, 그저 보여질 뿐 만질 수 없게 되는 그 기억들은 사라져버린 외할아버지의 뱀처럼 아직도 섬뜩한 채다. 그 뱀 비

---

1) 이하 본문 인용시 제목 뒤의 번호는 아래 책의 번호와 쪽수를 가리킨다.
   1. 문태준, 『수런거리는 뒤란』, 창작과비평사. 2000.
   2. _____, 『맨발』, 창작과비평사. 2004.

린내 나는 기억은 숨기고 싶은, 오래되고 어둡고 습한 '뒤란'으로부터 온다. 어머니가 박속을 긁어내던 곳, 어머니의, 어머니의 어머니적 그 미지(未知)의 근원으로부터 내려온 '뒤란'들을 펼치다 보면 누구나 지니고 있지만, 누구에게도 털어놓을 수 없었던 '간곡한 사연'이 흘러나온다. '배꽃 고운 들길을 가던 기다란 냄새의 넌출'(「배꽃 고운 길」2-51) 따라 스르르 배어나오는 꽃물 든 흙의 기억들. 그 시간들을 붙잡아 놓고, 흙내음 가득한 기억의 결들을 하나하나 부풀어 오르게 만드는 저녁 무렵의 수상쩍음은 "장독대 뒤편 대나무 가득한 뒤란 / 떠나고 이르는 바람의 숨결을 / 공적(空寂)과 파란(波瀾)을 동시에 읽어"(「대나무숲이 있는 뒤란」2-81)내는 시인의 직관을 가능케 한다. 공적(空寂)이란 개념화이되 아무것도 지니지 않은 것이다. 그 비어있음의 의미화는 일종의 역설인데, 일테면 목적 없는 비개념성으로서의 예술에 견줄 만하다. 파란(波瀾)의 위상은 조금 더 복잡하다. 표면적으로 그것은 중심의 이동을 말하는 듯하지만, 이를 위해서는 먼저 중심이 확고해야 한다. 예술이 이념의 절대적 현현(顯現)일 수 있다면 그것은 그 자체로 중심에 대한 담론이 된다. 파란은 그 중심을 흔드는 것. 중심이되 변화할 수밖에 없는 본질을 말함이리라. 그런데 공적과 파란을 동시에 읽어낼 수 있다면, 세상은 비어있음으로 가득 차 있되 고정되지 않고 끊임없이 변화한다는 역설이 가능해진다. 문태준의 시가 낡고 오래된, 허물어지고 빈 풍경에 집착하면서도 그들을 부풀어 오르게 하고, 잃어버린 기억의 숨결로 가득하게 만들 수 있는 것은 이 역설 때문이다.

이 역설 속에서 원색(原色)의 충동으로 가득 찬 황병승의 독백이나 김민정의 뒤틀린 '몸'으로 이루어진 악몽을 설핏 떠올리는 것은 색다른 대비가 될 텐데, 이 경계야말로 환유와 은유로 이루어진 현시단의 계열[2]에 대한 단적이 예이기 때문이다. 황병승의 원색이 중

---

2) 최근 '미래파'로 지목(권혁웅, 『미래파-새로운 시와 시인을 위하여』, 문학

심을 잃어버린 기억의 절연(絕緣)에 대한 하나의 알레고리allegory 라면, 문태준의 그것은 제 색을 잃어버린 채로만 언어의 혀를 통과 하는 회귀의 알레고리로 존재한다. 김민정의 뒤틀리고 찢겨진 '몸' 이 중심에 대한 극단적 해체를 상징하는 틀이라면, 문태준의 기억 은 중심이 형성되기 이전의 지점을 통과하고자 하는 일종의 버팀이 다. 이 거꾸로 선 공적과 파란의 역설 속에서 젊은 시인들의 질주를 이끌어내는 것은 일상화된 자본이라는 무소불위의 프리즘이다. 그 요지경을 통과하는 순간 세상은 맞출 수 없는 퍼즐이 되어 굴절하 기 시작한다.

빛의 굴절 속에서 세계가 만들어지듯이, 사라지면서 다시 살아나 기 위해서는 기억을 굴절시킬 수 있어야 한다. 그것은 색채로 현상 되기도 하고, 때로 몸을 잃어버린 채 부유하기도 하며, 존재를 넘어 선 곳에 놓여 있기도 하다. 이 모든 일들의 출발은 빛이 사라지는 무렵 이루어진다. 문태준은 사라짐들 너머에서 건져 올린 간곡한 '수런거림'을 '뒤란'에 펼쳐놓음으로써 섬세한 떨림을 지닌 정경(情 景)으로 바꾸어 놓는다. 그 정경은 저녁 무렵의 빛 속에서만 살아 오른다. 그 세상이 아름다울 수 있는 것도, 그가 살아있음에 대한 경이를 담담히 묘사할 수 있는 까닭도 '뒤란'이라는 생명의 근원이 저녁 무렵의 상상과 기억으로 가득 채워져 있기 때문이다.

과 지성사. 2005)된 바 있는 장석원, 황병승, 김민정, 그리고 김행숙 등 은 대표적인 환유적 계열의 시인들이다. 전위(前衛)적 성향을 보이는 이 들의 시는 확정될 수 없는 의미의 끝없는 미끄러짐을 통해 파편화된 자 본주의 사회의 이면을 드러낸다는 점에서 하나의 계열을 이룬다. 한편 문태준을 비롯한 손택수, 신용목 등 일군의 젊은 시인들이 보이는 우직 한 서정의 힘은 의미의 병렬보다는 집약과 정지를 통해 자본의 질서에 함몰해가는 일상의 단면을 예리하게 짚어낸다는 점에서 은유적 계열의 시라 명명할 수 있겠다.

2. 황(黃)

흙은 생명을 지닌 모든 존재의 뿌리이다. 삶이 시작되는 출발점
이며 죽음을 받아주는 안식처이다. 그러므로 돌아가야 할 곳인 동
시에 벗어나야 할 굴레이기도 하다. 흙의 기억으로 채워진 오래된
집은 죽음과 재생을 동시에 품고 있다는 점에서 이물스러운 공간이
다. 문태준의 시는 이 이물스러움에 집착한다. 때로 그 집착은 사물
의 내면에 잠재된 기억을 끌어낼 만큼 강력한 데, 그것은 주로 버려
진 집과 그 주변의 작고 보잘것없는 것들로부터 비롯된다. 낡은 집
터에서 당집에 이르기까지 물집처럼 잡혀있는 이물스러움의 정체
는 '구석서부터 물오르는 소리들의 구근'이거나, 혹은 '구들장'에
아로새겨진 '불기둥'(「빈집 3」1-56)의 흔적으로 남아 있다. 그 이물
스러움의 허물을 벗기면 먼지 쌓인 세월에 눌려 낡아버린 흙의 기
억들이 저녁 무렵의 뒤란으로부터 누런 진물처럼 흘러나오기 시작
한다.

죽음은 존재의 소멸이다. 그러나 동시에 재생을 위한 전제이기도
하다. 열세 살 무렵 무병(巫病)으로 죽음의 문턱까지 갔었던 시인의
혹독한 체험은 죽음이 삶과 한 뿌리였음을 알리는 일종의 계시였
다.[3] 목신(木神)의 노여움을 달래기 위해 어린 외아들에게 삽으로
흙을 뿌리는 아비와 이유를 알 수 없는 고열로 환청에 시달리던 소
년의 공포가 구석구석 서려 있는 곳. 마당은 삶과 죽음이 '꽃이 피
고 지'듯 '한 호흡'으로 연결되어 있는 공간이다. 죽음과 재생이라
는 이 무한한 순환을 이어주는 것은 작고 보잘것없는 것들의 내면
에 잠재된 보이지 않는 기억의 고리들이다. 그 기억은 낡고 오래된
집 '뒤란'의 흙과 담벼락, 대밭, 묵은 독에 웅크리고 있던 것들이다.

---

3) 이문재, 「맨발, 맨발로 가자」, 《문학동네》 2004년 겨울호, 129면 참조.

이제 마당으로 흘러나와, 담벼락과 지붕에 '하얀 등을 주렁주렁 켜'
듯 매달리는 그 곡진함 속에서 낡은 집의 이물스러움은 다시 피어
나고, 지기를 반복할 수 있게 된다.

「빈집」 연작을 통해 '곰팡이 슨 내 기다림'으로 가득 채워진 마당
은 「아슬한 피란」1-33, 「곳간」1-39, 「그 골방에 대하여」1-58, 「흙집
의 우울」1-60을 거치며 죽음의 기억을 간직한 전설로 물들어간다.
마당을 둘러싼 울타리와 장독대, 마당 안에 옹기종기 모여 있는 섬
돌, 화단, 뜨락, 아궁이와 구들을 지나 「갈라터진 흙집 그 門을 열어
세월에 하얀 燈을 주렁주렁 켜는」1-78, 「門」1-87에 오면 마당 한 편
에 죽음 이후의 재생을 예비하는 통로가 열린다. 마당 너머 낡은 기
억의 숨통을 트이고 다음 삶으로의 여정이 시작 되는 것이다.

> 우리가 한때 부리로 지푸라기를 물어다 지은 그 기억의 집 장대바람
> 에 허물어집니다 하지만 오랜 후에 당신이 돌아와서 나란히 앉아 있는 장
> 독들을 보신다면, 그 안에 고여 곰팡이 슨 내 기다림을 보신다면 그래,
> 그래 닳고 닳은 싸리비를 들고 험한 마당 후련하게 쓸어줄 일입니다
> — 「빈집 1」 부분 1-15

> 줄초상이 난 집, 빗질을 하지 않아 몰골이 진흙에 반쯤 묻힌 그릇의
> 굽 같다. / 당사주 그림책처럼 잔뜩 해진 집을 시렁들이 떠받치고 있다
> // 죽은 사람의 관자놀이를 맴도는 까마귀 / 하늘을 향해 휘둘리는 喪
> 主의 바지랑대 / 투계 두어 마리 초상집 마당에 던져주고 싶다
> — 「아슬한 피란」 전문 1-33

> 내 어릴 적 마당에 사철 불 꺼진 가죽나무가 한그루 있었네 / 늙은
> 누에처럼 기어가던 긴 슬픔들 / 조왕신을 달래러 밤새워 뜬 달 / 이제
> 모두 내보내니, / 사립 하나 없는 문으로 들어와 복사뼈처럼 들어앉아
> 있던 것들아
> — 「門」 부분 1-87

첫 번째 마당은 님을 떠나보낸 기다림의 공간이다. 벗겨낸 벽지 속의 신문지처럼 바랜 제 속살을 보여주는 데도 외설스럽지가 않다. 이제 허물어졌지만 한 때 '꽃의 구중궁궐'이었기에 그 비어있음이 더욱 허허롭다. 장대바람에 속절없이 허물어지고, 세월의 무게를 견디지 못해 썩어갈 수밖에 없지만, 내 기다림만은 변치 않을 것이라는 약속이다. 통속적이지만 기품을 잃지는 않고 있다. 정작 문제가 되는 것은 이 절절한 그리움을 받아줄 다음 단계가 없다는 점이다. 그저 기다릴 뿐 대안이 없다. 이 답답함은 비어있는 마당에 대한 집착에서도 여전하다. 그 집착은 잘 달여진 약(藥)일 수도 있지만 너무 많이 끓이면 독(毒)이 될 수도 있다. 그 예를 두 번째 시에서 본다. 빈 마당을 죽음의 공간으로 불러내는 초상집에 대한 기억은 뱀에게 물리기라도 한 듯 자꾸만 이승을 넘어서려고 한다. 그런데 이승과 저승의 경계라는 죽음의 공간은 진흙 묻고 허물어진 낡은 집, 시신 주위를 맴도는 까마귀, 상주의 바지랑대로 옮겨가면서 하나로 집약되지 못하고 산발적으로 흩어져 버린다. 이 적막한 공간에 '투계 두어 마리'를 던져주려는 시도는 일종의 파격인데, 흩어진 이미지들을 하나로 집중시키며 의미의 반전을 가져오기 보다는 죽음의 이미지에 대한 생경한 반발만을 떠올리게 한다. 죽음에 대한 집착이 지나쳐 독이 된 경우다. 집의 상상력이 뻗어나가지 못하고 죽음의 이미지로 인해 막혀 있다. 그 답답함은 시적 대상들의 불안함을 가져오고, 죽음 이후로의 도약에 걸림돌이 된다.

세 번째 시에 와서야 기억 속의 대상들이 제 자리를 찾아가기 시작한다. '사철 불꺼진 가죽나무'의 슬픈 그림자들이 늘어져 있던 곳. '조왕신을 달래러' 뜬 달의 아픔이 유난했던, 내 어릴 적 마당은 더 이상 쥐고 있어야 할 대상이 아니다. 오히려 놓아버렸을 때 기억은 문(門)을 통해 지금 이 순간과 연결된다는 설정이 흥미롭다. '사립 하나 없는 문'은 지나간 기억을 떠올리는 출구이며 과거와 현재가 소통하는 통로이다. 도공의 섬세한 손길이 강한 불에 구워진 단단한 자기 속에 각인되어 있듯, 흙으로 이루어진 문태준의 기억은 마당 곳곳에 점점이 박혀있다. 그 공간에서라면 "내 몸속에서 겨울 문틈에 흔들리던 호롱불이 흘러나오고, 깻잎처럼 몸을 포개고 울던 누이가 흘러나오고, 한 켠이 캄캄하게 비어 있던 들마루가 흘러나오"(「그림자와 나무」2-22)는 일이 가능해진다. 마치, '불에 구운 흙'의 기억을 복각하듯 잃어버린 기억들을 하나하나 떠올리는 재현이 실현되는 것이다.

> 마룻바닥에 큰 대자로 누운 농투사니 아재의 복숭아뼈 같다 / 동구에 앉아 주름으로 칭칭 몸을 둘러세운 늙은 팽나무 같다 / 죽은 돌들끼리 쌓아올린 서러운 돌탑 같다 / 가을 털갈이를 하는 우리집 새끼 밴 염소 같다 / 사랑을 잃은 이에게 녹두꽃 같은 눈물이 고이게 할 것 같다 / 그런 맷돌을, 더는 이 세상에서 아프지 않을 것 같은 내 외할머니가 돌리고 있다
>
> -「맷돌」 전문 1-58

맷돌의 삐걱거림 사이로 굳은살 박힌 농부의 '복숭아뼈'처럼 드러나는 기억은 들마루 아래를 선연히 물들일 만큼 진하다. 그 기억은 마을 어귀의 '늙은 팽나무'에 얽힌 오래된 전설이거나, '죽은 돌'로 쌓아올린 '서러운 돌탑'에 서린 정성스런 공양처럼 오래 삭았고, 진중(珍重)하며, 조심스러운 것이다. '맷돌'의 투박한 외모와 그 묵직함이 주는 단순함은 우리가 잃어버린 삶의 한 정경을 떠오르게 한다. 외할머니가 맷돌을 돌리는 시골집 마당은 아직 흙의 숨결이 머물러 있는 기억의 공간이다. 낡은 집 뒤란에 웅크리고 있던 기억의 원형들을 맷돌에 집어넣고 갈아 '녹두꽃 같은 눈물'로 만들어가는 과정은 자연스레 시간을 거꾸로 돌린다. 이러한 회귀는 원래 존재하던 것을 다시 인식하기 위한 도정이며, 흙이라는 기원을 다시

상기시킨다. 낡은 집 마루에 걸터앉은 외할머니의 모습이 집의 일부가 될 수 있는 것도 이 회귀를 통해야만 가능한 일이다. 듬성듬성 털이 빠져버린 '새끼 밴 염소'처럼 상처 난 육신이지만, '맷돌'이 갈아내는 아픔은 '녹두꽃 같은 눈물'로 흘러내려 존재의 근원으로 향하는 흙의 기억을 다시 떠오르게 만드는 것이다.

3. 묵(墨)

낡은 집 마당 문으로 범람해버린 흙의 기억은 먼지 뿌연 소읍의 시골길을 따라 '역전이발'로 흘러들며 자신의 빛을 잃고 만다. 고달픈 삶의 흔적들을 '한 호흡'으로 흩어버리는 시골 읍내의 저물녘이 사그라지고 나면, 사물의 경계를 지워버리는 어둠이 몰려들기 마련이다. 빛의 굴절에 따른 색채의 변화는 그림으로 치자면 주체와 대상의 경계가 허물어지는 인상파 소묘(素描)를 떠올리게 한다. 자연을 대상으로 다루되 경계짓기 보다는 감싸 안으려는 낭만적 감성에 이끌려 소읍의 원색(原色)들은 파스텔조로 물들어 가다가 종내 사라져버리고 만다. 자연을 신의 영역을 걷어내 버린 객관적 대상으로 만드는 것이 근대적 자연주의의 경직된 시선이라면, 자연을 대상화시키면서도 교감의 끈을 놓지 않는 정경(情景)은 근대성의 다른 한 축인 낭만적 감성의 결과다. 풍경이 아닌 정경 속에서라면 세계를 존재하게 하는 힘은 주체와 객체의 분리 보다는 호응을 통해 드러나는 법이다. '저녁' 무렵을 '까마귀는 하늘이 길을 꾹꾹 눌러 대밭에 앉는다고 운다'(「저녁에 대해 여럿이 말하다」2-22)로 빗대는 순간, 주체와 대상의 거리는 최소화될 것이요, 둘 사이의 호응은 극에 달하게 된다. 대밭에 눌러 붙은 붉은 하늘의 이미지 속에서 주체의 시선은 까마귀의 눈으로 옮겨가고, 대상으로서의 하늘과 대밭은 하나가 되는 셈이다. 주체와 대상, 존재와 세계의 사이가 지워지면서 만들어진 정경이다.

'나는 대청에 소 눈망울만한 알전구를 켜 어둠의 귀를 터준다'(「저녁에 대해 여럿이 말하다」)에서라면, 주체와 대상의 거리는 최대로 벌려진다. '나'라는 대상 인식의 출발점이 명확히 제시되며, 대상으로서의 전구와 그 영향에 의해 밝아진 어둠까지 모든 것이 분명한 경계를 지닌 채 각각의 거리를 확보하고 있다. 주체가 세계를 파악해가는 과정에서 색채의 변화를 통한 객관적 거리의 확보는 존재와 세계의 사이를 경계 짓는데, 이는 정경이기보다 풍경에 가깝다.[4] 그런데, 강렬한 빛이나 어둠에 의해 경계가 해체되는 순간 대상과 대상, 주체와 대상은 자신의 영역을 잃고 새로운 차원으로 미끄러지게 된다. 「下里 정미소」에서 만나는 기억이 특별한 것은 그 인상주의적 소묘 속에 어두워지기 직전의 색채가 강렬하게 살아있기 때문이다.

> 제깐엔 가마니 같은 눈을 뜨고도 성에 안 차 / 하는 족족 늦둥이 애한테 통박이다 / 마수걸이에 호되게 구시렁거리는 아범이다 / 봄햇살에 내놓자 바구미들이 구탱이로 몰렸다 / 겨울 한철에 정미소 기둥이 한쪽 내려앉았다 / 구덩이에서 무를 꺼내나 반 썩어질 양 / 정미소가 제 폼을 찾으려면 먼데서 여럿 와야 할 모양이다 / 바구미 등처럼 까맣게 빛나는 봄날 오후의 下里 정미소
>
> -「下里 정미소」 전문 1-21

---

4) 풍경과 정경의 구별이 주체와 객체의 거리를 통해 이루어진다는 것은 문태준 시의 이미지가 지니는 특징이라 할 만하다. 기억을 이미지화하는 그의 주된 전략은 색채 감각의 활용을 통해 이루어지는 경우가 많은데 주체와 대상의 거리를 좁히는 경우, 긍정적이고, 여성적이며, 따스한 느낌을 주는 데 비해, 반대의 경우는 객관적이거나 묘사 자체에 집중하며 차가운 느낌을 준다는 점에서 변별된다.

이 시는 두 장면으로 분할되어 있다. 봄햇살을 피해 구탱이로 몰려드는 바구미가 하나요, 기둥 한 쪽이 내려앉은 채 바구미 등처럼 까맣게 빛나는 정미소가 다른 하나이다. 정미소 안을 들여다보는 시선이 처음 4행까지를 그려내고, 정미소 밖의 정경을 짚어내는 부분이 5행부터 마지막까지를 이룬다. 일반적인 정경 묘사가 대상의 밖에서 안으로 이동하면서 이루어지는 것에 비추어 그 전개가 역순이다. 정미소 안의 부산함을 먼저 서술하고 한적한 정미소 밖의 정경을 대비적으로 제시함으로써 정중동(靜中動)의 미학을 담아내려는 시인의 의도가 엿보이는 부분이다.

첫 부분에서 봄날 정미소 안을 어수선하게 만든 것은 나이 어린 자식이 영 성에 차지 않는 아범의 구시렁거림이다. 긴 겨울을 끝내고 막 기지개 켜는 정미소의 부산함은 그다지 새로울 것이 없으나 바구미 떼로 그 부산함을 이미지화하는 방식은 주체와 대상의 거리를 최소화시킴으로써 둘 사이의 호응을 극대화시키는 수법이다. 5행부터 시작되는 후반부는 긴 겨우내 여기저기가 무너져 쉽게 고쳐지지 않을 듯한 정미소의 정경을 담담하게 그리고 있다. 수리공을 불러야 할 만큼 허물어진 봄날 오후의 정미소가 '바구미 등처럼 까맣게 빛'나는 장면은 절묘한데, 정미소를 둘러싼 세계의 경계가 무화(無化)되는 한 순간이 붙잡혀 있기 때문이다. 존재하는 사물의 경계를 지워버림으로써 새로운 정경을 창출해내는 수법이다. 오후의 햇살과 닮아버린 정미소의 철판 슬레이트와 바구미 등이라는 전혀 다른 대상을 하나로 묶자, 사물의 물성(物性)이 사라지면서 그들을 둘러싼 삶의 단면이 드러나 버린 셈이다.

때때로 나의 오후는 역전 이발에서 저물어 행복했다 // 간판이 지워져 간단히 역전 이발이라고만 남아 있는 곳 / 역이 없는데 역전 이발이라고 이발사 혼자 우겨서 부르는 곳 // 그 집엘 가면 어머니가 뒤란에

서 박 속을 긁어내는 풍경이 생각난다 / 마른 모래 같은 손으로 곱사등
이 이발사가 내 머리통을 벅벅 긁어주는 곳 / 벽에 걸린 춘화를 넘보다
서로 들켜선 헤헤헤 웃는 곳 // 역전 이발에는 세상에서 가장 낮은 저
녁빛이 살고 있고 / 말라가면서도 공중에 향기를 밀어넣는 한송이 꽃이
있다

– 「역전 이발」 부분 2-68

이 낡은 기억 속의 역전 이발소는 그 흔함 덕분에 오히려 관심으
로부터 멀어져 있었던 우리네 어린 시절의 삶 한 토막을 떠오르게
한다. 복고풍 영화를 보듯 돌려지는 시간 속에서 이발사 혼자 우기
는 '역전 이발'소의 뻔한 억지는 '나의 오후'를 행복하게 저물도록
만든 기억으로 되살아난다. 이발소 벽에 어설프게 걸려있지만, 떼어
내고 나면 정작 그 공간의 정체성을 잃게 만드는 '춘화'(春畵)처럼
우리네 삶의 진정성은 작고 보잘것없는 것들로 이루어지는 법이다.
흔하지만 결코 지워버릴 수 없는 이 촌스러운 내력 속에서 어머니
가 박 속을 긁어내는 뒤란의 풍경이 떠오르는 것은 이들이 상실에
대한 기억을 공유하기 때문이다. 그러므로 '말라가면서도 공중에
향기를 밀어넣는 한송이 꽃'은 상실을 노래하는 시적 자아 자신에
대한 비유가 된다. 상실은 주체가 대상을 잃어버린 상태, 보다 정확
하게는 존재하던 대상이 사라져버린 것을 말한다. 그렇다면 '역전
이발'소에서 우리가 잃어버린 것은 무엇인가? 지극히 작은 것들, 아
쉬움 없이 지나쳐 버렸던 그 지리멸렬(支離滅裂), 이 모든 지나가버
린 것들에 대한 궁리(窮理)까지. 그러나 '말라가면서도 공중에 향기
를 밀어넣'는 꽃처럼 우리네 삶에는 제 나름의 향(香)이 배어있는
것임을 알아야 한다. 이 평범함을 이해하지 못한다면 삶의 신산(辛
酸)스러움을 어떻게 견뎌내겠는가.

그럼에도 작고 보잘것없는 것들의 이 행복한 오후가 「下里 정미
소」의 인상적인 오후에 비해 무척이나 늘어지고 있다는 점을 짚고

넘어가야 한다. 「下里 정미소」의 결구가 시 전체를 압축하는 절제된 이미지로 제시되는 데 비해 「역전 이발」의 오후는 집중되기보다 퍼진다는 점에서 산만함이 강하다. 긴장감을 적극적으로 살리지 못하고 편안함 속에 눌러 앉은 격이다. 유사한 구조임에도 「역전 이발」과 달리 긴장감을 지닌 시로 「맨발」을 떠올릴 수 있다.

> 어물전 개조개 한 마리가 움막 같은 몸 바깥으로 맨발을 내밀어 보이고 있다 / 죽은 부처가 슬피 우는 제자를 위해 관 밖으로 잠깐 발을 내밀어 보이듯이 맨발을 내밀어 보이고 있다 / 펄과 물속에 오래 담겨 있어 부르튼 맨발 / 내가 조문하듯 그 맨발을 건드리자 개조개는 / 최초의 궁리인 듯 가장 오래하는 궁리인 듯 천천히 발을 거두어갔다 / 저 속도로 시간도 길을 흘러왔을 것이다 / 누군가를 만나러 가고 또 헤어져서는 저렇게 천천히 돌아왔을 것이다 / 늘 맨발이었을 것이다
> ─ 「맨발」 부분 2-30

시장 한 구석에 놓여 있는 개조개 한 마리를 통해 평범한 삶의 놀라운 궁리를 보여주는 「맨발」에서라면 작고 힘없는 존재들의 삶이 고유의 색을 찾아가는 것도 가능할 듯싶다. 「맨발」의 핵심은 '맨발'이 무엇인가에 있다. 그것은 첫째 개조개의 갑피 바깥으로 살짝 돌출한 속살이며, 둘째 '죽은 부처가 슬피 우는 제자를 위해 관 밖으로 잠깐' 내민 발이다. 그 발은 '펄과 물속에 오래 담겨' 있었던 덕에 부르텄으며, 내 조문에 제 몸 속으로 자신을 숨길 줄 아는 수줍은 존재다. '맨발'이 지닌 네 가지의 존재방식은 개조개의 속살이라는 기의(記意)의 차원을 끊임없이 미끄러지게 만든다. 그것은 삶의 우여곡절을 대하는 자세가 '늘 맨발이었을 것'이라는 진술에 이르러서야 기표(記表)의 차원을 획득한다. 자신의 속살을 갑피 속에 숨기고 살아가는 삶은 현실에 대한 순응을 의미하지만, 그 속살이 맨발일 수 있다면, 삶은 강렬한 역동성을 품은 궁리로 탈바꿈 할 수

있다. 더불어 개조개의 느릿함을 오히려 팽팽한 긴장감으로 전환시키는 시적 구성의 단단함은 눈여겨 볼 부분이다. 개조개가 지닌 느림의 이미지와 '맨발'의 원시적 투박함을 적절히 대비시킴으로써 관념으로 함몰하기 직전의 위태로움을 시적 긴장감을 유지하면서 극복하고 있는 것이다.

손때 묻고 촌스러운 사물의 내면을 들여다보고, 이제까지 눈길을 끌지 못하던 작고 하찮은 존재들과 교섭하는 과정 속에서 문태준은 분리와 지배가 아닌 호응과 접합을 꿈꾼다. 삶은 끊임없는 뒤돌아보기이자 대화로 굴러가는 궁리 아니던가.

4. 녹(綠)

그의 시에는 유난히 나무가 많이 등장한다. 「호두나무와의 사랑」1-10, 「돌배나무와 배나무」1-11, 「봄비맞은 두릅나무」1-23에서 「사철나무」1-54, 「포도나무들」1-65, '석류나무', '고욤나무'를 거쳐, 「개복숭아나무」2-39, '자두나무', '살구나무', '산수유나무' 「팥배나무」2-63에 이르기까지 땅에 속한 자들의 운명이 계절에 묶여 있듯이 그의 꽃과 나무는 우리네 삶에 묶인 채 자란다. 나무에게 꽃은 자신의 존재증명과 같다. 그렇기에 피고 지는 꽃의 삶은 나무가 지고가야 할 일생의 업(業)Karma이 된다. 전생의 고리로 이어진 꽃과 나무의 업은 내 삶의 궤적이 계절의 부침에 따라 흔들릴 때마다 그 끝을 붙잡아 주던 어머니와의 인연을 닮아간다. 업이란 전생(前生)으로 인한 현세의 응보(應報)이기에 지금의 내 의지로는 어찌할 수 없는 힘이다. 그러나 나무가 꽃의 전생을 기억하고 그 업마저도 자신의 것으로 받아들이듯, 우리네 어머니들은 의지를 넘어선 곳에 존재하는 무량함이었다.

때로 '거뭇거뭇한 논배미에서 / 한 뭉테기로 와글'(「와글와글와글와글와글」2-41)대는 소란스러움이 작은 소읍을 들끓게 하기도 하지만, 소읍의 삶이란 원래 '산그림자'에 서서히 발목을 적시듯 흙 속으로 배어드는 것. 문태준의 시 구석구석에서 오래된 식구들을 만나는 것은 '민물처럼 선한 꿈'을 만나는 것과 같다. 그리하여 「배꽃 고운 길」을 따라 흘러나오는 냄새의 넌출 속에서 '똥장군을 진 아버지'를 만나고, '내 숨결이 꺼져가는 화톳불같이 아플 때 / 머위잎처럼 품어주던'(「화령 고모」2-42) 화령 고모를 찾아가기도 한다. 문득 봉숭아꽃을 들여다보는 여섯 살 난 딸의 두 발목에 번져가는 '붉은 물'(「봉숭아」2-26)에 젖기도 하고, "눈에 검불이 둘어갔을 때 / 찬물로 입을 헹궈 / 내 눈동자를 / 내 혼을 / 가장 부드러운 살로 / 혀로 / 핥아주시"(「혀」2-71)던 어머니의 품 속에 안기기도 하는 것이다. 이 원형으로서의 가족애가 꽃과 나무의 관계를 통해 복원될 수 있는 것은 꽃 진 자리에 맺힌 열매를 통해서이다.

> 백담사 뜰 앞에 팥배나무 한 그루 서 있었네 // 쌀 끝보다 작아진 팥배나무들이 나무에 맺혀 있었네 // 햇살에 그을리고 바람에 씻겨 쪼글쪼글해진 열매들 // 제 몸으로 빚은 열매가 파리하게 말라가는 걸 지켜보았을 나무 // 언젠가 나를 저리 그윽한 눈빛으로 아프게 바라보던 이 있었을까 // 팥배나무에 어룽거리며 지나가는 서러운 얼굴이 있었네
>
> - 「팥배나무」 전문 2-63

꽃은 나무에게 제 몸을 의지할 수밖에 없는 수동적 존재다. 세상으로 나오는 순간 사라지기 시작하는 꽃의 운명은 우리네 삶의 모습과 크게 다르지 않다. 시간에 묶여버린 존재, 그럼에도 꽃은 열매라는 결실로 제 영혼을 옮길 줄 안다. 그런데 이 과정에는 꽃의 삶과 죽음을 품어주는 근원으로서의 나무가 전제되어야 한다. 꽃은 나무로부터 시작되고 다시 나무로 돌아가서야 편안해질 수 있는 존

재. 나무에 대한 시인의 집착이 유난스러운 것은 꽃을 품을 줄 아는 나무의 삶을 보기 때문이다.

'제 몸으로 빚은 열매'가 말라가는 것을 지켜보는 팥배나무의 심정을 통해 꽃과 나무의 관계를 보여주는 인용시는 나무의 삶에 대한 직설적인 접근에 속한다. 꽃의 영혼이 옮겨 영근 '열매들'은 비바람 속에서 자라난 결실이며 꽃의 존재에 대한 승인이다. 그런데, 열매를 바라보는 시선이 예사롭지 않다. '쪼글쪼글해진'이라는 수식은 팥배나무 열매의 외형적 조건에 대한 묘사로 넘긴다 해도, '파리하게 말라가는'이라는 구절이 덧붙으면서 의미의 비틀림이 나타난다. 열매 자체가 지닌 결실로서의 측면은 의도적으로 축소하고, 팥배나무 열매의 외형적 왜소함을 빗대 꽃과 열매의 순환에 담긴 보편적 의미의 차원을 허물어버린 것이다. 이 왜곡 속에서 이어지는 후반부의 회상이 원형으로서의 가족애를 보다 효과적으로 드러낼 수 있는 것은 상식을 비켜가는 전반부와의 호응 덕분이다. 그 자체로 특별할 것 없는 진술임에도 팥배나무 열매와의 관계 속에서 묘한 여운을 획득하고 있는 것이다. 그 여운은 꽃의 업보에 대한 나무의 묵묵함을 팽팽하게 만들고, 감정의 흐름을 따라 '나'와 가족에 대한 회상과 겹쳐진다. 이 회상은 "나는 이 생애에서 딱 한번 굵은 손뼈마디 같은 가족과 나의 손톱을 골똘히 들여다보고 있는 것이다"(「흰 자두꽃」2-48)에서처럼 곧 깎여져 나갈 손톱으로 버려지기도 하지만, '산수유나무의 농사'가 시작될 수 있는 기반이기도 하기에 의미심장한 것이다.

> 그늘 또한 나무의 한해 농사 / 산수유나무가 그늘농사를 짓고 있다 / 꽃은 하늘에 피우지만 그늘은 땅에서 넓어진다 / 산수유나무가 농부처럼 농사를 짓고 있다 / 끌어모으면 벌써 노란 좁쌀 다섯 되 무게의 그늘이다
>
> - 「산수유나무의 농사」 부분 2-17

꽃의 업을 지고 가는 나무에게 '그늘'은 또 하나의 '한해 농사'이다. 해마다 피고 지는 꽃과 열매에 가려 아무도 눈여겨보지 않는 곳에서 묵묵히 자신의 영토를 넓혀가는 산수유나무의 행보는 계절의 순리에 자신의 몸을 맡길 줄 아는 농부의 그것을 닮았다. '하늘'에서 피는 꽃이 계절에 따라 삶과 죽음을 반복하는 데 비해, '땅에서 넓어'지는 그늘은 변함없이 나무의 삶을 좇는다. 꽃의 삶은 화려하나 자기 자신을 위한 것이기에 언제나 그 자리에 머물고 말지만, 그늘의 삶은 다른 이들을 바라볼 줄 알기에 나무의 몸만큼 자신의 자리를 벌려나가는 것이다. 그러므로 그늘은 나무의 업이 된다. 꽃에서 열매로, 열매에서 나무로, 나무에서 그늘로 이어지는 이 끝없는 순환의 고리는 '나'라는 존재가 긴 흐름 속에 존재한다는 성찰을 가능케 한다. 이 무한함이야말로 나무의 농사이며, 업으로 이루어진 이승과 저승의 순환이며, 원형으로서의 가족에 대한 기억의 복원이다.

흙과 나무로 이루어진 문태준의 상상은 여전히 진행형이다. 중심을 비우려는 최근 시단의 현란한 모색들 가운데 그의 뚝심 있는 서정은 오롯하다. 주체와 대상의 경계를 무화시키는 정경의 창출과 대상 속에 잠재된 기억을 불러일으키는 굴절의 미학은 그를 서정의 맥을 잇되 안주하지 않는 젊은 시인군의 주류로 올려놓았다. 꽃과 나무에 대한 그의 집착도 그럭저럭 물꼬를 튼 양상이다. 이제 '노란 좁쌀 다섯 되 무게의 그늘'을 다시 펼쳐내야 할 시점이다. 끌어 모으기 보단 펼쳐 내보내기가 훨씬 어려운 법이다.

5. 다시, 적(赤)

문태준은 대지(大地)의 시인이다. 그의 시는 땅에서 자라난다. 땅은 죽음과 삶이 공존하는 재생의 공간이다. 이 순환의 섭리는 나무의 상상을 따라 만개하고, 진다. 꽃을 업으로 지닌 나무의 생(生)은 눈에 보이는 삶 너머의 진실을 향해 있다는 점에서 인간의 생과 닮았다. 이 지점에서 백석 이후 늙어버린 전통 서정의 궤적은 자기분열이라는 원초적 생존전략을 구사할 수 있게 된다. 문태준의 자리가 고은이나 신경림의 그것을 딛고 나아갈 수 있기 위해서는 굴절에 대한 그의 감각이 한 단계 성숙해야 한다. 본질을 유지한 채 경계를 넘어서는 현상은 때로 소리에 대한 집착(손택수)이나 바람의 현상학(신용묵)으로 우회하기도 하지만, 색채의 변화 속에서 가장 극명하다. 그가 낡은 것들에 다루면서도 낡지 않을 수 있는 이유는 대상의 아픔을 짚어내는 그의 진맥이 시시각각 변화해가는 빛의 굴절을 그대로 반영하기 때문이다. 빛의 굴절에 대한 그의 민감한 반응은 세상의 저녁을 사물의 경계가 사라져 버리는 신비로운 순간으로 만들어 버린다. 그럼에도 대상의 속성은 그대로 남아 시인의 인상과 버무려진 정경으로 살아남으며, 우리 삶의 보이지 않는 순간을 담아내는 것이다.

그러나 이러한 정경화가 관념성의 유혹을 벗어나지 못하고 상투화되는 순간, 흙의 기억은 대기 속에 흩어져 버리고 나무의 상상은 빛바랜 춘화(春畫)가 되고 만다. 그의 시가 이미지에 비해 운율에서 그다지 특색을 보이지 못한다는 면도 간과할 수 없는 부분이다. 그러므로 문태준의 뒤란은 아직도 비오기 직전을 어슬렁거리는 관절염에서 벗어나지 못했다. 술렁거림과 스산함, 매캐한 먼지, 어머니의 숨결, 오래된 장 냄새가 아직은 몸 구석구석에서 쑤시고 아파 제각각이다. 그들이 어떻게 모일지, 아니면 어디로 흘러갈지 두고 볼 일이다.

제 2 부 연대, 그리고

기억과 연대를 생성하는 고백적 글쓰기

- 신경숙의 『외딴방』론 I

박 현 이

1. 머리말

개인의 일상성과 내면성, 여성성, 가족과 사랑이라는 사적 영역에 대한 관심과 내면의 리얼리티로 출발했던 1990년대 문학장의 특성은 그 일상성과 내면성에 대한 진지한 탐구가 채 이루어지기도 전에 문학의 유효성과 문학의 위기라는 극단적이면서도 뜨거운 논란으로 마감된 것으로 기억한다. 물론 80년대 문학장과 대비해 현실의 재현 및 리얼리티 문제에 대한 끊임없는 지적이 이어졌던 것도 사실이다. "'사소한 것'이 '거대한 것'보다 더욱 역사적일 수는 있지만 단지 '거대역사'에 대립되는 것으로서의 '사소한 것'은 자체 내에 담긴 역사성을 표백시키고 남은 것이기 쉽다."[1]는 지적은 이런 점에서 시사하는 바가 크다.

그러나 90년대 소설의 '사소한 것'의 관심에는 기존 리얼리즘 문학에서 경시해온 개인적 실존의 문제에 대한 고민과 새로운 천착이 스며 있는 것만은 사실이다. 물론 기존의 리얼리즘 문학이 하나같이 개인적 실존의 문제에 대해 무관심했던 것은 아니나, 민족분단

---

* 본고는 《어문연구》(2005.8) 48집에 게재된 논문임을 밝힙니다.

1) 김성호, 「비켜선 자를 위한 역사, 그리고 현실주의」, 『문예연구』 10호, 1993년 6월호, 14면.

이나 노동자, 농민의 '주어진' 현실을 그려내는 데 주된 관심을 기울이는 가운데 개인의 실존적 문제를 내면으로부터 그리는 데에는 다소 소홀한 것이 사실이다.2) 문학이 우리가 경험한 실제 역사와는 변별되는 기억과 상상력에 의해 재구성되는 역사를 담고 있다는 점을 상기한다면, 거대서사와 미시서사라는 대립항이 관건이 아니라 문학에서 그려지는 삶의 모습들은 집단에 속해 있는 개개의 개별자의 모습들, 특히 그들이 안고 있는 다양한 상처의 흔적과 기억의 파편들이 고스란히 드러날 때라야 보다 실제적이고 역사적이리라 본다.

알라이다 아스만은 기억과 정체성과의 관련성 문제가 특히, 80년대 이후 매우 현실성 있는 문제로 다루어져 왔음을 지적하면서 정체성에 관한 문제는 '나는 누구인가' 하는 질문이고 더 정확히 말하자면, 이는 곧 '우리는 누구인가'를 묻는 것이라고 강조한다. 또한, 페미니즘 문예학자인 테레사 로레티스는 정체성의 개념을 "자신의 역사를 능동적으로 구성하는 것이자 동시에 그러한 자신의 역사를 담론적으로 중재한 정치적 해석"이라고 정의하기도 한다. 경험주의적 사회학자 알브박스도 살아있는 인간들을 결속시키는 가장 중요한 결속력의 수단은 공동기억임을 인식했다.3) 다시 말해, 우리는 공동으로 기억하고 망각하는 것을 통해 우리 자신을 정의한다는 뜻이며, 이는 역으로 집단을 구성하는 개별자들의 기억이 모여 집단의 공동 기억을 만들어낸다는 의미일 것이다. 이러한 입장은 이 글의 논의 진전에 있어 매우 유효하다. 개인의 기억들이 모여 공동의 기억을 생성해내고, 개인의 역사의 궤적이 모여 공동체의 역사로 확장된다. 그러므로 여기에서 개인이 드러내는 내면의 상처와 기억의 흔적들은 무엇보다 중요하다.

---

2) 신승엽,「성찰의 깊이와 기억의 섬세함」,『창작과비평』, 1993년 봄호, 95면.
3) 알라이다 아스만,『기억의 공간』, 변학수·백설자·채연숙 역, 경북대학교출판부, 2003, 77~78면 참조.

그간 신경숙의 작품세계를 이루는 주조는 전설성 내지는 신화성으로 평가되어 왔으며, 그 드러냄의 방식은 주로 일기나 편지 형식과 같은 내면의 서술방식에 기대고 있어 현실성의 결여 내지는 역사성의 부재 등이 자주 지적되어 왔다.[4] 미학적으로 아름답지만, 총체적 삶의 모습을 담아내는 리얼리티가 희박하다는 것이다. 그러나 『외딴방』의 성과를 이 글에서 조명할 기억 및 글쓰기 행위와 결부지어 본다면, 기존의 논의들이 작품이 추구하는 본질을 너무 가볍게 간과해버린 것이 아닌가 하는 의문이 든다.

이 글은 신경숙의 장편소설 『외딴방』[5]이 보여주고 있는 한 개인의 내면의 기억들이 공동의 기억과 관계하고 새롭게 직조되는 과정을 살펴봄으로써 90년대 문학장에 있어 『외딴방』이 위치하고 있는 독특하고 유의미한 지점을 모색해보고, 소위 미시서사의 의미가 내면성으로의 침잠이라는 부정적 결과를 낳는 것이 아닌, 개인, 나아가 공동의 기억의 역사를 드러낼 수 있음을 밝혀보고자 한다.

이 글의 연구 방법은 크게 두 가지 선에 의거하고자 하는데, 이는 여성작중인물이자 서술자인 '나'의 두 가지 행위와 밀접하게 연관

---

4) "전설의 세계는 아름답지만 현실성이 없다. 노동현장을 비롯 지난 시대의 풍속을 담아내는 작품으로서 신경숙이 종국에 기대는 전설은 이런 점에서 다소 위태롭다. 뿐만 아니라 지난 시대의 정치적·역사적 사건들은 때로 주인공의 의식과 긴밀한 관련성을 맺지 못한 채 단지 한 시대의 삽화로 제시되고 있기도 하며, 궁극적으로 가난이라는 경제적 궁핍에서 비롯되고 있는 '외딴 방'의 상처를 희재언니의 죽음과 연관시켜 삶의 근원적인 비의로 추상화시키는 과정도 다소 자연스럽지 못한 감이 있다."(황도경, 「'집'으로 가는 글쓰기」, 『문학과 사회』, 1996년 봄호, 355면.)
5) 「외딴방」은 단편소설의 형식으로 1990년도에 출간된 그녀의 첫 소설집 『강물이 될 때까지』(문학동네)에 실려 있다. 유사한 소재와 작중인물을 다루고 있지만, 단편 「외딴방」이 안고 있던 한계점을 장편 『외딴방』은 극복하고 있는 것으로 판단된다. 이 글은 신경숙의 장편소설 『외딴방』, 문학동네, 2004.를 텍스트로 하며, 인용문에 대해서는 이후부터 면수만을 표기하기로 한다.

되어 있다. 우선, 기억 행위(회상)는 그녀의 내면의식과 결부되어 그녀 개인, 나아가 연대의 정체성 생성에 있어 중요하게 작용하고 있는 요소이다. 또한, '나'는 글쓰기를 업으로 삼고 있는 작가이다. 글쓰기 행위는 그녀 스스로가 과거의 상처를 길어 올리고 현재의 고민을 쏟아 붓는 과정 자체다. 무엇보다 이 글쓰기는 여공이자 산업체특별학급의 학생으로서 경험한 과거 상처의 시간들에 대한 고백이자 작가로서 현재 고민하고 있는 내면 심경에 대한 고백이라는 형식을 띠고 있다. 따라서 다음과 같은 질문으로부터 출발하고자 한다. 개인, 나아가 연대의 정체성 생성에 있어 기억의 동인은 어떻게 작용하며 어떤 역할을 하는가? 자신의 존재 이유와 자신의 본성을 설명하기 위한 자의식적 시도라 할 수 있는 고백(Confession)[6] 이 한 개인에게 있어 주체 스스로가 인식하고 지속적으로 사유하는 글쓰기 행위와 결합될 때, 생성되는 고백적 글쓰기 효과란 무엇인가?

2. 공동의 기억을 직조하는 상처, 그 드러냄의 방식

작중인물이자 서술화자인 '나'를 비롯해 "서른일곱 개의 방 중의 하나"에 사는 '우리'는 "한없이 외진, 외로운 곳"에서 외따로이 살아간 사람들이다. "시골에서 어느 집보다 음식이 풍부했으며, 동네에서 가장 넓은 마당을 가진 가운뎃집"에 살던 나는 도시로 나오니 외딴방의 하층민이 되는 모순 속에 놓인다. 점점 여공생활에 익숙해지고 숙련공이 되어갈수록 '나'는 그저 "스테레오과 A라인의 1번

---

6) Terrence Doody, *Confession and Community in the Novel*, Louisiana State University Press, 1980, 4면, 우정권, 『한국 근대 고백소설 작품 선집 1』, 역락, 14면에서 재인용.

으로, '외사촌'은 2번으로" 불리고 인식될 뿐이다. '여공'이라는 직업과 '도시'라는 공간은 발등을 찍은 쇠스랑을 우물에 숨겨두고 꿈을 위해 과감하게 집떠남을 감행한 어린 나를 비롯한 그녀들에게 고통과 상처를 안겨다 줄 뿐이다.

공단과 산업체 학교라는 공간과 79년에서 81년에 이르는 시간 동안 여공들에게 각인된 상처들은 아프고 쓰라린 것이지만, 다른 한편으로는 공동의 기억을 형성해내는 중요한 요소로 작용하기도 한다. 작품 내에서 이것은 크게 두 가지 방식으로 드러나고 있는데, 그 하나가 육체에 직접 새겨진 흉터라면, 다른 하나는 정신적 외상이라고 할 수 있다. 아스만은 언어를 비롯한 격정과 상징, 트라우마를 육체를 매개로 하는 '기억의 고정장치'라 명명했다. 즉, "가시적인 육체의 상처나 흉터는 망각에 의해 중단될 수 없는 지속적인 기억의 흔적을 보장한다. 기억은 현재의 조건들 속에서 재구성되고 변형되거나 조작·왜곡될 수 있지만, 육체에 새겨진 글과 트라우마는 과거의 기억을 고정시키고 확인시키기도 한다"[7]는 것이다. 그러므로 나를 비롯한 여공들이 안고 있는 육체적·정신적 상처는 그들의 기억과 관련해 매우 중요한 요소다.

쇠스랑에 찍힌 발등 위의 상처를 안고 도시로 온 '나'를 비롯해 하루에 캔디를 이만 개씩 싸다 보니 손가락이 삐뚤어져서 왼손으로만 글씨를 쓰는 안향숙, 왼쪽 팔 동맥을 끊고 추락해서 자살한 여공 김경숙, 연행되다 기동경찰대 버스에서 뛰어내려 다리를 절게 된 김삼옥, 늘 손톱이 까지고 짓물러 있던 결국에는 연탄가스로 죽은 최양님, 지하 계단에서 발에 걸어 채여 다리가 부러진 미스 리, 졸다가 미싱 바늘에 손등을 박아버린 희재 언니, 나사 박는 일을 하다 팔이 올라가지 않게 된 외사촌에 이르기까지 공장과 산업체특별학

---

7) 알라이다 아스만, 앞의 책, 249면.

급을 힘겹게 오가던 여공들 모두에게는 육체에 새겨진 '흉터'라는 공통항이 존재한다. 이들에게 흉터는 숨기고 싶은 부끄러운 것이지만, 외사촌에게 쇠스랑에 찍힌 발등의 상처를 보여주면서 작가가 되고 싶다고 어렵게 고백하는 나의 모습에서 타인의 이해와 관심을 열망하고 상처를 공유하려는 심리를 엿볼 수 있다.

또한, 어둡고 골진 외딴방을 떠난 뒤로도 "투명한 가을햇살이 창으로 쏟아져 들어오"면 "방 안이 너무 밝아 커튼을 치"(385면.)게 되는 나의 행위는 산업체특별학급의 수학여행을 통해 개인의 상처만이 아닌, 그녀들 모두가 안고 있는 공동의 상처임이 드러나게 된다.

> 그러나 우리는 곧 어색해진다, 햇빛 때문이다, 저녁에만 형광등 불빛 아래서만 보던 얼굴을 환한 햇빛 아래서 마주친 어색함. 낮에 한 번도 만나본 적이 없는 우리들은 서로를 어떻게 대해야 할지를 몰라 어색하게 천마총이나 보고 있다. 첨성대나 보고 있다. 경주의 남산에나 오르고 있다. (320면.)

카메라를 들이대며 "웃어봐"라고 말하는 외사촌 앞에서 여공들은 "느닷없는 나들이가 어색해서 웃는다는 게 그만 울상이 되"어버린다. 외사촌 말대로 그녀들은 스스로의 의지에 의해 표정조차 지어내기 버거운 "바보들"이다. 이처럼 외딴방과 공단에서의 어두웠던 기억은 밝은 곳으로 이사를 와도 그 밝음이 싫어 "창문에 창문 크기의 검은 도화지를 붙이는 행위"로 여전히 이어진다.(401면.) 올케가 계속 도화지를 떼어놓아도 끈질기게 다시 붙이는 나의 행위를 통해 그 상처의 골이 얼마나 깊은지, 또한 그것이 지속적으로 작용하고 있음을 알 수 있다. "나는 그녀(희재 언니) 이후에 관계 맺기에 엄청난 두려움을 갖게 되었다"고 서술화자가 고백하고 있듯이 희재 언니의 죽음이 가져온 정신적 상처는 성인이 되어서도 관계 맺기에 대한 두려움으로 확장된다.

과거의 몸의 상처들이 삶의 고단함에서 연유하는 것이라면, 지금의 '내' 몸에서 일어나는 통증은 그 상처를 대면하는 작업으로서의 글쓰기 행위와 관련되어 있다. 하계숙의 전화를 받은 후 '나'는 원인 없이 몸이 아프기 시작해서 숯덩이가 가슴에서 목젖, 입을 통해 올라오려다 내려 가고 가래가 토해져 나오며, 날마다 엄청난 두통에 시달린다. 그것은 묻어둔 상처를 꺼냄으로써 그것을 추체험하는 데에 기인한 즉각적이고 도 고통스런 반응이자 그것에 대한 몸의 무의식적 반란이다. 도망치고 싶다는 욕구와 대면해야 한다는 의식 사이에서 그녀의 몸과 의식은 분 열하고, 그런 자신의 모습은 산을 걷다 본 발작하는 남자를 통해 객관 화되어 나타나기도 한다. 그러나 언제나처럼 몸의 기억은 마음의 기억 보다 앞선다. 그리고 정직하다. 따라서 몸은 도망치면서 동시에 과거의 상처로 돌아간다. (349-150면.)

그러나 위에서 '내'가 고백하고 있듯이 어린 시절의 경험적 자아 가 겪은 트라우마가 후에 서술적 자아의 글쓰기를 통한 기억의 해 석 작업을 통해 점차 상징으로 변모되는 것을 발견할 수 있다.[8] 여 기에서 상징이란 공동의 기억이며, 이는 상처를 통해 한 개인의 역 사, 나아가 공동의 역사가 드러나고 있음을 보여주는 것이다. 공동 체, 즉 연대를 형성하고 결속시키는 것은 상처와 같은 공동의 기억 이다. 집단이 해체될 경우 개체들은 그들이 집단으로 확인하고 동 일시한 그들의 기억의 일부를 상실한다는 알브박스의 견해를 인용 한다면, 기억의 고정성이 공동체의 단결 및 존속과 긴밀하게 연관 되어 있음을 알 수 있다.

『외딴방』에서 과거를 향한 '나'의 회상 행위는 주체로 하여금 과 거의 신비화·낭만화에 빠지는 것을 경계한다는 점에서 적극적 의 미를 획득하고 있으며, 이는 현재의 나(서술적 자아)와 과거의 나 (경험적 자아)의 교호작용을 통해 이루어진다.[9] 또한, 시간적으로

---

8) 최문규 외,『기억과 망각: 문학과 문화학의 교차점』, 책세상, 2003, 339면.

계속해서 멀어지는 과거가 궁극적으로는 직업 사학자들의 전유물
이 아니라 오히려 서로 다른 요구와 필요성 때문에 계속해서 현재
의 문제로 귀속된다는 점을 염두에 둔다면, 서술화자인 '나'의 기억
은 개인 차원이 아닌, 집단의 정체성 형성에도 중요한 영향을 미친
다. 미적 형식으로서 회상이 갖는 장점은 과거의 뒤죽박죽으로 엉
킨 체험을 이야기로 질서화 하는 가운데 자신의 연속성, 다시 말해
정체성을 구성한다는 점에 있다. 따라서 '나'의 회상 행위는 과거를
돌이키는 환기 역할을 넘어서 이를 통해 스스로가 변화되는 의미론
적 역할을 하고 있다.

---

9) 과거의 신비화 낭만화는 라인하르트 코젤렉이 언급한 현실과거와 순수
   과거의 개념과 연관지어 생각해 볼 수 있다. 현실과거란 주체가 직접
   경험한 과거를 말함이며, 순수과거란 실제 경험이 배제된 시간의 경과
   에 따른 기억의 변화에 의해 형성된 과거를 말함이다. 이러한 현실과거
   에서 순수과거로의 전환을 두고 코젤렉은 학문적 역사연구를 통한 활성
   적 역사 경험의 해체라고 표현하고 있다.(알라이다 아스만, 앞의 책,
   15~16면.)
   사학자인 그가 경계하는 것은 현실적·실제적 경험의 희석 내지는 부
   재를 조장하는 순수과거의 효과일 텐데, 이것은 과거를 신비화 내지는
   낭만화 하는 부정적 효과임에 틀림없다. 그러나 문학텍스트의 경우, 구
   체적인 서사를 통해 재현되는 순수과거는 작중인물 혹은 화자의 기억을
   통해 다시금 직조되고 재구성된다. 재구성 내지는 재창조의 과정은 단순
   히 현실과거를 낭만화하는 것이라고 단정 짓기에는 역사학자가 바라보
   는 역사와 문학연구자가 바라보는 역사는 변별된다. 문학은 허구를 통해
   재현되는 실제를 담보하기 때문이다. 따라서 『외딴방』에서 서술화자의
   회상과 고백을 통해 재현되고 형성되는 과거는 현실과거와 순수과거의
   특성을 모두 함의하고 있다. 문학 속에 형상화 되는 순수과거를 단순히
   무시간성 내지는 비-역사적이라고 단정할 수 없는 까닭이 여기에 있다.
   『외딴방』에서 보다 주목할 것은 현실과거와 순수과거의 교섭작용 내지는
   상호소통의 과정이며, 이를 통해 재창조되는 개인의 역사, 나아가 연대
   의 역사다. 따라서 문학 텍스트 속에서 형상화되는 기억은 신비화, 낭만
   화를 가져온다기보다 오히려 더 역사적이다.

3. '우리'를 생성하는 고백적 글쓰기

『외딴방』에 나타난 가장 두드러진 서술상 특징은 작중인물이자 서술화자인 '나'의 고백과 고백적 글쓰기 행위를 통해 현재와 과거의 시간이 재현되고 있다는 점이다. 다시 말해, '나'의 고백적 글쓰기 행위는 현재와 과거라는 두 개의 스토리라인을 형성한다. 하나는 과거 79년도에서 81년도에 이르는 시간에 해당하는 것으로 영등포여고 산업체특별학급 시절에 해당하며, 다른 하나는 32세의 소설가로서 문학적 글쓰기에 대한 자의식적인 질문과 지속적인 고민이 이루어지는 현재의 시간에 해당하는 것으로 제주도에서 원고를 처음 집필하기 시작하여 탈고하기까지의 시간에 해당하는 94년 9월에서 95년 9월에 이르는 약 1년여의 기간에 관한 것이다. 본 장에서는 작품 내에 나타난 고백적 글쓰기 과정을 살펴보고자 하는데, 그것이 '나'를 비롯한 '그녀(여공)들'의 상처를 어떻게 치유해가는지, 나아가 개인과 공동의 기억에 미치는 효과에 대해 살펴보도록 하겠다.

3-1. 소통과 대화의 관계망을 생성하는 고백적 글쓰기

서술화자인 '나'의 고백을 통한 글쓰기의 출발점은 "이것으로만이, 나, 라는 존재가 아무것도 아니라는 소외에서 벗어날 수 있다고 생각하기 때문은 아닌지"(20면.)라는 여타의 고백과 마찬가지로 지극히 사적인 동기에서 비롯되고 있음을 알 수 있다. 그러나 『외딴방』에서의 고백은 단지 개인 차원에만 머무르는 것이 아니라, 소통 내지는 대화의 전략으로 기능하고 있다. 그 소통의 방식은 크게 두 가지 차원에서 주목해 볼 수 있는데, 하나는 '나'와 '여공들' 간의 소통의 관계망이며, 다른 하나는 현재 '서술적 자아'인 나와 과거 '경험적 자아'인 나의 인식론적 차원에서의 소통의 관계망이 이에 해당한다.

우선 현재 시점에서 나의 과거를 반추하는 회상 행위와 더불어 동시에 진행되는 고백적 글쓰기 과정은 70년대 말부터 80년대 초반을 살아간 여공들의 집단적 삶을 조명하는 것이 아니라, 그들 하나하나의 개별적 삶을 드러냄과 동시에 나와 여공들 간의 소통의 다리를 놓아준다. "저녁시간 파르스름한 형광등 불빛 아래에서 파르스름하게 앉아서 주산이나 타자 부기 그리고 비즈니스 영어를 졸면서 배우던 퉁퉁 부었던 얼굴들"로 수렴되는 나와 외사촌을 비롯한 그녀들은 모두 삶에 지치고 상처받은 여공들이지만, 그 삶의 방식이나 모습들은 때로는 정적인 나약함으로, 때로는 동적인 의지력과 강인함으로 개별적으로 다양하게 재현되고 있다.

"준비반 조장인 유채옥은 풍속화 속에서 동적으로 그려"지며, 그녀는 생산과장의 욕설에 맞대고 생산과장과 똑같은 어투로 외친다.

> 우리가 기계인가? 왜 우리를 이렇게 함부로 대하는가. 닷새 동안 계속 이어지는 잔업에 코피가 터져 집으로 돌아간 미스 최에게 사직서를 쓰라니 그게 말이 되는가. 유채옥은 계속 외친다.
> "우리의 권익을 위해 노동법에 따라 결성한 노조다. 회사에서 아무리 방해를 해도 우리는 결성식을 갖겠다." (77면.)

내 짝인 "왼손잡이 안향숙"은 하루에 캔디를 2만 개나 포장해야 하는 일 때문에 손가락과 손이 다 망가졌지만, 자신의 치부를 나에게 스스럼없이 고백하는 순수함을 지닌 여공이다. 급장인 동시에 오른편으로 짝이 되는 "헤겔을 읽는 아이 미서"는 책 "내용도 제대로 이해 못하면서 어려운 책 같아 보여 헤겔을 읽는다"고 당당하게 고백하는 당찬 기질을 가진 여공이다. "가장 나이가 많은 앞자리의 김삼옥"은 철야농성을 마다않는 적극성을 지닌 여공으로 그려지고 있다. 그녀는 회사가 폐업하면 학교는 어떻게 되냐는 질문에, "학교 같은 건 상관없어, 나, 회사 다녀야 돼. 아무 대책도 없이 회사가 문 닫으면 어떻게 살아. 시골에도 돈 부쳐야 돼."(181면.)라고 말하는 억척성과 책임감을 지닌 여공인 동시에 "얼마 되는 월급으로 시골에 돈 부쳤느냐는 물음에 "치약 하나 사면 그걸로 삼년 썼어. 됐니?"(181면.)라고 웃음을 흘려보내는 여유로움을 간직한 여공이기도 하다. 가발공장의 폐업으로 신민당사에서 뛰어내려 추락사한 김경숙, "졸다가 손등을 박았어…… 새벽에."(239면.)라고 말하며, "대야에 벌겋게 달아오른 손을 담그고 또 희미하게 웃는" 희재 언니, 경비실에서의 몸수색을 거부하며, 남자인 경비원에게 가방은 몰라도 몸수색을 받을 순 없다고 당당하게 소리치는 서선이(245면.), 이들 모두는 여공이자 산업체특별학교 학생들이라는 공통점이 있지만, 그 성격이나 삶의 방식들은 동일한 지점으로 수렴되지 않는다. 이처럼 과거 시간 속에서 그들과의 대화는 나의 고백적 글쓰기를 통해 다시 재구성되며, 이는 과거의 시간과 현재의 시간을 매개하고 있다.

전화교환원을 꿈꾸는 희재 언니와 소설가를 꿈꾸는 내가 안고 있는 상처를 치유하고 극복하는 방식은 대화와 소통의 방식, 나아가 타인에 대한 관심과 배려에 바탕을 두고 있다. 이러한 의미에서 나와 희재 언니와의 '그럼 게임'은 고단한 삶을 살아내는 방식이자 소외되고 머뭇거리는 삶을 긍정하고 가볍게 뛰어넘는 방식이기도 하다.

> 난 잠을 자겠어. 사흘 나흘 깨지 않고 푹 자겠어.
> …… 그럼.
> 동생이 학교 졸업하고 설마 대학 간다고는 안 하겠지, 안 그래?

…… 그럼.

그래도 가겠다 하면 보내야겠지.

…… 그럼.

모르는 소리, 이보다 더 일할 수는 없어. 하루는 24시간뿐이니까.

…… 그럼.

(…중략…)

반장님이 내일쯤은 작업실에 환풍기를 달아주겠지?

…… 그럼. (149면.)

또 다른 치유 방식으로는 서술 방법의 독특함을 지적할 수 있겠다. 즉, 과거를 현재화하고, 현재를 과거화하는 문체는 현재의 삶을 비판하고 과거의 삶을 재구성하는 기능을 수행한다. 이러한 과거와 현재의 교차적 서술 방식에 있어, 과거의 현재화를 통한 고백은 현재의 나의 지위를 반성하고 해체하는 과정이기도 하다. 다시 말해, 이는 서른 두 살의 현재의 나의 내부에 틈입하여 균열을 내고 변화를 일으키는 요소로 기능한다.

이제야 문체가 정해진다. 단문, 아주 단조롭게. 지나간 시간은 현재형으로, 지금의 시간은 과거형으로. 사진 찍듯. 선명하게. 외딴방이 다시 닫히지 않게. 그때 땅바닥을 쳐다보며 훈련원 대문을 향해 걸어가던 큰오빠의 고독을 문체 속에 끌어올 것. (43면.)

현재를 과거화하는 고백적 글쓰기는 '현재의 나'에 대한 비판적 거리를 확보해 과거를 통해 다시금 현재를 반성·비판하는 효과를 낳는다. 루소는 고백의 삼원칙으로 '후회, 외부의 시선, 완전한 개시의 필요성'에 대해 언급했다. 따라서 고백은 자기 자신을 인식과 검토의 주체로서 구성하는 과정이며, 고백적 글쓰기 과정을 통해 스스로를 외적 객체화시키는 '주체의 객체화 작업'은 스스로에 대해 비판적 거리를 유지할 수 있게 해주며, 나아가 이는 스스로와의 소통의 장을 열어준다.

> 나도 그랬을까? 헤겔을 읽는 미서처럼, 프루스트나 서정주나 그런
> 사람들, 김유정이나 나도향이나 그런 사람들, 장용학이나 손창섭이나
> 혹은 프란시스 잠, 그 사람들을 읽고 있는 그때에만, 무슨 뜻인지 잘 알
> 지도 못하면서, 그들이 남긴 찬란한 문구들을 부기노트 귀퉁이에 옮겨
> 놓고 있는 그때에만, 그 교실의 그 얼굴들과 나는 다르다고 생각되었던
> 건 아니었을까. 책이, 그중의 소설이나 시 같은 것이, 나를 그 골목에
> 서 탈출시켜줄 것이라고 생각했던 건 아니었을까. (312면.)

> 글쓰기란 그런 것인가. 글을 쓰고 있는 이상 어느 시간도 지난 시간
> 이 아닌 것인가. 떠나온 길이 폭포라도 다시 지느러미를 찢기며 그 폭
> 포를 거슬러 올라오는 연어처럼, 아픈 시간 속을 현재형으로 역류해 흘
> 러들 수밖에 없는 운명이, 쓰는 자에겐 맡겨진 것인가. 연어는 돌아간
> 다. 뱃구레에 찔린 상처를 간직하고서도 어떻게 다시 목숨을 걸고 폭포
> 를 거슬러 처음으로 돌아간다, 그래 돌아간다. 지나온 길을 따라, 제
> 발짝을 더듬으며, 오로지 그 길로. (37면.)

나의 과거를 현재화하는 고백적 글쓰기 방법의 효과는 루소가 말
한 '상상력'과 유사하다. 나의 과거를 기억해내는 힘은 상상력에 기
반하는데, 이는 상실한 것을 되찾으려는 시도로 적극적 행위인 것
이다.10) 상상력, 즉 세상을 창조하고 재창조하는 개체적 정신의 힘
의 역할에 대해 루소는 "불행한 의식은 재창조의 상상력의 작용을
통해 오히려 잃어버렸던 것을 되찾게 되고, 그리하여 다시 한 번 이
세상에서 편안히 기거하게 되었다"11)고 말했다. 그런데 루소의 상
상력의 한계가 자기고립적인 "공상"의 퇴행적 행위로 추락했다면,
『외딴방』에서의 나의 글쓰기가 구축해 낸 상상력에 기반한 과거의

---

10) 미셸 푸코, 『자기의 테크놀로지』, 이희원 역, 동문선, 1997, 191면.
11) 미셸 푸코, 위의 책, 188면.

현재화는 공상이 아닌 현실로 재현된다. 즉, 그것의 상상력의 힘은 긍정적이다. 나 개인의 상상에 기반한 역사는 나 개인의 성장의 역사이자 동시에 연대의 역사를 구성해가기 때문이다.

정리한다면, 고백적 글쓰기란 스스로를 창조해나가는 과정이자 창조된 자기를 승인하는 과정이기도 하다. 주체가 된다는 것은 동시에 자신을 객체로 바라볼 수 있다는 것을 의미한다. 희재 언니의 죽음을 비롯한 과거의 죽어 상실한 것들은 상상력의 토대 위에 다시 복원된다. 상실은 고통과 상처를 동반하지만, 동시에 상상력을 발동시켜 잃어버린 것들을 되찾게 만드는 힘을 생성해낸다.

3-2. 연대 혹은 연대성, '그들'에서 '우리'로

과거 기억에 대한 반추 행위의 직접적 계기가 된 것은 "79년에서 81년까지 나와 함께 그 학교를 다녔던 그녀들 중의 한 사람"이었던 하계숙의 전화를 통해서이다. 그 시절, 즉 공단 안 외딴방 및 여고 시절에 대한 기억은 내게 있어 늘 희미하게 부재하는, 어쩌면 오히려 내가 의도적으로 삭제해버린 시간들이다. 그러므로 삭제된 시공간 속에 존재하는 "내가 책을 낸 일 즉, 작가가 된 일이 자기들 일처럼 기쁘다고 말하는 그녀들"은 나에게 있어 그저 과거 속에서 화석화되어 잊혀진, 혹은 잊고 싶은 낯선 존재들일 뿐이다. "토라질 틈도, 나뭇잎을 말릴 틈도 없"는 '상처'의 공통항이 엄연하게 자리하고 있었음에도 나의 여고시절에 대한 막연한 이상과 환상은 하계숙을 비롯한 여공들과의 관계를 가로막고 그 간극을 넓혀갈 뿐이다.

> 서로 다른 친구를 사귀면 토라지고 나뭇잎 같은 거 말려서 그 뒷면에 그애의 이름을 써놓고, 자전거 하이킹도 가고, 밤새 편지를 써서 그애의 책갈피에 끼워놓고⋯ 내게는, 그리고 내게 전화를 걸어온 그녀들에겐, 그런 시절이 없었다. 토라질 틈도, 나뭇잎을 말릴 틈도 우리들

사이엔 없었다.

　우리들 사이엔 봉제공장, 전자공장, 의류공장, 식품공장들의 생산부
라인이 존재했다. (25면.)

　"넌, 우리들하고 다른 삶을 가는 것 같더라."

　편안한 잠을 자고 깬 후면, 어김없이 그녀의 목소리는 얼음물이 되
어 천장으로부터 내 이마에 똑똑똑 떨어져내렸다. 너.는.우.리.들.얘.
기.는.쓰.지.않.더.구.나.네.게.그.런.시.절.이.있.었.다.는.걸.부.끄.
러.워.하.는.건.아.니.니.넌.우.리.들.하.고.다.른.삶.을.살.고.있.는.
것.같.더.라. (45면.)

　하계숙의 말에 나는 가슴이 저려오고 고통을 느끼지만, 여전히
그녀들을 자신의 삶으로 끌어들이지는 못한다. 결국 "하계숙의 목
소리를 외면하기 위해" 외딴방을 떠난 나는 "내게는 그때가 지나간
시간이 되지 못하고 있음을, 낙타의 혹처럼 나는 내 등에 그 시간들
을 짊어지고 있음을, 오래도록, 어쩌면 나, 여기 머무는 동안 내내
그 시간들은 나의 현재일 것임을"(71면.) 사무치게 인식하게 된다.
이처럼 여공인 그녀들을 '우리'로 아우를 수 있는 태도는 "나는 난
쟁이보다 더 크지 않고, 거인보다 더 작지 않음을, 나는 모든 사람
(여공들 혹은 그녀들)이 만들어지던 똑같은 재료로 만들어졌음(109
면.)"을 인정하고 인식하는 지점에서 비롯되며, 이는 내가 글쓰기를
통해 그녀들과의 과거를 고백하고, 그 시간들을 다시 아파하고 그
들과의 관계에 대해 지속적으로 고민하고 사유하는 과정을 통해 변
화되어 간다. 그녀들을 우리로 인정하게 되는 일련의 과정은 연대
성12)을 생성하는 과정이며, 이는 '나'라는 한 개인의 정체성의 거듭

12) 여기에서의 연대성이란 "우리"라는 느낌을 우리가 이전에 "그들"이라고
　　생각했던 사람들에게 확장시키려 노력해야 한다는 입장 및 나아가 우
　　리 자신과 매우 다른 사람들을 "우리"의 영역에 포함시켜 볼 수 있는
　　능력까지를 아우르는 개념이다. 연대성은 "우리"라는 우리의 감각을 끊

남을 의미하는 동시에 개인이 관계하는 우리의 정체성 역시 새롭게 형성됨을 의미하는 것이다. "우리-의식we-intentions"을 강조한 셀라즈의 말을 빌린다면, '우리'라는 말의 힘은 똑같은 인간이지만 그러나 좋지 않은 유의 인간을 지칭하는 말인 "그들"과 대조되며, 이러한 연대성은 발견되는 것이라기보다는 역사적으로 만들어지는 것임을 강조[13]하고자 한다. 따라서 서술화자인 '나'의 "우리-의식"으로의 전환은 여공들 개개에서 유사성과 공통항을 찾아내는 그들에 대한 관심과 "우리"라는 느낌을 지속적으로 확장시키려는 태도에서 나타나며, 이것은 글쓰기 자체를 통해 증명되고 있다.

> 언젠가 내가 그녀들을 내 친구들이라고 부를 수 있을 때, 그때 언니와 그녀들이 머물 의젓한 자리를 만들어주고 싶다고. 사회적으로 혹은 문화적으로 의젓한 자리 말야. 그러려면 언니의 진실을, 언니에 대한 나의 진실을, 제대로 따라가야 할 텐데. 내가 진실해질 수 있는 때는 내 기억을 들여다보고 있는 때도 남은 사진들을 들여다보고 있을 때도 아니었어. 그런 것들은 공허했어. 이렇게 엎드려 뭐라고뭐라고 적어보고 있을 때만 나는 나를 알겠었어. 나는 글쓰기로 언니에게 도달해보려고 해. (197면.)

"그녀들을 내 친구들이라고 부를 수 있을 때", "그래도 이제부터

임없이 확장시키려는 노력에 의해 형성된다. 처음에는 이웃 동굴의 가족을 우리에게 포함시키고, 그 다음에는 바다 건너의 부족, 그 다음에는 산 너머의 연합 부족, 그 다음에는 바다 건너의 이교도들(그리고 아마도, 나머지 사람들. 가령 우리의 힘든 일들을 여지껏 해온 하인들)을 포함시키는 등으로. 이것은 우리가 지속적으로 이어가야만 하는 과정이다. 우리는 주변화된 사람들, 즉 우리가 여전히 본능적으로 "우리"라기보다는 "그들"로 생각하는 사람들을 관심 있게 지켜보아야 한다. 우리는 그들과의 유사성에 주목해야 한다. (리처드 로티, 『우연성, 아이러니, 연대성』, 김동식·이유선 역, 민음사, 1996, 355면 참조.)
13) 리처드 로티, 위의 책, 348면.

는 어떤 얘기를 하든 그 얘기가 오로지 나 자신만을 향해 있어서는 안 된다는 생각"(389면.)을 하는 나의 고백에서 "우리-의식"을 엿볼 수 있으며, 이제 '나'는 고백한다. "이름도 없이, 물질적인 풍요와는 아무런 연관도 없이, 그러나 열 손가락을 움직여 끊임없이 물질을 만들어내야 했던 그들을 나는 이제야 내 친구들이라고 부른다."고. 또한, 그 친구들은 "나의 본질을 낳아준 어머니와 같이, 나의 내부의 한켠을 낳아주었음을" 인정하고, 결국 "나또한 나의 말(글)을 통하여 그들의 의젓한 자리를 세상에 새로이 낳아주어야 함을"(419면.) 다짐한다.

> 저마다 다른 곳의 바람에 살갗이 터/숨쉬는 우리/ 외롭다고 잠을 자는 우리/ 잠 속에서도 만나지 못하는 우리/ 간혹, 어떤 사람의 머리꼭지를 보고/ 보일 뿐인 우리/ 물집 오른 발바닥을 부딪히며/ 다시 저마다 다른 곳을 향하여 머리를 두고/ 누워/지쳐 숨쉬는 우리//
> ―황인숙, 「圓舞」 (215면.)

"오랫동안 그녀들을 생각하면 삶이란 아름다움이라고 말할 수 없는 고독을 느껴왔"지만, "나도 모르는 사이 그녀들은 내 속에서 늘 현재로 작용했"으며, 나아가 "그녀들은 내가 스무 살 이후로 만났던 삶의 누추함을 껴안을 수 있는 용기를 주었고, 얼토당토않은 욕망의 자리에서 내 자리로 돌아오게 하는 성찰이 되어주기도 했"(422면.)다는 '나'의 고백을 통해 볼 때, 지금은 "다시 저마다 다른 곳을 향하여 머리를 두고 누워"있지만, 공동의 상처와 기억이 살아 숨쉬기에 그들의 지나온 삶의 흔적들은 개개의 역사이자 동시에 공동의 역사라 할 수 있을 것이다.

허크 거트만은 고백의 목적이 첫째, 약점을 지닌 자신을 드러내는 동시에 수치심을 덜어주는 일, 둘째, 적대적인 사회질서에 직면하여 자신과 타인을 규정하는 데 기여할 수 있는 자기를 창조하는 일에 있다고 보았다.14) 이러한 견해를 『외딴방』에 적용해 본다면, 첫째, 서술화자인 '나'의 지속적인 상처 드러내기의 과정은 일종의 자기비판 기능을 수행하게 된다. 자신의 치부 및 상처의 드러냄의 과정을 통해 스스로를 돌아보고 비판할 수 있으며, 이는 개인의 정체성 문제와 결부시켜 볼 때, 궁극적으로 과거의 자기와는 다른 또 다른 자기를 창조할 수 있다. 둘째, 위의 1차적 목표에 의해 진실을 보증 받고 획득하게 된 개인은 자신과 타인의 관계맺음에 기여하는 새로운 자기를 창조해내며, 이러한 과정을 통해 결과적으로 자신 및 타인과의 소통의 장을 열어 준다.

4. 맺음말

이 글은 『외딴방』이 단순히 한 개인의 내면적 서사 차원이 아닌, 과거 상처에 대한 지속적이고 반복되는 기억 행위를 통해 공동의 상처를 드러내고, 결국에는 그 행위가 '그들'이 아닌 '우리'로 인식하는 연대를 구성하는 기억 행위임을 알 수 있었다. 또한, 이러한 기억 행위는 소설 내에서 전업 소설가이자 서술화자인 '나'의 고백적 글쓰기 행위를 통해 재현되고 있는데, 그 결과 고백 역시 나 개인의 내면적 고통과 고민을 토로하는 방식에 그치는 것이 아니라, 상상적으로 재구성된 연대와 소통하고 대화하는 장으로 점차 확장되고 있음을 볼 수 있었다. 한 개인의 기억과 고백은 지극히 사적인 영역에서 이루어지는 행위이기도 하지만, 그것은 이처럼 역사를 재구성하고 새로운 주체들을 생성해내는 중요한 동인이 되기도 한다.

---

14) 미셸 푸코, 앞의 책, 178면.

정리한다면, 『외딴방』에서 나의 기억은 단지 개인의 기억 차원이 아니라, 공동체적인 연대의 기억으로 확장시켜 생각해 보아야 할 것이며, 이 때 나의 고백적 글쓰기는 "나 자신" 및 "우리"의 공동의 상처를 치유하는 기능을 발휘한다. 고백을 통한 기억의 재생은 여공들과의 소통 및 나 자신과의 소통이라는 관계망을 통해 상처를 치유하는 것이며, 이것이 기억의 의의라 할 수 있겠다. 또한, 『외딴방』에서 고백적 글쓰기 행위는 다음과 같은 의의를 지닌다. 첫째, 여성서술자 '나'의 기억은 이중화된 의미를 생산하는데, 과거 16세 소녀로서의 '경험적 자아인 내'가 학교교육을 위해 연대의 책임을 져버리고 체제에 순응하는 동일시의 측면을 보였다면, 고백적 글쓰기 행위를 통해 재생된 현재화된 32세 작가로서의 '서술적 자아인 나'는 고백을 통해 수치스럽고 상처투성이의 과거를 드러내 보이는 과정을 통해 그들을 '우리'로 인정하고, 자신을 연대 속의 일원으로 자리매김한다는 것이다. 둘째, 자기 고백적 글쓰기 행위는 자신 스스로에 대해 자기-비판적 거리를 유지하게 되는데, 이중적 시간 구조와 더불어 이야기하는 현재의 자아와 이야기되는 과거의 자아 사이의 분리는 반성적 사유를 가능케 하며, 이러한 자기-구성의 과정을 통해 새로운 자기를 생성해낸다.

"역사적 세계란 모든 개별적 역사가 모여드는 대양과 같다. 역사는 인류의 보편적 기억처럼 보일 수 있다. 그러나 보편적 기억이란 없다. 모든 집단적 기억은 시간적으로 공간적으로 제한된 집단이 갖는 특수한 기억이다."[15]라는 알브박스의 견해를 인용한다면 역사는 물론이거니와 문학에서 재현되는 역사적 과거란 일반적 사건의 나열이나 단순한 기술, 있는 그대로의 재현이 아니다. 그것은 공동체의 기억, 나아가 공동체에 속해 있는 개별자들 개개의 기억에 주

---

15) 알라이다 아스만, 앞의 책, 166면.

목하고 그것을 재현해내야 할 것이다. 보편자로 환원되는 드러냄의 방식은 결국 개별자를 동일자로 예속화하는 장치에 불과하다. 배제되고 소외되고 미처 다루지 못한 부분에 주목할 때라야 오히려 더 현실적이지 않을까? 작품 내에서 "작가라면 사회를 변화시키는 힘을 지녀야 한다"는 셋째 오빠의 말에 대한 나의 답변은 이러한 점에서 곱새겨 볼 만하다.

> ……몰라, 오빠. 나는 그런 것들보다 그때 연탄불은 잘 타고 있었는지, 가방을 챙겨들고 나간 오빠가 어디 길바닥에서나 자지 않았는지, 그런 것들이 더 중요하게 느껴져. 그때 왜 그렇게 추웠는지 말야. 김치를 꺼내다가 잘라서 접시에 올려서 밥상 위에 얹으면 살얼음이 끼어 쭉 미끄러지곤 했어. 그릇이 깨지고 김치가 사방으로 흩어졌지. 오빠, 그때 내가 정말 싫었던 건 대통령의 얼굴이 아니라 무우국을 끓이려고 사다놓는 무우가 꽝꽝 얼어버려가지고 칼이 들어가지 않은 것 그런 것들이었어. (…중략…) 내가 문학을 하려고 했던 건 문학이 뭔가를 변화시켜 주리라고 생각해서가 아니었어. 그냥 좋았어. 문학이 있다는 것만으로도 현실에선 불가능한 것, 금지된 것들을 꿈꿀 수가 있었지. 대체 그 꿈은 어디에서 흘러온 것일까. 나는 내가 사회의 일원이라고 생각해, 문학으로 인해 내가 꿈을 꿀 수 있다면 사회도 꿈을 꿀 수 있는 거 아니야? (206면.)

같은 맥락에서 "정리는 역사가 하고 정의는 사회가 내리"며, 오히려 "문학은 정리와 정의 그 뒤쪽에서 흐르고 있"는 것이므로 "글쓰기는 결국 뒤돌아보기"이며, "문학이 언제나 흐를 수 있는 것" 역시 그 때문이라는 것과 문학 연구, 특히 문학에 의해 재현되고 기술되는 역사는 무엇보다 "해결되지 않는 것들 속에, 뒤쪽의 약한 자, 머뭇거리는 자들을 위해" 재구성되어야 하며, 나아가 "정리되고 정의된 것을 헝클어서 새로이 흐르게 하"는 힘을 지녀야 한다는 작가이자 서술화자인 '나'의 고백은 유효하다고 본다. 공동 지식의 특정한 토대가 사라지게 되면 시대와 세대 간의 의사소통이 단절되며, 이는 문학사의 단절을 초래하게 된다[16]는 아스만의 견해를 인용한다면, 『외딴방』에 내재된 기억의 서사는 80년대와 90년대의 단절 내지는 간극을 극복하고 소통의 장을 마련한다는 점에서 보다 유의미하다.

---

16) 알라이다 아스만, 앞의 책, 14면.

여성주의적 아우또노미아의 가능성
— 정이현 소설을 중심으로

홍 웅 기

Ⅰ. 주체의 구현방식 — 고백

인간의 존재는 근원적으로 욕망하는 주체이다. 이 주체에게 욕망의 대상은 끊임없이 미끄러지는, 고정되지 않는 존재이다. 이 지점에서 욕망의 주체와 대상의 미끄러짐이라는 문제는 욕망하는 주체를 규정할 수 있는 일종의 틀을 제공한다. 80년대 획일적인 문학적 담론은 90년대 세계를 지탱하던 한 이데올로기의 와해를 기점으로 다성적인 담론들로 분열되기 시작했다. 다성적 담론을 지닌 90년대적 욕망의 주체는 그 스스로 80년대와 구별되는 양상을 보여주었기에, 일부 논자들에 의해 성급한 "단절"이 선언되었다. 다성적인 목소리의 90년대는 이제 90년대와 구분되는 그러나 여전히 90년대적 가치가 유효하게 기능하는 영역 내에서 문학적 탐색을 지속하고 있다. 이 90년대적 다중 중에서 꾸준한 자기 증식과 변화의 한 축을 형성하는 여성작가들의 글쓰기의 방식, 혹은 여성적 글쓰기의 방식에 주목하고자 한다.

90년대 일련의 여성작가들이 보여준 고백의 글쓰기 방식은 80년대와 90년대를 구분짓는 지각변동1)이었다. 90년대 여성작가들은

---

* 본고는 『비평문학』 26호에 게재된 논문임을 밝힙니다.

1) 정혜경, 〈백수들의 위험한 수다-박민규·정이현·이기호의 소설〉, 《문학

사용했던 "고백"의 방식은 이전의 남성적 서사의 영역에서 탐색되었던 "고백"의 방식과 명확하게 구분되는데, 이는 아버지 권력 patria potessta을 부정하고, 그 부조리함을 인식하는 지점에 도달하고 있다면, 90년대 이후 여성작가들은 아버지의 권위로부터 탈주와 전복을 욕망하기 시작했다. 아니 이러한 전복의 욕망이 발아되기 시작했다. 이전의 서사물이 남성적 시선에서 텍스트의 서사전략들이 일정한 방식이나 텍스트를 읽도록 독자의 위치를 고정시키며, 이를 통해 생산되는 저항없는 독자를 양산하던 전략2)의 전복이 가능해졌다. 다시말해 남성적 서사전략의 관점에서 여성독자는 남성에 의해 규정된 여성을 인식하고 분열될 뿐이지만, 이러한 남성적 서사전략을 인식하고 거부함으로 아버지 권위가 부정되고, 그것에 균열을 모색할 수 있는 가능성을 보여준다. 일반적으로 고백체는 자의식적 소설을 형성하는데, 이 때 자의식이란 자신에 대한 반성적 성찰을 의미한다. 현대 여성 서사체에 있어 90년대 소설의 고백체가 자의식의 과잉의 양상을 보인다면, 2000년대 정이현 소설의 고백체는 생각하는 주체는 명백히 있지만, 자아에 대한 거리를 외면하고 있다는 점에서 자의식 결여의 방식3)으로 규정할 수 있다. 작가에게 고백은 담화의 주체가 자신의 정당성을 확보하려는 전략이며, 주체의 권력의지를 현실화시키는 담론적 장치이다. 고백이라는 장치를 통해 고백의 주체는 타자의 진리가 개입할 수 없는 고백자의 세계를 건설4)하는데, 이 지점에서 정이현은 다른 여성주의 작가와 구별된다. 90년대 문학에서 소통의 가능성을 상실한 여성들의 고유한 발성법으로 독백이 사용되었으며, 고백을 하나의 문학적 경

과 사회》, 2005년 여름호, p.282.
2) 팸모리스, 『문학과 페미니즘』, 강희원 역, 문예출판사, 1999, p.56.
3) 정혜경, 앞의 글, pp.183-184.
4) 고봉준, 「그녀들의 모노드라마」, 『비평, 90년대 문학을 묻다』, 여름언덕, 2005, p.280.

향으로 끌어올린 것은 여성작가들[5]의 몫임은 분명하다. 하지만, 모든 여성작가의 고백의 방식이 동일한 인식의 틀에서 출발하지는 않는다. 형식적으로 동일한 고백의 형식을 사용하지만, 고백의 기원은 분명 다르다. 정이현의 경우 그녀의 소설이 갖는 주된 화법은 "적나라한" 고백체이다. 작가의 인물들은 현실이라는 서바이벌 게임에 접속하여 그 게임의 규칙을 습득하고 활용하면서 한판 인생에서 살아 남는게 목표[6]이다. 90년대 여성문학에 등장하는 "고백"이 실존적이고 정신적인 상처의 계보를 포착하는 방식이었던 반면, 정이현의 고백은 자신의 소비욕망을 충족시키기 위한 계획적인 결혼과 살인을 서슴지 않는 팜므파탈의 이미지를 형성하는 고백이다. 그녀의 소설은 '고백'이 상처받은 자들의 고유한 화법이라는 통념을 부정하고 이 부정에서 2000년대의 소설은 시작[7]하고 있다. 서사체에는 서사주체의 의식이 반영되는데, 이는 서사주체에 의한 자기탐색의 과정으로 규정할 수 있다. 이러한 성격규명을 통해 서사물에 투영된 작가의 사유방식 혹은 인식의 틀은 드러날 수 밖에 없다. 이는 정이현이 90년대 여성작가들의 고백이라는 서사방식을 계승하고 있음은 분명하지만, 그녀들의 고백의 방식을 차용하여 새로운 의미를 생성하고 있다. 기존 여성서사의 고백과 구분되는 방식으로 작가가 욕망하는 주체와 대상의 변주를 분명히 들려주고 있는 것이다. 먼저 작가는 고백의 형식을 통해 사랑에 대한 그녀의 단상들을 구성하고 있다.

---

5) 고봉준, 위의 책, p.301.
6) 정혜경, 앞의 글, p.183.
7) 고봉준, 앞의 책, p.302.

Ⅱ. 긍정된 가난, 부정된 사랑 – 합류적 사랑의 도정

앤소니 기든슨은 낭만적 사랑의 이상은 자유와 자아실현을 결합
시켜가면서, 출현하는 이 결합 속에 스스로를 직접 포함시[8]키는 것
이라 지적한다. 인간이 근본적으로 욕망하는 것 중의 중요한 한 가
지인 "사랑". 이 사랑은 무목적적인, 주관적인 요소들의 종합체이
다. 정이현은 이 "사랑"의 담론을 통해 자본이라는 거대 권력에, 혹
은 아버지 권위로 명명될 수 있는 자본적 질서에 균열을 가하고 있
다. 소설집『낭만적 사랑과 사회』의 단편들에서 확인할 수 있는 작
가의 세계는 남근적 질서를 해체하는 그 중심에 사랑을 담론화 시
키고 있다. 작가에게 사랑이 구현되는 방식은 철저히 자본적이다.
그리고, 자본의 질서 안에 사랑을 배치시킨다. 거대한 자본적 질서
를 비껴가거나 응시하는 방식을 통해 주체의 욕망이 표출시키고 있
다. 그 첫 번째 지점에 바로 태오가 배치된다. 태오와의 동거는 은
수에게 사랑의 이중적 의미를 각인하는 계기로 작용한다. 자본적
질서와 사랑의 본질 사이에서 갈등하는 은수는 '어린' 태오와의 관
계망을 통해 사랑의 의미에 대해 고민하게 된다. 도시인들은 "언제
나 나를 외롭지 않게 만들어줄 나만의 사람", "나즈막이 내 이름을
불러줄 사람을 갈구한다. 사랑은 그렇게 종종 시작되는"(180)것이
지만, 그 사랑을 통해 도시인들은 "새로운 고독"이라는 아이러니와
대면하게 된다. 작가에게 인식되는 사랑이라는 것은 도시인들이 경
험하는 하나의 부조리함이다. 그렇기에 "나를 왜 사랑하느냐"는 태
오의 물음과 대면하지 못하는 것이다. 여느 도시인들이 그렇듯, 은
수에게 사랑이라는 것은 태생적으로 경험해야 하는 지독한 아이러
니의 시작이기 때문이다.

---

8) 앤소니 기든스, 『현대사회의 성·사랑·에로티시즘』, 배은경, 황정미 옮
김, 새물결, 2003, p.79.

> 나를 왜 사랑하느냐는 물음은, 상대방이 나를 사랑하고 있다는 전제
> 하에서만 가능하다 그러면 태오는 나의 사랑을 철썩같이 믿고 있다는
> 의미인가. 발을 헛디뎌 막막한 우주와 연결된 맨홀 속에 빠진 느낌이
> 다. 나는 나에게 묻는다. 태오를 왜 사랑하느냐고. 아니, 태오를 사랑
> 하기는 하느냐고. 아니, 아니, 사랑이 무엇이냐고. (159)⁹⁾

그러나, 태오에게 사랑이란 그가 "어리기" 때문인지 몰라도 사랑
자체만으로 충족된다. 하지만 은수에게 사랑은 사람이 목적이 아닌
그녀 또래의 친구들과 같은 연애를 꿈꾸기도 하는, 때로는 사랑이
라는 철저한 자본적 질서 내에서 이루어지는 소비의 행위로 인식되
기 한다. 태오의 "어리다"는 사실은 그가 아직 자본적 질서에 오염
되지 않은, 자본으로부터 자유로운 신체임을 나타낸다. 태오가 선택
하는 자발적 가난은, 그 자체의 역능을 통해 진정한 사랑에 도달 가
능함을 제시한다. 이러한 관점에서 태오는 가난의 역능을 실천하는
긍정적 되기의 실천자이며, 은수는 자본적 질서에 종속되어 버린
자본의 소비대상인 것이다. 근대 이후, 세계를 지배하는 담론인 자
본주의는 자본이라는 단일 규범을 형성하고 그 영역을 확대해 왔
다. 이 거대질서 앞에 은수는 자본적 질서에 해체하려는 선두의 역
할을 수행하려 한다. 하지만,결코 전위의 기능을 수행할 수는 없다.
은수의 삐딱한 시선을 통해 자본에서탈주를 기획할 수 있지만, 이
탈주의 기획조차도 지극히 자본적이다. 은수의 다른 모습인 유희가
뮤지컬 배우로서 자신감을 회복하기 위한 방법으로 선택한 성형이
나, 결혼의 실패에도 불구하고 다시 그 결혼을 답습하려는 재인의
모습은, 그녀들이 기획하고 의도하는 탈주에 대한 욕망의 의미를
퇴색시킨다.

---

9) 정이현, 『달콤한 나의 도시』, 문학과 지성사, 2006, 이후 쪽수만 표기.

식염수 200cc가 한껏 고취시킨 그녀의 자신감이 얼마나 유효할지
는 두고 봐야 알겠지만, 어쨌든 당장은 보기 좋았다. 재인은 말로는 "엄
청 따분하게 살고 있어"라고 했지만 새로운 남자가 생긴 눈치를 팍팍
풍겼다. 전화기를 들고 복도로 나가 소곤대며 통화했고, 발그레한 낯빛
으로 돌아왔다. 우리가 달려들어 추궁하자 바로 실토했다.

"여기 느낌이 와. 아. 이 사람이구나 하는." (438)

　　은수, 재인, 유희 그녀들이 자신을 하나의 주체로 인식하고 느끼
는 것은 자본이다. 재인의 경우, 그녀에게 결혼의 문제는 "여기 느
낌이 와, 아, 이 사람이구나 하는." 느낌을 통해 시작되지만 그것에
는 결코 사랑에 대한 문제는 아니다. "우리보다 네 살 많은 비뇨기
과 전문의, 교육자 집안의 차남, 선배와 동업으로 조만간 개원 예정
등의 프로필"(17)이 중요한 고려의 대상일 뿐이다. 재인이 결혼을
하고자 하는 대상은 사랑하는 사람이 아닌, 사회적 지위와 능력을
지닌 그 남자일 뿐이다. 그렇기에 "왜 사랑하느냐?"라는 질문에 재
인은 "사랑이라니. 못 들을 말을 들었다는 듯 재인이 동그란 눈을
천연하게 깜빡"(17)일 뿐이다. "동거는 생활이다. 판타지가 거세된
적나라한 생활"(172) 이라는 은수의 자조적 독백처럼, 결혼 역시 생
활일 뿐이다. 자본주의적 사회에서 재인이라는 한 사람이 생존해
가는 방식. 결국 재인은 결혼을 결혼이라는 현실적 문제는 사랑의
실천과 실현이 아닌 단지 "업무가 지루하고 반복적이라는 단점이
있지만 꽤나 안정적으로 신분 보장이 된다는 장점이 있는 회사에
취직한 기분"(226)이 드는 일로 규정된다. 그렇게 은수와 은수의 친
구들은 사회가 요구하는 욕망을 추구하지만, 그녀들이 욕망을 추구
하는 방식은 무난하지 않다.10)

---

10) 정여울, 〈연애의 테크놀로지, 유행의 우주론〉, 《문학동네》, 2005년 여름,
　　p.389.

좋다. 살기 위해 소비한다고 치자. 그런데 카드 영수증과 교환한 물건들을 받아들어도. 인생을 탕진하고 있다는 불안감이 미치는 것은 왜일까?

인생을 소모한다는 느낌이 들지 않는 관계란 과연 어디에 존재하는 걸까? 그래서 사람들은 기꺼이 사랑에 몸을 던지나 보다. 순간의 충만함. 꽉 찬 것 같은 시간을 위하여. 그러니 사랑의 끝을 경험해 본 사람들은 안다. 소모하지 않는 삶을 위해 사랑을 택했지만, 반대로 시간이 지나 사랑이 깨지고 나면 삶이 가장 결정적인 방식으로 탕진되었음을 말이다. 이번 사랑에서는, 부디 나에게 그런 허망한 깨달음이 찾아오지 않았으면 좋겠다. (139-140)

현대인의 삶은 소비의 삶이다. 그리고 철저히 자본의 질서에 부합된다. 여기서 삶능력biopower는 존재할 수 없다. 자본의 질서 내에서 변화하는 다중의 형태를 통해 자본적 질서는 붕괴될 수 있다. 다시 말해 삶권력biopower에 대한 투쟁을 통해 확인할 수 있는 것이 삶능력의 형태[11]이다. 그렇지만, 현실적으로 삶권력에 투쟁하는 방식조차 자본적 논리에 의해 구성된다. "살기 위해 소비하는 것"이나 소비의 측면에서 "인생을 소모한다는 느낌이 들지 않는 관계란 어디에 존재"하는가에 대한 의구심을 갖는다는 것 자체가 이미 소비의 행위 즉 자본의 질서인 것이다. 소비의 삶을 통해 사랑이라는 것은 인식된다. 그렇기에 낭만적 사랑의 가능성 안에 이미 자본의 질서가 내포되어 있는 것이다. 이러한 자본에 타락한 낭만적 사랑의 진실은 영수를 만남으로 보다 분명해진다. 정이현의 그녀들에게 소비는 자신의 만족이 아닌 타자의 시선에 부합되기 휘한 안간힘[12]쓰는 욕망의 표출이여, 자본에 포획된 삶, 그 자체이다. 그리고

---

11) 마이클 하트, 「정동적 노동」, 자율평론 번역모임 옮김, 『비물질노동과 다중』, 2005, p.155.
12) 강유정, 〈악녀, 화장을 지우다-정이현론〉, 《문학과 사회》, 2006년 가을, p.313.

이것은 결혼으로 실천된다. 영수와의 만남을 통해 은수는 결혼을 실천하게 된다. 이 결혼에는 사회적 질서 보다 정확히 자본주의적 질서를 그녀 스스로 따르고 있다. 자본의 거부는 분명 새로운 사랑을 구성하는 원동력으로 작용한다. 바로 "여기 느낌이 와, 아, 이 사람이구나 하는." 재인의 말처럼. 현대사회의 결혼이라는 형식은 철저한 자본의 논리에 근거함으로 존재한다. 이는 낭만적 사랑과는 분명 구분되는 지점에 있다. 정이현 소설의 인물들은 낭만적 사랑을 꿈꾸지만 이미 그녀들이 내세우는 결혼에는 낭만적 사랑을 스스로 부정하는 이중적 관점이 내포되어 있다. 낭만적 사랑이 가정하는 자기-심문self-interrogation을 가정[13]하는 이중적 잣대를 통해 그녀들 스스로 그 한계점을 내포하고 있는 것이다. "은수야. 사람을 잊는 데 사람이 최고하는 말. 나도 어느 정도는 수긍하거든. 하지만 단지 결혼을 하고 싶다는 이유로 누군가를 만나는 건 절대 반대야. 서두르지 마. 알았지?"(260)라는 재인의 충고는 결혼이라는 제도에 대한 그녀들의 환상을 스스로 거세하는 방식이다. 낭만적 결혼을 희망하지만, 결국 결혼이라는 제도를 통해 결코 낭만적일 수 없다는 다른 표현일 것이다. 은수와 그녀의 분신들에게 사랑이라는 것은 결국 낭만적 사랑이기보다는 열성적 사랑passionate love(아무르 빠시옹amour passion)으로 전이되는 사랑의 양상을 보인다. 그녀들에게 가해지는 억압의 힘oppressive force에 의해 그녀들은 남성이라는 보수의 벽에 격리되고 만 것이다.

나는 비교적 키스를 좋아하는 편이다. 키스를 하고 있는 동안, 나 자신에 대해 한층 더 잘 알게 되는 기분이 들었기 때문이다. 타인의 혀가 내 입 안을 가득 채우고 있는 순간에야말로 나라는 존재가 태곳적부터 오롯이 혼자였음을 부정할 도리가 없다. 타인의 혀로부터 오는 쾌락의

---

13) 앤소니 기든스, 앞의 책, 2003, p.85.

감각을 느끼고 있으면, 원래는 나는 반쪽의 불완전한 존재에 불과했다
는 걸 비로소 깨닫게 되는 것이다.

　그런데 이 남자, 진도가 너무 느리다, 결혼 날짜까지 받아 놓은 사이
이건만, 나의 몸과 김영수의 손 사이에는 아직도 얇은 헝겊 한 장이 놓
여 있었다. 준법정신이 투철한 그는 브래지어 위로 가슴을 더듬는 것과
브래지어 속으로 손을 쑥 밀어넣는 것 사이에 엄청난 간극이 존재한다
고 믿는가 보다. 요즘처럼 험한 세상에 상당히 바람직한 자세다, 그러
나 이거야 원, 질금질금 감질나서 못 견디겠다.(387-388)

　정여울에 따르면 정이현 식 연애의 테크놀로지14)를 통해, 정이현
의 그녀들의 사랑방식을 규명하고 있다. 과연 그녀들에게 낭만적
사랑은 가능한가? 과연 낭만적 사랑을 확인할 수 있을것인가? 소설
집『낭만적 사랑과 사회』에 나오는 「홈드라마」나 「무궁화」 등을 통
해 작가가 지향하는 지점이 과연 낭만적 사랑일까? 과연 작가가 지
향하고 있는 그 지점은 무엇인가?

　정이현 소설에서 발견되는 사랑의 담론 역시 냉소적 나르시즘의
자기보호적 측면을 반영하며, 작가의 소설은 자본주의사회의 결혼
과 가족제도를 둘러싼 물신화 현상, 계층화 현상에 민감한 촉수를
들이밀15)수 있는 것은 아버지 권력에 대한 거부이며, 새로운 사회
즉 여성주의적 코뮌을 형성할 수 있는 가능성의 진단이다. 그렇기
에 은수는 "소비의 욕망을 통제할 수 있다고 믿는 주체들"로써 "스
스로 구상한 전략에 의해 사랑의 관습을 부숴나가"16)는 모습을 보

14) 정여울, 〈연애의 테크놀로지, 유행의 우주론〉,《문학동네》, 2005년 여름,
　　p.393.
　　"제1조, 낭만과 순수는 가난과 치욕의 다른 이름이다. 제2조, '합리적'
　　결혼으로 골인하지 못하는 모든 연애는, 죄악이자 낭비다. 제3조, 여성
　　에게 남성의 존재는 그녀의 사회적 안정을 보장하는 한시적 담보물"로
　　규정한다.
15) 백지연, 〈낭만적 사랑은 어떻게 부정되는가-이만교와 정이현〉,《창작과
　　비평》, 2004년 여름, pp.131~132.

여주고 있는 것이다.

현대 우리사회의 여성, 그녀들 스스로 부정하는 여성의 모습이지만, 그 범주에서 탈주하지 못하는 은수의 부모님의 위치해 있다. 그들의 문제에 은수는 개입할 수 없다. "내 인생이 나의 것이라고 사춘기 때부터 주장"했듯이 은수 부모님의 삶은 그들의 것이다. 가족의 범주 안에서 벌어지는 사건이지만, 가족의 범주 내에서 그들 스스로 단절된 존재, 바로 현대인의 또 다른 자화상이다. 그리고 이 자화상 속의 가족은 철저한 남성적 시선의 가족이며, 현대적 여성들에게 순종 혹은 복종이라는 이데올로기는 미덕이 아니다. 자신을 주체로 인식하는 현재라는 시간으로 전이될 수 있는 것이다. 이러한 변화의 흐름을 주도할 수 있는 능동적 주체는 남성적 주체가 아닌 여성적 주체이며, 여성이 하나의 주체로 자신을 인식하는 순간, 변화의 시간은 시작된 것이다.

> 그런데 만약 김영수가 동성애자라면, 그렇다면, 나는 꿈꿨던 것처럼 그를 '좋은 친구'로 삼을 수 있을까. '반짝반짝 빛나는'이라는 제목의 일본 소설을 읽은 적이 있다. 게이인 남편과 알코올 중독자인 아내가 계약 결혼을 하고 한 집에서 살아가는 이야기였다. 상호 이해관계만 맞아떨어진다면 그런 관계가 나쁠 것도 없을 터였다. 하지만 소설 속의 아내는 결국 게이 남편을 사랑하게 되고 말았다. 아무튼 언제나 그놈의 사랑이 자기기만의 덫을 놓아 발목을 잡는다.(275)

합류적 사랑은 파트너 각자의 섹슈얼리티를, 관계를 일궈가기 위해 꼭 협상되어야만 하는 하나의 요소로 인정하여 사랑 속에 포함시켰다는 점에서 완전히 새로운 차원version의 사랑[17])이자, 관능의 기술을 결혼 관계의 핵심에 도입한 최초의 사랑 형태[18])를 지니는

---

16) 백지연, 위의 글, p.139.
17) 앤소니 기든스, 앞의 책, p.111.

개인의 정체성의 차이를 인식하고 그 기반위에 사랑의 유대를 공유하는 방식으로 새로운 정체성을 구성해 나가는 힘이다. 낭만적 사랑에 대한 여성들의 꿈은 너무나 자주 완강한 가정적 종속으로 이어지고 말[19]았다. 은수가 새로운 관계의 가능성을 몽상하는 것은 이 때문이다. 하지만, 그러한 사랑을 모색하지는 않는다. 은수가 지향하고 있는 지점에는 실현되지 못하지만, 낭만적 사랑의 가능성만이 탐색되기 때문이다. 낭만적 사랑의 규범은 종교적, 사회적, 심리적 현실, 즉 뚜렷하게 결혼과 가정에 순응[20]하고 만다. 결국『낭만적 사랑과 사회』의 인물들에게 욕망의 시스템에서 벗어난 탈주의 행위는 기대할 수 없다. 물신화된 사회의 속성을 철저히 드러냄으로써 낭만적 사상에 균열을 내려는 정이현의 전략은 욕망이 달성되는 순간 유효성을 상실[21]하듯, 『달콤한 나의 도시』에서 욕망의 구현방식은 유사하다. 하지만, 정이현의 소설은 욕망을 적극적으로 지시하는 물질적 기호들 속에서 소비하는 여성을 세계[22]를 통해 현실을 구성하기도 한다. 결국 정이현은 소비시대 소설이 외면할 수 없는 자기해부의 과정[23]을 여실히 증명하는 것이고, 사랑을 통해 성취할 수 있는 새로운 가능성을 모색하는 과정을 보여준다. 정이현이 한 시선으로 사랑에 대한 단상들을 통해 자본이라는 아버지 권력을 응시하고 균열을 유도하고 있다면 이제 보다 직접적으로 백수의 시선을 통해 이 자본적 질서를 바라보고 있다.

---

18) 앤소니 기든스, 위의 책, p.110.
19) 앤소니 기든스, 앞의 책, p.109.
20) 이언 와트,『소설의 발생』, 전철민 옮김, 열린책들. 1988, p.177.
21) 백지연, 앞의 글, p.142.
22) 백지연, 위의 글, p.142.
23) 백지연, 위의 글, p.143.

Ⅲ. 백수들의 간주곡 - 자본, 탈주, 재영토화

정이현은 사랑의 방식과는 다른 것으로 아버지의 권력을 응시한다. 최근 젊은 소설가들의 소설에는 백수의 존재가 바로 그것이다. 작가는 자본주의의 거대한 음모가 가담하기 위해 연기에 매진할 수밖에 없었던 욕망의 주체들을 불러들여 그들의 맨얼굴을 보여주고자 한다.24) 정이현의 백수는 정당성이나 진정성 같은 것은 아예 거들떠 보지도 않으면서 노골적으로 주류 사회에 편입하려는 욕망을 드러낸다.25) 그렇기에 정이현의 그녀들은 모든 욕망의 질감을 상품의 언어로 번역하고, 인물의 언어와 속내조차 사품의 언어에 가둠으로써 현대인의 욕망을 규격26)화한다. 다시말해 그녀들의 욕망을 소비하고 있는 것이다. 하지만, 이 소비의 방식은 자본에 대한 응시에서 출발한다.

> 백수, 아니 '자연인'의 24시간은 너무 빠르거나 너무 더디게 흐른다. 시간의 소비라는 행위만큼은 주관적인 것이 또 있을까. 눈에 보이는 생산을 하지 않는다고 해서 시간을 그러 버리고 있다고 말할 수 있을까. 오늘의 계획이 '이효리 새 음반 듣기'거나 '이번 주『씨네21』읽기'가 전부라면 왜 안되는가. 냉정한 가치로 환원되지 않는 시간은 진정 무의미한가. (296-297)

백수들은 소수자들이다. 그들은 자본에게 비껴-간 이들이며, 사회에서 소외된 다수일 뿐이다. 이제 내면세계를 탐색함으로써 타락한 현실에서 자신을 구별distinction하고자 했던 1990년대의 댄디의 존재가 부정27)되고 그 자리에 백수들이 그 자리를 차지하고 있다. 이

---

24) 강유정, 앞의 글, p.305.
25) 정혜경, 앞의 글, p.178.
26) 정여울, 앞의 글, p.385.

제 우리는 백수에 새로운 의미를 부여해야 하는 당위성에 직면해 있다. 이제 백수는 가난의 역능을 통해 새로운 백수-되기를 보여준 다.『달콤한 나의 도시』백수들은 보여주는 백수-되기의 과정은 현 대 사회의 백수의 단면이다. 현대 사회를 규정하는 새로운 용어를 선정한다면, 그중에는 분명 "백수"가 포함될 것이다. 자본적 질서에 서 벗어난 광인인 백수들은 그들의 질서와 존재의 이유를 부여하고 있다. 이제 그들은 자본의 질서에서 소외된 타자가 아닌, 그들 스스 로 자본을 구성하는, 자본의 주체로서 편입 가능성을 타진하고 있 는 것이 그들이 배치된 지점일 것이다. 소설의 인물들에 대한 상세 한 접근은 개인적인 인물을 결정짓는 문제로 귀착되[28]듯,『달콤한 나의 도시』에 등장하는 인물들은 각기 다른 방식으로 백수를 계열 화한다.

앞 장에서 태오의 "어리다"는 사실에 기인하여 자본적 담론에 오 염되지 않은 자유로운 신체임을 언급했다. 그렇기에 그가 선택한 자발적 가난의 방식을 통해 태오라는 개인이 지닌 역능을 구성하는 하나의 가능성을 지닐 수 있는 것이다. 백수라는 현재는 자신의 개 인적 욕망을 실현하기 위해 아버지 권위가 부여하는 직무를 수행하 지 않는 자, 바로 백수인 것이다. 정혜경은 <백수들의 위험한 수다> 를 통해, 백수들의 범위를 보다 광범위하게 설정하고 있다. 한국소 설사에서 가장 곤혹스러운 존재로 규정된 백수들이 2000년대의 소 설을 평정[29]하고 있는 것이 그들이 곤혹스러운 존재임에도 불구하 고 현대를 가장 분명하게 규명하는 단서이기 때문이다. 오늘날을 규정짓는 단서인 백수, 그 속에는 여러 의미가 내포되어 있다.

---

27) 정혜경, 앞의 글, p.173.
28) 이언 와트, 앞의 책, p.28.
29) 정혜경, 앞의 글, p.174.

'어리다'는 말이 반드시 생물학적 연령만을 의미하지는 않을 것이다. 그 말 속에는 섬세하고 복잡한 많은 것들이 포함되어 있었다. 어리다는 것은 얼마든지 꿈을 꿀 수 있다는 뜻이기도 했다. 문제는 그 꿈의 대부분이 몹시 추상적이고 비현실적이라는 점 (188)

태오가 어린 것은, 육체적 문제이기도 하지만, 그 이면에 숨겨진 많은 의미들이 있다. "어리다"라는 표현에는 그들이 자본의 외부에 배치된 이방인들이며, 그들이 희망, 꿈이라는 것은 "비현실적"인 허상이기 때문이다. 하지만 여기 태오와는 다른 방식으로 존재하는 백수가 있다. 바로 유준이다. "일평생 직업을 가지지 않겠다고 선언한 남자, 약육강식의 조직 시스템은 자신의 체질과 맞지 않는다고 확고부동하게 주장해온 남자"(221)였던 유준이 백수의 종결을 선언했다.

"일부러 안 벌어도 혼자 먹고 살 수 있다며?"
"그야 그런데……아침에 눈뜨면 똑같은 하루가 반복되는 거야. 느지막이 아점 먹고 인터넷 좀 돌아다니다 보면 하루가 가버리지. 저녁 먹고 리니지 좀 하다가 늦게까지 영화 보면서 그냥 잠드는 하루하루. 이제 더는 못 하겠어."
"너무 배부른 소리 아냐? 그런 모든 사람이 꿈꾸는 삶이라고!"
"하루 종일 입 한번 떼지 않았는데도, 노가다라도 뛰고 온 양 기운이 쫙 빠지고 전신이 무기력해지는 증상. 넌 모르지?"(221-222)

자본의 내부에 배치된 유준은 자본가이며 자본가이지 못한 존재이다. 우리사회의 일상적 백수의 범주에 포함되는 그의 삶을 통해, 그는 철저히 자본에서 소외 받았다. 유준이 선택하는 노동은 생존의 수단인 노동인 아닌 자신의 삶의 의미를 부여할 수 있는 새로운 가능성으로서 노동이다. 이러한 백수로부터의 벗어남이라는 행위는 새로운 노동의 가능성을 제공한다. 자본에 종속되어 있지만 자본에 종속되지 않는 유준의 삶을 통해, 백수의 존재가 보다 능동적 삶을 구성하는 하나의 수단으로 적용될 수 있는 것이다. 이러한 삶정치적 생산30)의 양상은 은수에게도 전이된다. 은수는 퇴직을 통해 자신이 배치를 백수의 위치로 몰락시킨다. 이제 다수의 노동자에서 다수의 자본가로 이행하는 과정을 보여준다. 자본주의적 사회에서 탈영토화의 방식을 통해, 고정된 주체가 아닌 유목하는 주체로 변이를 보여준다. 그리고 이는 자발적 가난을 통한 자기-찾기의 과정으로 간주할 수 있다.

> 나도 모르는 사이, '성실한 여자'의 반대편에는 '한심한 여자'가 있었다고 생각했었나 보다. 거기엔, 남자밖에 모르는 여자, 경제적 부분을 포함한 모든 영역에서 의존적인 여자 등등의 의미가 들어 있었다. 적어도 하는 그런 여자들과는 다른 방식으로 살아가고 있다고, 내 인생의 주인공은 바로 나라고, 은근한 자부심을 가졌었다. 한마디로, 너무 교만했던 거다. 이제 나는 그토록 경원해 마지않던 '한심한 여자'가 된 것인가.(298)

> 이 남자, 설마 며칠 만에 변한 건 아니겠지? 내가 백조라고 슬슬 무시하기 시작한 건 아니겠지? 하는 일 없이 오직 남자만을 바라보는 여자=만만한 여자. 이것은 남녀관계의 오래된 불가지론이었다. 일 때문에 바쁜 남자를 하염없이 기다리는 구차한 신세로 전락하고 싶지는 않다. (299)

"한심한 여자"로 스스로를 인식하는 것은, 근대적 여성관의 답습이다. 하지만, 이러한 답습을 통해, 이 사회에서 그녀들이 배치된 위치를 보다 분명하게 인식한다. 자신의 한계를 분명하게 인식하는

---

30) 마이클 하트, 위의 책, p.155.
   삶정치적 생산이란 삶을 창조하는 노동, 즉 생식활동이 아닌 정동들의 생산과 재생산에서 삶을 창조하는 것.

그 순간, 그녀들은 수 많은 "-되기"의 가능성을 내포하게 된다. 아버지권위로 명명될 수 있는 자본주의적 세계에서 자신을 인식을 통해, 보다 강력한 주체의 공명을 유도할 수 있다면, 자신의 위치를 스스로 인식하고 배치시키는 여성주체는 보다 열린 가능성을 내포하는 것이 아닐까.

네그리는 잠재적인 것과 현실적인 것의 이중운동 속에서 '가능적인 것의 구성'에 관심을 집중하며 가능성의 장을 경유하는 잠재적인 것에서 현실적인 것으로 이행을 규명31)을 시도했듯이, 우리 문학의 영역에서, 최소한 정이현 소설에서 나타나는 백수들의 형상을 통해 구성가능한 것이 무엇인지, 백수라는 소수를 통해 구성될 수 있는 지점이 무엇인지 고민해야 할 것이다.

누구나 백수에서 벗어나고자 한다. 자본적 질서에 부합하고자 한다. 하지만 자본적 질서를 긍정하는 것은 아니다. 자신이 존재하기 위해 그 질서의 영역에 포함되고자 하는 것이다. 하지만 질서의 영역에 포함되고자 하는 의지에는 질서를 와해시키려는 의도도 내재한다. 자본이라는 아버지의 법을 따르지만, 아버지의 법에 균열을 가하기 위해 노력하는 모습. 결국 오이사의 "우거지" 역시 아버지권위에 균열을 가하는 하나의 방식으로 인식 할 수 있다. 결국 자본의 질서로 회귀하는 남근적 세계에서 벗어나지 못하지만, 남성적세계의 질서에 균열을 가하는 작은 움직임을 확인 할 수 있다. 서구의 아우또노미아 운동이 실천적 운동으로 자본의 담론에 균열을 내는 방식으로 그 실현 가능성을 제공하고 있듯, 아직 백수들은 자본을 붕괴시키지 못하지만 그 균열의 전조를 제공한다.

백수들은 현대 사회의 소수적 존재이기는 하지만, 더 이상 소외

---

31) 조정환, 「들뢰즈의 소수정치와 네그리의 삶정치」, 『한국비평이론학회 2005년 정기학술대회 발표집-들뢰즈와 그 적들』, 한국비평이론학회, 2005, p.52.

자들은 아니다. 그들이 소설에서 형상화되는 방식은, 적어도 정이현의 소설에서 형상화되는 방식은 그 스스로 능동적역능을 내재한 존재들이며, 이 역능을 제대로 자각하지 못한 존재들이다. 자본적 질서의 비틀기를 통해 존재하는 것이다.

> 우리는 결코 많은 나이가 아니지만 어린 나이인 것도 아니다. 어정쩡하고 어중간하다. 누구에게나 현재 자신이 통과하고 있는 시간이 가장 벅찬 법이리라. 고등학교 3학년 때는 대학에 합격하기만 하면 잿빛 인생이 장밋빛으로 바뀌는 줄 알았다. 수능 첫 세대인 내 처지를 비관하며 정부를 원망하기에 여념이 없었다. 대학 졸업반이 되자 IMF 외환 위기 사태가 터졌다. 이 한 몸, 아무 곳에나 취직시켜주기만 한다면 대한민국에서 최고로 건실하고 바지런한 직장인이 되어 은혜를 갚겠다고 다짐했었다. (150)

Ⅳ. 가난과 사랑의 구성의 역능

힘force과 폭력은 모든 지배질서의 일부분을 구성한다. 권력은 오직 정당화된 질서가 무너질 때에만 폭력에 의존하게 될 정도로 헤게모니적인지 아니면 폭력이야말로 국가 권력의 실제 본성인지에 대한 논쟁이[32] 가능할 것이다. 권력의 실체는 무엇이며, 무엇으로 구성되는가? 이 질문에 대한 답은 분명하지 않다. 하지만 적어도 그 권력을 해체하는 새로운 가능성을 제시할 수 있는 것이 바로 젠더질서[33]다. 남성과 여성이라는 권력관계의 해체를 통해 우리는 권

---

32) 앤소니 기든스, 앞의 책, p.190.
33) 김현미, 〈애도의 수사학에서 기쁨의 정치학으로-새로운 젠더질서를 향하여〉, 《창작과 비평》, 2007년 봄호, p.224.
    젠더질서란 여성, 남성 또는 여성성이나 남성성과 연관된 사회·문화·정치·경제·종교 등의 제 측면이 이분법적 우열의 관계로 구성되는

력의 균열을 유도할 수 있다. 그리고 이러한 균열의 과정을 통해 여성주의적 꼬뮌의 가능성을 가늠할 수 있다. 이는 정이현의 소설을 통해 구체적 형상화 가능성을 엿볼 수 있다. 이 사회를 구성해 가는 주체로써 여성의 가능성은 작가의 자기 고백적 구성방식에 의해 보다 견고해진다. 앞서 언급한 것처럼 90년대의 자기 고백의 방식과 구별되는 그렇지만 그 고백의 영역에 지배받는 작가의 위치는 현재의 홈페인 공간에서 쉼 없이 미끄러지는 방식을 통해 드러나고 공명한다. 자신을 단순한 여성, 혹은 인간적 주체로의 인식이라는 90년대식 강박관념에서 하나의 개인인 여성적 주체로 인식되는 변이의 과정은 여성의 고유한 역능을 인식함으로 새로운 사회를 구성해 나가는 가능성을 타진한다.

남성과 여성이 구분되는 지점에서 여성의 역능을 강화하고 이를 드러내는 수단으로 정이현은 고백을 사용한다. 그렇기에 작가는 현대 사회를 이끌어가는 주체인 여성의 위치를 확립하고 남근적 담론의 질서를 해체하며, 새로운 주체로 자신을 인식하게 한다. 바흐친에게 독백의 방식은 대화를 공허한 형식 및 생명 없는 상호작용으로 만들어버리는 사유의 형식[34]이며, 대화는 끝없이 진행되는 종결 불가능한 대화이다. 고백의 형식 자체가 남근적 담론의 질서를 해체하는 것이며, 고백이라는 다성적 목소리가 해체시킨 질서는 새로운 꼬뮌을 향한, 아우또노미아적 지배질서를 창출을 지향하고 있는 것이다.

방식을 의미한다. 젠더 질서의 재편성은 고정화되고 본질화된 기존의 남녀 권력관계를 해체하고 성별과 상관없이 좀 더 유동적이며 개별화된 자아를 구성할 수 있는 일상적 환경을 만들어 내는 것을 의미한다.
34) 게리 솔 모슨, 캐릴 에머슨 저, 『바흐친의 산문학』, 오문석, 차승기, 이진형 옮김, 책세상, 2006, p.120.

서른두 살. 가진 것도 없고, 이룬 것도 없다. 나를 죽도록 사랑하는
사람도 없고, 내가 죽도록 사랑하는 사람도 없다. 우울한 자유일까, 자
유로운 우울일까. 나 다시 시작할 수 있을까. 무엇이든? (440)

남근적 담론이 해체된 지점에서 은수는 새로운 가능성을 모색할
수 있다. 아직 새로운 여성적 꼬뮌은 가시화되지 못했다. 단지 그
여성적 꼬뮌의 가능성은 이제 새롭게 모색되기 시작했을 뿐이다.
이러한 꼬뮌의 질서를 형성하는 것이 바로 아우또노미아이다. 절대
적 질서에 의해 구현되고 유지되는 질서가 아닌, 사회를 구성하는
대중에 의해 탐색되고 발견되는 아우또노이아적 움직임이 바로 정
이현 통해 가시화되는 글쓰기의 방식이며, 그 속에는 남근적 질서
의 해체라는 새로운 여성주의적 관점이 자리하고 있다. 대중의 역
능에 의해 해체되는 거대 담론의 해체는 그 안에 내재한 여성주의
적 관점을 통해 보다 가속되기 때문이다. 거대 담론이 잠식하고 변
화시키는 이러한 해체적 움직임은 결국 새로운 꼬뮌을 향한 열린
가능성으로 해석할 수 있을 것이다. 그렇기에 작가의 목소리와 독
자가 공명할 수 있는 지점에 생성될 수 있는 것이다.

"오은수, 오은수 편집회사요."
"히야, 거 좋네. 자신감이 뚝뚝 떨어져요."
자신감? 민망하지만, 그런 것은 약에 쓸래도 없다. 오은수 편집회사
가 아니라 오은수 문어발 기업을 차린대도 내 인생은 여전히 시시하기
짝이 없을 것이다.
"오은수 편집회사, 대표 오은수. 맞죠?" (424)

서구에서 아우또노이마 여성운동이 하나의 영역으로 인정받았던
것은 기존의 정치체제와 관련 속에서 보다는 전체 사회에 대한 '색
다른' 의미를 만들어내는 자신의 역능과 문화적 코드에 대한 효과

와 관련되었던 것처럼, 정이현은 서사적 독법의 개성적 사용으로 작가의 역능을 보여주고 있다. 작가의 독백 속에는 분명 90년대적 여성서사체의 독백과는 구분되는 지점이 있으며, 이는 현대 사회를 바라보는 개성적 시선이다. 작가가 응시the gaze하는 시선을 통해 아버지 권력patria potessta을 벗어난 다중의 세계를 구성에 대한 긍정을 볼 수 있다. 혹자는 많이 변하는 것은 변하지 않는 것이고, 많이 변하는 것은 변하지 않는 것임을 주장했다. 이것이 바로 다중에 의해 세상이 변화되는 방법이 아닐까. 현재를 인식하고 그것에 작은 균열을 가하는 것으로 아버지 권력patria potessta을 해체하고, 다중에 의한 변화, 산노동의 가치를 존중받고 삶능력biopower이 발현되는 지점에 작가는 서 있는 것이 아닐까. 억압에서 벗어나 자유에 이르는 도정은 정치개혁이 아니라 바로 대중들의 성격mass character을 바꿈으로 가능[35]한 사건이다. 대중이 아닌 다중의 역능, 그 가능성을 모색하는 지점에 서 있는 정이현을 발견한다는 것이 지나친 작가에 대한 지나친 오독은 아닐 것이다.

현실의 논리에 잡혀있는 여성주의 담론이 그 본연의 목적을 상실[36]하는 현재의 상황에서 정이현의 고백은 90년대 여성소설의 고백과 구분, 이 고백의 형식을 통해 확인할 수 있는 것은 사랑을 통해서, 그리고 보다 직접적으로 백수라는 자본주의의 타자를 통해 자본적 질서에 균열을 시도한다. 낭만적 사랑이후 자본에서의 탈주를 통해 도달할 수 있는 것은 가난에 대한 긍정, 이는 새로운 여성주의적 꼬뮌의 가능성이자 여성주의적 아우또노미아운동의 구체적 실현 가능성으로 볼 수 있다.

---

35) 앤소니 기든스, 위의 책, p.242.
36) 이경수, 「여성적 글쓰기의 새로운 가능성」, 『제8회 문학심포지움 문학과 경계: 여성적 삶과 문학』, (사)민족문학작가회의 대전·충남지회 평론분과, 2006, p.43.

바흐친에 따르면, 현존하는 지식들의 형식들은 끝없이 열린 대화를 그 내용만 '요약'할 뿐 종결 불가능한 정신은 제대로 재현하지 못하는 독백적 진술로 변화시킴으로써 불가피하게 세계를 독백화한다. 삶의 대화는 그것을 재현하는 대화적 방법과 대화적 진리개념을 요구한다.[37] 따라서, 스스로 자명해지지 않는 방식이란 기존의 근대적 가치와 자본주의적 체계가 약속하는 '더 나은 미래'가 아닌 '다른 미래'를 생성할 수 있는 문학적 가능성이 아닐까[38] 전복과 혁명의 시선을 제공하는, 미래지향적 문학의 가능성을 지닌 여성적 글쓰기[39]는 그렇기에 현대사회를 인식하고 변형시킬 수 있는 방식으로 가능성을 제공한다. 그렇기에 더욱 정이현의 다음 행보가 기대된다.

---

37) 게리 솔 모슨, 캐릴 에머슨 저, 『바흐친의 산문학』, 오문석, 차승기, 이진형 옮김, 책세상, 2006, p.125.
38) 정혜경, 위의 글, p.191.
39) 이경수, 앞의 글, p.46.

조경란 소설에 나타난 가족의 의미와
새로운 가족 생성의 욕망
— 『가족의 기원』과 『움직임』을 중심으로

서 혜 지

1. 들어가는 말

한국근현대문학사에서 '가족'은 가장 중심적인 주제 가운데 하나
이다. 우리가 근현대사를 거쳐오는 동안 국가 혹은 민족과 더불어
개인에게 가장 깊은 삶의 뿌리는 '가족'이기 때문이며, 역사의 변화
는 물론 개인적인 삶의 영역과 가장 밀접한 구체적인 삶의 단위이
자 사회의 기초가 되었기 때문이다.[1] 하지만 이제 가족이 정서적
안정을 주는 보호처라는 신화는 해체되고 있으며, 억압과 갈등이
감추어져 왔던 가족의 권력구조에 대한 비판이 가족성원 스스로에
의해 이루어지고 있다.

조경란의 대부분의 소설에 있어서도 가장 큰 화두는 '가족'이다.
『식빵 굽는 시간』 이후로 1년 간격으로 내놓은 작품들, 『움직임』,
『가족의 기원』 등은 가족이라는 공동체 안에서 상처받은 주인공들
이 등장하는데 그들은 한결같이 가족에서 벗어나려는 강렬한 욕망
을 가지고 있다. 이 작품의 등장인물들은 형식적인 가족에서 벗어

---

* 본고는 《비평문학》 22호에 "조경란 소설에 나타난 가족의 의미"의 제목
  으로 게재된 논문임을 밝힙니다.
1) 이효재, 『가족과 사회』, 경문사, 1989

나 새로운 가족을 생성하기를 꿈꾸며 새로운 가족을 만들기도 하고, 전혀 새로운 삶을 위해 떠나기도 한다. 소설은 표면적으로는 한 가정의 경제적 파산과 그로 인한 가족의 와해, 무관심으로 인해 균열을 일으키며, 거기서 떨어져 나온 인물들의 일상에 초점을 맞추지만 본질적으로는 가족주의의 현대적 의미를 탐구하고 있다. 다시 말해 조경란은 '가족'이라는 것의 진정한 의미와 가족안에서의 자아를 되돌아보게 한다.

본고에서 다루려고 하는 작품 중의 하나인 『가족의 기원』에서의 주인공은 가족을 "하나의 이데올로기"라고 지칭한다. 가족과 '나'를 다루는 조경란의 소설은 바로 이 도전적인 문장을 전제로2) 삼아 쓰여진다고 할 수 있다. 『움직임』의 주인공은 가족이 필요해 할아버지를 따라 왔지만 외갓집 또한 이름만 '가족'인 허울일 뿐이다. 이처럼 두 작품은 상처받은 주인공들이 가족을 이끌어 가는 각각 다른 방식을 보여주고 있으며, 나아가는 방향도 다르다. 이렇게 가족이라는 불합리한 구조가 조경란의 주인공들을 제한한다면, 그녀들은, 조경란에 앞선 여성작가 대부분이 그러했듯, 가족으로부터 벗어나는 것3)에 그쳤을 것이다. 그러나 조경란의 그녀들은 '행복한 집'을 희구하며, 그렇기에 집에서 도피하는 것에 그치지 않는다. 일그러지고 뒤틀려버린 가족을 새로운 가족으로 만들어야 하기 때문이다.

본고에서는 조경란의 『가족의 기원』, 『움직임』을 통해 이러한 불완전한 가족과 그러한 가족들을 둘러싸고 있는 일상에서 탈피하고 싶어하는 여성 인물들을 중심으로 가족의 의미와 그녀들의 내면에

---

2) 강상희, 「반시민적 여성 내면주의의 기원과 지향」,《문학동네》, 2001, 가을호, 208면
3) 류보선, 소설 읽기의 즐거움, 전환기를 건너는 법",《문학동네》, 1997, 겨울호, 514면

서 꿈틀대는 욕망[4])이 무엇인지 살펴보고자 한다.

2. 흔들리는 가족들, 클리나멘[5])을 그리는 '그녀'들

(1) 가족과의 '움직임'

『움직임』은 화자인 신이경이 엄마가 죽고 나자 "가족이 필요해서" 할아버지를 따라 외갓집으로 오는 것으로 시작한다. 외갓집은 '할아버지, 삼촌, 이모'가 함께 모여 사는 공간이다. 하지만 신이경의 외갓집은 "아예 목소리를 잃어버린 사람들"처럼 서로 말이 없고 "가족이라는 허울을 뒤집어쓴 이상한 동물원"으로 묘사될 정도로 가족이 지니고 있어야 할 요소는 지니지 않고 있다.

가족 구성원들은 공통의 욕구와 삶의 양식 그리고 경험을 공유하고 있으리라는 가정(假定), 가족 안에서는 이타적 사랑이 작동하고 있으며 가족 내 의사 결정은 조화롭게 이루어지고 있다는 이미지[6])

---

4) 여기서의 욕망은 들뢰즈·가타리의 분열분석에서 말하는 욕망의 차원을 의미하는 것으로 욕망이란 "성욕이나 식욕, 재물욕 등과 같은 부정적인 개념이 아니라, '하고자 함(의지)'을 뜻한다. (이진경, 『노마디즘1』, 휴머니스트, 2002, 464면)

5) 클리나멘은 탈주선을 정의한다. 관성에서 벗어나는 성분, 기존에 존재하는 것과 다른 것을 창조하고 생성하는 성분, 그리하여 기존의 지배적인 것에서 벗어나는 모든 것은 바로 이 클리나멘을 가지며, 클리나멘이 바로 탈주선을 정의한다. 이는 탈주선이 단지 '도망'치고 도주하는, 혹은 파괴하고 해체하는 부정적인 것이 아니라, 탈주선의 긍정성과 능동성을 보여주는 개념이다. (이진경, 위의 책, 600~601면 참조.)
클리나멘은 보통 '편위'라고 번역되는 그리스어인데, 말 그대로 벗어나는 선을 그리는 성분을 뜻한다. (이진경, 위의 책, 345면)

6) 함인희, 「한국가족의 위기: 해체인가, 재구조화인가?」, 『가족과 문화』 제14집 3호, 2002, 164면

를 이 소설은 가차없이 허물고 있다. 이 작품에서의 가족은 서로에게 얼굴을 돌린 채 그저 한 공간에서 거주할 뿐 그 이외의 것에서 공유되는 것은 없다. '이경'이 "가족이 필요해"서 온 가족은 이름만 가족일 뿐이다.

> 할아버지는 보이지 않는다. 어디선가 술추렴을 하며 젓가락을 두드리고 있을 것이다. 아니면 벽돌공장 안에 있는 천막에서 잠을 자고 있거나. 약속이나 한 듯 할아버지가 집에 있을 때는 삼촌이 들어오지 않는다. (13면)

> 할아버지는 밥 한 톨 남기는 법이 없다. 삼촌은 늘 도시락을 절반쯤 남긴다. 삼촌의 얼굴은 누렇게 들떠 있다. 반찬통에 호박전을 담고 콩자반과 김치를 곁들인다. 김치에서는 쉬척 지근한 냄새가 풍긴다. 삼촌은 신김치를 싫어한다. 이모는 금방 담근 김치는 젓가락도 대지 않는다.(15면)

외가 식구들은 서로 한 공간에서 산다는 것을 외적으로 지정해 놓은 것만을 제외하면, 함께 자는 것도 심지어는 식성도 제각각이다. 이런 곳에 새 가족으로 '나'가 옮겨온 '움직임'이 있었지만 가족은 여전히 서로 무관심하다. 그래서 '나'는 외갓집으로 온 후에도 "누구의 뱃속도 빌지 않고 세상에 혼자 태어난 사람처럼 여전히 혼자다"라고 생각한다. 이런 공간적 분산은 연결될 수 없는 가족 구성원들의 유대된 단절을 상징한다.

'나'는 이처럼 제각각인 가족들이 점유하고 있는 각자 자신들만의 공간을 바라본다. '나'가 바라보는 이들에게는 가족이 지닌 공동체적 의식이 없다. 따라서 집이라는 것은 이들에게는 낯설고 어설픈 공간에 불과하다. '나'는 이러한 불완전한 가족의 굴레에서 벗어나 새로운 행복한 가족을 만들고 싶어한다.

이루어질 수 없는 붕괴된 가족에게서 막연히 떠나고 싶다는 생각으로 역사(役事)에 나가 서울행 열차를 보곤 하는 '나'는 거기서 삼촌을 만난다. 역사에서 삼촌을 본 '나'는 삼촌이란 걸 안 순간 몸을 숨긴다. 집에서도 낯선 가족을 "집이 아닌 다른 장소에서 가족 중 누구와 부딪친다는 게 얼마나 낯설고 어색한지를 잘 알고 있었기 때문"이다. 삼촌과 내가 역사(役事)에서 떠나는 기차를 바라보는 것은 해체된 집에서 떠나고 싶은 욕망을 함축적으로 보여주는 것이다. 하지만 결국 가족을 떠나지 못하는 삼촌과 나는 떠나려는 욕망을 접고 다시 일상으로 돌아온다. 그러나 이와 달리 할아버지와 이모는 가족을 떠날 방법을 찾는다.

벽돌 공장에 자신만의 세계가 있었던 할아버지는 누구에게도 자신의 내면은 보여주지 않고 자신의 공간인 벽돌공장에서 소리 없이 죽음으로써 집에서, 나아가 가족이라는 현실에서 벗어난다.

> 이경아. 나는 이모 목소리를 기억해둔다. 내가 이곳에 온 이후로 처음으로 신이경, 이 아닌 이경아, 라고 불렀다는 사실을. 아무래도 정말 이상한 날이다. (…중략…) 이모는 날렵한 몸짓으로 농협안으로 들어가 버린다. 이모가 가버린 이후에도 한동안 창망히 서 있는다. (50면)

집에서는 냉소적이기만 한 이모는 이모의 직장인 농협에서는 집에서 볼 때와 달리 화색이 돈다. 그런 이모를 '나'는 매일 밖에서만 봤으면 좋겠다고 생각한다. '나'의 이름을 남과 같이 성을 붙여 '신이경'이라고 부르던 이모는 단 한번 '이경아'라고 부르고 밖에서 냉면을 사준다. 그리고 그날 내가 좋아했던 앞방 남자와 집을 나간다. 이모는 '나'와는 다른 방식으로 자신에게는 불리하다고 생각되는 가족에게서 떠나 새로운 것을 만들고 싶은 욕망을 가지고 있던 것이다. 이모의 방식은 가족안에서 완전히 벗어나는 것이었다.

'나'는 "그들과 가까워지기 위해선 아직 시간이 더 필요"하다고 생각하지만 그들은 '나'에게 그런 시간을 주지 않은 채 집에서 떠난다. 그러면 왜 이들에게 집이란 낯선 곳이 되어 버린 것일까? 이 가족은 불안한 환경 속에서 서로 공감대를 이끌어갈 힘을 상실했기 때문이다. 이 가족 속에 포함된 지 얼마 안 되는 내가 그들에게 '나'의 이야기를 하지 못하는 것처럼 오랜 시간동안 같이 지내왔지만 이들은 서로의 이야기를 하지 않고, 대화가 없다. '나'의 외갓집, '나'가 움직여온 새로운 가족의 균열은 심각하다.

> 나는 애초부터 그들의 가족이 아니다. 아무도 내 이름을 기억하지 않을 것이다. 내가 가꾼 화단은 금세 쓰레기로 가득 찰 것이다. (72면)

> 할아버지는 왜 집으로 돌아오지 않았을까. 태풍이 치는데도 왜 천막 안에서 잠을 잤을까. (79면)

내가 화단을 가꾸며 그 화단이 쓰레기로 가득 찰 것을 걱정하는 것에 다른 가족들은 관심이 없듯, 비가 강물이 범람할 정도로 왔지만 '나'도 할아버지가 어디서 무엇을 할까라는 것에도 무관심했다. 또한 대학을 가고 싶어했지만 가지 못하고 영어공부를 하는 이모의 꿈에도 관심을 가졌으면, 이모의 가출도 막을 수 있었을 것이다. 이렇게 타인보다 더 서로에게 무관심한 가족은 '시멘트보다 모래의 비율이 더 섞인' 할아버지의 벽돌처럼 무너질 수밖에 없는 것이다. 이렇게 가족의 움직임이 있은 후 떠나지 못한 자들은 새로운 가족을 만든다.

그런 새로운 가족에게는 '나'와 마찬가지로 가족을 이루고 싶어하는 '양미순'이라는 여자가 있다. 그녀는 삼촌이 좋아하는 김치를 담가오곤 했다. 그녀도 '나'처럼 이 가족들에게는 무관심의 대상일 뿐이다. 하지만 그녀는 그 무관심에 아랑곳 하지 않고 계속 김치를 담가왔으며, 삼촌이 사다리에서 떨어져 다리를 다쳐 병원에 입원했을 때 그 사실을 알고 있던 유일한 사람이었다. 처음부터 가족을 이루고 싶어 외갓집으로 온 '나'와 이 가족에게 관심을 보이던 양미순은 할아버지와 이모의 빈자리를 채우며 새 가족을 이룬다. '양미순'은 내가 새로운 가족을 만들고 싶어하는 욕망을 가능하게 해준 인물이다. 양미순은 호칭이 없던 혹은 '신이경'으로 불리어지던 '나'를 아가씨라는 호칭으로 부르며, 삼촌은 곧 아버지가 되게 하였으며, 나에게도 조카가 생길 것이다. 이렇게 '양미순'을 통해 '나'는 기존의 선에서 벗어나는 이탈의 성분을 통해 새로운 가족을 생성하게 된다.

> 삼촌은 매일 방으로 돌아온다. 할아버지가 있을 때처럼 외박을 하는 경우도 없다. 술도 많이 마시는 것 같지 않다. 삼촌이 귀가해야만 안도의 한숨을 내쉰다. (82면)

> 이모가 빠지긴 했지만 모처럼 식구가 다 모였다. 사진속의 할아버지, 삼촌과 그녀, 그리고 나. 밥상은 꽃밭처럼 화려하다. 오늘은 할아버지 생신날이다. (87면)

새로운 가족을 일구고 싶은 욕망을 지녔던 '나'는 할아버지와 이모가 없고 여전히 삼촌이 들어와야만 "안도의 한숨을 내"쉬지만 그 빈 자리를 '양미순'이 채우고 새로운 가족을 만들었다는 사실에 안도를 한다.

개인적인 삶을 살아갈 뿐인 가족들은 일상을 지겨워했고 그 일상과 가족으로부터 탈피하고 싶은 욕망을 갖지만 결국엔 새로운 가족을 일구며, 다시 한번 가족이 모여 살아갈 꿈을 꾼다. 떠나지 않는 이 새로운 탈주는 삶의 공간 자체를 한 차원 확대하고, 좌표의 자리를 하나 새로이 추가한다.7) 부동성·고착성·정착성으로 인한 무

---

7) 이진경, 『필로시네마 혹은 영화의 친구들』, 소명, 2002, 271면

거움을 극복하기 위해서는 방황·분산·균열의 가벼움이 필요하다. 어떠한 움직임도 정지 보다는 낫다. 그리고 움직이기 위한 길은 집 안에 있다. 조경란에게는 한곳에 머물러 있기를 발견하기만 되는 것이 아니라 조금씩 움직이고 있기에 찾아 다녀야 하는 것이 가족[8]이다.

물론 이모의 경우처럼 가족을 거부하고 새로운 것을 찾아 떠나는 인물도 있기는 하지만, 그 인물은 여기서 조경란이 주목하려는 인물이 아니다. 조경란은 고정된 선에서 고유한 기울기를 가지며 빠져나가는 새로운 생성을 원하고 있다. 조경란이 여기서 원하는 것은 가족의 거부가 아니라 재건이기 때문이다. 가족의 재건을 위해서는 세상이 아니라 자아가 문제시된다. 그래서 자아가 움직이면 세상도 움직인다는 것을 작가는 보여준다. 탈주[9]의 진정한 어려움은 그것이 중단되어서는 안 된다는데에 있다. 끊임없이 움직이는 것만이 진정한 탈주이다. 허물어져도 또다시 벽이 생기는 것[10]을 보여주는 끊임없는 움직임이 바로 조경란의 소설 『움직임』이다.

---

8) 김미현, 『움직임』, "무덤에서 요람으로", 작가정신, 1998, 98면
9) 여기에서의 '탈주'란 들뢰즈·가타리의 '탈주의 철학' 개념과 상통하는 것으로, "탈주의 철학이란 모든 지층에서 기관없는 신체라고 지칭되는 질료적 흐름을 발견하는 철학이며, 모든 지층을 일관성의 구도를 향해 탈지층화하려는 철학이며, 이러한 탈지층화도니 흐름을 통해서 새로운 것을 생성하고 창조하고 촉발하려는 철학이며, 그럼으로써 '통합'도니 공통감각을 '나'라는 이름을 변이시켜 수없이 많은 '나'들 순간마다 조건마다 달라지는 '나'들로 우리의 삶을 변이시킬 촉구하는 철학"이다. '탈주'란 결국 이러한 흐름 자체, 또한 이런 흐름을 따라 그려지는 탈영토화의 선을 지칭하는 것이며, 그럼으로써 모든 방향으로 열린 창조와 생성의 흐름을 지칭하는 것이며, 그럼으로써 모든 방향으로 열린 창조와 생성의 흐름을 지칭하는 것을 말한다. 이런 의미에서 '탈주'란 개념은 '도주'나 '도피', '도망'과 같은 부정적 단어와는 근본적으로 다르다. (이진경, 앞의 책, 423~426면 참조)
10) 김미현, 위의 글, 101면

(2) '가족의 기원' 으로부터의 탈주

조경란의『가족의 기원』은 가족은 곧 행복의 보금자리라는 통념을 깨뜨리는 소설이다. 이작품의 인물들은 '가족과 함께 있으므로' 불행하고, 자신의 인생을 꾸려 나갈 수 없다고 생각하기 때문에 끊임없이 가족으로부터 벗어나고 싶어한다. 이 작품의 화자의 가족들은 가출한 아버지, 병든 어머니, 캐나다로 떠난 남동생 정후, 제 미래만 내다보는 여동생 정수로 구성되어 있다. 이들은 얼핏 보기에도 행복과는 멀어보인다.

이 가족의 해체 위기는 아버지가 사기에 휘말려 파산한 뒤 가출하는 사건에서부터 시작된다. 생활비를 대던 동생마저 퇴직금의 반을 내놓고 캐나다로 떠난 후 가장을 잃은 가족들은 뿔뿔이 흩어진다.

> 나는 자꾸만 이야기를 돌리고 자리를 피하려는 엄마를 붙잡아 앉혔다. 그때마다 육중한 엄마의 몸뚱어리는 힘없이 무너져버렸다. ……그래서 나는 이 집을 나갈 거예요. 엄마는 울었다. 엄마는 정말 염치도 없어. ……너까지 나가버리면, 이 집에 누가 남아 있니? 나 혼자 이 집에서 뭘하고 지내니? (…중략…) 우리가 언제까지 이렇게 함께 살 수 있다고 생각하세요? 지금 우리에게 중요한 건 우리가 함께 모여 사는 게 아니라 어떻게든 각자가 살아나갈 방법을 찾아야 하는 거예요.
> (56~57면)

> 집을 떠나야겠다고, 너무 오랫동안 이 집에 머물러 있었다고 생각했다. 집은 나에게 도약을 허용하지 않는 결박 같은 존재였다. (58면)

빚쟁이들의 독촉과 엄마의 눈물바람, 가장 노릇을 하던 둘째의 도피, 그리고 집안의 맏딸인 '나' 또한 절망적인 상황 속에서 가족의 재건을 위해 노력하기보다는 그 상황에서 탈출해 혼자만의 삶을 구축하기에 안간힘을 쓴다. 엄마는 자식은 부모를 부양해야 한다는 무언의 암시를 나에게 주지만, 나는 "엄마는 정말 염치도 없"다 라고 일축해 버린다. "가족은 하나의 이데올로기에 지나지 않으며, 그 이데올로기가 원하는 가족의 모습은 어디에도 존재하지 않는다"는 생각을 지닌 나에게 가족이란 한낱 허울에 불과하다.

집에서 끊임없이 탈주하고 싶어했고, 자신만의 공간인 옥탑방에서 나와 가족이라는 공간에 포함되고 어쩔 수 없이 가족과 대화를 해야 한다는 것을 싫어하는 나는 "요의를 느껴도" 최대한 참으려 한다. 심지어는 집에서 요의를 느낄 만한 물이나 찌개조차도 먹지 않는다. 나는 가족이라는 형식적인 구속 때문에 그것을 맞추어 가며 사는 것에 진저리를 쳤고, 아빠의 계속되는 부도, 빚독촉과 엄마의 눈물바람을 가족이라는 이유로 무조건 참고 보아야 한다는 것을 견뎌내지 못한다.

이 작품에서 '가족의 기원' 그대로 가족을 묶어 놓고 싶어 했으며, 아버지의 빈자리를 그나마 채우고 있는 인물은 나의 엄마이다. 엄마는 할아버지의 제삿날 가장 분주하며, 목소리는 전에 없던 톤으로 높고 활기차다.

> 엄마는 가족들 소풍이나 야유회 준비를 할 때처럼 생기 있고 씩씩해 보인다. 아마도 엄마는 한번도 할아버지를 본 적이 없을 것이다. 아버지가 아홉 살 때 그 죽음을 목격했다고 했으니까. 그런데도 엄마는 오랫동안 함께 모시고 살았던 착한 며느리처럼 거구의 몸뚱아리를 이끌고 집안 구석구석을 청소하고 음식을 만들고 있다. (86면)

엄마가 한번도 본적이 없던 할아버지의 제사를 정성을 다하여 지내는 이유는 제사가 다른 가족들처럼 '나'의 가족이 서로 모이는 유일한 기회이기 때문이다. 아버지는 여느 가장처럼 제사를 지내기 위해 목욕을 하고 오고, 아들은 집에 들어올 때 상에 깔 화선지와 초를 사가지고 오며, 딸들은 음식준비를 돕는다. 각자의 삶을 구축하기에 바쁜 자식들이 이때만은 여느 가족과 같이 움직이는 것이다. 그리고 엄마는 피를 나눈 혈연 공동체라야 할 수 있는 일을 했다는 사실에 만족을 한다. 하지만 나는 "양말도 신지 않은" 채로 절을 하고, 신이 나 하는 엄마를 의아하게 생각한다. 그러면서 "또 누군가 죽는다면 가족들은 다시 한자리에 모일 수 있을 것인가. 나는 아무래도 이런 것들이 궁금하기만" 할 뿐이라고 느낀다. 나에게 가족이란 하나의 "고유명사"에 불과할 뿐이다.

이처럼 나는 그렇게도 싫어하던 집에서 탈주를 감행하지만 적대시하던 엄마를 잊지 못하고, 지긋지긋해 하던 엄마의 청소 습관을 자신이 그대로 반복한다.

> 새까매진 걸레를 세탁기 속에 던져버렸다가 도로 꺼내고 말았다. 엄마는 걸레를 세탁기에 넣고 돌리는 것을 싫어했다. 이틀에 한번씩 옥시크린이나 락스를 넣고 하얗게 삶았다. (…중략…) 스테인레스 냄비에 락스 한 스푼을 넣고 걸레를 집어 넣었다. 마치 곁에서 엄마가 지켜보고 있기라도 한 것처럼. (94면)

한번 맺은 혈육의 인연은 결코 뗄 수 없다는 진리를 알려주듯 무의식적인 나의 행동에서 엄마의 습관이 나온다. 빠져나가려 하면 할수록 엄마의 소용돌이에 빠져드는 것 같고 나는 그렇게 엄마와 집에서 쉽게 빠져나오지 못한다.

집을 나와서 자신만의 연립에서 살면서도 무의식적으로 엄마를 떠올리고 집은 어떨까 하는 생각을 하지만 처음 집에서 나와 나만의 공간을 만들고 나서 "생래적으로 지구자기장을 감지하는 능력이 있어 제가 태어난 곳으로 어떻게든 타박타박 걸어 회귀하는 것들"을 혐오한다고 생각했듯이 '나'는 다시는 집으로 돌아가지 않으며, 혼자만의 공간을 만들어나간다. 우연히 알게 된 카페 <유르빔>의 여사장의 집에 동숙하면서 나는 몇 가지 유형의 가족들을 보게 된다. 날마다 만취하여 돌아오는 남편에게 이유없이 구타당하는 아내, 바람난 남편의 외도를 모른 채 아이를 키우며 살아가는 여자, 죽은 아내의 시체와 몇 달씩 방안에서 지내온 노인 등을 본다. 이들을 보며 '나'는 자신이 일주일에 두 번씩 만나는 유부남 애인과의 연애는 또 하나의 가족을 해체할 수 있는 일이란 것을 깨닫는다. 조경란의 말처럼 이들에게 "가족은 함부로 떨쳐버릴 수 없는 혹 같은 존재"11)이다. 가족은 '사랑'이 전제 되었을 때에 성립 할 수 있는 것이지만12) 나에게 가족이란 희생과 인내만을 요구하는 가장 억압적인 현실이다.

'나'는 아버지가 중동의 모랫바람 속에서 벌어 온 돈으로 어렵게 장만한 집이 결국엔 경매로 넘어가고 엄마와 정수는 여관으로 쫓겨났다는 소식을 듣지만 끝까지 외면한다. 나는 임시로 거처하던 연립을 떠나면서 그때까지 버리지 못했던 집의 열쇠를 어둠속으로 던져 버린다. 내가 집의 열쇠를 버리는 행위는 마지막까지도 버리지 못한 가족에 대한 미련을 버리는 것이다. 결국 나는 "다시는 집으로 돌아가지 않는"다는 생각처럼 가족을 기억에서 지워버린다.

> 이제 나에게 있어 가족은 세상의 그 많은 고유명사 중 하나에 지나지 않는다. 내가 당신에게 필요한 것은 누구의 시선도 개의치 않고 당신과 손잡은 채 심야영화관을 가거나 당신이 만들어주는 단 한 칸 방이나 엄마 같은 관심과 배려가 아니라 당신의 성기뿐이다. (150면)

그리고 나는 또 하나의 가족을 해체 시킬 수 있는 가능성을 지닌

---

11) "『가족의 기원』-가족은 '삶의 원형'일까", 경향신문, 1999.2.2
12) 나는 "한집에 기거하고 한 방에서 같이 잠잔다고 해서 모두 가족이라 부를 수는 없다. 오랜 기간 동안 한 공간 안에서 함께 먹고 잠자는 죄수들은 그들 스스로를 가족이라고 생각하지 않는 법이다"(115면) 라고 생각한다.

유부남 애인과의 관계를 끝낸다. 자신을 만나면서 이혼을 생각하는 남자의 가족 또한 해체 될 수 있었으나 나는 그런 것을 원하지 않는다. 가족과 애인의 모든 관계를 끝낸 나는 기거하던 연립에서 나오면서 "이제는 정말 나가는"거라고 생각한다. 나는 두 개의 열쇠를 버리고 비로소 새로운 차원으로 탈주한다.

3. 소통부재의 가족과 새로운 가족의 배치13)

조경란의 소설들에 나타난 가족이야말로 공포와 혐오로써 경험하게 되는 근원적 억압 집단이고, 그 억압 집단이 악다구니 같은 작중 인물들의 내면을 만들어 내고 있다. 장삼이사의 이상 속에서 그리운 서정적 공간으로 주장되는 가족은 그녀의 소설에서는 억압과 고통으로 얼룩져 있는 끔찍한 서사적 공간으로 전도된다.14) 위에 언급한 그녀의 소설속의 인물들은 가족으로부터 벗어나고자 한다. 가족이라는 집단은 등장인물들의 꿈을 펼치지 못하는 공간일 뿐이며, 그들의 미래를 방해한다. 가족이라는 허울이 만들어내는 가식적인 가족의 모습은 화자들을 억압하고 유폐할 뿐이다. 하지만 자신들만의 공간을 갖기를 원하는 인물들의 내면에는 행복한 가정을 갈구하는 욕망이 내재되어 있다. 그러기에 그녀들은 새로운 가족을

---

13) 여기서 말하는 배치란 들뢰즈·가타리의 개념으로 배치는 어떤 하나의 항의 탈영토화나 재영토화만으로도 다른 것으로 얼마든지 변화될 수 있음을 보여준다. 이런 점에서 배치란 어떤 항을 사로잡고 그것을 특정한 기계로 작동하게 하는 '사회적' 관계를 표시하지만, 동시에 탈영토화와 재영토화를 통해 쉽사리 다른 종류의 배치로 이행하는데 출발점이 되는 지점을 '탈영토화의 첨점'이라고 한다. 따라서 빼치란 개체의 영역을 규정하는 외부적인 관계성을 강조하는 개념인 동시에 그것의 가변성을 강조하는 개념이기도 하다. (이진경, 앞의 책, 61면)
14) 강상희, 앞의 글, 208면

창조하며, 새로운 곳으로 나아간다.

『가족의 기원』에서 주인공에게는 옥탑방이라는 자신만의 독립된 공간이 있다. 그 공간은 가족 누구도 올라오지 않으며, 참견하지 않는 공간이다. 그녀는 가족과 단절된 옥탑방에 있으면서 그녀의 생활을 계획하고, 꾸려나갈 준비를 한다. 『움직임』의 화자 또한 내면에 자신만의 공간을 구축해가며, 자신과 비슷하다고 여기는 "앞방 남자"의 방에 들어가 안온감을 느낀다. 가족이라는 존재가 없는 곳이 이들에게는 가장 편한 곳인 것이다. 이들이 가족에서 벗어나 독립된 공간을 갖고 가족이라는 존재를 가식적인 허울에 불과하다고 생각하는 이유는 무엇인가. 이들에게는 공통적으로 무능력한 가장이 있다. 그들은 사업이 부도나서 또는 부재중이어서 가장의 역할을 제대로 수행하지 못하고 있다. 가장의 역할을 대신 해야 하는 그녀들은 그 과정에서 가족 구성원들과의 관계가 삐걱거리는 것이다. 『가족의 기원』의 그녀는 맏딸로서 이런 가족을 부양할 경제적 임무를 얻는다. 하지만 그녀는 맏딸의 역할을 수행하고 싶어 하지 않는다. 가족의 끈을 잡아야 한다는 것은 그녀에게는 부담이 될 뿐이다. 이런 부담적인 상황이 그녀를 혼란스럽게 하고 가족으로부터 탈주하려는 욕망을 갖게 만든다. 『가족의 기원』에서의 나는 끝내 가족을 버리고 새로운 곳을 향해 나아간다. 『움직임』에서의 '나' 또한 마지막 까지 끈을 놓지 않고 같이 움직이며 새로운 가족을 만들어 나간다.

두 작품의 가족들은 꿈과 미래가 없으며, 서로에 대한 관심이 없다. 주인공들의 가족은 주인공들이 앞으로 나아가는 것을 막을 뿐이다. 가족은 주인공들에게 "도약을 허용하지 않는 결박같은 존재"에 지나지 않는다. 이런 가족들 옆에 남아있는 자들은 왜 떠나지 못하는 가. 그들에게는 행복한 가정을 갖고 싶은 욕망이 있고, 이들에게 자리바꿈이 일어났고 새로운 가족이 생겼기 때문이다.

가족에게서 끊임없이 탈주하기를 꿈꿔 결국 이들은 새로운 가족을 만들어내기도 새로운 세상으로 내닫기도 한다. 이들의 가족에 대한 저항이나 인고는 새로운 가족을 만들어 내는 원동력이 되는 것이다. 그래서 그녀들은 새로운 방향으로 나아간다. 자신의 새로운 지향의 공간만이 존재하고 있는 것이다. 이 두 작품에서의 가족은 단지 해체로 끝나지 않고, 결국은 또 다른 가족의 생성이나 열린 창조를 의미하고 있다.

4. 나오는 말

조경란의 『움직임』, 『가족의 기원』을 중심으로 이 작품들에 나타나는 가족의 의미에 관하여 알아보았다. 조경란은 가족이 안정되고 조화로운 집단이며, 애정을 가지고 있는 공동체라는 전통적인 가족관을 허물어 버린다. 가족은 어려운 일이 생기고 경제적으로 궁핍해지면 더 뭉친다는 기존의 가족개념을 무너뜨린다. 오히려 결속력이 사라지고 소멸한 지점에서 나와 자신들만의 공간을 만들고 싶어 한다. 이렇게 가족들 각자가 자신의 공간을 만들며 균열을 내는 가족들 중에는 균열을 있는 그대로 받아들이고 그 위에 새로운 가족을 만들어 나가는 인물이 있다.

『움직임』에서 '나'는 가족이 필요하다는 욕망을 가지고 외갓집으로 와서 "누구의 뱃속도 빌리지 않고 세상에 혼자 태어난 사람처럼 여전히 혼자다"라는 생각을 지니고 산다. 하지만 각자의 방법으로 가족으로부터 탈주한 할아버지와 이모의 빈자리를 채우며 새로 태어날 생명과의 움직임으로 새로운 가족을 만들어 나간다. 『가족의 기원』에서 '나'는 아버지의 부도와 가출로 해체되기 시작한 가족에서 탈주하여 자신만의 공간을 만들어 내고, 결국은 가족을 버리지만 또 다른 불완전한 가족을 만들어 낼 수 있는 가능성을 지닌 애인과 헤어진 후 자신의 새로운 공간을 만들기 위해 떠난다. '가족'으로의 탈주함은 새로운 '가족'에 대한 욕구의 반영이다. 따라서 '가족'을 강력히 거부하면 할수록 개인은 새 '가족'을 갈망하는 것이다.15)

이 주인공들은 서로 비슷한 연유에서 새로운 자신만의 공간을 원하고 가족이라는 울타리에 얽매이기를 바라지 않는다. 가족은 구성원들을 묶어주는 역할을 하기도 하지만 때로는 벗어나고 싶은 답답한 공간에 불과할 때가 있다. 이 때를 각각의 주인공들은 그 나름의 방식대로 풀어나가고 새로운 현실을 만들어 낸다. 조경란은 우리의 일상에서 일그러진 가족상을 보여준다. 하지만, 결국 조경란이 갈구하는 것은 그 분열된 가족의 굴레에서 벗어나 적극적이고 능동적인 힘을 발휘해 새로운 긍정적인 것을 창조하려는 것이 아닌가 하는 생각을 한다.

---

15) 황도경·나은진, 「한국 근현대문학에 나타난 가족담론의 전개와 그 의미: 현대소설」, 《한국문학이론과 비평》, 제22집(8권1호), 한국문학이론과 비평학회, 2004, 254면

아우토노미아의 가능성
- 『난장이가 쏘아 올린 작은 공』을 중심으로

이 강 록

Ⅰ. 머리말

조세희는 1965년 「돛대없는 將船」으로 등단하였고 이후 1975년 『난장이가 쏘아 올린 작은 공』[1]을 발표하여 대중적인 주목을 받았다. 이 작품집은 출간이후 오늘날까지도 지대한 관심을 모으고 있다. 이 관심의 배경은 꾸준히 많이 팔리는 책이라는 정량적 평가뿐만 아니라 작품에 담긴 작가의 시대에 대한 비판정신과 그러한 작가 의식의 예술적 형상화가 오늘에 까지도 공감을 자아내고 있기 때문일 것이다.

『난장이가…』는 1970년대 한국 사회를 배경으로 그 시대에서 생성되는 문제들에 대해 형상화하고 있다. 70년대의 한국 사회는 60년대부터 진행되어 온 산업화에 의해 많은 문제가 발생되던 시기이다. 독재에서 비롯한 정치적 자유의 부재, 부의 불균등한 분배에서 오는 계급 간 갈등, 노사문제, 그에 따른 노동자들의 능동적 행동의

---

* 본고는 『한국언어문학』 58집에 게재된 논문임을 밝힙니다.
1) 조세희, 『난장이가 쏘아올린 작은 공』, 문학과 지성사, 1996(21쇄). 이후 본고에서 인용하는 지문은 이 책을 참고한 것이므로 쪽수만 표시함. 이 후 작품집 『난장이가 쏘아올린 작은 공』을 『난장이가 …』로 표기

촉발 등이 일제히 나타나던 때이다. 따라서 이 작품에 대한 논의는 대체적으로 사회 반영론적 관점에서 많이 다루어지다가 시간이 지나면서 차차 다양한 관점으로 확산되었다.

이 작품에 대한 논의의 경향을 살펴보면, 이미 밝혔듯 많은 연구는 70년대 소외계층의 삶과 억압 구조 및 대립적 세계 인식에 관한 문학 사회학적 접근[2]으로 이루어졌으며 이후 작품의 구조나 기법에 관한 논의[3]또한 활발하게 이루어졌다. 전자의 논의는[4] 70년대 노동현장이 어떤 관점에서 다루어지고 있는가에 주목하고 있다. 즉 70년대 한국 사회의 근대화·도시화 과정에서 대두된 도시 빈민층과 공장 노동자와 같은 약자 계층의 소외된 삶이 어떻게 묘사되고 있는지, 그리고 계층 간의 대립과 단절 양상이 작품에 어떻게 반영되고 있는가에 초점을 맞추고 있다.

후자의 논의는 작품의 연작 형태가 갖는 미적 성취도에 대한 논의, 사실주의적 소재를 반사실주의적 수법으로 형상화함으로써 얻고 있는 환상적 분위기의 효과와 그 한계, 문체의 간결성에도 불구하고 심리 변동의 시적인 묘사 달성 등에 초점을 맞추고 있다. 특이한 논의로는 황순재의 '다성적 형식'과 김태환은 '뫼비우스띠의 다의성'을 들 수 있다. 그러나 이러한 논의에 대해 이동하는 조세희의 소설이 지닌 기법적 특징에 대한 이해의 중요성을 거론하면서도 정작 그 기법상의 특성을 상세하게 구명한 작업은 미비함을 문제점으로 지적하고 있다.

---

2) 김우창, 「산업시대의 문학」,『문학과 지성』, 1979, 가을.
   김치수, 「산업사회에 있어서 소설의 현화」,『문학과 지성』, 1979, 가을.
   성민엽, 「이차원의 전망」,『한국문학의 현단계2』, 창작과 비평사, 1983.
3) 권영민, 「연작의 기법과 연작소설의 장르적 가능성」,『소설과 운명의 언어』, 현대소설사, 1992.
   김병익, 「대립적 세계관과 미학」,『두 열림을 향하여』, 솔, 1991.
4) 이동하, 「조세희 연구의 성과와 앞으로의 과제」,『작가세계』7, 1990, 겨울.

필자는 상기의 연구 성과물들을 바탕으로『난장이가 …』에 나타나는 차이와 적대적 인식을 통해 자본 극복의 가능성을 확인하고자한다. 이는 문학사회학적 연구와 일면 유사하지만 사회학적 바탕이안토니오 네그리5)의 아우토노미아6) 사상이라는 점에서 차이가 있다. 문학사회학적 연구라기보다는 문학과 사회학의 통섭(通涉)이라고 보는 것이 더 타당하다고 할 것이다.

작품 분석에 있어서 자본의 거대화에 대응하는 한 주체가 갖고있는 하나의 가상성, 그 가능성을 바탕으로 이 작품에서 노리고 있는 전복적 상상력의 추이를 살펴보고자 한다. 차이를 기반으로 한대립적 사회 인식과 그것을 해결하려는 가상성의 전복적 사고는 이작품의 일관된 의도로 읽힐 수 있다. 필자는 이런 맥락에서 이 작품과 네그리의 아우토노미아 사상과의 상동관계를 발견한다. 이 작품집에 담겨 있는 사회 인식과 작품의 형식이 어떻게 아우토노미아와상동관계를 갖는지 시대상의 반영과 구조분석을 통해 밝혀보고자한다.

---

5) 안토니오 네그리 : 이탈리아 파도바 출생. 1960년대에『노동자 권력』,『붉은 노트』,『노동자 계급』등의 잡지에 관여하였다. 1960년대 이후 파도바 대학 정치과학연구소를 중심으로 오뻬라이스모와 아우토미아 사상을 발전시켰다.
6) '아우토노미아(자율주의, 자율성)'는 전통적인 마르크스주의에서 배제되어 온 다양한 층들을 포괄하려는 주장이자 운동으로 지배 권력에 대해 독자성과 자율성을 강조하면서 아래로부터의 사회 구성 원리를 강조한다.

Ⅱ. 작품구조와 아우토노미아의 가능성

1. 액자구조의 해석을 통한 접근

이 작품집이 일관된 주제를 향한 통시적 연쇄관계가 인정되는 것을 근거로 하나의 장편소설처럼 다루는 논자들이 많다. 이를 따르면, 「뫼비우스의 띠」와 맨 마지막의 「에필로그」는 하나의 짝을 이룬 격자구조로 볼 수 있다. 이 장에서 밝히고자 하는 격자의 의의는 격자구조가 큰 뫼비우스의 띠처럼 구조화 되어 대립과 단절의 문제적 현실에 대한 해결방안을 상징적으로 보여준다는 것이다. 즉 세계 인식에 있어 '대립과 단절의 개념'을 '차이'로 전환(전복시킴으로써)함으로써 주체화된 다양한 개별자들이 서로 소통을 통해 새로운 세계를 구성해 나갈 수 있다는 메시지를 찾아내는 것이다.

대부분의 논자들은 '뫼비우스의 띠'의 대립적인 현실이 소통되는 것은 추상에 의해서만 가능하다는 부정적 논조를 갖고 있다. 약간의 시차가 있지만 김병익, 성민엽, 이동하, 우찬제도 비슷한 논리를 펴고 있다.

우선 '뫼비우스의 띠'와 같은 현상이 현실에서 불가능하다는 부정적 시각을 극복해야 할 필요가 있다. 이상을 꿈꾸는 작중 인물들이 비극적 종말을 맞이하는 것에 천착한 나머지 '뫼비우스의 띠는 현실 불가능'의 상징성으로 단정하는 것은 무리가 있다. 이미 이 작품은 이상을 보여줌으로써 이상 실현의 가능성에 한발 가까워진 셈이다. 이를 네그리는 "가상적인 것은 가능한 것과 현실적인 것을 접속시키는 이음새이며, 척도 바깥에 있으면 파괴적인 무기가 되고 척도를 넘어서 있으면 구성 권력이 된다."7)라고 했다. 이 작품집에

---

7) 윤수종, 『자유의 공간을 찾아서』, 문학과학사, 2002, 101면.

서는 이미 뫼비우스의 본질과 가능성에 대해서 말하고 있다. 그리고 이 글의 논제인 '아우토노미아의 가능성'은 '뫼비우스의 띠 현상의 현실화 가능성' 개념과 다를 것이 없다. 대립과 단절의 세계인식을 '차이'를 통한 세계인식으로 전환하는 것을, '알고 있는 것들'의 전복을, 단절을 소통으로 바꾸는 것을, 이 작품이 추구하고 있음을 밝히려 하는 것이다. 그 과정에서 초점은 '현실 불가능'이 아닌 '가능성'으로 맞춰질 것이다.

우선 이 작품에서는 '뫼비우스의 띠'가 구조를 통해 구현되고 있다는 것을 살펴볼 필요가 있다. 김태환은 「뫼비우스의 띠」와 연작의 「클라인씨의 병」과의 관계, 「에필로그」와 연작의 「우주여행」의 관계를 주시하고 "「뫼비우스의 띠」는 본론부의 작품 속 「클라인씨의 병」으로 들어가고 「우주여행」에서 주인공들이 꿈꾼 환상적인 달여행의 꿈은 「에필로그」에서 변주되어 나온다. 바깥 이야기는 안쪽으로 들어가고 안쪽 이야기는 바깥으로 빠져나온다."[8]라고 했다.

이러한 전복적 현상은 「뫼비우스의 띠」의 내부에서도 일어난다. 교사가 학생들에게 묻는 아이들의 얼굴에 대한 첫 번째 질문은 아래와 같다.

> 두 아이가 굴뚝 청소를 했다. 한 아이는 얼굴이 새까맣게 되어 내려왔고, 또 한 아이는 그을음을 전혀 묻히지 않은 깨끗한 얼굴로 내려왔다. 제군은 어느 쪽의 아이가 얼굴을 씻을 것이라고 생각하는가?[9]

안다는 것이 자신 스스로를 아는 것이 아니라 다른 것과의 비교를 통해 자신을 이해하려 한다는 타자화 된 주체의 문제를 지적하

---

8) 김태환, 「『광장』과 『난쏘공』 읽기, 그리고 천천히 다시 읽기」, 『문학과 사회』, 1996, 가을, 1401면.
9) 조세희, 『난장이가 쏘아올린 작은 공』, 문학과 지성사, 1996(21쇄), 11면. 이후 면수만 기입.

고 주체의 회복이 필요하다는 의미를 내포하는 질문이다. 하지만 두 번째 질문에 의해 첫 번째 질문의 전제가 부조리함으로 밝혀짐으로써 전복적 상황이 일어난다.

> 똑같은 질문이었다. …중략…. 두 아이는 함께 굴뚝을 청소했다. 따라서 한 아이의 얼굴이 깨끗한데 다른 한 아이의 얼굴은 더럽다는 일은 있을 수가 없다. (12면)

이미 가정이 잘못된(원천적인 오류가 있는) 질문은 부분적 극복만으로는 해결할 수 없다[10]는 진실을 밝힌 것이다. 전제의 본질을 모르고 '누가 더럽고 누가 깨끗하냐'는 공허한 대립 논쟁은 지양해야 한다는 것이고 '동일 환경 속의 구성원은 결국 동일하다'(동일성은 차이의 인정을 바탕으로 한다)는 전복적 논리(뫼비우스의 띠와 같은 양상)로 전개된다.

이뿐만 아니라 인물에 있어서도 격자와 내부의 연작 소설에서 이러한 현상이 인물의 대응으로도 나타나는 것을 알 수 있다. 교사와 대응되는 연작 속의 인물은 지섭이다. 교사와 지섭의 상동성을 자세히 보자면, 우선 교사는 뫼비우스의 띠의 속성을 알고 있고 지섭도 띠의 속성을 알고 있는 사람이라고 할 수 있다. 그들은 학생들, 노동자, 주변인들에게 올바른 현실 인식을 촉구하는 스승이며 선구자의 역할을 한다. 이후 그들은 각자의 유토피아를 향해 간다. 교사는 근본적인 착취가 없는 혹성, 즉 추상적 유토피아를 향해 가고, 지섭은 노동자의 개별역능을 일깨우는 일을 지속해 나가고 있다. 그는 구체적 유토피아[11]를 향해 가고 있는 것이다. 이렇듯 외부의

---

10) 이는 자본 중심의 인식이 자본의 문제에 대한 저항을 극복하여 개선되어온 우리 세계에 대한 또 하나의 비유로 작용할 수도 있다.
11) 블로흐는 '추상적 유토피아'를 아직 미성숙한 단계의 유토피아로, '구체적 유토피아'를 맑시즘에 기초한 사회주의라는 성숙한 단계의 유토피아

액자와 내부의 연작소설이 서로 이중적인 구조이면서 동시에 동일한 차원으로 통하는 것이 바로 뫼비우스의 띠와 같은 양상을 보이고 있다.

현실은 원래 이분법적이지 않고 대립적이지 않다. 기저에는 동일성(차이의 인정을 통한)이 존재한다. 그것은 교사의 첫 번째 질문에서와 같이 '잘못 전제된 가정'을 전복해야만 알 수 있다. 이 작품에서는 그러한 잘못된 가정을 전복하려는 논리를 끊임없이 반복적으로 보여주고 있다. 뫼비우스의 띠는 현실 인식을 단절과 대립으로 보는 것에 대한 반성을 촉구하는 것이다. 그리고 대립구조로 받아들인 현실은 한쪽(자본)이 한쪽(노동의 저항)을 극복하는 것이 아니라 그런 일방적 논리의 전복[12]을 통해서 하나로 소통될 수 있는 것으로 보는 것이다.

2. '배운다'는 것의 허상과 실체적 역능

1) '배운다'는 것의 허상

이 작품집에서 '배운다'의 의미는 야누스적 양상을 띤다. 거기에는 배움이 갖는 진정성과 허울의 양면성이 있기 때문이다. 뿐만 아니라 앞서 '잘못된 전제'가 학생들의 사고를 오도한 것도 동일 맥락에서 볼 수 있는데 이 장에서는 '배운다'는 것과 '배운 것'에 근원적인 오류에 대해 살펴보고자 한다.

로 각각 설명하고 있다. E. 블로흐, 박설호 역, 「2장. 기초적 논의: 先取하는 의식」, 『희망의 원리』, 솔출판사, 1995, 269~279면

12) 자본주의 세계는 자본의 논리·힘이 지배하는 논리로서 세계를 이끌어왔고 그 힘이 세계를 움직이는 유일한 힘인 것으로 알고 있다. 그리고 자본의 힘은 노동의 저항을 변증법적으로 극복하며 발전해온 것으로 인식한다. 그러나 네그리는 노동자의 논리로 자본의 힘과 노동자의 힘이 적대적으로 대결하면서 전개되는 현실을 강조하는데 여기에서 전복의 논리를 항상 동반한다. 윤수종, 『자유의 공간을 찾아서』, 문학과학사, 2002.

이 작품에서는 배운 자든, 배우지 못한 자든 각각 개별적 차이가 있을 뿐이다. 단 '배운다'는 의미가 자본이 주도하는 사회에서 자본계급이 요구하는 자격을 갖춘다는 의미로서 본다면, 「난장이가 …」의 부동산 업자, 윤호의 아버지와 영수가 그런 배움(자격)을 원하고 있는 것이다. 이런 식의 배움은 자본을 활용해 잘 살 수 있는 기회를 제공받는다는 측면에서 신분 상승, 계급 상승의 기회이기도 하다. 하지만 하층민들은 기득권자들이 누리는 교육의 효율성을 따라가기 힘들다. 가진 자와 못 가진 자에 있어서 기회의 차이가 확연하기 때문에 평등의 전제인 '기회균등'은 이루어 지지 않는 것이다.

또한 배운 자들은 자본의 온갖 유혹에 시달린다. 교육은 자본의 허울을 벗기는 역할을 하기도 하지만 그런 능력을 갖춘 배운 자들을 유혹하는 역설적 면모를 지니고 있다. 신애의 동생 친구가 그토록 증오하던 주간에게 결국 현실적 문제의 유혹에 굴복당해 그의 밑으로 들어가게 된 것은 교육에서 비롯된 발전과 낙오의 논리에 함몰되어 있기 때문이다. 그리고 학벌과 학연의 권력화가 가져다주는 부조리한 이익이 배운 자들에게 구심력으로 작용하고 있기 때문이다. 그 구심점에 서는 순간 자본은 숨 가쁜 속도로 질주하고 그 속도에 의한 좁은 시야로 이제 더 넓고 깊게 볼 수 있는 지식인의 비판 능력을 잃어버리는 것이다. 자본이 주도하는 교육은 거기에 멈추지 않고 인간들의 삶에 굴레를 만들어 가게 된다.

> 동생 머리맡에 사진 한 장이 놓여 있었다. 아내가 갖다놓은 것이다.
> 동생의 아이들이 사진 속에서 웃고 있었다. 사람을 제일 약하게 하는
> 것들이 아무것도 모르는 채 웃고 있었다. (136면)

순애 동생의 병실에 놓인 가족사진은 순애의 동생이 자본의 회유와 협박을 끝내 거부하지 못할 참담한 운명을 지고 갈 것을 암시하고 있다. 지식은 이미 지나온 삶의 기록으로서 남아 있고 그것은 자

본에 의해 지속적으로 수정되었고, 현재도 그러하며 앞으로도 그렇게 될 것이기 때문이다. 결국 무엇인가를 '제대로 알았던 것'도 자본이 주도하는 현실 속에서 자본에 어긋난 것은 수정이나 삭제 요청을 받는다. 그리고 자본이 요구하는 그런 삶을 살아가는 것이다. 그런 기획들이 인간의 역사 속에 무르녹아 가족제도, 결혼제도 등 각종 사회질서가 되어 왔던 것이다. 그런 굴레는 마치 운명과 같아 벗어나기란 쉽지 않다.

이렇듯 자본이 주도하는 교육은 자격으로의 제한, 이익추구라는 현실논리로써의 제한, 제도를 위한 수단으로써의 제한에 갇혀 버렸다. '배운다'는 것은 주체적으로 비판할 수 있고, 현재와 미래를 구성해가는 것이어야 하는데, 이 작품에서의 교육은 왜곡되어 있다. 기존의 구조 속에서 '배운다'는 것은 진정성 없는 '자격'이거나 설령 제대로 배웠다고 해도 현실 앞에서 왜곡되기도 하고 현실을 왜곡하기도 한다. 결국 '우리가 안다'는 것도 왜곡되어 있다는 것이다.

2) 역능의 표출

우리가 '알고 있는 것들'이 왜곡되어 있다면 어떻게 바로잡고, 어떻게 그 허상을 깨뜨려야 할 것인가의 핵심 과제가 남는다. 이는 특이성(개별자)들의 역능[13]을 통해서만이 가능하다. 이를 네그리는 "외부로부터 주어지는 것이나 위로부터 부과되는 초월적인 것이 아니라, 대중의 내재적인 관계, 즉 삶 속에서 구성되는 것에 초점을 맞춘다. 특이성을 지닌 개별자들의 집합적 움직임 속에 드러나는 대중은 초월적이거나 선험적인 관념 속에서 움직이는 것이 아니라 신체적 정동(affection)의 밀고 당김 속에서 소통을 넓혀가고 공통

---

13) 역능은 국부적인, 직접적인, 실제적인 구성의 힘이다. 이에 반해 권력은 집중화된, 매개적인, 초월적인 지배의 힘이다. 윤수종, 『자유의 공간을 찾아서』, 문학과학사, 2002, 205면

통념을 만들어낸다. 이 과정에서 역능은 대중의 정념(passion)과 지성을 통해 끊임없이 새로운 사회적 관계를 창조하는 데 관여한다."[14] 라고 했다.

역능의 주체적 표출은 「육교 위에서」의 순애의 동생과 동생의 친구가 부조리한 자본을 무너뜨릴 참 지식을 추구했던 것과 일면 비슷한 양상이다. 그러나 외부의 지식으로만 엮어가는 저항의식은 한계를 드러내고 만다. 결국, 나약한 저항의식은 쉽게 자본의 유혹에 넘어가고, 자본의 힘 앞에 나약해지는 것이다. 영수도 한 때 순애의 동생과 같이 외부의 지식을 추구하려 했지만 지섭의 충고로 반성하게 된다.

> 대학 부설기관 교육도 그래서 받은 거예요.
> "그래서 뭘 얻었니?"
> "눈을 떴어요."
> "너는 처음부터 장님이 아니었어!"
> …중략…
> "넌?"
> "교회 목사님이 만드신 모임이 있어요. 여러 산업장의 대표급 근로자 모임인데 얼마 전부터 제가 그 모임을 주도하게 됐어요."
> "아버지가 살아계셨다면 놀라셨겠구나. 그래, 너에겐 훌륭한 이론가가 될 소질이 많아. 원하기만 하면 넌 고급 노동 운동 지도자가 될 수도 있을 거야." (223면)

부설기관의 외재적 교육을 통해 영수가 스스로의 주체적 각성 없이 교조적 지도자의 길을 가고 있다면 이는 잘못된 것이다. 역능은 권력의 질서, 자본 주도의 사회 질서로부터 비롯된 것이 아니라 개개인의 잠재력으로부터 비롯된 것이다. 이는 개별적 잠재력으로서

---

14) 윤수종, 『자유의 공간을 찾아서』, 문학과학사, 2002, 205~207면

외부의, 타자의 교양으로 점철될 수 있는 것이 아니다. 이보다는 스스로의 주체적 역능을 일깨우는 스스로의 각성이 더욱 중요한 것이다. 실재로 지섭은 영수에게 외부의 교육보다는 내재적 역능의 일깨움이 더 중요함을 조언하고 있다. 그러면서 한 번 강조하여 "그럼 그곳(현장)을 뜨지 말고 지켜. 그곳에서 생각하고, 그곳에서 행동해. 근로자로서 사용자와 부딪히는 그 지점에 네가 있으라구."(223면)라고 조언한다. 내가 서 있는 현장에서 느끼고 깨닫는 것 외에 더 좋은 공부가 없다는 것이다. 그곳에서 스스로 각성하고 스스로의 역능을 끌어내라는 것이다.

격자구조 안에서 얘기 된 '잘못된 가정의 문제'는 결국 자본에 의해 교육된 지식의 문제를 지적한 것이라는 걸 다시 한 번 확인 할 수 있다. 「에필로그」에서 교사가 비유적으로 수학 성적의 저하가 직접 당사자들만의 문제가 아니고 총체적인 문제라고 한 지적은 잘못된 전제를 회의했던 앞의 이야기와 다를 바가 없다. 이렇듯 밖에서의 주도와 주입이 아니라 주체적인 역능의 일깨움을 통해 실천해 가라는 주문을 통해 아누토노미아의 개념과 상동성을 갖고 있다는 것을 확인할 수 있는 것이다.

'주체성'이란 용어가 이 글에서 자주 언급되었는데, 주체성은 '차이와 적대'의 인식에서 출발함을 의미한다. 그러므로 여기에서는 이 작품집이 어떻게 '차이와 적대'를 보여주고 있는지 찾아볼 필요가 있다. 특히 다양한 화자가 등장하고 시점이 달라지는 것은 다양한 층의 목소리를 통해 단순한 대립의 구도를 깨트리고 소통으로 가는 것임을 가늠해 볼 수 있다.

3. 시점의 다원성을 통한 접근

이 작품집에서 시점의 빈번한 이동이 이원대립적인 세계에서 벌어지는 사건과 사실을 객관적인 입장으로 보여주려고 한 것이라면, 시점도 이원화 하는 것이 나을 것이며 거기에 다양한 대립소들을 이원적으로 배치하는 것이 좋을 것이다. 하지만 이 작품집에선 그런 이원대립항의 체계화가 이루어지고 있지 않다. 오히려 교사, 꼽추와 앉은뱅이, 신애, 윤호, 영수, 영호, 영희 등이 등장하며 다시 교사, 꼽추와 앉은뱅이에 이르는 다양한 인물들의 시점이 혼재되어 나타나고 있다. 이 작품집의 다양한 시점은 다원성의 구조로 독해의 공간을 열어주고 있다. 각각의 시점은 각각의 입장과 태도를 갖게 되어 있는데 이것이 '차이'15)의 출발점이기 때문이다

「난장이가 …」에서는 영수, 영호, 영희의 시점이 등장하고 「뫼비우스의 띠」, 「에필로그」에서는 두 개의 시점이 등장한다. 특히 「난장이가 …」에서는 노동자의 다양한 시점을 보여줌으로써 개개인의 주체적 차이를 보여주고 있다. 그 차이를 바탕으로 각각의 개성들은 척력(적대)의 작용으로 자립적으로 존재하게 된다. 영호는 거짓된 권력의 모습, 자본의 정보독점, 종교로부터도 소외된 노동자를 발견하고 있다. 영호는 희망의 부재를 체계화한 이성이 아니라 체험으로 느끼는 존재이다. 주체적이지 못해 다분히 수동적 노동자에 가깝다. 이러한 사실은 그가 스스로 판단하고 주체화하려는 과정에서 형의 교조적 특성에 의해 억눌리는 과정에서 엿볼 수도 있다.

위에서 살폈듯 영수, 영호의 시점은 같은 노동자라는 동일성의

---

15) 네그리는 세계 인식의 출발점을 '차이'로 보았다. 특히 정치와 경제는 이분법적 관계가 아니라 '차이를 가지며 미결정적인 과정으로 얽혀진 것'으로 파악하며, 동일성은 차이로 투영되며 차이는 적대성으로 인식된다고 했다. 인식의 바탕으로서의 차이는 결국 차이가 있는 대상들 사이의 척력으로서 작용하는데 이것을 적대로 보면 될 것이다. 이 작품에서는 차이의 인식을 바탕으로 한 적대 구조, 특히 시각의 다양화를 통한 다양한 사회인식은 당시의 닫힌 사회에서 불가능했을 사회 인식의 확장을 가능케 했으며 그를 통해 자본중심의 시각과 노동중심 시각의 차이를 실감할 수 있게 해 주고 있다.

차원에서도 차이가 전제되어 있음을 알 수 있다. 특히 이 작품집에서 서민층의 시각은 다원성의 영역을 더욱 넓게 열어 놓는다. 황순재는 『난장이가 …』의 구조는 중간계층의 설정을 통해 극단적이고 단순한 대립관계를 제시하는 데서 벗어난다고 했다. 즉 수학교사, 신애와 현우, 지섭, 목사, 과학자, 펌프집 사나이 등과 같은 인물들은 가진 자와 못가진 자라는 대립항으로 설명할 수 없는 중간적 지위를 갖는다[16]고 했다. 이분법적 대립항이 아닌 다양한 대립항이 작용함으로써 단순히 계층대립으로 볼 수 없다는 것이다.

상류층의 다양한 시점은 윤호, 경훈 등에서 엿볼 수 있다. 이들 중 윤호는 상류층의 자제이면서 빈민의 삶에 관심을 갖는 특수한 경우이다. 배경과 입장의 측면에서 보자면, 경훈의 사촌과 비슷한 면을 보이고 있다. 윤호는 노동자의 편에서 생각하고 그들과 함께 하기 위해 노력하면서도 정체성은 모호하다. 실상 모호하기보다는 여러 층위로 볼 수 있다는 것이 더 적합할 것이다. 도덕성의 측면은 상당히 입체적이고 유동적이다. 기득권은 있으나 가치증식에 직접 참여하지는 않으며 배운 자이면서도 갖추지 못한 자라는 면모를 갖는다. 이러한 다양한 측면은 단순 대립적인 계층으로 그를 포함시키지 못하게 한다.

단지 그의 정체를 설명할 수 있는 것은 주체적이라는 것이다. 주체가 형성되면서 부조리를 통과해 왔고 정의를 위해 실천할 마음가짐을 지니고 있다. 윤호가 좋아하게 된 경애의 경우, 윤호는 그녀가 전복적으로 사고할 수 있도록 자극을 주는 역할을 하고 있다. 결국 극단적 계층에서도 전복이 일어나게 된 것이다.

우찬제는 전복이 불가능하다는 인식으로 "조세희의 사랑과 희망의 논리"가 부딪힌 막다른 골목이라고 말한다. "여기에는 사랑도

---

16) 황순재, 「조세희 소설연구(1)-'난쏘공'을 중심으로」 『한국문학논총』 제 18집, 1996.7, 142면.

반성도 없다. 그러므로 경계는 분명하다. 이렇게 경계가 분명한 상황에서 어찌 경훈 쪽의 대롱이 난장이 쪽의 구멍으로 들어갈 수 있겠는가라고 말했던 것은 아닐까"[17]라고 하지만 이미 상류층에서 전복적 변화가 감지되고 있다. 이는 사람들에 대해 연민을 갖고 있는 경훈의 사촌에게서 발견할 수 있는데, 상류층이라고 해서 상류층 계급의 일반적 특성만을 가지는 건 아니라는 걸 보여주고 있다. 그야말로 '차이'의 본질이 발현 된 것이다. 더욱이 충격적인 것은 계급의 논리를 대표하는 경훈의 내부에도 갈등이 시작된 것이다.

> 사람들이 나를 슬프게 했다.…중략… 내일 아무도 모르게 정신과 의사, 를 찾아가보자고 나는 생각했다. 내가 약하다는 것을 알면 아버지는 제일 먼저 자를 제쳐놓을 것이다. 사랑으로 얻을 것은 하나도 없었다. 나는 밝고 큰 목소리로 떠들 말들을 떠올리며 방문을 열고 나갔다. (263면)

그는 사랑이란 주체적 감정을 느끼고 당혹스러워 한다. 여기에서부터 내부의 갈등은 시작된 것이고 이 과정에서 그가 타자화를 지속할지 주체화 할지는 미지수다. 그러나 그가 주체화하는 순간 그는 변화할 것임을 알 수 있다.

노동자에서부터 중간계층, 자본계층에 이르기까지 다원화되어 있는 시점과 작품 내에서도 나뉘는 다중시점은 어떠한 목적성에서였든 결과적으로 다원성을 만들어 냈으며, 작품의 인물들이 오직 두 가지 표정만은 아니라는 것을 확인할 수 있었다. 또한 상류층의 인물들을 통해 그들도 변할 수 있는 존재임을 확인할 수 있었다. 이는 사람은 누구나 주체적 존재일 수 있다는 것과 개별 존재들은 '차이'

---

17) 김태환, 「『광장』과 『난쏘공』 읽기, 그리고 천천히 다시 읽기」, 『문학과사회』, 1996. 가을, 축쇄판. 1394~1395면.

가 있다는 것을 보여주는 것에 다름 아니다. 그래서 이 작품집에서
는 그런 개별자들의 차이를 자연스럽게 보여주기 위해 시점의 다원
성을 택했으며, 그로인해 자연스럽게 구조상의 다원성이 형성된 것
이라고 볼 수 있다.

4. 소통의 원동력으로서의 사랑

1) 소통의 양상

이 작품에서 중요한 의미인 뫼비우스의 띠는 뒤틀림(전복)에 의
해서 안과 밖이 소통하게 된다. 그 소통을 작품의 인물들은 어떻게
이루어 가는지, 그리고 소통의 근원적 동력은 무엇인지 살펴볼 필
요가 있다.

이 작품 속에서 다양한 구조적 장치들을 통해 차이와 적대의 양
상을 볼 수 있었다. 그러나 개별자들이 주체적으로 다원화되는 단
계에는 아직 이르고 있지 못하다. 70년대의 시대적 상황을 감안하
더라도 여기에서 온전한 다원성을 요구한다는 것은 다소 성급해 보
인다. 그러나 몇몇 인물들은 주체적이며 역능을 발휘하고 있어서
전체적으로 다원성으로 비춰지는 것은 부정할 수 없다. 그리고 이
들은 주변인들과 끊임없이 소통[18]을 하려고 시도하고 있다.

그 대표적 인물이 교사이다. 그는 뫼비우스의 띠가 전해주는 진

---

18) 아우토노미아의 주요개념 중, '차이와 적대', '다원성'의 차원이 자칫 사
회구성원들의 파편화와 단절을 가져오게 하는 것은 아닐까 하는 우려
를 갖게 할 수 있는데 아우토노미아 사상은 파편화와 단절을 초래하지
않는다. 물론 자본처럼 획일성을 바탕으로 이분법적, 단절적 논리를 펴
나가지는 않지만 '특이성을 지닌 개별자들의 집합적 움직임 속에 드러
나는 대중은 초월적이거나 선험적인 관념 속에서 움직이는 것이 아니
라 신체적 정동(affection)의 밀고 당김 속에서 소통을 넓혀가고 공통통
념을 만들어낸다. 윤수종, 『자유의 공간을 찾아서』, 문학과학사, 2002,
205~206면.

실들을 알고 있으며 이를 믿지 않거나 거부하려는 자본의 획일적, 대립적 특성의 부조리를 들춰낸다. 그 과정에서 그가 주변인(학생)들에게 시도한 소통방법은 '수수께끼'이다. 이를 통해 일방적인 지식의 주입이 아니라 참여를 통한, 보다 능동적인 소통이 이루어지는 것이다. 그리고 두 번째 수수께끼를 통해 첫 번째 수수께끼의 '잘못 전제된 가정'을 깨는 메타적인 수수께끼의 형식을 사용하기도 한다. 이를 통해 전면적 인식 전환의 필요성을 암시하기도 한다. 마지막으로 그의 유토피아 지향성은 상황의 환상성과 언술의 선문답적 특성을 통해 전복적인 사유의 전환을 촉발한다. 이를 통해 학생들의 주체적 역능이 자극받고 새로운 방식의 소통이 촉발되는 것이다.

또 다른 인물은 지섭인데, 그는 유토피아의 지향성을 통해 주변인들과 소통을 시도하고 있다. 특히 초기에는 교조적 지도를 통한 소통도 이루어졌는데, 점차 그는 실천을 통해 '보여주기'로 방법을 변환한다. 「클라인씨의 병」 이후에 그의 변화된 모습을 볼 수 있는데, '현장 안에서 이미 잘 알고 있는 사람이 바깥에 나가서 뭘 배워?'라고 하는 말에서 외재적 지식의 허울을 지적하고 있다.

지섭 또한, 시적 언사[19]를 통해 소통을 하고 있다. 이는 교사의 수수께끼와도 같은 맥락인데, 그가 비유나 환유의 말을 던지고 청자나 독자는 그 여백을 스스로 채우며 소통하는 것이다. 이렇듯 능동성을 자극하는 것으로 사람들을 소통에 참여하게 한다.

"바다에서 제일 좋은 것은 바다 위를 걷는 거래. 그 다음으로 좋은 것은 자기 배로 바다를 항해하는 거지. 그 다음은 바다를 바라보는 거야. 하나도 걱정할 것 없어. 우리는 지금 바다에서 세 번째로 좋은 일을 하고 있으니까." 그의 목소리는 아주 부드러웠고 나는 그가 시를 읽는

---

19) 이 작품 전체의 문체적 특성이기도 하다.

다고 믿었다. (223면)

　뫼비우스의 띠를 알고 있는 이들(세계에 대한 전복적 인식을 갖고 있는 이들)의 소통방법은 두 사람의 언술처럼 상대의 주체적 참여를 자극하는 것임을 살펴볼 수 있다. 물론 윤호의 아버지, 은강의 회장이나 운영자들, 경훈 등은 소통의 가능성이 요원해 보이지만 앞서 말했듯 지섭, 윤호, 경애, 목사, 과학자 등은 소통이 이루어지고 있다. 이미 노동자와 소통을 이루고 있는 이들은 전복적 상상력을 확보하고 확대시키고 있다. 이들은 지속적으로 주변인들과 교류하면서 차이를 바탕으로 한 적대의 태도를 보여주고 있다. 윤호가 경애에게 한 고문[20]이 그러하며, 지섭이 윤호에게 영향을 준 것이 그러하다.

　지금까지 다원화에서 소통에 이르기까지를 살펴보았다. 그중 소통의 확대에 주도적인 사람들을 살펴보기도 했다. 그런데 그들의 역능이 깨어나고 소통에 이르기까지 중요한 원동력은 무엇이었을까를 생각해볼 필요가 있다.

2) 소통 원동력으로서의 사랑

　『난장이가 …』에서 드러나는 소통의 근저에는 '사랑'이라는 정서가 있음을 확인하게 된다. 안토니오 네그리는 "시간 속에서는 특이성의 생성(즉 영원한 것의 가공할 혁신)에 해당하는 것이 바로 공간

---

20) 경애와 은강방직에 직공으로 있는 난장이 아저씨의 딸을 비교하며 가상의 고문을 하고 있다. "넌 겨울에도 반팔 옷을 입고 살았지? 목욕을 하고 싶으면 언제나 네 방에 딸린 목욕탕에서 목욕을 할 수 있었지? …중략…. 난장이 아저씨의 딸은 어땠는지 알아? …중략…. 공장 식당에서 보리가 더 많은 밥에 신 김치, 무청을 말려 끓인 시래기국을 먹고 살았어. 기숙사 방안 온도는 영하 3도였다구. …하략. 조세희의 앞의 책. 151~152면.

속에서의 협동이다. 협동은 다수성들 사이에서서 스스로를 공통적으로 만듦으로서 진행하는 사랑이다."라고 했다. 이러한 특이성(차이를 바탕으로 하는)의 "협동은 어떤 특이한 실존보다 더 생산적이다. 존재에 의미를 부여하려는 (특이성들의) 다중의 노력을 공동적으로 표현하기 때문이다. 그러나 이 노력은 만일 협동이 사랑의 힘이 아니라면 존재할 수 없다.'"21)라고 하였다. 이는 결국 '차이와 적대'의 존재들이 소통(결합)할 수 있는 것은 사랑을 통해서라고 말하고 있다.

구체적으로 살펴보면, 「칼날」에서 신애는 난장이를 보호하려고 사력을 다한다. 이것은 이타적 사랑의 발현이다. 이것으로 난장이와 소통이 시작된 것이다.

> "아저씨."
> 신애는 낮게 말했다.
> "저희들도 난장이랍니다. 서로 몰라서 그렇지, 우리는 한편이에
> 요." (48면)

이렇게 알게 되면 그들은 이제 소통하게 되는 것이다. 이런 소통의 양상은 윤호와 경애 사이에서도 나타나게 되는데, 서로 다른 계층이 소통을 시도할 때는 어느 정도의 저항감이 뒤 따른다. 하지만 그 저항을 무화하는 동력도 결국 사랑에서 오는 것이다.

> "난 오빠의 그 말을 모르겠어."
> 힘없이 경애가 말했다.
> "알게 될 거야."
> 윤호가 일어서려고 하자.
> "싫어, 오빠!"

---

21) 안토니오 네그리, 『혁명의 시간』, 갈무리, 2002, 167면.

경애가 소리쳤다.

"열일곱 살짜리 계집애가 옆집 남자애를 생각한 것은 죄가 아
냐."(152면)

결국 경애는 자신의 자본가인 할아버지에 대한 객관적인 묘비명
을 윤호에게 건네준다. 경애는 결국 단절되어 있는 세계의 다른 면
과 만나는 것이다. 그 계기는 웅대한 이상이 아니라 사랑인 것이다.
특히 사랑의 문제는 난장이와 그 아들에게서 중요한 정서로 나타난
다. 특이한 것은 난장이가 꿈꾸던 유토피아는 '사랑'을 전제로 하지
만 아래의 내용과 같이 '법'22)이 필요하다고 생각한 것이다.

①아버지는 사랑에 기대를 걸었었다. 아버지가 꿈꾼 세상은 모두에
게 할일을 주고, 일한 대가로 먹고 입고, 누구나 다 자식을 공부시키며
이웃을 사랑하는 세계였다.
…중략…
②나는 아버지가 꿈꾼 세상에서 법률제정이란 공식을 빼버렸다. 교
육의 수단을 이용해 누구나 고귀한 사랑을 갖도록 한다는 것이 나의 생
각이었다.
…중략…
③아버지가 그린 세상에서는 지나친 부의 축적을 사랑의 상실로 공
인하고, 사랑을 갖지 않은 사람 집에 내리는 햇빛을 가려버리고, 바람
도 막아버리고, 전깃줄도 잘라버리고, 수도선도 끊어버린다. 그 세상
사람들은 사랑으로 일하고, …중략… 사랑으로 바람을 불러 작은 미나
리아재비꽃줄기까지 머물게 했다. 아버지는 사랑을 갖지 않은 사람을

---

22) 여기서의 '법'은 강제성의 본질이 부각되며 폭력의 가능성으로 읽힌다.
자본주의 사회에서 관료주의라는 통치장치는 '법'과 '질서'라는 강제수
단을 필요로 해왔다. 네그리가 저항에 있어서 경계한 것은 테러를 일삼
는 폭력적 집단이었으며 그들이 지닌 교조적 규칙과 질서였다. 그들은
그들 스스로의 교조적 특성상 자본과 비슷한 폭력적 권력화의 위험성
이 있기 때문이었다.

벌하기 위해 법을 제정해야 한다고 믿었다. 나는 그것이 못마땅했었다.
그러나 그날 밤 나는 나의 생각을 수정하기로 했다. 아버지가 옳았
다. (203면)

사랑은 그들을 유토피아의 세계, 진정한 소통의 세계를 지향하게
했다. "그러면 수도꼭지가 높은 다른 댁보다는 물을 일찍 받으실 수
있어요. 전 거짓말을 못하는 사람입니다."(44면)에서처럼 난장이는
진실한 노동자로서 자식들에게 사랑을 대물림하며 살았다. 그리고
영수도 현실의 유토피아를 이루기 위해 희생하고 봉사했다. ①에서
보이는 유토피아는 그런 세계이다. 하지만 ②지문에서처럼 난장이
는 자신의 유토피아에 질서라는 개념을 필요로 했고 그것은 사랑을
통한 소통에 있어서 사랑과 모순되는 '법률'의 개념을 도입하였으
며, 직접적 인과관계로 보긴 어렵지만 그는 스스로 삶을 마감했다.
또한 영수도 자신의 유토피아에 '법'을 제정하기로 한 ③의 결정 이
후에 살인을 저지르고 죽임을 당하게 되었다.
그들의 불행한 결말에서 거슬러 올라가보면 우연히도 사랑과 모
순되는 '법률'을 옹호하였다는 공통점을 발견하게 된다. 이 상황을
심리학적으로 보자면 법이라는 폭력적 기제를 선택한 결과 난장이
의 성향이 스스로에게 폭력을 가했으며, 영수는 그 방향이 밖(타인)
을 향한 것이라고 볼 수 있다. 결과적으로 그들은 현세에서의 소통
의 기회를 잃는데,23) 이는 사랑으로 이룰 수 있는 진정한 소통의 기
회는 권력화(폭력을 내재하는)하는 순간 잃어버릴 수도 있다는 것
을 보여준 것이라고 할 수 있다.

---

23) 영수는 테러리즘에 휩쓸리게 되는데 그렇다고 해서 노동자의 역능을
일깨우는데 부정적인 역할을 한 것은 아니다. 오히려 비주체 노동자의
가슴에 어떠한 방식으로든 역능을 흔드는 힘으로 작용했을 것이다. 필
자주

5. 아우토노미아의 가능성

이 작품집의 핵심인물인 '난장이와 영수'는 소통의 기회를 잃었지만 지섭은 여전히 대립과 단절을 극복하고 세상을 바꿀 수 있는 전복의 능력(대중의 역능이 일깨워지는 것)을 갖고 있다. 그는 잠재된 개별 주체들의 역능을 일깨우는 열쇠와 같은 역할을 하고 있다.

> 그의 운동 방법은 아주 특이한 것이어서 그가 가는 곳에 조합이 생기고, 조합원들은 공장 경영주들이 끌어가는 수레바퀴를 잡고 늘어져 그 수레에 실은 이윤이라는 짐을 덜어 나눈다고 했다. (214면)

앞서 밝혔듯 지섭은 '차이'의 근본적 인식에 도달해 있으며 자본의 허위를 알고 있으면서 그것을 전복시킬 노력을 하고 있음을 알 수 있다. 그의 인식 속에서는 표면적인 자본의 횡포만 보이는 것이 아니라 교사가 보았듯 자본의 밑바닥까지 내려다보고 있는 것이다.

> 지섭은 내가 분배의 약속을 일방적으로 파기한 기업주의 부당 이윤 중에서 2억 정도를 덜어내는데 성공한 것으로 계산했다. 그리고 보이지 않는 것으로 조합원들의 의식을 들었다. (215면)

지섭은 자본의 확장에 저항하는 형태로서의 파업을 선택하였으며, 그는 당장의 변화의 가치화뿐만 아니라 잠재적 가치도 계산하고 있다. 그의 파업에 대한 인식은 '좁은 의미의 파업'24)에 머무는 것이 아니라 노동 대중 전체의 저항으로 넓어질 수 있는 가능성이 있다. 그것은 그의 시선이 손에 만져지는 가시적인 성과에만 머무르지 않고 자본의 근본적 속성 전체에 걸친 저항으로 확대되어 있음을 알 수 있기 때문이다.

---

24) 노동조합의 파업으로 노동자와 사용자 간에 발생하는 파업형태

지섭은 여러 가지 면에서 목사·과학자와 비슷한 사람이었으나 한 가지 면에서만은 전혀 다른 사람이었다. 그 자신이 바로 노동자였다. (220면)

그의 비교조적 정체성, 노동자로서의 주체성을 보여주는 서술인데, 부연하자면 그가 노동자로부터 유리된 타자로서의 교조적 지도자가 아니고 타자의 논리를 강요하는 교조적 지도자도 아니라는 것, 주체적 역능이 발현된 주체적 노동자라는 측면에서 그는 아우토노미아 사상을 구현하는 선구자적 역할을 수행하고 있는 것이다.

앞서 살폈듯 이 작품집에는 아우토노미아 사상의 여러 개념들이 담겨있다. 뫼비우스의 띠에서 인식 전환의 필요를 비유적으로 보여주고 있고 더 구체적으로 교육의 허상을 보여줌으로써 우리가 '알고 있다는 것'을 신뢰할 수 없음을 보여주고 있다. 이를 통해 전복의 가능성을 고조시키고 있으며, '차이'의 인식을 다원적 시점에서 보여줌으로써 본격적인 인식전환을 시도한다. 그리고 개인적 역능이 발휘된 소수의 인물들이 상하 좌우 계층을 뛰어넘어 소통함으로써 보다 전면적인 소통의 가능성도 보여주고 있다.

다만 문제는 개개의 역능이 진정한 다원성으로 확대되어 능동적인 소통에 이르고 유토피아를 구성해 나가는 권력의 모습이 구체적으로 발견되지는 않는다는 점이다. 그러나 앞의 고찰만으로도 충분히 아우토노미아의 가능성을 발견할 수 있으며, 특히 지섭의 정체성과 행보는 아우토노미아에 어울릴 주체적 노동자로서의 적격성을 지니고 있다. 그는 아우토노미아의 가능성에 있어서 가장 적절한 실례가 될 수 있을 것이다. 지섭과 같이 대중들이 개개의 역능을 발휘하면 아우토노미아의 세계, 뫼비우스의 띠의 세계, 클라인씨 병의 세계, 유기물이 광합성을 하는 세계가 다만 가상에 그치진 않을 것이다.

Ⅲ. 맺음말

   이상의 논의를 통해 『난장이가 쏘아 올린 작은 공』이 내포하고 있는 아우토노미아의 가능성을 탐색해 보았다. 그 결과 작품의 서사구조를 통해 작품의 형식과 의미구조가 닫힘의 틀을 빌어 열림으로 향하는 소통의 의미성을 확보하고 있음을 확인하였다. 작품 안에서 어떻게 다원화의 의미성을 읽어낼 수 있는지도 살펴보았는데, 다원화된 인물들은 각자 자신의 역능을 펼칠 가능성을 확보하고 있음을 확인할 수 있었다. 즉, 다양한 인물들과 시각이 차이를 통해 인간의 본질적 '차이'를 암묵적으로 인정하게 되고 그런 차이의 존재들이 소통의 가능성을 갖고 있음을 보여주고 있는 것이다.

   『난장이가 쏘아 올린 작은 공』은 노동자들의 자율적 행동이 촉발되는 현상을 담은 것으로 판단된다. 그것은 작자나 당시의 사회가 이러한 현상에 대한 네그리의 이론을 인지하지 못했다고 하더라도 '자율성'은 보편적인 인간의 역능에 기초한 것이므로 충분히 염두할만하다. 그런 맥락에서 작품의 분석을 통해 이탈리아 노동운동의 이론적 배경이 되었던 아우토노미아 사상과 어느 정도의 상동성을 밝혀낼 수 있었다. 그러나 각각의 개별 주체의 역능에 의해 구성되는 사회의 상동성까지는 찾아낼 수 없었다. 이것은 발전단계상 사회적 노동자의 단계에 이르지 못했음을 의미하는 것이다. 이러한 사실은 서구의 문화와는 다른 우리나라의 특수한 사회적 환경에서 비롯된 것으로 생각할 수 있다.

   이 글의 성과는 이 작품이 당시 노동운동의 대표적 양상이었던 대립과 단절적인 세계인식을 그대로 담아 전개한 것이 아니라 새로운 인식을 바탕으로 새로운 실천 방안을 강구하고 있었던 것이며, 결과적으로 그것이 안토니오 네그리의 아우토노미아 사상과 맥을 같이 하고 있었던 것임을 알아낸 데에 있다.

병리학적 환상과 글쓰기 방법으로서의 여담
— 허윤석의 『구관조』를 중심으로

1. 곤혹스러운 독서의 근원

언뜻 단순하게 보이는 글을 '읽는 행위'에는 여러 가지 담론과 전략이 숨겨져 있다. '읽게 하는' 행위의 역사 또한 마찬가지다. 우리가 엘리트들의 역사 이면에서 조작이나 음모를 읽어내는 재미를 인정할 수밖에 없다면, 읽기의 역사가 대중에 대한 기획과 시대상을 담고 있다는 사실 역시 눈여겨 볼만하다. 인류사를 새로 정비한 여러 혁명들에 핵심적 요소를 제공했던 책을 읽는 행위는 기본적으로는 사적인 내밀함을 가진 독자성에서 시작하나, 가장 화려하고 댄디적인 취미활동으로 발전해왔다. 이에 대한 연구는 묵독에서 개인을 발견하는 데에 그치지 않고 새로운 쾌락을 추구하는 대중적 소비시장을 창출하는 원동력으로까지 발전하여 개인과 사회의 여러 층위의 욕망을 충족시키는 다양한 층위로 해석되는 행위이다. 현대성을 대표하는 감각적인 대중매체의 출현이 이러한 독서에 대한 빈도는 낮추었을지도 모르지만, 오히려 '읽는 행위'에 부여된 가치는 더욱 견고하게 만들었다는 점을 많은 사람들은 간과한다. 글을 '읽어야' 획득할 수 있는 가치의 개념과 활자본 독서에 대한 신뢰가 아

---

* 본고는 『한국문학이론과 비평』(2007. 5)에 게재된 논문임을 밝힙니다.

제2부 연대, 그리고 • *277*

직 우리에게는 강하게 남아있기 때문이다. 하지만 바로 여기에 현재의 독서에 대한 곤혹스러움은 자리 잡는다.

1966년 「구관조」, 1973년 「초인」, 1974년 「타인을 대행하는 두뇌들」을 한데 묶고 여타의 단편을 추가한 장편 허윤석의 『구관조』(문학과 지성사, 1979)의 첫인상은 기괴함과 난해함에 있다. 활자를 읽어내는 독서 행위가 의미를 읽어내는 해독의 중심에 있지 않기 때문이다. 주인공 한갑수의 내적 심리 세계를 그린 자기 고백체의 소설인 『구관조』는 서사문학의 본질이라 할 수 있는 시간성을 무시하고, 작중인물 인격은 분산되어 있으며, 개방적 또는 해체적인 서사문법과, 삽화와 주석을 이용한 플롯의 전개, 합리적, 도덕적, 심미적 통제 없는 사고의 자유연상기법, 병리학적 환상, 그리고 끊임없이 중심서사를 지연시키는 여담은 독자들로 하여금 낯설음을 경험하게 하며, 전통적 서사문법에 대한 재고를 요하게 한다. 『구관조』가 소설의 전통문법을 파괴하고 개연성의 규범에서 일탈하여 언어의 한계, 주체의 한계, 성적 정체성의 한계를 명명하는 데서 독자들은 줄거리를 잃게 되고, 바로 여기에서 곤혹스러움은 시작된다. 현실과 환상, 물리적인 것과 경험적인 것, 객관과 주관의 병치와 충돌해 모든 개념이나 형체나, 진리나, 사실들은 동시다발적으로 붕괴되어 간다. 이러한 부단한 붕괴의 탐색 과정에서 노정되는 새로운 인간형의 적나라한 진면목은 독자를 곤혹스럽게 하기에 충분한 것이다. 하지만, 이 문제적인 텍스트의 파괴적인 의미의 잠재성[1]은 이 소설에 기묘하게 작용하는 서사 전략과 그러한 교묘한 방식에 의해 구현되는 작중인물의 성격화에 대한 서사적 해명의 충동[2]을 더욱

---

1) 이러한 『구관조』의 무의식, 불가사의, 꿈, 광기, 환각상태, 요컨대 모든 논리의 이면을 실체로 인식하는 방법을 추구할 목적으로 무의식의 세계를 강조하는 태도는 부정정신으로 대변되는 다다이즘의 예술적 방법론의 변용이라는 지적을 받기도 한다.

2) 송기섭, 「분열된 흔적들의 원형-『구관조』론」, 『어문연구』 46집, 2004, 333면

부추긴다.

이 글은 『구관조』의 독서를 곤혹스럽게 하는 원인을 찾는데 두고 자한다. 『구관조』 독서의 곤혹스러움은 크게 세 가지에 기인한다. 그것은 첫째, 갑수와 갑수의 분신들이 앓고 있는 질병들이 유발하는 그 병리학적 환상 끝에 분화되는 주인공의 분신들을 통해 반복되는 죽음, 둘째 중심서사 이상으로 이 작품의 의미를 재구성하는 글쓰기 방법으로서의 여담의 문제, 마지막으로는 자의식 과잉의 공간이자, 이 난해한 작품을 엮어주고 있는 공간인 꿈에 대한 것으로 나누어질 수 있다. 본고의 이러한 논의는 "한갑수"라는 인물에 대한 전제가 안정된 후 이루어질 수 있는데, 갑수는 전형적인 지식인 소설가로 극단적인 에고이즘[3]의 소유자이며, 지식인으로서 구원받을 수 없는 단절감과 절망을 예술적 차원에서 해소하려는 특성을 지닌 인물이다. 소설가의 빼곡한 서재와 같이 다양한 담론을 무리하다 싶을 만큼 동시에 구사하는 수많은 분신들과 그들의 대화방식 -설득하고 설득당하는-에서 그 증거를 찾을 수 있다. 본고는 이와 같이 선행연구자들이 변함없이 주목해 왔던 사실을 다른 차원에서 보기위한 시도이다.

2. 병리학적 환상과 죽음을 거듭하는 분신들

예술의 영역에서 육체적 고통은 단순히 물리적인 문제만이 아니다. 정신에게 밀려 2차 영역에 있던 육체가 유일하게 사회를 인식하는 증거로 주로 사용되었던 것이 바로 "병"이기 때문이다. 병든

---

3) 김열규가 '붕괴하는 형식'이라 불렀던 『구관조』의 '모더니즘적' 성격 역시 이 "자의식의 과잉"에서 찾아져야 한다. 김열규, 「성과 죽음의 사이」, 『우리의 전통과 오늘의 문학』, 문예출판사, 1987, 97면.

육체는 외부 세계의 병든 현상들을 본질적으로 주체에게 육화하는 물리적인 토대가 된다. 질병4)에 대한 근대인의 태도 중에 중요한 한 가지는 육체적인 질병의 근원에 정신적인 질병을 둔다는 점이다. 이때 병든 지식인의 자의식은 사회적 상황으로부터 일탈하려는 의식과 연관되며, 육체적 질병과 관련된 정신적 분열은 자신의 의식을 위기 상황에 놓으려는 근대적 지식인의 자의식5)을 보여준다고 하겠다.

① 이맘때쯤 되면 한은 절벽 같은 어둠의 다리를 다시 건너야 할 시간이 왔다. 등으로 오한이 쏟아지고 **사지가 바싹 말라드는** 감을 느꼈다. 니코틴을 입에 물린 살모사처럼 뒤통수를 헤거매는 것이었다. 아마 **혈관이 수축**을 하는 모양이었다. … 부정맥이라기보다는 **난맥** 상태를 나타내고 있는 참이었다. 머리는 석고로 빚은 디룽박이처럼 뒤면 우석우석 부서질 것 같았다. 그만큼 **감각이 멀어져가고** 있는 것이었다. 어깨가 눌려오고 가슴이 죄어왔다. **협심증**을 일으키고 있는 모양이었다. … 이렇게 생명이 엇갈리고 있는 골목길에서 한은 자기 자신의 증인을 삼을 수 있는 한갑수 자기 자신을 만나주는 참이었다. - 허윤석,『구관조』, 문학과 지성사, 1979년, 48~49면(이후에는 면수만 표시)

② 「아니야 나도 사람은 분명한 사람인데 말이야 네가 생각하는 것과는 좀 달라!」
「뭐가 달라!」
「**시민질환**에 걸린 환자야. **신경쇠약** 같기도 하고, **정신분열증** 같기도 하고, 좌우간 알숭달 숭해서 잘은 모르겠어.」

---

4) 질환disease과 질병illness은 구분되어 사용할 필요가 있다. 질환이 생리적이고 생물학적인 건강 이상 상태를 의미하는 것이라면, 질병은 사회, 심리학적 의미와 환자가 주관적으로 느끼는 병의 경험과 주변집단의 사회적 평가와 반응까지도 포함되는 개념이다. 사라 네틀턴, 조효재 역,『건강과 질병의 사회학』, 한울아카데미, 1997 참조.
5) 임병권,『1930년대 모더니즘 소설에 나타난 은유로서의 질병의 근대적 의미』,『한국문학이론과 비평』17집, 2002년 참조.

「너 돌았구나!」 - 51면

③ 한은 우의 얼굴을 넌지시 건너다보면서,

「정신분열증도 사회병 아닌가?」

「맞다! 맞았어! 자네 같은 거지! 시대에 얽매 있으면서도 안 그런
척하다 생기는 병을 시민질환이라고 하는 거야!」 - 67면

④「박기자! 그렇게 웃을 일만은 아니잖아! 그 동안 나는 그야말로
안 웃고는 못 배길 또 하나의 이질병을 앓고 있었던 참이야. 이번은 퇴
영성 질환(退嬰性 疾患)이라는 건데 내 키가 점점 잦아들고 있는 거야.
어린애처럼 말일세. 게다가 기억력 상실증 하나를 더 얹어 주는 게 아
니겠어. 머릿속이 썩어빠진 호두 속같이 덜렁대면서 현실 상황에 실감
을 내지 않는거야. 말하자면 물가지수를 송두리째 잊어먹은 거지. 무슨
단위 같은 것 말일세.」하고 기가 푹 꺼지는 시늉을 했다. - 337면

⑤「… 선생님은 저를 돌았다고 보시는 모양인데 저를 미친 사람으
로 아셨다면 그건 우식씨의 오버센스인걸요. 노이로제 환자도 정신분
열증 환자도 아니란 것만은 분명히 해두고 싶군요. 해석은 우식씨 자유
니까 저는 그걸 탓하자는 건 아니고 분명히 제 병은 자신을 팽개치는
거부증 환자로 되어 있다 그 말이죠. - 369면

⑥「꼭 그렇다는 것은 아니지만 그녀의 경우를 질병 분류학으로 따
지자면 사고성 대사증(思考性代謝症)이라는 건데, 자네 말대로라면 환
자의 병은 이미 섬망증(譫妄症)6)에까지 와 닿아 있군 그래. 자신의 각

---

6) 의식장애와 내적인 흥분의 표현으로 볼 수 있는 운동성 흥분을 나타내
는 병적 정신상태. 동시에 사고장애(思考障碍), 양해나 예측의 장애, 환각
이나 착각, 부동하는 망상적인 착상이 있고, 때로는 심한 불안 등을 수
반한다. 섬망상태에 있을 때는, 주위와 교섭은 환각이나 착각 등에 의한
착오 때문에 곤란하다. 고열이 나는 질병에 의한 의식장애 때의 열성섬
망(이때 나오는 무슨 뜻인지 모르는 말을 흔히 헛소리, 즉 譫語라고 한
다)이나, 알코올의 과음을 주원인으로 하는 진전섬망 등은 잘 알려져 있
으며, 특히 후자의 환각은 작은 동물의 환시(幻視)의 형태를 취하는 일이

기병이다. 거부증이다 하지만 말일세. 그건 섬망증, 다시 말해서 헛소
리와 함께 나타나는 병발증이라는 거야. 병리학에서는 운동 조절 실조
증이라고도 하지!」 -424면

『구관조』에 등장하는 대부분의 인물들은 소위 거부증 환자들이
다. 우선 주인공 한갑수만 하더라도 ①, ②, ③, ④에서 보듯 신경증,
기억상실증, 노인성피로감, 형이하학적 통찰력 부족과 시대착오적
사상에 퇴영성 질환, 성과잉증까지 겉으로는 "전혀" 표가 나지 않
는 내부의 정신병에 걸려 있는 환자이다. 이 질병들의 특징은 환자
가 스스로 말해주지 않는 이상 타인이 그 질환을 확인할 수 없다는
것이다. 자신과 외부가 단절되는 원인을 질병에 두고 스스로 여러
가지 질병을 찾아내서 앓고 있는 것이다. "퇴영성 질환자의 수기"
에 등장하는 선아(애자)는 ⑤, ⑥과 같이 정신세계에 대한 설명을
지적논리로만 묶어놓은 완인(完人)의 획일주의적 개념을 강력하게
부정하는 대표적 거부증 환자이다. 그녀 또한 사고성대사증, 섬망증
(譫妄症), 운동조절실조증, 보행도착증, 신경성위장병 환자로 대사
회적 투쟁에서 패배하고 소외당한 제물이다.
   하지만 무엇보다도 이 작품에 등장하는 인물들이 앓고 있는 이러
한 질병들의 가장 큰 문제는 "환자 자신이 언어의 반사 조건에서
오는 콤플렉스에 빠져 있다는 걸 잘 알고 있으면서 그 병을 열심히
앓고 있(426면)"데에서 더욱 심각해진다. 우리는 이 장면에서 갑수
가 소설가라는 점을 고려하지 않을 수 없다. 질병은 낭만주의 문학
에서 비롯하여 현대 소설에 이르기까지 중요한 문학적 테마가 되어
왔으며, 또 예술가는 정신 병리를 오히려 정신적인 건강으로 보는
측면7)이 존재해왔기 때문이다. 병이 강렬한 열정, 남 다른 사고, 천

많다.
7) 이재선, 『현대한국소설사』, 민음사, 1996, 203면.

재적인 창작열을 고무하고, 예술적인 위대성은 정신적 고통에서 유발된 육체적인 고통의 발현에 의해 얻어진다고 보는 것이다. 실제로『구관조』에서 질병에 시달린 끝에 보는 환상은 언제나 인간 또는 예술가(작가) 본연의 근원적인 질문에 관한 것이었으며, 갑수는 늘 그것에 대한 질문을 떨쳐 버리지 못한 상태에서 극렬한 의식의 분열을 겪는다.

이처럼, 한갑수가 앓고 있는 질병들의 또 하나의 문제는 질병의 끝에서 분열되는 의식에 있다. 그는 자신의 몸 안에 일어나고 있는 세세한 병리학적 현상까지 물리화하는 예민한 성격의 소유자이다. "혈관이 수축하고, 신경이 마비상태에 들어가고, 구토를 느끼고, 키가 작아지고, 기억이 사라지는" 등의 질병의 실감나는 고통과 두려움은 의식을 흐리게 하고, 결국엔 환상을 낳고, 그 환상 속에서 주체는 다시 분열된다. 우리가『구관조』의 독서과정에서 경험하는 낯설음을 극복하기 위해서는 질병의 극한에서 분리된 또 다른 개체인 분신들의 실체와 의도를 파악하는 작업이 선행되어야한다. 갑수는 고혈압의 극한에서 의식이 흐려지는 지점에서 "한"을 만나고, "한" 역시 시민질환을 앓고 있다는 점에서 일은 복잡해진다. 하지만,『구관조』가 가진 곤혹스러움은 여기서 그치지 않는다. 현실과 환상이 나뉘어 진행되는데 그치지 않고, 죽음과 맞닿은 채, 가물거리는 의식 속에서 탄생한 갑수의 분신들이 완벽한 인간성을 지닌 개체로 형상화되어 있기 때문이다. 그 대표적인 존재가 박기자와 구관조이다.

> 한의 말대로 이렇게 쓰다보니 주인공을 완전히 바꾸어 놓은 셈이 되었다. 그러나 박기자는 실재인물이 아닌지도 모른다. 들리는 말에 의하면 박기자가 한번 찾아온 것만은 사실이었다. 그렇다고 장시간을 두고 그런 대화를 주고받았는지 그것조차 알 수 없는 일이었다. 한이 현대인의 유형을 박기자를 통해서 한 자신의 이야기를 시키고 있는지도 모

른다. 다만 여기서 생각해 볼 문제는 박기자의 이야기가 한이 시킨 이
야기라고 한다면, 그리고 한이 설정한 가상인물이라고 한다면 한은 이
이야기 이외에도 또 하나 딴 이야기를 가져올는지도 모르겠다. 그러니
까, 박기자란 한의 분신으로 보아도 무방할 것이다. - 21~22면

『구관조』의 시작과 끝은 자전적 화자 갑수와 S신문사 문화부 박
기자와의 대화로 이뤄져 있다. 아마추어 소설가이도 한 박기자는
신세대 감각을 가진 화자 자신의 분신이자, 신경증을 앓고 있는 한
갑수의 말을 들어주는 증상으로서의 타자[8]이다. 한은 예술성과 창
작이론을 고민하는 기성작가이지만, 박기자는 창조성과 실험성, 더
불어 상업성을 추구하는 전위작가이다. 형이하학적 통찰력이 부족
하고 시대착오적 사상을 가진 노인성피로감 환자 한갑수는 현실주
의자, 물질주의자, 섹스 신봉자, 직선적인 생활 감정의 전위작가이
자 기자인 박기자와 모순 대립적 구조를 형성하고 있다. 이 병치는
『구관조』에 드러난 여러 병치 구조 중 가장 최초인 동시에 가장 극
명한 것이다. 마지막 장, 월남에서 전사했다는 박기자는 "신문기사
는 원래 믿을 수 없는 것"이라는 자신의 말을 증명이라도 하듯 돌
아와 갑수 앞에 앉는다. 그리고 여전히 "시대는 작가의 반려자가 될
수 없다", "소비자를 찾아다니는 중개인과 같은 것이다"와 같은 논
리로 갑수를 궁지로 몰아넣는다. 그러기에 현대인의 유형을 대표하
는 박기자에게 한의 작가의식은 이월해야 할 가치 개념이 되는 것
이다. 하지만, "넥타이를 발목에 매면 대님이 된다"는 "상황이 유도
하는 우연"에 대해서는 박기자도 "넥타이를 주머니에 구겨 넣을 만
큼" 당황하지 않을 수 없다. 그러나 이 소설은 이러한 모순대립이나
설전(舌戰)이 변증법적 종합 단계의 절차를 밟아 새로운 의미로 파

---

8) 박정수, 「허윤석 소설의 토포필리아-그 반근대적 장소애의 포스트 식민
   성에 대해」, 『한국문학이론과 비평』 20집, 2003년 9월, 101면.

생되거나 발전하는 단계를 밟지는 않는다. 즉 "결론"이나 최종점을
보여주지 않는다는 것이다.

또 다른 대표적 분신인 구관조는 시니컬한 비아냥으로 한을 당황
하게 만드는 박기자와는 다르다. 이 수컷은 깃이 부러져 일어서지
도 못하는 무능한 존재이며, 또한 이야기를 잃어버린 새이다. "말하
는 새"로 대표되는 구관조의 이야기의 상실은 언어 및 의식의 상실
로 사회성 도태를 의미한다. 말을 잃어버린 구관조의 수컷은 시대
감각과 욕망을 상실한 존재라는 의미에서 갑수의 분신이다. 때문에
구관조 수컷은 또 다른 분신인 박기자와 대립점을 이루는 축이라
할 수 있다. 이러한 양면적인 분신의 분열 또한 갑수의 정신상황을
설명하는 또 다른 근거가 되어줄 수 있을 것이다. 그리고 여기에 또
하나의 분신으로 구관조 암컷이 있다. 갑수에게는 밀실에 대한 강
박증이 있다. 왜곡된 유년의 성 경험(월매)과 신경성 고혈압, 심장
병 같은 신체적인 질병, 작가로서 12년 동안의 절필로 외부사회와
차단된 데서 오는 폐쇄성이 그에게는 밀실공포와 불안으로 나타나
고 있는 것이다. 그런 강박증을 자극하는 구관조- 아끼꼬를 연상시
키는 암놈-는 저주받은 새가 되어 시도 때도 없이 그의 꿈에 날아와
그의 불안을 가중[9]시킨다. 작품 초반 죽어버리는 수컷과는 대조적
으로 끊임없이 도전적 태도를 유지하는 구관조 암놈은 성적 욕망으
로 수컷을 깔아뭉개는 새이다. 그리고 자신의 "아빠(남편)"을 죽인
범인으로 갑수를 고발하기까지 하는가 하면 면회도 오고, 또는 여
자의 독수공방이 가지는 의미에 대해서 설명하는 제법 인생 선배
같은 태도를 취하기도 한다. 이를 도식화하면 한 = 박기자, 한 = 수
컷, 암컷 = 수컷, 박기자 = 암컷이라는 등식이 성립한다. 결국 이
텍스트에 등장하여 "말"하는 모든 존재들은 갑수의 분신들인 것이다.

9) 안숙원, 「『구관조』 연작과 백일몽의 세계」, 『한국문학과 환상성』, 예림,
   2001, 297면.

여기서 더욱 흥미로운 점은 갑수가 구관조 수컷을 죽인 혐의로 사형을 구형 받는다는 병리학적 환상의 확대에 있다. 이미 본대로 구관조가 또 다른 갑수를 우회적으로 지시하는 매개체라면 한갑수는 "자신을 살해한 죄명으로 기소"된 셈이 되는 것이다. "자신을 살해한 죄"로 기소된 갑수에게 던지는 삼수(갑수의 하인)의 자살 비판론은 상황적 아이러니를 이끌어내며 이중적으로 장치화된 죽음의 의미에 대해 생각하게 한다. 『구관조』에 기록된 병적 징후들은 항상 죽음을 의식하게 한다는 점에서, 고통은 건강하고 정상적인 사람이 결코 이해할 수 없는 형이상학적인 현실10)을 우리에게 알려준다. 죽음에 대해 말할 수 있는 자는 죽어본 자들뿐이다. 그리고 그 징후 끝에 해체된 자아들은 다시 원래의 자아에게 말을 건다. 때문에 『구관조』에서의 자아의 해체란 곧 작중인물 한갑수의 해체, 즉 분신들의 설정으로 설명할 수 있는 것이다. 그렇다면 이것은 전략적인 해체11)이다.

주인공 한갑수의 체내에서 그와 함께 이단을 모의하고 있는 분신들이 바로 그러한 해체된 인격들이라면, 그가 자신의 내면을 송두리째 해부하면서까지 시도하는 것은 과연 무엇일까? 자아에 대한 초월적 구원에 대한 열망은 자연스레 에고이즘과 결합하게 된다. 신과 악마를 동시에 만나길 원하며, 근거를 헤아리기 어려운 공포와 해소할 길 없는 고독, 인간 공동체로부터의 소외를 자신의 삶으로 받아들이고 살아가는 한갑수가 자신을 '인간고발'하고자 하는 내역은 그리 간단하지가 않다. 그가 고발하는 중심에 바로 복잡다단한 자신이 있기 때문이다. "기독과 열두제자"가 아니라 기독 안에 "열두 제자와 같은 인간유형"이 있었던 것이라는, 그것이 "완인

---

10) 송기섭, 위의 글, 343면.
11) 여기에서의 해체란, 존재와 부재라는 이중성을 지니고 있는 개인의식 또는 세대의식을 관찰하기 위한 생성으로서의 해체를 의미한다.

들의 세계를 피해가는 유일한 방법"이라는 선아(애자)의 말처럼 한 갑수는 병을 통해 죽음에 이르고 그런 과정을 통해 분리된 분신들을 통해 진정으로 원했던 자아의 심연에 도달하는 환상을 완성한 것이다.

3. 타인을 대행하는 글쓰기 – 다중인격적 글쓰기로서의 여담

『구관조』 읽기의 가장 큰 난해함은 "줄거리"를 잡을 수 없다는 데에 있다. 환상과 현실이 뒤섞여 있고, 시공간에 제한이 없다는 점을 제외하고도 끊임없이 "끼어든 이야기"들을 처리할 방법이 없기 때문이다. 사실 이러한 삽화들을 제거하면 『구관조』의 줄거리는 단순하고 명백하다. 백일몽, 즉 낮에 꾼 꿈 한 자락이 전부인 것이다. 하지만, 텍스트 전체의 재해석을 고민하게 하는 요소로서의 여담의 장치가 발동을 하면, 『구관조』는 주된 스토리보다 더 중요한 무언가를 내면에 감춘 수수께끼[12]가 되고 만다. 즉 여담이 완벽하게 독립된 줄거리를 가진 개체성과 생명력을 갖고 있다는 것이다.

여담은 "끝"을 유보하면서 끊임없이 성가시게 끼어든다. 주절거리며 중심을 잃어버린 상태, 시작도 그러려니와 끝을 예견할 수 없게 만드는 여담[13]은 단일한 목적을 향해 나아가는 것이 아니라, 여

---

12) 란다 사브리, 이충민 역, 『담화의 놀이들』, 새물결, 2003년, 449면.
13) 여담은 잡사로 구성되기 일쑤이다. 잡사의 기능은 어떤 사건을 알리고 설명하는 것이 아니라, 매우 광범위한 대중의 숨겨진 본능과 가장 공격적인 충동을 만족시키는 것이다. 그렇기에 잡사는 현실을 반영한다기보다는 현실을 구성하고 편집하고 재현한다. 잡사에 속하는 사건들은 '일상의 것들'을 건드린다. 초현실주의들에게 있어 잡사는 마치 그 인과관계가 미지의 힘에 의해 길을 잃은 사건처럼 "객관적 우연"이라는 현상들의 일반적 범주 속에 들어갈 수 있다. (이러한 의식은 이 작품의 27호 감방 옆의 여죄수와 애자가 살인자가 되는 과정을 이해하는데 도움

러 겹의 서사 의미를 혹은 이념을 함축하기 때문에 곤혹스러움의
원인이 된다. 독서의 방향을 잃게 하고, 동요하게 하는 요소 때문에
번외로 치부되던 여담은 이제 현대 소설의 서사적 중심 전략에 속
한다. 여담은 결국 이야기에 통합되는 영역이라는 전제에서 보면,
일부이면서 전체이다. 나아가서 이는 현대소설의 양가성이나 무가
치성을 역설적으로 드러내는 방법14)이기도 하다.

> 사람은 본래 나면서부터 말을 가지고 나온 사람은 단 한 사람도 없
> 는 것으로 되어 있네. 달리 있다면 어머니의 모체에서 20만개의 뇌세
> 포를 받아가지고 나온 것 뿐이야. 나면서 조판공이 식자를 하듯 남의
> 말을 주워모아 자신의 뇌세포에다 이식을 해 가면서 대화도 하고 노래
> 도 부르는 거지. 그러니까 **우리가 사용하고 있는 용어는 곧 타인의 말
> 로 되어 있다는 그 말**일세. 우리의 두뇌 관리도 마찬가지일세. **나 자신
> 을 행사하는게 아니고 타인을 대행**하고 있는 거야. - 427~428면

위 인용문은 『구관조』에서 가장 많은 논의를 끌어내는 장이라 할
수 있는 「타인을 대행하는 두뇌」들의 가장 문제적인 제안이다. 우
리가 실재라고 믿었던 것들은, 결국 타인의 의식이 내재된 언어를
이식받아 존재 고유의 본질, 즉 실존철학적 용어로 본래성을 상실
한 존재가 된다는 것이다. 그리고 이 텍스트에는 타인의 "입을 대
행"할 수밖에 없는 "말"로서 수많은 여담이 존재한다. 마치 인간 삶
전반에 걸친 모든 담화를 포괄하기 위한 시도처럼 보이기도 한다.
『구관조』에서 여담으로 분류될 수 있는 독립된 서사물은 총 30여
개 정도15)이며, 이는 액자의 틀에서 기술된 작가의 사고를 뒷받침

이 된다.)(프랑코 에브라르, 최정아역 『잡사와 문학』, 동문선, 2004. 참조)
14) 송기섭, 「여담의 구실과 서사전략」, 『한국문학이론과비평』 29집, 한국문
   학이론과 비평학회, 2005, 267면.
15) 사실, 이 작품에서 무엇이 여담이고 무엇이 중심서사인지 구분하는 작
   업 자체도 쉬운 일은 아니다. 여기에 대해서는 연구자나 독자들마다 이

하는 기능을 한다. 이러한 여담들은 독립된 플롯으로 틀 속의 주제의식을 심화시키기도 하며 모자이크식으로 하나의 플롯을 형성하고 있기도 하다. 이를 크게 유형화한다면 네 가지로 나누어 볼 수 있다.

첫째로 그것은 『구관조』에 드러난 독특한 성의식을 부연하는 기능[16]을 담당한다. 『구관조』에는 새로운 여성이 아니라, 드러난 여성이 있다. 지식인 남성의 에고적 서술을 바탕으로 하는 이 소설에서 여성들의 역할은 언뜻 소극적이고 장식적으로 예측될 수 있다. 하지만, 이 작품의 여성들은 기존 남근이 지배하는 성적 경제의 특성처럼 자신들을 열등하거나, 무가치하다거나, 일차적 가치의 차원에서만 소망스러운 존재로 생각하지 않는다. 더 흥미로운 것은 오르가즘을 능동적으로 리드하는 것이 남자가 아니기 때문에, 상호교환행위로서의 성행위는 상당히 생소한 위치에 있다는 점이다. 이는 『구관조』가 현대 사회의 성 문제를 남근중심 의식이 전도된 즉 양성 또는 여성중심의 성생활로 전이된 것으로 보기 때문이다.

이때 문제가 되는 것은 다소 난폭하고, 오만한 유혹자로 등장하

견이 있을 수 있음을 인정한다. 여담과 잡사의 기준이 유연성을 가지고 있을뿐더러, 서사의 본류가 애매성을 전면에 나타내는 이 작품의 경우 여담에 대한 분류는 각 독자들의 몫에 맡겨야 할 듯하다. 본고에서는 "갑수와 구관조, 박기자, 월매, 아끼꼬"를 제외한 서사를 여담으로 규정한다.

16) 사실 이러한 성의식은 갑수의 유년시절 월매와의 성에 관한 왜곡된 체험에 기인한다. 6살 갑수와 13살 월매가 주인집 도련님과 노할머니 몸종이라는 비틀어진 관계에서 모성과 이성이 혼종된 상태로 겪은 위험한 장난으로 경험된 성은 작품 전체를 전유하는 월매에 대한 그리움이 모성애와 이성애의 양면성을 갖는 이유가 된다. 월매에게는 너무 어린 탓에 아끼꼬에게는 수동적인 태도 때문에 진정한 성욕의 분출을 경험해보지 못한 갑수는 뜻하지 않는 성적인 불구로 설정된다. 꿈에서 반복되는 구관조의 여과 없는 성에 대한 대화와 월매나 아끼꼬에 대한 회상은 갑수가 성의식 과잉에 시달리고 있다는 것을 증명한다. (『구관조』, 111~112면)

는 "기만하는 여성"의 존재이다. 모든 문제는 원래 대칭이 아닌 것, 균형이 맞지 않는 것에서 시작한다. 한의 애인이었던 아끼꼬, 김립산의 애인인 연희 그리고 구관조 암컷에 이르기까지 당당히 성적 욕망을 표출한다는 이유로 성의식 과잉 내지 성적 도착증으로 분류되며, 동시에 기존 음양의 이원성을 왜곡하는 여성으로 치부되는 바로 그들이다. 「분신과의 대화」에 등장하는 여학교 작문시간, 올드미스의 처녀막, 빨치산 여당원들, 「증인신입」의 김교수 부인의 비틀어진 성의식 등의 모자이크식 여담은 기존 현실과는 다른 남성상과 여성상을 설정하고 있다. 한과 닥터 우의 낚시 여행에 대한 여담(58면) 역시 성 앞에 당당한 여성과 기죽은 남성의 모습을 극명하게 배치시킨다. 아래 속옷을 입지 않은 여성을 보고 오히려 화를 내는 갑수와 대조적으로 깔깔거리며 웃는 여자에 대한 낚시터 여담은 "솔직한(또는 있는 그대로의) 성(또는 여성의 육체)"에 대해 거부감을 느끼는 지식인 남성들의 허위를 가차 없이 비웃는다. 「초인」의 27호 감방장이 들려주는 여담(꿈)에 등장하는 나루터의 기녀 역시 다르지 않다. 성적 만족을 얻은 여자(기녀)가 남자에게 돈까지 받아내는 당연하지만, 당연하지 않은 논리를 소개하며 성에 대한 새로운 인식을 촉구한다. 마지막 「타인을 대행하는 두뇌들」의 어느 부락의 민화는 부조리한 현실의 파생원이 성윤락에서 오는 악순환임을 서술한다. 이는 일종의 비극적 추잡함 속에서 실제에 관한 진실을 전하는 글쓰기[17]로서의 여담의 성격을 증명하는 것이다.

둘째는 이 소설이 신화나 설화의 내용 및 형식을 패러디하여 초맥락화 된 내용을 통해 약호를 해독하게 하는 서사전략을 여담을 통해 구사한다는 점이다. 「무서운 대결」의 일산마을의 여담은 현실의 도전으로 인한 파멸의 예를 보여주기 위한 여담이며, 「축제」의

---

17) 프랑코 에브라르, 앞의 책, 197면.

고려장 여담은 물질과 정신적 요소 사이에서 정신문화의 승리가 가져온 신화이다. 그리고 『구관조』의 독서과정에 발견되는 카프카의 『변신』, 『견족의 일원』, 도스토예프스키의 『죄와 벌』, 『요한복음』8장 7절, 이광수의 『춘희』, 심훈의 『상록수』 등의 국내외 문학작품과 작가 역시 이에 속한다. 하지만, 『구관조』에서 사용하고 있는 설화의 패러디 양식은 조롱과 비꼼이라는 전통적 패러디와는 다소 거리가 있다. 일상의 현실 속에 뿌리를 내리는 동시에 현실성에서 분리된 여담은 실재의 단순한 재현이 아니기 때문이다. 징후, 전조인 그것은 실제 세계를 그 깊이와 복잡성과 함께 재현하고자 애쓰는 신화적, 상징적, 은유적 해석으로의 유도를 가능하게 한다.

  셋째는 물질과 정신, 현실과 비현실, 이상과 감상 등의 병치를 다룬 여담들의 유형이다. 「삽화」의 작은 위성국가의 혁명기념일에 관한 여담은 현실과 이월 가치의 차이에서 오는 구토증을, 「인간초심」의 솔매마을의 홍수사건은 현실과 이월가치의 거리감이 내재함을 이야기하기 위한 삽화이다. 「하수인의 변」의 김군의 연애담은 박기자와 같이 하반신에 중심을 두고 사는 젊은 세대에 대한 가치의 차이를 대변하기도 한다. 「초인」장에 등장하는 "누에고치에 대한 여담"을 보자.

  「방장님, 이건 갑수가 어렸을 때 보고 온 얘깁니다. … 저는 산잠을 유심히 바라보았죠. 산잠은 벌써 성충이 되어 떡갈잎을 마구 먹어젖히는 게 아니겠어요. … 며칠 안 되어 이 누에고치 속에서 흰나방들이 쏟아져 나오기 시작했습니다. **이거야말로 멋진 승화아니겠어요.** 기어 다니던 버러지가 천사처럼 날아다니니 말입니다. 그뿐입니까. 이번은 나비들은 … 꽃술에 앉아 꿀을 빨아먹는 게 아니겠어요. … 그러나 이게 다 꿈같은 얘깁니다. **승화했다는 그놈의 나비 한 마리가 다시 떡갈나무에 몇 백곱으로 버러지 같은 알을 싸갈겼죠.** 알은 다시 성충이 되고, 나비가 되고, 성충이 되는 그런 작업을 반복하는 동안 누에고치는 산동

띠놈들이 다 가져가고 떡갈나무만 폐목이 되어 앙상하니 잔해를 남겨 놓았을 뿐이죠. **승화가 무슨 승화입니까. 버려지는 역시 버러지 그대로 남았습니다.** 인간 사회도 그런 거 아니겠어요. 석가모니, 공자 같은 사람들도 영원히 승화하지 못했습니다. 아니 사람을 승화시켜 주지는 못했습니다.」 - 271~272면

이 여담 안에는 정신적 승화를 강렬하게 욕망하는 갑수의 내면이 그대로 반영되어 있다. 여담은 실제 사건들이나 일상생활의 사소함에서 욕망을 실현시키면서 부정의 작업을 허용한다. 이러한 유형에 속하는 여담들에서 우리는 잡사가 발휘하는 매혹적인 힘을 본다. 이는 잡사가 제시하는 상황들과 일상적 사건들의 관련성을 전혀 예측할 수 없다는 데서 유래한다. 잡사는 하찮거나 괴상하거나 평범한 모습으로 인간의 본성과 운명과 가치에 관한 문제를 제기한다.

마지막으로 여담이 갑수의 굳어가는 혈관같이 딱딱한 이 작품에 화려한 수사학적 흐름을 제공한다는 점에 주목할 필요가 있다. 여담은 원래가 무엇인가를 "잘 설명하려여" 생겨난다. 즉 시도는 발화자의 "의도를 부연"하는 것이며, "예를 드는 것"에 있다. 그러므로 이 영역은 수사학을 거치지 않을 수 없다. 특히, 미니스커트의 유래나 설파제(「하수인의 변」), 몽블랑(「타인을 대행하는 두뇌들」)에 대한 시니컬한 입담을 바탕으로 하는 여담은 전체 서사에서 완벽하게 독립될 수 있을 만큼 흥미롭다.

미니스커트의 발상지가 어덴지 아십니까. 세계에서 제일 전통적인 영국입니다. 그 나라의 시장 경제가 우리와 좀 다르죠. 아동복에는 간접세가 없으니까요. 성인복보다 월등히 값이 쌉니다. 어느 날 가정 경제의 언밸런스에 쫓기던 어느 주부가 아동복을 사 입었다는 겁니다. 그러니까 한 여자의 탈세 행위가 동기가 되어 미니스커트의 유행을 불러일으킨거죠. 이게 제삼국으로 옮아오면서부터 성 과잉 같은 육체 노출증으로 둔갑을 하고 나선 거 아니겠어요. - 227면

27호 감방에서 김군이 자신의 약혼녀에 대해 불만을 토로하며 갑수에게 늘어놓은 여담이다. 이러한 여담은 "이 편지의 주인공인 그녀도 이런 울타리 안에서 서식을 하고 있는 인류의 일원이 아니겠어요?"라는 발화자의 궤변을 그럴 듯하게 성립시키는 근거이자, 청자-독자-에게 이야기의 본류를 잃어버리게 할 정도의 수사학적 재미를 선사한다. 독자는 잡사에 내재된 약호들과 초맥락화 된 의미들을 해독하기 위한 독서과정을 통해 추론적 행보를 시작하게 된다. 여기에는 기호부여자와 해독자간에 공유된 기호가 있어야 하는데, 해독자는 『구관조』의 여담들이 주제를 비유적으로 강조하는 기능을 하고 있음을 알고 있다. 때문에 그 해독과정은 내용뿐만 아니라 수사학적 측면까지 함께 이뤄져야 하는 것이다.

이러한 여담들의 총 결정판이라 할 수 있는 「타인을 대행하는 두뇌」에 등장하는 "초야(初夜)에 관한 여담"은 위에서 유형화한 특징들을 모두 포함하며 완벽한 플롯을 갖추고 있다는 점에 의미가 있다. 어느 부족의 초야에 대한 "설화"로 시작한 이 여담은, 초야를 제공받지 못한 한 여성이 "다소 난폭하고 오만한 남성 유혹자"로 등장하여, 남성을 강간하는 데 그치지 않고 모든 욕망을 감추지 않고 드러내는 "만행"을 일삼다가 종국에는 훔친 돼지를 끌어 안고 우물에 빠져 죽었다는 일차 서사와 그 공동우물의 금기와 광기의 전이에 대한 이차 서술로 이뤄져 있다. "마시면 추장이 죽고, 마시지 않으면 부족이 죽는다"는 예언에 따라 공동우물은 금기가 되었고, 이 금기가 가뭄으로 깨지자, 현실가치와 이상가치의 차이가 무화(無化)되는 순간에 부족민의 전체가 광기에 휩싸이게 된다는 종합적이고 복합적인 사상과 체계를 가지고 있다. 게다가 이 부족의 초야와 공동우물, 그리고 금기의 명령자인 족장 살해는 수많은 은유와 알레고리, 풍자의 연장선에 있다. 즉, 이 여담 하나만으로도 완벽한 하나의 플롯을 갖춘 서사물이 되는 것이다. 문학으로서 잡사는 광기, 소외, 지식, 처벌, 성욕에 대한 독특한 경험이 표현되는 선택받은 장소로서 나타난다. 여백을 부여하는 그 방식에서 흔히 주변적인 문학은 역사와 일상적 현실을 조명[18]하는 것이다.

토도로프의 말처럼 모든 담론은 새로운 담론을 만들어 내도록 되어 있다. 문학작품이 잡사를 참조하는 것은 소설적 허구와 실제 현실 사이의 관계에 대하여 의문을 제기하게 하고, 진실임직함과 사실주의의 문제를 제기하게 한다. 일상적인 비합리성의 영역에서 끌어낸 잡사는 예기치 않고 갑작스러운 것에 의해 지배되는 존재의 다양성과 불연속성을 드러낸다. 소설이 인간을 관통하는 모호한 힘을 감추면서 인간과 현실 사이에 여과장치를 하고 관념적으로 조절된 세계의 비전을 위해 존재하는 반면에 여담은 실재와 의식에 잠겨 있던 영역을 드러나게 할 수 있는 "새로운 글쓰기"를 가능하게 하는 것이다.

4. 자의식 과잉의 공간으로서의 꿈

> 한갑수는 심장병 외에 또 하나의 딴 병을 지니고 살아왔다. 밤마다 구관조의 꿈을 보는 그런 병이었다. -7면

> 낮에 보는 꿈이었다. 그나마 앉아서 꾼 꿈이었다. - 436면

『구관조』의 처음과 마지막 문장이다. 작품의 담론 내용이 백일몽이었다는 정보를 제공하는 구문이다. 보는 대로『구관조』는 꿈에 관한 이야기이다. 이와 같은 열린 결말 형식은 저자의 죽음을 선언까지는 아니라 할지라도 꿈의 이어짐을 통해 무한하게 사건을 전개

---

18) 프랑코 에브라르, 앞의 책, 197면.

할 수 있는 다원주의적 서사양식의 한 예를 보여주는 것이라 할 것이다.

　우리는 이미 갑수가 자의식 과잉의 인간임을 전제하고 논의를 시작하였다. 수많은 등장인물이 거의 모두 갑수의 분신임을 보아도 그렇지만, 자신의 몸 안에서 일어나는 병리학적 특징에 특별히 예민한 감각의 날을 세우는 것도 같은 맥락에서 해석될 수 있다. 특히, 갑수의 분신들이 대화를 진행시키는 방식은 주목할 필요가 있다. 우선, 이들의 대화는 주로 여담을 근거로 한 주장이나 설득의 방식을 취하고 있다. 원론주의자 갑수에게 시대정신을 설명하던 박기자의 방식도, 고고한 정신을 유지하고자 했던 주선생도, 현대 연애에 대한 실상을 이야기 하던 김군도, 시종 "네가 틀렸다"고 비꼬는 구관조 암놈도, 갑수를 설득하고 갑수에게 설득당하고 있다. 끊임없는 자문자답은 자의식 과잉의 결정적 증거이다.

　그리고 이러한 설득의 장이 바로 꿈이다. 『구관조』의 주인공 한 갑수는 제 1장에서 12장에 이르기까지 자신을 중심으로 하여 무수한 분신들로 하여금 백일몽 속에서 연상과 독백과 환상의 숲을 거닐게 한다. 1장에서 박기자가 등장해서 마지막 장에 다시 등장하기까지의 시간폭을 설정하기는 하지만, 그 속에 모든 물리적인 시간은 해체되고 폐기된 세계에서 시종 꿈은 현실보다 더 리얼하게 갑수의 서사를 이끌어 간다. 그것은 때론 그의 고질병의 근원이기도 하고, 자신의 죽음을 보게 되는 기괴함을 제공하기도 하며, 새로운 환경을 갈망하는 인생의 고비가 되기도 하며, 현실과 다르지 않다는 점에서 공포감을 느끼게 하는 요소로 작용한다. 이러한 자아폐쇄와 분열은 꿈의 다층화라는 구조를 타고 보다 확실한 면모를 나타낸다. 작품 전체로는 꿈과 현실이 엇갈리는 것처럼 되어 있지만, 구조를 분석해 보면 꿈의 다층화를 보이는 구조를 확인할 수 있다. 특히 27호 감방에 수감되고 나서는 "꿈속에서 다시 꿈을 꾸는 것"

으로 환상적 공간이 이중적으로 구성된다. 여기에 한갑수의 꿈은 호흡처럼 현실과 유착된다. 「초인」의 첫 단락을 보자.

> 김군이 끄지겨 간 날 밤 한갑수는 잠은 다 잤다는 으스스한 생각이 들었다. 그만큼 중압감을 느끼고 있었다. 그러나 그날 밤도 갑수는 구관조의 꿈을 보았다. 꿈으로 생활을 영위하다시피 하고 있는 갑수에게 있어서는 꿈이 산소 호흡과 같은 작용을 하고 있는지도 모를 일이었다. 산소로 하여 세포가 신진 대사를 하듯이, **꿈은 갑수의 생활의 신진대사**를 해 주었다. - 252면

갑수는 꿈속/꿈밖, 꿈꾸는 자/꿈을 관찰하는 자, 혼동하는 자/혼동되는 자, 꿈/현실(각성)의 양면성을 보여주기도 하고 때로는 눈을 뜨고 꿈을 꾸며 자기가 꿈꾸는 것을 인지하기도 한다. 이처럼 갑수는 꿈에서 보는 환상과, 꿈에서 나눈 대화로 호흡한다. 꿈에서 자신을 대신하여 죽어가는 분신들을 통해 생명을 연장한다. 현실의 서사를 방해하는 것처럼 보이던, 기면증(嗜眠症)이 오히려 현실을 지탱해주는 힘이 되어 주는 것이다. 관념적이고, 뒤죽박죽인 언술, 형식논리상의 인과성은 무시되어 있고, 일관된 스토리 라인이 있는 것도 아닌 이 작품은 어느 장을 먼저 읽어도, 또는 끝내도 상관이 없다. 구관조에 대한 꿈을 주목하지 않을 수 없는 이유가 이러한 독립된 텍스트를 연작 소설로 이어주는 유일한 끈이기 때문이다.

> 꿈을 깨고 나서야 꿈인 줄 깨닫게 되는 것이 인간 두뇌의 생리현상으로 되어 있다. 그러나 한갑수는 그렇지 않았다. 꿈인 줄 알면서 꿈을 꾸곤 했다. 마치 포수가 맹수인 줄 알면서 곰을 향해 뛰어들 듯이 갑수는 지금 막 꿈을 향해 뛰어들고 있는 참이었다. - 303면

꿈인 줄 알고 꿈을 꾸는 것이 백일몽이다. 꿈은 우리가 그것이 만들어지는 유래와 과정을 온전히 설명해 낼 수 없다는 점에서 이성

적 사유 영역이나 심리적 인지 영역 밖에 위치해 있는 것처럼 보인다. 캐스린 흄에 의하면 이는 자아의 축소, 생활의 소박함, 수동적인 관대함, 감각적 경험에 대한 인식으로 특정 유형의 사람에게는 도피를 유발할 수 있다. 또 다른 유형의 경우 그 욕구는 거의 정반대이다. 자아의 고양, 흥분, 격렬한 행동에 대한 공상, 폭력 그리고 열정적인 감정들이 그것이다. 두 유형이 꿈에서 공유되는 것은 오직 즐겁지 않는 의무감으로부터 벗어난 주인공의 자유[19]이다.

5. 내면에서 증폭된 자아의 퇴행

허윤석의 『구관조』는 망상, 편집증으로 시작해서 여러 도착적 증세들과 강박 및 불안에 이르는 많은 신경증 징후에서 정신병리의 모티프를 감추지 않는다. 프로이트에 따르면 주로 불안이 먼저 발생하고 그 불안을 상쇄하려는 노력에서 대체 증상으로서의 강박증이 나타난다. 따라서 강박 증상이 형성되면 불안은 사라진다. 이는 자아분열적 환상과 대상없는 중얼거림인 여담으로 형상화 되고 결국엔 꿈이라는 비약적 공간으로 확대된다. 지금까지의 논의에서 빠진 것이 있다면 그것은 이러한 복잡다단한 신경적 징후의 "원인"이다.

고백을 강요하는 타자의 응시 앞에 노출된 무력한 자아라는 모티프가 자주 사용되면서 1960년대 소설에서 큰 타자의 응시 앞에서 느끼는 무력감과 공포는 소설 속 인물들의 의식과 행위에 결정적인 영향을 끼치는 것으로 나타난다. 더 중요한 것은 이 인물들이 겪는 불안이 외부적인 상황이외에도 내부적인 자의식 과잉에 기반하여 확대 재생산된다는 점이다. 자아에 대한 강박적인 집착이 본질적으

---

19) 캐스린 흄, 『환상과 미메시스』, 푸른나무, 2000, 116면.

로 불안에 대한 방어기제로 작동하는 것이다. 지젝의 표현을 빌리자면 이때 진실은 형식 속에 있다. 다시 말해 그들이 파악하는 1960년대 근대는 그 자체로 객관적인 실재라기보다는 주체의 형식적 행위를 통해 산출되고 정립된 현실이다. 그러한 측면에서 그들의 소설은 1960년대 주변부 근대의 모순에 '개인'과 '내면'의 가치를 고수하며 문학적으로 반응한 근대적 주체의 자기의식의 산물이면서, 동시에 그 자체로 그 '개인'과 '내면'에 새겨진 한국적 근대의 그늘을 보여주는 하나의 뚜렷한 징후이기도 하다.

그리고 또 하나 작가 허윤석이 지식인과 작가가 동일시되던 시대를 경유했다는 점이다. 60년대 소설이 새롭게 그려낸 것은 60년대적 주체[20]이며, 지식인은 역사적이고 사회적인 개념으로 당대 사회의 계급구조나 문화적인 상황과 밀접한 연관을 맺는 존재이다. 60년대 지식인은 관료로 편입된 지식전문가와 현실변혁을 위해 지식인으로서의 존재 형태를 스스로 벗어던진 현실개혁세력 어디에도 속하지 못하는 매우 미약한 맹아로서만 비춰지는 것이 일반적이다. 정서적 고립과 물질적 기반의 허약함 위에 서 있는 지식인과 작가는 서로 겹쳐지는 영역이 거의 동일했던 시대라고 할 수 있다. 이는 60년대 사회가 문학인과 지식인에게 공통적으로 새로운 인식창출의 사명을 부여했기 때문이다.

작가는 결국 이원적 인물구성과 함께 이원적 세계관을 기술하고 있다. 즉 "완인의 세계"와 "미완인의 세계"가 그것이다. 「타인을 대행하는 두뇌」들의 "퇴영성 환자의 수기"에서 나타나듯 작가는 고호를 완인으로 평가하며, 완인이었던 반고호의 예술품이 미완인인 대중에게 소외되었기 때문에 고호가 자살을 감행했다고 본다. 대학에서 사회학을 전공하고 있는 애자(선아)의 언니는 완인설을 강조한

---

20) 임경순, 「1960년대 소설의 주체와 지식인적 정체성」, 『상허학보 제12집』, 상허학회, 2004 참조

다. 세계는 완인의 세계와 미완인의 세계로 이분되어 있는데 병리학상으로는 완인을 의사로, 미완인을 신경질환자라 할 수 있다는 것이다. 사회는 대다수의 미완인이 소수의 완인의 흉내를 내는 것으로 현대문화를 발전시키고 있는데, 기독이 십자가를 진 것이나 고호가 자살을 한 것은 "완인의 세계를 피해가기 위한 방법"이라 해석하고 있다. 애자가 살인혐의자로 지목되는 부조리[21]는 이러한 현실과 이월해야 할 가치 사이의 대립을 증명한다. 그 형성이 어긋나고 미끄러지는 공간이 바로 꿈인 것이다. 그런 의미에서 자의식 과잉의 도피처로서의 꿈은 "미완인이 미완인으로 남아 있을 수 있는" 공간이기도 하다.

글을 맺으면서, 우리는 다시 왜 구관조인가를 묻지 않을 수 없다. 구관조는 "말을 하는 새"이다. 하지만 말은 대화가 아니다. 결국 말을 할 수 있다고 해서 대화를 할 수 있을 것이라고 믿는 인간들의 유권해석이 구관조를 불행에 빠뜨리고 있는 것은 아닌지를 묻고 있는 것이 이 작품이다. 그리고 그러한 유권해석이 인간과 인간 사이에도 얼마든지 일어나고 있음을 수많은 입을 빌려 이야기 하고 있다.

『구관조』의 가치는 무엇보다도 시대를 뛰어넘는 감각적인 구조에도 잃지 않은 무게중심에 난해함이 있다는 점에 있다. "초점이 빗나가기도 하고", "아무 뜻이 없기도 하고", "모든 용어의 개념을 엎어쳐 쓰고 있고", "사회성이 결여된 채 출렁이는 대화"로 이루어진

---

21) 평소 애자는 가정부인 영자와 사이가 좋지 않았는데, 완인에 대한 설명을 들은 뒤 그 흉내를 내기 위해 몸이 아픈 영자를 돕기 위해 억지로 약을 먹이는 선행을 벌인다. 하지만, 그날 밤 영자는 죽게 되고, 그동안 사이가 좋지 않았다는 점과 억지로 약을 먹인 점이 의심되어 애자는 영자의 살인범으로 구속된다. 하지만, 후에 그것이 영자와 내연남의 동반자살로 밝혀지면서 애자는 풀려나게 된다. 이 여담은 완벽한 우연의 겹침이 필연을 구성하는 것을 상징하기도 하며, 상황의 중요성을 간과하는 부조리에 대한 지적이기도 하다.

이 작품은 자체가 거대한 여담이다. 하지만, 엽기와 비주얼 또는 기괴와 재미 그리고 지나치게 "하반신"에만 치중되어 있는 현재의 소설들이 잊고 있는 것이 이 작품에는 있다. 이 작품은 모든 사건은 언제나 "언뜻 보면 의미가 없어 보이는(잡사)" 우연에서 시작된다는 주장을 일관되게 펴고 있는 것인지도 모른다. 갑수가 수감되어 있던 감옥의 여죄수나, 퇴영성 환자의 수기에 등장하는 애자가 "우연히" 살인자가 되었듯, 일상은 언제나 사건의 빌미를 제공한다. 허윤석의 문학은 비록 문학사의 중심에 기록되지는 못했지만, 삽화로도, 에피소드로도, 잡사로도, 설화로, 전설로, 소설로도 불리는 여기에 끼어든 글쓰기 방법으로서의 거대한 여담과 병리학적 환상의 치명적 외상이 발현된 증상 언어로서의 가치에 대해서는 재고의 가치가 충분히 있다. 그리고 곤혹스러운 독서의 가치는 사실, 언제나 난해한 독서를 "끝냈다"는 데에 있을 것이다.

가난이라는 '아포리아'를 넘어서는 '전복'의 전략
─ 김신용론

김 도 희

1. 들어가는 말

　'가난'과 '노동', 혹은 '가난한 노동'은 김신용의 시세계를 함축적으로 보여주는 표제어라 할 수 있다. 1988년 시 전문 무크지인 『현대시사상』 1집에 「양동시편-빽다귀집」외 6편을 발표하면서 문단에 데뷔한 시인은 14세 때부터 지게꾼, 일용직 막노동꾼 등의 부랑생활을 하면서 노동자로서 겪은 밑바닥 인생의 경험을 줄곧 작품으로 형상화해내고 있다.[1] 이것이 그의 시를 얘기할 때 흔히 노동시라는 수식어를 붙이는 이유이다.

　일반적으로 대부분의 노동시는 계급의식을 지나치게 표면화함으로써 미학적 성과에 있어서는 미흡한 것이 사실이었다. 이들 노동시는 고된 노동의 현장과 궁핍한 노동자의 삶을 여과 없이 제시함으로써, 미적 형상화 측면에서는 다소 부족한 면을 보이고 있다. 이러한 관점은 엄경희의 평가에서도 확인할 수 있다. 그는 "노동자 시

---

1) 지금까지의 김신용의 시집은 다음과 같다.
　『버려진 사람들』, 고려원, 1988.
　『개같은 날들의 기록』, 세계사, 1990.
　『몽유 속을 걷다』, 실천문학사, 1998.
　『환상통』, 천년의 시작, 2005.
　『도장골 시편』, 천년의 시작, 2007.

에 자주 등장하는 고된 노동의 현장성이 노동자의 삶을 실감 있게 전해주기도 하지만, 때로 노동자 시는 노동현장과 지나치게 밀착되어 있는 시적 자아에 의해 미적 거리 조정에 실패하거나, 80년대 리얼리즘 시에서 자주 목격되었던 직설적 문법을 시대 변화와 관계없이 반복하는 현상을 드러내기도 한다. 현실이 예술보다 앞설 수밖에 없는 심정적 사태를 인정한다 하더라도 이는 분명 노동자 시가 넘어서야 할 한계라 할 수 있다"2)고 밝힌 바 있다.

대부분의 노동시가 미학적 결여를 한계로 가지는 상황에서, 김신용은 열악한 환경에 처한 도시 빈민으로서, 소외된 노동자로서의 경험을 시 속에 풀어놓으면서도 미적 감수성을 잃지 않고 있다. 체화된 노동현장의 모습과 노동자의 모습을 핍진하게 그려내는 동시에 시인의 인식의 깊이와 탁월한 시적 형상화 능력에 의해 노동시가 가지지 못했던 문학적 감수성을 획득하고 있는 것이다. 이와 관련하여 박수연은 "90년대 정세적 전환 속에서 80년대 노동시의 미학적 결여를 보완해준 시인"3)이라고 김신용을 평가하였다.

최근 김신용은 자연으로 귀향하여 과거와는 다른 일종의 '산 노동'을 하고 있다. 뼈 속 깊이 체화된 비루한 노동에서 느꼈던 소외의식이나 좌절감에서 벗어나, 그야말로 '신성한 노동'의 가치를 새기고 있는 중이라 하겠다. 이로 미루어 노동에서 느끼는, 노동을 바라보는 작가의 시선에 변화가 왔음을 짐작할 수 있겠다. 본고에서는 김신용의 첫 번째 시집 『버려진 사람들』에서부터 최근 시집인 『도장골 시편』을 중심으로, 작가가 보이는 노동에 대한 인식의 변화와 그와 관련한 시적 변모양상을 살펴보고자 한다.

---

2) 엄경희, 「가난을 재생산하는 자는 누구인가」, 『작가와 비평』 5호, 여름언덕, 2006, 216쪽.
3) 박수연, 「노동시의 확장」, 『창작과 비평』, 2007 가을, 427쪽.

2. 체화된 가난

자본주의가 지나친 부의 편중으로 인한 빈부의 격차를 심화시킨다는 것은 주지의 사실이다. 가진 자들은 부를 대물림하면서 더 많은 부를 축적하게 되지만, 최하위 빈곤층은 물려받은 유산 하나 없이 출발함으로써, 힘든 노동에도 불구하고 최저생계를 보장받을 수 없는 절대 빈곤에 노출되어 있다. 그들에게 수입의 원천은 오로지 자신의 노동력밖에 없기 때문에, 일시적 혹은 영구적인 노동력의 상실은 곧바로 생활의 파탄으로 이어진다. 이로 인해 빈자들은 항상 생명과 생활의 위협에 처해 있다. 이처럼 안정적인 삶을 보장받을 수 없는 최하위 노동자들에게 가난은 끊임없이 재생산될 수밖에 없다.

시인 역시 기본적인 의식주를 해결하는 데 곤란을 겪으면서 생존 위협에 노출되어 왔다. 어린 시절부터 지게꾼을 비롯하여 공사장에서의 일용잡부, 날품팔이하는 막노동꾼 등의 부랑생활을 하면서 밑바닥 인생을 전전한 것이다. 전언한 것처럼, 스스로 육체활동을 하지 않으면 하루하루의 생계를 이어갈 수 없는 상황, 태어날 때부터 유산처럼 물려받은 가난한 환경에 놓여있는 것이 대부분의 노동자 현실이다.

> 야윈 등에 짐 얹지 않는 실낱일 수 없어
> 덫이 되는 내 마음의 목 내손으로 조른다
> 한때 내 몸에 돋았던 푸른 잎사귀는 꺼다오
> 그대 말미암지 않은 뿌리는 지워다오
> 어깨 허문 마을 밤길 낫날 세운 달빛 아래
> 내 가난의 관절 삐걱이는 그림자만 떨굴 때
> 그림자 짓밟고 싶은 그대 몸부림 아래 기꺼이 부서져
> 겨울 빈 아궁이 속 땔감이라도 되도록……

온몸 오그린 그대 시린 두 발이라도 적시는 한줌
불꽃이 되도록……

- 「지게의 시」(『버려진 사람들』) 부분

화자에게 있어 '가난'은 노가다였던 아버지로부터 물려받은 것이
다. 그것은 대물림되면서 평생 벗어날 수 없는 것이기에, 자기 신체
의 일부인 '등뼈로 굳어버린' 것으로 형상화되고 있다. '지게'는 생
계를 위해 한시라도 벗어놓을 수 없는 가난한 자의 노동 수단으로
기능한다. 그렇기에 자신의 신체 일부인 "피를 팔아"(「더 작은 고백
록」, 『버려진 사람들』)서라도 지게를 마련해야 한다. 아이러니한 것
은 매혈행위를 통해 얻은 지게로 다시 자신의 생명활동을 유지해
간다는 것이다.

'지게'의 모습은 한 때나마 돋았던 "푸른 잎사귀"의 흔적조차 찾
아볼 길 없는 "가난의 관절 삐걱이는 그림자만 딸"구는 "야윈 등"
으로 남게 된다. 이렇듯 피와 맞바꿈으로써 자신의 일부가 된 '지
게'는 화자에게 있어 처절하게 체화된 고통으로 각인되어 있는 것
이다. 앙상한 '지게'는 곧 육체노동으로 골병이 들어 뼈만 앙상하게
남은 화자의 분신이다. 시에서 형상화되고 있는 버려진 군상, 소외
당하는 타자들은 실질적으로는 변형된 자아, 시인 자신의 모습인
것이다. 이처럼 유산처럼 물려받은 가난, 뼈 속 깊이 뿌리박힌 가난
은 부정한다고 해서 벗어날 수 있는 것이 아니다.

나는 개였다.
빌딩이 허공의 엉덩이를 찌르는데
공장의 굴뚝들이 하늘의 턱에 주먹질을 하는 서울인데
시장에, 거리에 저렇게 物神들이 넘쳐흐르는데
허기의 끈에 목줄을 맨, 품삯의 뼈다귀에 침 질질 흘리는
오뉴월, 비루먹은 개였다.

- 「개같은 날2」(『개같은 날들의 기록』) 부분

위의 시에서 '나'는 '개'와 등가관계에 있다. 걷잡을 수 없는 '곰 팡이'처럼 번져나가는 가난 속에서 '나'는 스스로를 "비루먹은 개" 로 인식하기에 이른다. 빌딩이 허공을 찌르고, 공장 굴뚝이 하늘에 닿을 만큼 위용을 자랑하는 서울, 화려한 시장과 거리 곳곳에 넘쳐 나는 물신들 가운데, '나'는 오직 "허기의 끈에 목줄을 맨, 품삯의 뼈다귀에 침 질질 흘리는" 개일 뿐이다. 빌딩과 공장이 나날이 치솟 아 도시의 외관을 화려하게 장식하는 한 쪽, 몸이 으스러지도록 노 동해도 품삯으로 받는 것은 뼈다귀일 뿐인, 그러나 그것에조차 목 매는 개가 존재한다. '나'는 도시의 구성원인 인간으로 환대받지 못 한 채 '개'로 전락하고 마는 것이다.

이러한 인식은 "어쩔 수 없이 허어옇게 이빨을 세우기도 하지만 무는 것은 언제나 밤의 옷자락뿐"인 "어둠 속에서 건져 온 보리밥 한 그릇과의 뼈저린 화합"(「그 황량하던 날의 우화」, 『버려진 사람 들』)을 해야 하는 개, "시래기 선 밥도 황홀하게 받아먹"는 개나 돼 지(「어느 행려병자의 노래」, 『버려진 사람들』)라는 구절에서도 재 차 확인할 수 있다. 의식주가 해결되지 않는 고통은 차라리 사람의 얼굴이 거추장스러워 개나 돼지가 되고 싶은 행려병자, 구걸이나 매혈을 통해 의식주를 해결해야 하는 하류 인생, 월세도 아닌 '일세 방'인 '하꼬방'을 전전하는 부랑자의 모습, 버려진 쓰레기와 함께 썩어가고 싶은 존재로 변용되어 시 전체에서 반복적으로 드러나고 있다.

생산 활동의 전위에 위치해 있지만, 그것으로부터 배제되는 존재, 생산 활동의 결과물을 완전히 자기 것으로 소유할 수 없는 존재가 바로 노동자이다. 육체노동에 대한 가치 폄하와 정당한 노동의 대 가를 지불하지 않는 자본의 논리 속에서 노동자들은 빈곤의 굴레를 벗어날 수 없다. 이런 측면에서 이해한다면, 시인이 끊임없이 느끼 는 배고픔은 화려한 도시에서 소외된 도시 빈민이 가질 수밖에 없는 필연적인 결핍이라 하겠다.

뻑다귀집을 아시는지요
지금은 헐리고 없어진 양동 골목에 있었지요
구정물이 뚝뚝 듣는 주인 할머니는
새벽이면 남대문 시장바닥에서 줏어온
돼지뼈를 고아서 술국밥으로 파는 술집이었지요
뉘 입에선지 모르지만 그냥 뻑다귀집으로 불리우는
그런 술집이지만요
어쩌다 살점이라도 뜯고 싶은 사람이 들렀다가는
찌그러진 그릇과 곰팡내 나는 술청 안을
파리와 바퀴벌레들이 거미줄의 弦을 고르며 유유롭고
훔친 자리를 도리어 더럽힐 것 같은
걸레 한 움큼 할머니의 꼴을 보고는 질겁을 하고
뒤돌아서는 그런 술집이지만요
첫새벽 할머니는 뻑다귀를 뿌연 뼛물이 우러나오도록
고아서 종일토록 뿌연 뼛물이 희게 맑아질 때까지
맑아진 뼛물이 다시 투명해질 때까지
밤새도록 푹 고아서 아침이 오면
어쩌다 붙은 살점까지도 국물이 되어버린
그 뻑다귀를 핥기 위해
뼈만 앙상한 사람들이 하나둘 찾아들지요
날품팔이지게꾼부랑자쪼록꾼뚜쟁이시라이꾼날라리똥치꼬지꾼
오로지 몸을 버려야 오늘을 살아남을 그런 사람들에게
몸 보하는 디는 요 궁물이 제일이랑께 하며
언제나 반겨 맞아주는 할머니를 보면요
양동이 이 땅의 조그만 종기일 때부터
곪아 난치의 환부가 되어버린 오늘까지
하루도 거르지 않고 뻑다귀를 고으며 늙어온 할머니의
뼛국물을 할짝이며
우리는 얼마나 그 국물이 되고 싶었던지

뼉다귀 하나로 펄펄 끓는 국물 속에 얼마나
분신하고 싶었던지, 지금은 힐튼 호텔의 휘황한 불빛이
머큐롬처럼 쏟아져 내리고, 포크레인이 환부를 긁어내고
거기 균처럼 꿈틀거리던 사람들 뿔뿔이 흩어졌지만
그러나 사라지지 않은 어둠 속, 이 땅
어디엔가 반드시 살아있을 양동의
그 뼉다귀집을 아시는지요
　　　　　─「양동시편2-뼉다귀집」(『버려진 사람들』) 전문

　　다소 길게 인용된 이 시에서 시인은 '뼉다귀집'과 '호텔'이라는
서로 상반되는 공간을 통해 육체노동자들의 비참한 삶을 적나라하
게 보여준다. 시의 주된 공간적 배경은 '뼉다귀집'이다. 구정물 뚝
뚝 떨어지는 더러운 걸레로 행주질을 하는 할머니가 꾸려가는 '뼉
다귀집'에는 날품팔이, 지게꾼, 부랑자, 쪼록꾼, 뚜쟁이, 시라이꾼,
날라리, 똥치꼬지꾼과 같은 "오로지 몸을 버려야 오늘을 살아남을"
수 있는 사람들이 모여든다. '뼉다귀집'은 곳곳에 거미줄이 자리하
고, 파리와 바퀴벌레들이 기생하는 소외된 도시 빈민들의 집합소이
다. 이렇듯 곪아터진 "난치의 환부"를 가진 앙상하게 뼈만 남은 사
람들이 도시의 후미지고 낡은 공간인 '뼉다귀집'에 모여드는 것은
지극히 당연한 것이라 하겠다.
　　뼉다귀집에서 그들이 먹는 뼈다귀탕은 시장바닥에서 주워온 돼
지뼈를 고아서 만든, 뼈에 "붙은 살점까지도 국물이 되어버린" 고
아질대로 고아져 투명해질 때까지 투명해진 국물이다. 살인적인 노
동에 시달리는 육체를 위하기에는 영양적 면에서 턱없이 모자라지
만, 오로지 육체만이 삶의 밑천이므로 살점하나 붙어있지 않은 뼈
다귀라도 핥기를 희망한다. 그 처절함은 차라리 "뼉다귀 하나로 펄
펄 끓는 국물 속에" 분신하고 싶은 바람으로 나타나기도 한다. 버린
돼지뼈로 만든 뼈다귀탕이 남루한 공간만큼 비루한 음식일지라도

노동자들에게는 그들의 목숨을 지탱해주는 절실한 음식으로 기능하는 것이다.

도시의 남루한 공간인 '뼈다귀집'이 헐린 자리에 그것과는 너무나 대조적인 "휘황한 불빛이 머큐롬처럼 쏟아져 내리"는 '힐튼 호텔'이 세워졌다. 균처럼 기생하던 빈자들의 공간을 잠식하고 나타난 것이 자본의 상징인 화려한 호텔이다. 호텔이 발산하는 빛은 마치 노동자들이 노동의 대가로 흘린 피와 같은 머큐롬의 붉은 빛이다. 노동자들의 피와 땀, 희생 위에 세워진 것이 바로 화려한 거대도시와 그의 부속물들인 것이다. 자본화된 거대도시는 탐욕스럽게 모든 것을 먹어치움으로써, 가난한 사람들의 삶을 불구화시킴으로써 그 생명을 유지해 간다. 반면, 자본과 거대도시가 눈부시게 성장해 갈수록 빈자들의 거처는 도시의 어두운 틈으로 내몰리고 은폐된다. "양동이 이 땅의 조그만 종기일 때부터 곪아 난치의 환부가 되어버린 오늘"에 이르기까지 도시는 이들을 어둠 속에 철저히 은폐시킴으로써 풍요로운 자본의 긍정성만을 부각시켜 왔다. 그러나 자본으로 뒤덮인 도시는 양동과 같은 작은 종기들이 곪아 터진 환부를 조금씩 드러내고 있다. 자본에 잠식당한 거대도시는 빈자들을 어둠 속으로 내몰았지만, 그들은 여전히 도시의 틈 속에 기거하고 있는 것이다. "사라지지 않은 어둠 속, 이 땅 어디엔가 반드시 살아 있을 양동의 그 뼈다귀집"과 함께, 화려함을 과시하는 도시 이면에 균처럼 서식하는 빈자들의 존재는 엄연한 자본주의적 현실이다.

3. 자본에 대한 저항 기제로서의 '환상'

대표적인 노동시인이라 평가받고 있는 박노해나 백무산이 자본가와 자본주의에 대한 거친 비판과 처절한 분노를 시에서 드러내고 있다면,[4) 김신용은 자본과 소통할 수 없는 도시 빈민의 처지를 자기 연민의 시선으로 내면화하고 있다. 노동자로서, 도시 빈민으로서의 울화를 거칠게 표면화하기보다는 그것을 잊어버리거나 보지 않으려 하고 있는 것이다. 화려하고 풍요로운 도시 속 남루한 노동자는 부재의 고통, 욕망하는 대상을 채울 수 없는 의식 때문에 환상을

---

4) 박노해와 백무산의 초기 시에서 자본과 자본가에 대한 극명한 투쟁의식을 찾아볼 수 있다. 다음은 이러한 의식을 보여주는 일부 시이다.

> 서러운 운명/서러운 기름밥의 세월/뼛골시게 노동하고도 짓밟혀 살아온 시간들/면도날처럼 곤두선 긴장의 나날 속에/매순간 결단이 필요했던 암흑한 비밀활동/그 거칠은 혁명투쟁의 고비마다/가슴치며 피눈물로 다져 온 맹세/천만 노동자와 역사 앞에 깊이 깊이 아로새긴/목숨 건 우리들의 약속 우리들의 결의/지금이 그때라면 여기서 죽자/내 생명을 기꺼이 바쳐주자//사랑하는 동지들/내 모든 것인 살붙이 노동자 동지들/내가 못다 한 엄중한 과제/체포로 이어진 크나큰 나의 오류도/ 그대들 믿기에 승리를 믿으며/나는간다 죽음을 향해 허청허청/ 나는 떠나 간다.//이제 그 순간/결행의 순간이다./서른다섯의 상처투성이 내 인생/떨림으로 피어나는 한줄기 미소/한 노동자의 최후의 사랑과 적개심으로 쓴/지상에서의 마지막 시/ 마지막 생의 외침/아 끝끝내 이 땅 위에 들꽃으로 피어나고야 말/ 내 온 목숨 바친 사랑의 슬로건//"가자 자본가세상, 쟁취하자 노동해방"
> — 박노해 「마지막 시」 부분

> 남은 햇살이 잘려 비가 내리는 저녁답/ 시든 몇 포기 잡초만 공장 담벼락에 웅크리고/ 뒷산 들국화는 산마을에서 불어오는 바람에/ 마른 씨앗이 실려 쇳덩이 위에 앉고/ 기계소리에 잘린 가지들은 가을바람에 어둡게 손짓한다/ 부속병원 정원에 갈꽃도 지고/ 떨어져 죽은 인부들의 빛바랜 초상화가 빗속에 흐느꼈다/ 간밤에 나와 함께 짜장면을 나눠먹었는데/ 짜장면처럼 까맣게 타서 거적에 쌓여 가는 친구의 얼굴이/ 어두운 날들, 질척이는 바닥에 핏물 되어 흘렀다/ 밤기차로 달려 온 어린 누이/ 밤새 숨막힌 울음에 물결처럼 흔들리다/ 빗속 강물이 되어 있었지/ 그 오랜 가난과 어둠으로, 허기진 땀 같은 비를 뿌렸을까/ 처마 밑 짜장면 그릇이 비에 젖어 흩어지는 새벽/ 살아남은 사람들의 망치소리가/ 싸늘한 새벽 공기를 가르고/ 돌아오지 않는 배를 끊임없이 만들지만/ 우리가 이제 찾아나서리라/ 밤새 흘린 눈물을 밟아 짓이기며/떨리는 분노의 발길로 찾아나서리라//
> — 백무산, 「지옥선 5 - 조선소」 전문

꿈꾼다. 환상을 통해 현실을 망각함으로써 고통스러운 현실에서 잠시나마 도피하고자 한다.

> 나는 〈머리에 떨어진 벽돌〉을 꿈꾸곤 한다
> 그리고 그 박제의 가짜 날개를 달고, 이 도시를 몽유도원처럼 거닐었으면……, 하고
> 다시 상상한다. 〈머리에 떨어진 벽돌〉.
> 뒤로 넘어지다가 코가 깨질 때처럼, 최소한 백만 분의 일의 확률로
> 재수 없다는 이 불행, 이 생의 돌발성에 시려
> 머리 속에는 캄캄히 타버린 기억의 재밖에 들어 있지 않은데
> 기억회로에는 살아온 어떤 생의 무늬도 비쳐지지 않는데
> 나는 이 불치(?)의 기억상실증 환자가 되어, 거리를 무릉도원처럼
> 거닐고 싶은 것이다
> 그리고 두개골에 벽돌이 꽝 부딪친 그 순간,
> 텅 빈 머리통 속에 덜컥 〈공중정원〉이 들어서기를
> 그 공중정원에서 닭털 날개를 달고, 반가사유상 같은
> 우주의 주민의 산책을 꿈꾸는 것이다. 마치 베를린 장벽이 무너진
> 것 같은
> 해방된 표정을 낯짝에 달고, 이 도시가 유토피아라도 되는 듯이
>
> 그 모습 또한,
> 불타는 소돔을 못 잊어 문득 뒤돌아온 〈소금기둥〉같다고 해도.
> ─「몽유 속을 걷다」(『몽유 속을 걷다』) 부분

시의 화자인 '나'는 머리에 벽돌이 떨어져 모든 것을 까맣게 잊어버리길 소망한다. 기억상실증 환자가 되어 지금까지 살아온 삶의 흔적 하나마저 기억하지 않음으로써, 고통스러운 가난의 기억, 재수없는 불행으로부터 벗어나고 싶은 것이다. 개인에게 있어 기억이란 자신의 과거이자, 현실의 모습을 형성하는 요소이다. 그럼에도 불구하고 '나'는 현실의 고통이 너무 심하여 스스로를 송두리째 버리고

자 하는 것이다. 그리하여 "캄캄히 타버린 기억"을 슬퍼하지 않는 '나'는 "거리를 무릉도원처럼 거닐고 싶"다고 말한다. 아니면 "가짜 날개" 혹은 "닭털 날개"를 달고 공중정원을 거닐거나, "해방된" 우주의 주민이 되길 원한다. '나'는 현실에서는 경험하지 못하는 신선적 삶이 가능한 '무릉도원', 사랑하는 여인을 위해 만들었다는 사랑의 공간 '공중정원'5), 자유를 만끽할 수 있는 '해방된 우주'를 끊임없이 찾아 헤맨다.

시에서 무릉도원과 공중정원, 해방된 우주는 빈자들의 억압된 욕망을 일시적으로 충족시키는 공간으로 기능한다. 현실적 삶의 고통에서 벗어나 '날개'를 달고 자유와 아름다움을 누릴 수 있는 공간인 것이다. 부정적 현실에서 삶의 전망이 보이지 않을 때, 누구나 새로운 현실을 꿈꾸게 마련이다. 현실의 고통이 김신용의 시에서는 소외된 자아를 보상해 줄 수 있는 유토피아를 꿈꾸는 환상으로 나타나게 된다. 환상은 욕망의 또 다른 이름으로써 현실에서 빼앗겼던 것을 상상의 차원에서 스스로에게 보상하고 있는 기제로서 활용된다. 이러한 상상은 "물욕 없는 거지"가 따뜻한 겨울 담벼락에 쪼그리고 앉아 졸다가 꿈속에서 만나게 된 귀부인과의 포옹(「백일몽」, 『몽유 속을 걷다』)이나, 구름 신발을 신고 구름 속을 걷는 행위, 심지어는 아예 흐르고 싶은 데로 자유롭게 흐르는 구름으로 형상화되기도 한다. 이는 모두 "덮고 있는 신문지 한 장으로 자신이 꿈꾸는 세계를 축조"(「시멘트 침대」, 『환상통』)하고자 하는 욕망의 현현인 것이다.

현실에서의 참을 수 없는 고통은 환상의 상태에서 환영을 보게

---

5) 일반적으로, BC 500년경 신(新)바빌로니아의 네부카드네자르 2세가 왕비 아미티스를 위하여 수도인 바빌론 성벽(城壁)에 건설한 기이한 정원을 일컫는다. 넓은 발코니에 잘 다듬은 화단을 꾸며 꽃과 덩굴초, 과일 나무를 많이 심도록 한 이 파라미드형의 정원은 마치 아름다운 녹색의 깔개를 걸어놓은 듯이 어떤 말로 표현할 수 없을 정도로 아름다웠다고 한다.

만들며, 그 속에서 자기 위로를 경험하게도 한다. 그러나 현실로부터의 일시적인 도피가 시인이 처한 부정적 상황을 완전히 상쇄시켜주지는 않는다. 환영 뒤에 남는 것은 여전히 실재하는 허무감과 상실감뿐이며, 환상 속에서 사라져 버린 듯한 상처는 완전히 아물지 않고 끊임없이 통증을 유발한다. 더하여 사는 일이 "새가 앉았다 떠난 자리"(「환상통」, 『환상통』)처럼 가볍지 않다는 인식은 시인으로 하여금 다시 현실을 직시하게 한다.

그리하여 김신용의 시에서 환상은 한 개인의 지엽적이고 단순한 쾌락 수준에 머물러있지 않는다. 현실에서의 도피는 단순한 쾌락원칙에 기초하여 기존 질서를 인정함으로써 암묵적으로 그것을 더욱 공고하게 만들어주는 결과를 낳을 뿐이다. 시인은 환상을 현실 도피적이거나 초월적인 것이라기보다 현실의 요소들을 전도시키거나 균열을 냄으로써 새로운 것을 산출하기 위한 '균열의 의미'로 활용한다. 때문에 그의 시에서 환상은 현실을 보상하는 행위로서가 아니라 오히려 그 현실에 대한 저항으로서 기능하게 된다. 시인은 환상을 통해 현실의 견고함을 부정하고 교란시키는 열어놓는 행위[6]에 초점을 두고 있는 것이다.

> 화산재에 묻혀버린 고대 폼페이의
> 무덤에서 발굴되는, 그 갖가지 형상의 시신을 닮았네
> 고사목들,
> 山頂의 절벽 끝에서 말라죽은 것들
> 절벽에 부딪친 생의 상승기류와 추락하는 삶의 하강기류가
> 서로 충돌하면서 빚어낸 뜨거운 열기에 휩싸여, 숨이 끊어질 때
> 혹은, 숨이 끊어질 때까지의 주검의 몸짓을 그대로 간직한
> 저 나무 미라들
> 몸의 수분은 깨끗이 증발시키고

---

6) 로즈메리 잭슨, 『환상성』, 문학동네, 2001, 35쪽.

마치 뼈 같은 깡마른 섬유질만 남긴 것들
뿌리는, 박제가 되어 땅 속 깊이 묻혀 있어
쓰러지지 않는,
제 몸이 곧 나무의 관이고 무덤이 된
고사목들이
山頂의 절벽 끝에서 있는 모습이-.
……중략
몸은 살아 있지만, 영혼이 말라버린
저 지하도 시멘트 바닥의 사람들

— 「고사목」(『환상통』) 부분

이 시에서는 "뼈 같은 깡마른 섬유질만 남"은 '고사목'과 "몸은 살아 있지만, 영혼이 말라버린" "지하도 시멘트 바닥의 사람들"이 병치되어 있다. "생의 상승기류와 추락하는 삶의 하강기류가 서로 충돌하면서 빚어낸 뜨거운 열기에 휩싸여, 숨이 끊어질 때" 생긴 것이 나무의 미라인 '고사목'이다. 나무의 형태를 띠고는 있으나, 나무로서의 생명활동을 하지 못하는 존재인 것이다. "주검의 몸짓" 그대로 굳어버린 고통스러운 모습에서 죽음의 기운이 감돈다. 동시에 어두운 지하도, 뼈가 시릴 정도로 차가운 시멘트 바닥에서 노숙하는 노숙자들이 병치된다. 이들 역시 육체는 살아있어도 진정한 의미에서 인간다운 삶을 누리지 못하는 존재, 인간의 외피를 가지고 태어났으나 진정한 생명활동을 할 수 없는 '미라'로 취급받는 존재들이다. "제 몸이 곧 나무의 관이고 무덤이 된 고사목"과 같이 생의 절벽에 위태롭게 내몰린 도시 빈민이 노숙자인 것이다. "몸은 살아있지만, 영혼이 말라버린", 더 이상 인간다운 삶을 영위할 수 없는 존재로 전락하고 만 이들에게, 자본주의적 질서는 너무나 냉혹하다. 시인은 나무이기는 하되 생명활동이 끝난 '고사목'과 인간이기는 하되 인간다운 삶을 영위하지 못하는 도시 빈민의 모습을 통해 자본주의 이면을 신랄하게 비판하고 있다.

화려한 도시에 가려져 은폐되어 공간인 지하도는 자본주의 현실 이면에 감춰진 틈으로 그곳에 기거하는 인간들 역시 화려한 자본주의에서 소외된 군상들이다. 견고한 장벽을 무너뜨리는 환상의 영역은 현실 너머에 존재하지 않으며, 현실의 이면 어느 틈에 존재하게 된다. 이 시에서 지하도라는 '틈새 공간'은 현실에서 소외되고 억압된 존재들이 할거하는 공간이다. 이 틈은 조금씩 도시공간을 잠식해 가면서 끝내는 기존의 질서를 무너뜨릴 수 있는 균열에로까지 확장될 것이다. 시인은 도시가 은폐하고 있는 빈곤과 소외의 그늘을 환상이라는 장치를 통해, '틈새 공간'에 거주하는 억압된 존재의 억눌린 욕망을 읽어내고 있는 것이다. 여기에서 분리와 차이에 저항하고 자아와 타자의 통합성을 재발견하려는, 무차별의 상태를 만들어내려는 환상성7)을 시도함으로써, 자본주의 현실을 초월하기보다는 침식시키고 재단하고자 하는 작가의 의도를 파악할 수 있다.

> 이제 물구나무서서 그들의 얼굴을 보라
> 어제의 우리들의 얼굴이었던 낯선 얼굴들
> 해독할 수 없는 방언 같은 언어를 쓰며, 우리들의 입에 맞지 않는 음
> 식과 옷을 입으며
> 우리들의 피부와는 다른, 혹은, 같은 그 얼굴을
> 그 이방인들을
>
> 한때
> 우리가 그들이었다
> 그 독한 폐수에 피부가 갈라지고
> 매연의 굴뚝 속에서 폐천공을 일으키고
> 잘린 손가락을 접합하기 위해, 졸린 눈 부릅뜨고 밤길을 달려가던
> 그렇게 무수히 추락하던, 우리가

---

7) 위의 책, 73쪽.

그들이었다

— 「이제 물구나무서서 보라」(『몽유 속을 걷다』) 부분

이제 시인은 '물구나무서서' 세상보기를 주문한다. '물구나무서서' 세상을 보는 행위는 "우리가 잃어버린, 우리가 잊어버리고 싶은 무수한 시간의 얼굴들"을 반추함으로써 "이 땅에서 이방인이 되어 있던 그 얼굴들"을 직시하는 것이다. 소통할 수 없는 언어, 이질적인 생활 방식, 다른 피부색으로 배척당해야 하는 이들의 모습은 기실 과거 우리의 모습인 것이다. 과거 산업화의 미명 하에 이루어졌던 인권유린으로 인해 "무수히 추락하던 우리가" 바로 지금의 이방인들인 것이다. 이들의 모습은 우리들의 또 다른 자화상인 것이다. 시인은 이방인들이 더 이상 적으로 취급받아서는 안 되는 존재라는 당위성을 설파한다. 시인에게 있어 빈곤으로 인해 끝없이 추락하는 모든 이들은 더 이상 타자가 아니다. 이 시점에서 소외계층이 겪는 노동과 가난의 문제는 타자의 문제 차원을 넘어서 우리의 문제, 자기 자신의 문제로 환원된다. 그들의 고통스런 현실은 일상성으로 환원되어 우리 모두가 당면한 과제가 되는 것이다.

로즈마리 잭슨은 문학의 환상성 그 자체를 가치중립적인 문학적 구성요소로 이해하는 대신, 현실의 모순을 비판하고 타개해나갈 수 있는 정치적 힘으로 생각하였다. 환상성은 어떤 방식으로든 현실 세계나 현실적인 원칙과 관련을 맺어야만 한다. 따라서 환상은, 아니 진정한 환상성은 단순히 초월적이고 신비한 세계에 대한 상상이나 공상이 아니라 오히려 현실 세계 속에서 드러나는 낯설고 이질적인 것과의 충돌로 야기되는 기이함 혹은 "모순을 안고, 그 모순 안에서 불가능해 보이는 통일성을 가지고 있는 일종의 모순어법"인 셈이다.[8]

---

8) 위의 책, 244쪽.

잭슨의 인식처럼, 시인 역시 궁극적으로 환상성이 가진 '체제전복인 힘'을 긍정하고 있다. 자본주의 현실 사이의 틈을 발견하고 균열시킴으로써 현실에 대한 전복적 태도를 취하고 있는 것이다. 중요한 것은 '환상'을 개인적 상상이나 공상을 넘어서는 특정 집단의 억압된 욕망의 발현으로 보고, 이를 현실사회질서에 대한 비판의 도구로 전유하는 방식일 터이다. 김신용의 시에서 '환상'은, 유기적 형식에 균열을 일으키는 진보적인 행위로써 기능한다. 그것은 지배질서를 교란시키고 안정적 구조를 해체하며, 자본으로써 포획되지 않은 끊임없이 움직이는 저항 기제로 작용하고 있는 것이다. 시인은 이렇듯 고통으로 얼룩진 상처를 우회적인 환상의 형식으로 보여줌으로써 오히려 현실의 모순을 비판하고 타개해나갈 수 있는 긍정적 힘을 획득하고 있다고 하겠다.

4. 가난이라는 아포리아를 넘어서

어린 시절부터 도시의 빈민촌을 전전하며 궁핍한 삶을 살아야했던 시인은 이제 '도장골'이라는 자연으로 삶의 공간을 옮겼다. 자본에 잠식당한, 혹은 자본의 논리를 충실히 이행하고 있는 도시를 떠나, 더 이상 자본의 논리에 의해 빈자가 이용되거나 희생되지 않는 공간인 자연으로 생활의 터전을 옮겼다. 평생을 육체노동자로, 도시의 빈민으로 살았던 시인에게 자연은 역시 빈곤을 의미한다고 스스로 밝힌 바 있다. 그런 그가 자연으로 거처를 옮긴 것은 언뜻 이해하기 쉽지 않다.

'물아일체', '물심일여'를 노래하는 시인들에게 있어 자연은 여유로운 관조의 대상이면서 합일에 이를 수 있는 조화의 대상으로 존재한다. 혹은 그것은 소모적인 도시의 삶에 염증을 느껴 자아를 편안히 쉬게 할 영혼의 안식처나 도피처로 기능하기도 한다. 이로 미루어 많은 시인에게 있어 자연은 목가시나 전원시의 소재로 인식되어 왔다. 구체적으로 본다면, 목가시에서의 자연은 낭만적 생활을 즐기는 인간의 배경이나 소재로 존재할 뿐이고, 전원시에서의 자연 역시 인간이 필요할 때 사용하는 물건이나 도구에 지나지 않는다. 결국 이들 시에서의 자연은 인간이라는 주체를 둘러싼 주변적인 객체로서만 인식된 것으로 볼 수 있겠다.

그러나 김신용에게 있어 자연은 단순히 정물적인 감상의 대상만은 아니다. 시인은 자본주의에 입각한 편협한 인간중심주의의 굴레에서 벗어나, 주체로서의 자연적 가치를 읽어내고자 한다. 도장골로 귀향한 시인에게 자연은 부정적으로 각인되었던 노동을 긍정할 수 있는, 가치 있는 노동의 의미를 깨닫게 해 주는 공간이 된다. 즉, 시인에게 있어 자연은 빈곤의 공간이 아닌 긍정적 노동의 터전이 되는 것이다.

> 개미도 땀을 흘린다
> 마치 대지가 곡식을 키워내듯이
> 한 번도 움켜쥐어본 적 없는, 쬐그만 개미들이 흘리는 그림자 같은
> 땀방울들
> 그러나 바닷가의 몽돌같이 단단히 맺혀 있을 땀방울들
> 쉼 없이 밀려오고 밀려가는 물결에 닿고 닳아, 모서리가 없어진
> 그 둥글고 부드러운 땀방울들이여
> 무거운 돌의 짐을 져 나르는, 가느다란 허리가 떠받치고 있는
> 탑들이여, 한 번도 허물어져본 적 없는 그 돌의 탑을 쌓기 위해
> 오늘도 굳어 딱딱해진 갑피의 등짝으로 쉬지 않고 피워올리는
> 그 몸마저 모서리가 닳아 둥글고 부드러워진
> 개미도 땀을 흘린다
> 살아 있는, 살아 있는 땀을 흘린다
> ― 「도장골 시편-개미땀」(『도장골 시편』) 부분

개미는 "한 번도 허물어져본 적 없는 그 돌의 탑을 쌓기 위해" "딱딱하게 굳은 갑피의 등짝"으로 쉬지 않고 땀을 흘린다. 개미가 흘리는 땀은 "쉬임 없이 밀려오고 밀려가는 물결에 닳고 닳아, 모서리가 없어진" "둥글고 부드러운 땀방울"이다. 그 땀은 "은유"로서의 땀이 아니라 "살아 있는 땀"으로써, 끊임없는 생산 활동의 결과물이다. 끊어질 듯 가는 허리로 쉬임없이 무거운 돌을 나르고, 그 돌로 탑을 쌓는 정성과 땀방울은 '소금꽃'이라도 피워낼 수 있는 아름다움까지 지녔다. 비록 자신의 몸은 "딱딱해진 갑피의 등짝"이 될지언정 끊임없는 노동을 실천하고 있다. 인간 중심의 사고로 본다면 개미는 한갓 미물에 불과하지만, 끊임없이 활동을 함으로써 온전히 생명활동의 주체로 자리하고 있는 것이다.

주체로서 노동하는 자연의 모습은 "대지가 길을 만들기 위해 삽질을 하다가 떨어트린 땀방울"(「질경이, 혹은 구름의 신발」, 『도장골 시편』), "달빛에도 땀방울들이 구릿빛으로 익는다"(「수수빗자루」, 『도장골 시편』), "한 땀 한 땀 무거운 줄기들을 밀어올려 푸른 잎사귀들을 피웠을" 담쟁이 넝쿨(「담쟁이 넝쿨의 푸른 발들」, 『도장골 시편』), "들옷 입고 머리칼 하얗게 셀 때까지, 그 경작 멈추지 않으리"(「민들레꽃」, 『도장골 시편』) 등 『도장골 시편』 전체를 아우르고 있다. 이렇듯 자연을 이루는 모든 생명체가 노동의 주체가 되어 흘리는 땀방울은 말 그대로 '신성한 노동'의 결과물이라 하겠다.

사실 인간이 자연을 지배와 착취의 대상으로 인식하는 것은 궁극적으로 인간에 대한 인간의 억압과 착취에서 비롯되는 것이다. 이윤 극대화를 추구하는 자본의 속성을 고려해 보면 이로 인한 자연 파괴는 너무도 명확한 일이다. 자본주의자들은 자연을 텅 빈 공간, 그 자체로서는 아무런 의미도 가지지 않는 수동적 공간으로 인식하고, 개발이라는 기치 하에 황폐화시키는 과정을 반복한다. 이윤추구를 극대화하려는 자본주의적 질서로 보자면, 자연은 상품 가치로서 기능할 때에만 효용성을 가질 수밖에 없는 것이다. 그리하여 거대한 자본과 화려한 도시의 성장 속에서 자연은 소외된 공간일 수밖에 없다.

그러나 시인은 인간이 노동을 통해 생명을 유지하는 것처럼, 자연 역시 스스로의 끊임없는 노동을 통해 생명 활동을 유지하는 대상으로 보고 있다. 시인은 자본의 논리에서 벗어나 자연을 인식의 대상으로서의 객체가 아닌 생명 활동의 주체로 자연을 인식하고 있는 것이다. 자연은 노동을 고통스러운 것으로 인식하는 인간에 비해 훨씬 유연하고 긍정적인 사고를 내포한다.

> 담쟁이 넝쿨은 새의 발자국 같은 그 여린 발들로, 마치 바느질을 하듯
> 한 땀 한 땀 무거운 줄기들을 밀어올려 푸른 잎사귀들을 피웠을 것
> 이다
> 푸른 잎사귀들을 피워올려, 햇살을 오디처럼 따먹었을 것이다
> 오디 먹은 입은, 푸르게 푸르게 웃었을 것이다
> 그래서 담쟁이 넝쿨은 자신의 줄기 밑둥을 누가 낫으로 날카롭게 잘
> 라놓고 가도
> 그 기억으로, 빙판 같은 차가운 철제 벽면에서도 떨어지지 않고 견
> 뎠을 것이다
> 줄기 밑둥을 잘려, 바싹 말라 풍화되어 가면서도
> 오디 먹어 푸른 잎은, 아, 푸른 잎들을 매단 줄기들은
> ― 「담쟁이 넝쿨의 푸른 발들」(『도장골 시편』) 부분

시인의 말에 따르면, 도장골은 마을 입구에서부터 마른 덤불에 싸여 있는 폐가가 많은 동네이다. 시인은 자신이 기거할 집의 첫인상에 대해 부서진 지붕, 쓰러진 나무, 버려진 산과 밭에서 무질서하게 자란 풀들이 집의 마당까지 덮고 있어 도저히 사람이 살 수 없는 폐가처럼 보였다고 기억하고 있다. 자본의 질서 바깥에 존재하는 자연은 이렇듯 가난하고 빈곤하기만 한 모습으로 비춰진다. 그러나

시인은 우거진 풀을 걷어내고, 부서진 집을 보수하고, 울타리를 페인트로 칠하면서 새로운 생명활동의 터전으로 바꾸어 놓는다. 결정적으로, 시인이 폐허나 다름없는 공간에서 새로운 삶을 시작하게 된 것은 자신의 줄기 밑동을 잘린 상황에서도 생명 활동을 멈추지 않는 담쟁이 넝쿨 덕택이다. 담쟁이 넝쿨은 자신이 뿌리내리기에는 너무나 열악한 "빙판 같은 차가운 철제 벽면"에라도 붙어 끝까지 살아남았고, "바싹 말라 풍화되어 가면서도" 생명의 끈을 놓지 않는다. 생명이 위협받는 열악한 상황에서 "푸르게 푸르게 웃"는 담쟁이 넝쿨의 긍정성, 거기에서 시인은 끈질긴 생명력을 감지한 것이다.

담쟁이 넝쿨의 생명력은 과거의 긍정적 기억에서 연유한다. 담쟁이 넝쿨은 푸른 잎사귀들을 피워 올리고, 오디처럼 햇살을 따 먹으며 푸르게 웃었던 과거의 기억으로 현재의 고통을 견뎌낸다. 척박한 환경 속에서도 꿋꿋이 살아남은 담쟁이 넝쿨의 악착같은 '생명력'은 긍정적으로 기억되는 과거 덕분에 가능한 것이다. 이 같은 담쟁이 넝쿨의 긍정적 기억은 자신의 존재와 삶 자체를 부정하던 시인의 과거 기억과는 사뭇 대조적이다. 시인의 과거는 일천한 육체를 쉼 없이 움직여도 생활고에서 벗어날 수 없는 절대적 가난으로 점철되어 있다. 그렇기에 그에게 있어 과거란 돌아가거나 떠올리고 싶지 않은 트라우마로 자리해 왔다. 그러나 이 시점에서 시인은 자신의 비루하고 고통스러웠던 과거, 노동의 기억을 긍정적인 것으로 치환시킨다. 어떠한 환경 속에서도 생명활동을 멈추지 않는 자연의 모습은, 시인에게 '가난'이나 '노동'은 벗어나야만 하는 고통과 기억만이 아님을 일깨워준다.

다시 이사 온 집,
아내가 비탈밭을 일구어 상추를 심는다. 오이도 심고 옥수수도 심고

수박까지 심는다
　나는 고춧대를 세울 나뭇가지를 낫으로 다듬어, 망치로 땅에 박아준다
　그렇게 일용할 양식이 자랄 수 있도록 버팀목을 세워주고, 다시 방
의 책상 앞에 앉는다

　딱따구리여, 날아오라
　내 몸에 벌레 키워, 너를 힘껏 안아주겠다

　　　　　　　　　　　　　　ー「목탁조」(『도장골 시편』) 부분

　새롭게 거처를 옮긴 후에도 비탈밭을 일구는 아내와 함께 '나'는
노동한다. 여전히 육체노동을 하고는 있으나, 과거의 고통스러운 노
동은 아니다. 그렇기에 자연은 수고롭지만 보람된 노동을 할 수 있
는 공간, 생산의 결과물이 온전히 자기 것이 되는 자급자족의 공간
이 된다. 도시에서는 늘 소외된 이방인일 수밖에 없었던 시인이 "일
용할 양식"을 기쁜 마음으로 가꾸는 즐거운 노동을 하고 있다. 나아
가 자신의 몸에 벌레를 키워 딱따구리를 안아줄 만큼 여유로운 마
음을 품게 되었다. 이제 시인에게서 유산처럼 물려받은 가난과 노
동에 대한 부정적 인식은 찾아보기 힘들다. 상실감에 시달렸던 시
인은 "엉겅퀴도 내 마당에 심고 가꾸면" 자신이 꽃이 될 수 있다는
믿음과 함께 진정한 '산 노동'의 의미를 알아가고 있는 것일 터이다.
　시인의 이러한 모습을 통해 '죽은 노동'이 아닌 '산 노동'[9]이 가
져오는 도래할 시간에 대한 낙관적 인식을 읽어낼 수 있다. 시인의

---

9) '산 노동'이 공통적인 것의 목적론의 발전을 통하여 죽은 노동의 초월적
　지배로부터 확실하게 탈출하는 때에, 산 노동이 도구를 재전유하고 그
　결과로 자신을 존재의 가장 자리에서 측정불가능한 것에 자유롭게 노출
　할 때에 산 노동은 유토피아를 벗어난다. 그리하여 산 노동의 해방은 디
　스토피아가 된다. 유토피아가 완전히 결정된 미래를 전유한다면 디스토
　피아의 공통 언어는 빈 상태로 남아있는 '장차 올 것'(안토니오 네그리,
　『혁명의 시간』, 도서출판 갈무리, 2004, 209-223)을 채우기 때문이다.

육체노동은 더 이상 비루하지 않으며, '산 노동'은 스스로의 힘으로 긍정적인 시간을 가꾸어나가는 의미 있는 행위가 된다. 시인이 '도 장골'에서 찾아낸 것은 단순히 '물아일체'를 추구하는 서정적 대상으로서의 자연이 아니다. 과거 노동의 고통에서 벗어나 노동의 긍정적 가치를 인식하게 해 주는 땀 흘리는 자연, 긍정적 주체로서의 자연인 것이다. 자본주의에 완전히 포섭된 도시에 저항하는 공간인 자연에서 시인은 노동을 통해 존재를 혁신한다. 이를 바탕으로 스스로의 미래를 결정함으로써, 세계를 철저하게 변형하고 혁신해 나가는 길을 찾고 있는 것이다.

5. 나오는 말

등단이후부터 지금까지 김신용 시의 핵심적 화두는 '가난'과 '노동'이다. 시인에게 '등뼈로 굳어'서 체화된 가난은 벗어날 수 없는 굴레였다. 거대한 자본의 폭력성 앞에서 노동의 주체인 노동자들은 제한적인 목소리를 가질 수밖에 없다. 살인적인 노동에도 불구하고 의식주를 해결할 수 없는 노동자들의 처참한 생활은 순환될 뿐이다. 하여 궁핍하고 비루한 현실의 노출된 이들은 환상을 통해 잠시나마 현실이 고통을 잊고자 한다. 환상은 부재의 고통, 욕망하는 대상을 채울 수 없는 의식 때문에 발생하기 때문이다. 그러나 현실로부터의 도피는 기존의 공고한 질서체제를 인정하는 것과 다르지 않다.

시인은 시에서 '환상'을 통해, 은폐하고 있는 것들 사이에서 틈을 발견하고 그것에 균열을 가하고자 한다. 공고한 지배체제에 대한 '전복의 담론으로서의 환상'은 지배질서를 교란시키고 안정적 구조를 해체하는 힘이요, 양식인 것이다. 자본으로서 포획되지 않는 끊임없이 움직이는 '저항 기제'로 환상이 이용되고 있는 것이다. 결국 시인은 고통으로 얼룩진 상처를 우회적인 환상의 형식으로 비춰줌으로써 오히려 현실성을 획득하고 있다고 볼 수 있겠다.

　김신용은 '가난'과 '노동'의 경험을 통해 기존 권위와 지배체계에 대한 해체적 사유를 확보하고 있다. 나아가 억압체제에 저항하는 자기혁신을 감행함으로써, 궁극적으로 영원에 도달하는 가능성을 획득하고 있다고 보겠다. 과거, 가난을 부정한 것으로 간주하여 그것에서부터 벗어나고자 했던 시인은 도장골로 귀향하면서 가난이 내포한 긍정적 힘을 체득해 가고 있다. 육체노동을 통해 '죽은 노동'이 아닌 '산노동'의 가치를 체득하고, 나아가 존재의 혁신과 함께 도래할 시간에 대한 변혁을 꿈꾸는 것이다. 하여 자연으로 귀향한 시인에게 있어 노동은 더 이상 고통스럽거나 벗어나야 할 무거운 '지게'가 아닌 것이다. 시인의 이러한 노동에 대한 인식의 변화는 가난이라는 아포리아의 극복이며, 노동시의 또 다른 가능성을 보여주는 의미 있는 행보라 할 수 하겠다.

서정주 시에 나타난 권력욕망과 주체의 변이과정
― '아버지'를 중심으로

김 현 정

1. 들어가며

　미당 서정주(1915-2000)는 「자화상」, 「국화 옆에서」, 「동천」 등 한국시문학사에서 빼놓을 수 없는, 커다란 족적을 남긴 시인이다. 85세의 일기로 작고한 그는 식민지시대부터 해방공간을 거쳐 90년 대에 이르기까지 우리의 민족성과 전통성을 바탕으로 한 그만의 독특한 시적 언어를 다양하게 구사하여 15권에 달하는 시집을 발간하였다. 그리고 그의 시적 상상력은 어느 누구도 부정할 수 없을 만큼 풍부하고 뛰어난데, 그것은 뱀, 문둥이 등 천형의 존재를 통해 인간의 원죄적 업고를 노래한 점, 우수한 민족성과 전통성을 되살려 국난을 극복하려 신라정신의 정수를 모색한 점, 불교의 인연설이나 윤회사상을 일상생활 속의 소재를 빌어 형상화한 점, 그의 고향 질마재를 배경으로 한 설화를 시로 형상화한 점 등을 통해 확인할 수 있다.[1] 이렇듯 미당은 다작의 시인이면서도 끊임없이 새로운 시세계와 기법을 모색한 시인이었던 것이다.
　그러나 대부분의 시인이 그러하듯 서정주 시인도 이러한 긍정적인 면만 지니고 있지 않다. 그가 작고할 때까지 커다란 상처로 남았

---

1) 박호영, 『서정주』, 건국대학교출판부, 2003 해설 참조.

을, 친일작품을 발표한 것에서부터 자유당 시절을 거쳐 유신과 5공에 이르기까지 당시 지배이데올로기와 결탁한 권력지향적인 삶과 문학행위가 이에 해당된다. 이러한 면은 우수한 민족성과 전통성을 되살리기 위해 신라정신을 모색하고 고향 질마재의 설화를 바탕으로 한 시를 형상화 한 '부족방언의 요술사'라는 그의 긍정적인 이미지2)를 상쇄시키고 남을 만큼 커다란 시대착오적인 오점에 해당하는 것이다. 서정주 시인에 대한 이미지가 이처럼 중층적으로 나타나는 시점에서 그의 시대착오적인 삶을 비판할 것인지, 그의 우수한 작품만을 한정하여 옹호할 것인지에 대한 평가의 문제는 기존에 많은 연구를 통해 논의3)되었기 때문에 여기에서는 논외로 하기로 한다. 다만, 본고에서는 그의 시에 대한 상반된 평가에 많은 영향을 주었을 '아버지'에 대해 주목하고자 한다. 그의 시에 등장하는 아버지의 이미지는 하나의 일관된 모습이 아닌, 다양하게 변주된 모습으로 나타난다. 이처럼 아버지의 모습이 다양하게 그려지고 있다는 것은 시대에 따라 자신의 시세계가 변모되고 있음을, 그에 따라 심경변화가 많이 일어나고 있음을 시사하는 것이라 할 수 있다. 이러한 그의 시에 등장하는 아버지에 대한 분석은 왜 그의 시세계가 변모되었고, 여기에는 어떠한 심경변화가 있었는지를 파악하는 데 중요하게 작용하리라 본다.

---

2) 김동리, 「「歸蜀途」의 跋」, 서정주, 『歸蜀途』, 선문사, 1948 ; 박재삼, 「자유자재한 것」, 서정주, 『안 잊히는 일들』, 현대문학사, 1983 ; 유종호, 「소리 지향과 산문 지향」, 김우창 외, 『미당연구』, 민음사, 1994 ; 김재홍, 「미당 서정주-대지적 삶과 생명에의 비상」, 김우창 외, 앞의 책 등 참조.
3) 조연현 외, 『서정주연구』(동화출판공사, 1975)와 김우창 외의 『미당연구』(민음사, 1994) 등에 수록된 글과 김진석의 「초월적 서정주의에 스민 파시즘적 탐미주의-서정주 시에 대한 초월주의적 비평의 비판」(김명인 외, 『주례사비평을 넘어서』, 한국출판마케팅연구소, 2002), 박수연의 「미당의 친일시-시적 영원성에 대하여」(민족문학연구소편, 『탈식민주의를 넘어서』, 소명출판, 2006) 등의 글 참조.

보통 '아버지'는 자신의 거울과 같은 존재이다. 자신의 아버지를 통해 긍정적이든 부정적이든 아버지의 모습을 닮아가게 된다. 끊임없이 부정하고 싶어도 다가오는, 그리하여 그 흔적을 지우려 해도 완전히 지워버릴 수 없는 그러한 존재가 아버지이다. 그렇다면 서정주 시인에게 '아버지'는 어떤 존재였을까? 그의 유명한 시 「자화상」에 처음으로 등장하는 '아버지'는 떳떳이 누군가에게 말할 수 있는 그런 대상이 아닌 "애비는 종이었다"라고 한 것처럼 '종(머슴)'으로 등장한다. 미당은 일반적으로 숨기고 싶어하고, 부끄럽게 여기는 신분인 '종'에 대해 떳떳이 공표한다. 종의 공표의 의미는 '종'에 대한 부끄러움이 사라졌을 때만 가능하다. 시인은 어떤 의도에서 아버지의 신분이 '종'이라는 사실을 밝힌 것일까? 서정주의 아버지가 실제 '종'이 아니었다는 사실은 그의 자서전을 비롯해 여러 곳에서 발견할 수 있다.[4] 그런데도 '종'도 아닌 자신의 아버지를 '종'이라고 한 이유는 무엇이고, 이를 통해 그가 추구하고자 한 것은 무엇일까. 이에 대한 해답은 「자화상」에 대한 면밀한 분석과 그에 관련한 내용의 확인을 통해 가능할 것이다. 「자화상」에 처음으로 등장한 '아버지'는 이후 「신발」, 「내가 여름 학질에 여러 직 앓아 영 못 쓰게 되면」, 「故鄕蘭草」, 「내가 타는 汽車」, 「내가 千字책을 다 배웠을 때」, 「아버지의 밥숟갈」, 「사내자식 길들이기 1」, 「아버지 돌아가시고」, 「맑은 여름밤의 별하늘 밑을 아버지 등에 업히어서」 등에 다양한 모습으로 묘사된다.[5] 그의 시에 등장하는 '아버

---

4) 그의 자서전에는 아버지가 '종'이 아닌 대지주인 동복영감(김성수의 아버지)의 농감직을 맡았다고 나와 있다.(서정주, 『미당자서전 1』, 민음사, 1994, 327, 361-2면 참조)

5) 김정신은 서정주의 의식 세계의 원천으로 '어머니'(그 외에 많은 여성들)를 들어 미당이 여성 편향적인 시를 썼고, 따라서 그의 의식의 형성은 미미한 "애비" 대신 "어매"가 자리잡고 있다고 언급한 바 있다.(김정신, 『서정주 시정신』, 국학자료원, 2002, 24-7, 41-2면 참조) 그러나 그의 시

지'의 다양한 모습은 곧 시인의 시세계의 변모과정과 무관하지 않을 것이다. 따라서 이 글에서는 미당의 시에 형상화된 '아버지'는 어떤 의미이고, 시기별로 '아버지'의 모습이 어떻게 그려지고 있는지, 나아가 그가 '아버지'의 형상을 통해 진정으로 추구하고자 했던 것이 무엇인지를 살피고자 한다.

2. 일제강점기와 '종'으로서의 아버지

서정주 시인은 1936년 1월 『동아일보』 신춘문예 시부문에 「壁」이 당선되면서 본격적인 시작활동을 하였다. '일제'를 의미하는 것으로 보이는 '벽'은 철옹성과 같은 것이었다. 그래서 "덧없이 바라보던 벽"에 지치고 서럽게도 "벙어리"로 변해가던 시인은 "진달래꽃 벼랑 햇빛에 붉게 타오르는 봄날이 오면 / 壁차고 나가 목매어 울" 것이라고 다짐한다. 이 작품이 쓰여진 1935년은 사회주의문학운동단체인 KAPF가 해산되고 일제의 군국주의가 점점 노골화되어 문인들에 대한 탄압이 심해지던 시기였다. 광주학생사건에 가담하고 이를 계기로 다른 학교로 옮기는 등 일제에 대한 저항의식을 보여주던 그는 이 시기 '일제'라는 거대한 타자의 '벽'에 부딪히게 된 것이다.

미당은 이후 이 '벽'을 무너뜨릴 방도를 모색하는데, 그 실천방법으로 시를 좋아하는 시인들과 '시인부락'을 결성하게 된다. 1936년 11월 14일에 시인부락의 동인지 『詩人部落』 창간호를 발간한다. 김달진, 김동리, 김상원, 김진세, 여상현, 이성범, 임대섭, 박종식, 서정

에는 이러한 여성의식 못지않게 남성의식, 그리고 '어머니' 대신 '아버지'가 많이 등장하고 있으며, 이는 그의 의식 형성에 적잖은 영향을 미치게 된다.

주, 오장환, 정복규, 함형수 등이 중심이 되어 어떤 특수한 '빛갈'을 지닌 것이 아니고 각자의 개성과 취미를 존중하는 태도를 지향하던 그들은 한정판 200부 중 절판도 안 팔리는 적자에 허덕여 결국 2호로 종간하게 된다. 일제의 점점 가중되는 탄압과 억압, 그에 따른 문학적 입지의 협소 등으로 시인의 심신은 극도의 피로감에 시달린다. 이러한 지친 심신을 추스리기 위해 그는 제주도에 다녀오게 되는데, 「자화상」은 이때 쓰인 작품이다.6)

> 애비는 종이었다. 밤이기퍼도 오지않았다.
> 파뿌리같이 늙은할머니와 대추꽃이 한주 서 있을뿐이었다.
> 어매는 달을두고 풋살구가 꼭하나만 먹고 싶다하였으나…… 흙으로
> 바람벽한 호롱불밑에
> 손톱이 깜한 에미의아들.
> 甲午年이라든가 바다에 나가서는 도라오지 않는다하는 外할아버지
> 의 숯많은 머리털과
> 그 크다란눈이 나는 닮었다한다.
> 스물세햇동안 나를 키운건 八割이 바람이다.
> 세상은 가도가도 부끄럽기만하드라
> 어떤이는 내눈에서 罪人을 읽고가고
> 어떤이는 내입에서 天痴를 읽고가나
> 나는 아무것도 뉘우치진 않을란다.
>
> 찰란히 티워오는 어느아침에도
> 이마우에 언친 詩의 이슬에는
> 몇방울의 피가 언제나 서꺼있어
> 볓이거나 그늘이거나 혓바닥 느러트린

---

6) 이러한 면은 "제주도 대유 석 달 만엔가 / 마지막으로 또 한번 / 정방폭포의 쏟아지는 물을 실컷 맞고는 / 다시 고향으로 돌아가는 배에 올랐나니, / 집에 오자 그 피곤한 「자화상」이란 / 시를 쓴 걸 보면 / 나는 꽤나 지쳐 있었던 모양이야."(「제주도에서」 부분)라고 한 데서 확인할 수 있다.

병든 숫개만양 힐덕어리며 나는 왔다.

-「自畵像」전문

　1937년 가을에 지은 것이라고 하단에 표기되어 있는 이 시는 '스
물세햇동안' 살아온 시인의 삶의 과정을 통해 '생'의 강렬함을 토로
하고 있는 작품이다. 자신이 외할아버지의 숱 많은 머리털과 커다
란 눈을 닮았고, 손톱에 때가 끼어 까맣다는 부끄러운 점을 밝히고
있다. 이 시에는 '종'인 아버지, 산달을 앞두고 있는 어머니, 파뿌리
같은 할머니도 등장한다. 시인은 먼저 "애비는 종이었다."라고 하여
자신의 부끄러운 가족사를 들춰낸다. 아버지의 신분이 '종'이었음
을 떳떳하게 밝히고 있는 것이다. 그것도 '아버지'라고 하지 않고
'아버지'의 낮춘 말인 '애비'라는 말을 사용하고 있다. 마치 자신의
아버지가 아닌 다른 아버지의 치부를 드러내 듯 언급하고 있다. 서
정주 시인은 왜 아버지의 부끄러운 신분을 이처럼 당당하게 밝힌
것일까. 그것은 아버지에 대한 부정의식을 강하게 드러냄을 통해
역설적으로 아버지를 끌어안으려 했던 것으로 보인다.[7] 그는 아버
지의 신분이 역사의 한 가운데를 가로질러 갈 수 있는 것은 아닐지
라도 그렇다고 그것을 숨길만한 것이 아니라고 본 것이다. 즉, 이는
'종'이라는 것이 아버지 자신의 의지가 아닌 식민지시대의 어떤 숙
명의 큰 테두리로 본 것이다. 미당은 23세에 "숙명적인 어떤 운명
의 行路가 이미 예언되어 있"음을 보았고, "先驗的이라고까지 할
수 있는 비범한 叡智에 의하여 너무나 일찍 자기의 운명을 통찰해

---

7) 김소진은 서영채와의 대담에서 "아버지는 건달이었다."는 명제를 말하면
서, 식민지 치하의 서정주는 "애비는 종이었다."고 했고, 7·80년대 소설
가들, 즉 김원일이나 이문열, 임철우 등은 "아버지는 남로당이었다."고
했다. 아버지를 사상의 전위였다고 말하는 사람들에게는 아버지는 거인
일 수밖에 없고, 아버지는 종이었다고 말하는 사람의 경우도 이와 유사
할 것이라고 한 바 있다.(서영채, 「대담 '헛것'과 보낸 하룻밤」, 『한국문
학』, 1994년 3·4월 참조)

버"[8]린 결과라 할 수 있다. 그리고 서정주는 이미 자신의 업고(業苦), 즉 유랑과 천지와 죄의식이 "인류의 原罪意識"[9]에서 온 것으로 파악한 것으로 보고 있는 듯하다.

그러나 미당은 자신의 운명, 즉 인류의 원죄의식에서 비롯된 운명을 무조건적으로 수용하지는 않는다. "세상은 가도가도 부끄럽기만" 하고, 나의 눈과 입을 통해 '罪人'과 '天痴'를 읽고 가지만 "뉘우치진 않을" 것을 피력한다. 부끄러움을 느끼면서도 참회를 하지 않는다는 것은 곧 자신의 운명이 필연적으로 다가온 것이 아닌 우연적으로 다가온 것임을 시사해 준다. 여기에서 운명적인 사고, 숙명적인 태도를 지양하려는 그의 자세를 엿볼 수 있다. '바람'이 한 곳에 정착하지 않고 끊임없이 움직이는 유동적인 속성을 지니듯, 미당의 삶도 '바람'과 같은 한 곳에 머무르지 않고 새로운 곳을 찾아 떠나는 노마드적인 속성을 지니고 있다. 이렇게 볼 때 미당이 "애비는 종이었다"라고 한 것은 민족적인 숙명이나 인류의 원죄의식에 사로잡힌 아버지의 삶을 운명으로 규정짓는 것인 동시에 그러한 아버지의 숙명적인 삶에서 탈주하고자 하는 시인의 양가적인 심리가 내포되어 있다고 할 수 있다.

시인은 '동복영감 집 농감직'을 맡고 있는 아버지 때문에 궁핍한 식민지 현실 속에서도 '배고픔'을 면할 수 있었지만, 동시에 아버지의 직업에 대한 불만과 부끄러움을 느끼고 있었던 것이다. 1929년 '광주학생사건'에 연루되어 수감생활을 하였고 막심 고리끼 등의 작품을 통해 사회주의를 경험한 바 있는, 그리하여 빈민층에 대한 동정심으로 빈민생활을 체험해 본 미당은 아버지가 대지주인 '동복영감 댁의 농감직'으로 있다는 사실만으로 열등의식에 사로잡혀 있었던 것이다. 이러한 점을 미당의 아버지도 어느 정도 감지하게 된다.

---

8) 조연현, 「서정주론」, 조연현 외, 『서정주연구』, 동화출판공사, 1975, 10면.
9) 조연현, 위의 논문, 12면.

「정주야, 말해봐라. 네가 무엇이 억울해서 그러는지 나도 알아야 할 것 아니냐? 내가 김성수 씨네 집 농감 노릇하는 것이 창피해서지? 아니냐? 말해봐. 그렇다면 나는 당장에 네 말대로 다 치워버리겠다. 명년에는 고창으로 이사가서 너를 거기 고창고등보통학교에 넣게 해볼 테니 공부해 볼래」

그러고는 그날 밤에는 내가 좋아하는 음식만을 어머니한테 골고루 고르게 해서 나를 위로하고 격려하는 그의 마음을 나타내 보였다.10)

미당의 아버지가 자신 때문에 미당이 마음의 갈피를 잡지 못하고 방황하고 있음을 보여주는 대목이다. 동복영감의 부탁으로 중앙고등보통학교에 입학하였으나 1929년 11월에 '광주학생사건'에 가담하여 시위하고, 다음 해에 학생시위를 주도한 혐의로 수감되었으니 아버지로서는 '동복영감'에 대한 죄책감이 많이 들었다. 그러다 보니 아버지는 아들을 설득해야만 했다. 그러나 미당은 "내 아버지의 그런 이익 있는 자리에서의 용퇴나, 그 딴딴한 고창의 산골에의 은거나, 자식밖에는 아무것도 더는 안 보던 그 자식 사랑하는 애정으로도 무언지 모든 것은 아무래도 시원치가 않아"11) 아버지에 대한 신뢰를 저버리게 된다. 그래서 시인은 당시 "아버지가 집에 들면 나는 도망쳐 나가고 아버지가 출타할 때만 겨우 어머니 옆으로 잠깐씩 깃들여 드는 숨박꼭질 속에서 한동안 지"12)내기도 했다.

그렇다면 그가 이렇듯 아버지를 부정하고 선택한 것은 무엇일까? 식민지시대 상황 속에서 자신의 '아버지'를 거부하고 시인이 선택할 수 있는 것은 또 다른 아버지의 선택 내지는 아버지의 부재를 통한 '떠돌이'로 살아가는 것이었다. 나라를 강탈당한 식민지현실에서 아버지를 상실하고, 자신의 아버지의 거부로 생긴 이중결핍을

---

10) 서정주, 『미당 자서전 1』, 361-2면.
11) 서정주, 위의 책, 362면.
12) 위의 책, 365면.

채우기 위해 그는 방랑하게 된다. 제주도로, 서해로, 만주로 자신의 정체성을 찾으러 떠난 것이다. 그러나 그는 결국 그곳에서도 자신의 정체성을 찾지 못하고 다시 서울로 돌아온다.

그러던 중 1942년 8월 자신이 거부하던 아버지가 58세를 일기로 고질의 장출혈로 사망하게 된다. "긴 여행길의 나그네 소년이 잠시 한잠 붙이듯 / 스르르 눈을 감으며 숨을 거두"(「아버지 돌아가시고」)신 것이다. '종'이라는 이유로 아버지를 아버지로 인정하지 않고 아버지의 부재를 꿈꾸었던 그에게 아버지의 죽음은 커다란 충격으로 다가온다. 자신의 아버지 대신에 다른 아버지를 찾았던 그는 결국 다른 아버지를 찾지 못한 채 아버지의 죽음을 맞이하게 된 것이다. 그러나 이후에도 시인은 '또 다른' 아버지 찾기를 포기하지 않는다. 그가 찾는 '또 다른' 아버지는 자신에게 결핍을 극복해 줄 수 있는, 즉 힘있고 능력있는 '권력있는' 아버지이다. 당시 우리말도 못쓰게 되고 신문도 폐간되던 암울한 시기에 '권력있는' 아버지는 다름 아닌 일제였던 것이다. 그리하여 그는 '권력있는' 아버지의 뜻을 따르는 친일작품을 발표하게 된다. 가미가제 특공대원으로 참전하여 전사한 마쓰오 히데오를 칭송하는 시 「松井伍長 頌歌」(『每日新報』, 1944. 12. 9)와 우편배달부 최체부(崔遞夫)가 벗을 따라 혈서로 '육군 군속'을 지원한다는 소설 「崔遞夫의 軍屬志望」(『朝光』, 1943. 11) 등을 발표한 것이다. 이렇듯 서정주가 권력있는 아버지를 지향하고 친일작품을 발표하게 된 이면에는 "나(서정주)는 그 가까운 1945년 8월의 그들의 패망은 / 상상도 못했고 / 다만 그들의 100년 200년의 장기 지배만이 / 우리가 오래 두고 당할 운명이라고만 생각했던 것이다."(「從天順日派?」)이라는 인식이 자리잡고 있었던 것으로 보인다.[13] 그의 내면에 일본은 패망하지 않고 영원하리라는

---

13) 이는 미당이 친일시를 쓰게 동기에 대해 "적어도 몇 백년은 일본의 지배 속에 아리나 쓰리나 견디고 살아갈밖에 없다."는 체념 하나 밖에는

영원성이 내재해 있었던 것이다.

3. 해방과 전쟁, 그리고 권력지향과 현실순응으로서의 아버지

일본의 영원성을 믿었고, 일제의 '대동아공영'사업에 직·간접적으로 가담했던 그에게 일제의 패망은 적잖은 충격을 가져다준다. 그러나 일제강점기에도 "<이것은 하늘이 이 겨레에게 주는 팔자다> 하는 것을 / 어떻게 해서라도 익히며 살아가려 했던"(「從天順日派?」) 그는 변신을 시도한다. 즉, 식민지현실에서 운명론에 맡겨 자신을 현실에 내맡겼듯, 해방 이후에도 자신을 당시 현실에 순응하게 만든 것이다. 이는 "<바다의 구슬을 건지려고 / 됫박으로 그 바닷물을 이어서 품어내고 있는 아이같이 / 어리석게 살더라도 정성만은 다해"(「큰아들을 낳던 해」) 보자는 그의 시정신과도 연관된다. '호구연명'하여 "끈질기게 살아가"길 바라는 그의 내면을 볼 수 있다.[14] '하늘'과 '바다'처럼 무한히 포용하는 삶을 살고자 한 그에게는 시대상황의 변화가 크게 문제되지 않았던 것이다.

일제의 패망 이후 잠시 사라진 '권력있는' 아버지에 대한 욕망은 해방 이후 자연스럽게 우익으로 이어진다. '시인부락' 시절부터 순수문학, 생명을 강조하는 문학을 지향해 온 시인에게 이는 당연한

더 아는 것이 없었다고 술회한 데서도 알 수 있다.(서정주, 「일정 말기와 나의 친일시」, 『신동아』, 1992. 4, 490-502면 참조) 그의 내부에는 이미 친부를 대신할 권력에의 힘을 가진 일제와 타협하여 자기 위안을 하려는 심리가 저변에 깔려 있었던 것으로 보인다.(김정신, 앞의 책, 113면 참조)

14) 이러한 모습은 그의 시 「무궁화 같은 내 아이야」에서도 확인할 수 있다. "하늘과 땅이 너를 골라 / 영원에서 제일 질긴 놈이 되라고 내세운 내 아이야."라고 한 데서 말이다.

귀결이라 할 수 있다. 이러한 그의 행보는 '시인부락'의 동인으로 「여정」, 「팔등잡문」, 「귀촉도-정주에 주는 시」 등을 통해 긍정적인 평가를 아끼지 않았던 오장환과 결별하게 된다. 1930년대 후반 "근대 부르주아 문명의 속물근성을 그 내부로부터 혁파하려고 하였던 공통점"15)을 지닌 서정주와 오장환의 막역한 관계가 미당이 친일 파시즘의 대동아공영사업에 가담하면서 깨진 것이다. 이같은 모습은 그들이 서로 대립관계에 놓여있는 문학단체에 관여한 것에서도 볼 수 있다. 서정주는 조연현, 김동리, 곽종원 등이 주축이 된 조선 청년문학가협회에, 오장환은 임화, 권환, 이용악 등이 활동하고 있는 조선문학가동맹에 소속되어 있었던 것이다. 서정주가 속한 조선 청년문학가협회는 ① 자주독립 촉성에 문화적 헌신을 기함, ② 미족문학의 세계사적 사명의 완수를 기함, ③ 일체의 공식적, 노예적 경향을 배격하고 진정한 문학정신을 옹호함이라는 강령을 내걸고, 문학정신의 수호를 강조하였다.16) 이 협회에서 시분과위원장을 맡을 정도로 적극적인 활동을 보인 그는 자연스럽게 순수문학 방향으로 나아가게 된다.

이 시기 서정주는 좌우이데올로기의 대립에서 유리한 고지를 선점한, 권력있는 이승만 박사와 돈독한 친분관계를 보인다.

> 一九四七年 여름부터 겨울까지는
> 美國서 막 돌아오신 李承晩 老人과 나는
> 아무렴 꽤나 다정한 친구였었지.
> 그는 國父로서, 나는 天才詩人으로서,
> 한 週日에 한두 번씩은 정해 놓고 만나서
> 그는 그의 지난 얘길 내게다 털어놓고
> 나는 그걸 열심히 노오트하고 있었지.

---

15) 김재용, 『협력과 저항』, 소명출판, 2004, 143면.
16) 권영민, 『한국현대문학사』, 민음사, 1993, 48-9면.

비오시는 날은 캬츄샤 사과도 나눠 먹으며
大統領이 안될까봐 걱정해 쓴 그의 漢詩를
둘이 함께 吟味하며 서로 의지도 했었지.

그러신데, 이 情分으로 그의 傳記를 써냈더니,
그의 아버지 이름 밑에 尊稱을 안 붙였다고
大統領된 이 양반이 發賣禁止를 시켜버려서
그 뒤 여러 해.나를 서럽게 한 건
꽤 오래 두고두고 도무지 理解가 안 갔네.

내 나이도 환갑 진갑 다 넘어서
「늙으면 누구나 다 어린애로 돌아온다」는
옛 어른들의 말씀의 뜻을 몸소 겪기까지는······

* 「카츄샤」 사과는 껍질을 안 벗기고 그냥 먹는 사과. 톨스토이의 小說 「復
  活」 속에서 그 여주인공 카츄샤가 고로코롬 먹었대서······.

                              － 「李承晩 博士의 곁에서」 전문

   위 시는 시인이 이승만 박사의 전기에 아버지의 존칭을 쓰지 않
아 생긴 해프닝을 이순이 넘어 이해하게 된다는 내용을 담고 있다.
1949년 10월에 삼팔사(三八社)에서 간행된 전기 『이승만 박사전』은
미당이 2년에 걸쳐 심혈을 기울인 것으로, 당시 이 전기의 발매금
지는 미당에게 적잖은 충격을 주었던 것으로 보인다.17) 시인은 이
승만의 전기를 쓰기 위해 박사를 만나는 과정에서 많은 것을 얻는
다. "그(이승만)와의 반 해쯤의 접촉은 내게는 은근히 큰 힘이 되었
다. 늘 짓눌리면서도 끈질기게 뚫고 나온 민족혼의 상징을 그에게

17) 송하선, 『미당서정주연구』, 선일문화사, 1991, 63면 참조. 어쩌면 이승만
   박사가 아버지의 경칭 문제로 발매금지 처분을 내린 데는 이 시기 정
   부가 수립되어 어느 정도 확고한 권력을 잡은 그에게 이전보다 전기의
   필요성이 덜해졌기 때문이었는지도 모른다.

서 가까이 느끼고, 일정 말기 한때의 엉터리였던 내 오판을 대조해 보고, 다시 살 마련과 용기를 내 속에 일으키는 데에 아주 큰 힘이 되었다."18)라고 한 구절에서 이를 확인할 수 있다. 위 시에서 눈여겨 볼 부분은 미당의 이승만과의 친밀성이다. 비록 이승만의 전기 문제로 소원해지긴 했지만 그 이전까지 아주 가까운 관계였음을 알 수 있다. 친일행위로 인해 자칫 곤경에 처할 위기에서 미당은 '조선청년문학가협회'에 가담하고 우익의 실세인 이승만과의 두터운 친분관계를 유지함으로써 탈출하게 된다. 조선청년문학가협회 활동이 자신의 문학의 장을 펼칠 수 있는 토대를 마련한 것이었다면, 이승만과의 친분은 일제의 패망으로 인해 상실된 '또 다른' 아버지 찾기였다고 할 수 있다. '권력있는' 아버지의 상징인 이승만과의 교유는 이후에도 지속된다. 한국전쟁이 발발했을 때 미당은 문총 구국대 결성에 앞장서서 후방의 선무 활동에 박차를 가하게 되는데, 이 공으로 인해 그는 전쟁이 끝난 후 예술원 회원, 한국문인협회 부이사장, 한국문인협회 회장 등의 요직을 두루 경험하게 된다. 이처럼 미당은 권력있는 아버지를 추종함으로써 자신의 과오를 봉합하는 동시에 권력욕망을 드러낸 것이다.

그런데 위 시에서 보이듯 훗날 해방공간에 생긴 미당의 이승만에 대한 서운함을 이해하는 계기는 다름 아닌 노인의 심정을 이해하게 되면서부터였다. "'늙으면 누구나 다 어린애로 돌아온다'는 / 옛 어른들의 말씀의 뜻을 몸소 겪기까지는……"이라는 구절이 말해주듯 이순이 되어서야 이승만의 심정을 이해하게 된 것이다. 전기를 쓸 당시의, 고희(古稀)를 넘긴 이승만의 심리를 말이다. 곧 이순이라는 나이를 통해 당시의 이승만의 심정과 시적 화자가 동일시되는 계기가 마련된 것이다. 이렇듯 미당은 어떠한 내용을 들어도 순해진다

---

18) 서정주, 『서정주 문학전집 3』, 일지사, 1972, 264면.

는 나이가 되어 이승만을 이해하게 된다. 그런데 이는 곧 순응의 다른 표현이라 할 수 있다. 여기에는 "환경이나 변화에 적응하여 익숙하여지거나 체계, 명령 따위에 적응하여 따"른다는 순응의 의미가 내포되어 있다.

이후 서정주는 직선적이고 선형적인 시간의식을 안고 있는 근대성에 반발하여 신화 속으로 회귀하는 모습을 보여준다. 이는 전쟁의 폐허와 정신적 무정부상태를 '전통'을 통해 극복하려는 의지를 보인 것이기도 하다.[19] 그는 한국전쟁을 통해 공포와 불안을 경험하게 된다. 미당이 그의 자서전에서 "6·25사변 이래 늘 내 의식에 직접 접촉해 와서 치열한 공격과 협박을 퍼부어 온 정체불명의 공중의 소리 속에 끊임없는 불안을 겪어가야만 했다"[20]라고 한 대목에서 이를 확인할 수 있다. 이러한 공포와 불안이 결국 "점차 말하는 습관까지를 잊"게 하는 실어증에 걸리기도 한다. 그의 전쟁체험을 야기된 공포와 불안이 결국 이후 신화나 전통으로 회귀하게 만든 것이다.[21]

> 괜, 찬, 타, ……
> 괜, 찬, 타, ……
> 괜, 찬, 타, ……
> 괜, 찬, 타, ……
> 수부룩이 내려오는 눈발속에서는
> 까투리 매추래기 새끼들도 깃들이어 오는 소리. ……
> 괜찬타, ……괜찬타, ……괜찬타, ……괜찬타, ……
> 폭으은히 내려오는 눈발속에서는
> 낯이 붉은 處女아이들도 깃들이어 오는 소리. ……

---

19) 김정신, 앞의 책, 127면.
20) 서정주, 『미당자서전 2』, 민음사, 1994, 252-3면.
21) 송기한, 『한국전후시와 시간의식』, 태학사, 1996, 82-5면 참조.

울고
웃고
수구리고
새파라니 얼어서
運命들이 모두다 안끼어 드는 소리. ……

큰놈에겐 큰눈물 자죽, 작은놈에겐 작은 웃음 흔적,
큰이얘기 작은이얘기들이 오부록이 도란그리며 아끼어 오는 소리.
……

괜찬타, ……
괜찬타, ……
괜찬타, ……
괜찬타, ……

끊임없이 내리는 눈발속에서는
山도 山도 靑山도 안끼어 드는 소리. ……

-「내리는 눈발속에서는」 전문

1955년에 발간된 『서정주시선』에 수록된 이 시는 모든 것을 포용하려는 시인의 의지를 보여주고 있는 작품이다. 1연 첫 행에서 "괜, 찮, 다, ……"를 네 차례 반복하여 '괜찮음'의 상황을 아주 느린 어조로 독자들에게 전달한다. '괜찮음'의 대상을 정확히 밝히지 않고 반복적으로 나열함으로써 독자들에게 '무엇'이 괜찮은지를 생각하게 한다. 이는 모든 것을 받아들이겠다는 의지의 표현이라 할 수 있다. 이 시의 하늘에서 "수부룩이 내려오는 눈" 속에는 단지 '눈'만이 있는 것이 아니라 "까투리 매추래기 새끼들"도 있고, "낯이 붉은 처녀아이들"도 내포되어 있다. 그리고 "웃고 / 웃고 / 수구리고 / 새파라니 얼"은 모든 것들이, 그것의 모든 운명들이 "안끼어" 드는 것으로 보고 있다. 전쟁체험을 통해 생긴 공포와 불안이

'눈'에 의해 치유되고 있는 것이다. 이 눈은 '靑山'으로 대변되는 자연의 세계와 서로 부대끼며 동고동락 인간의 세계를 조화시키는 매개물로 작용한다. 이렇듯 미당은 전쟁으로 인해 상처입은 인간계와 자연계 모두를 '눈'을 통해 치유하고자 한 것이다. 여기에서 우리는 그가 초기시에서부터 일관되게 추구해온 '순응'과 '포용'의 의지를 엿볼 수 있다.

4. 6·70년대 이후, 자기정체성 확인으로서의 아버지

전쟁의 충격으로 파편화된 그의 의식을 치유하기 위해 신화와 전통으로 회귀한 미당은 질마재 신화의 모티브가 된 고향을 형상화하기 시작한다. 모든 것을 파괴해버리는 그의 전쟁체험은 자신의 권력욕망에 대해 회의감을 가져다준다. 그리하여 그는 아버지의 부재로 인해 파생된 결핍을 채우기 위해 권력있는 아버지를 지향했던 자신에 대해 반추한다. 결국 그는 자신이 추구한 권력있는 아버지를 찾기 위한 욕망도 언제든지 사라질 수 있는 공허한 것임을 깨달은 것이다. 그리하여 그는 '전쟁'으로 인해 상실된, 결핍된 것을 채우기 위한 방편으로 그는 권력욕망을 지향하는 자세에서 그 상처를 치유할 수 있는 고향으로 눈을 돌리게 된 것이다. 그곳에서 자신이 거부하고 부정했던 아버지의 참모습을 보게 된다. 즉, 자신이 지향한 권력있는 아버지가 결국 자신의 아버지를 핍박하고 억압하는 존재였음을 인식한 것이다. '농감'직을 맡고 있는 아버지도 자신의 꿈을 펼쳐보지도 못하고 좌절하고 만 존재임을 간파한 것이다.

······내 아버지는 내 조부가 도박으로 지고 간 빚 때문에 다시 그 동
원의 같은 자리에 끌려가서 열다섯인가밖에 안 되는 어린 나이로 팔이

비뚤어져 한동안 제대로 펴지 못할 만큼 주릿대를 틀리고, 남은 가재 있는 거라곤 거의 다 팔아 그 빚을 겨우 어떻게 씻어넘겼다던가. 그러고서 그가 열일곱 살의 소년총각으로 타관의 서당 훈장살이를 온 곳이 내가 출생한 고창 부안면의 그 선운리라는 마을, 여기서 바다의 폭풍에 빠져 죽은 어떤 어부의 과부의 딸과 결혼을 하게 되고 내 형 일찍이 요절하고, 나도 낳았는데 가난이라는 게 원수여서 갑부 지주 동복영감 댁의 서생도 되고 뒤엔 또 그 농감의 하나도 되어 악착같이 푼돈을 모으기 시작했지만 그 본심의 제일 목적은 배금주의가 아니라 자손지계 거기에 있었던 위에서 우리가 본 것과 같다.[22]

　권력있는 아버지를 추종하던 시인이 자신의 아버지를 이해하게 되는 대목이다. 아버지 또한 자신의 꿈을 제대로 실현해 보지도 못한 채 가족의 생계를 책임져야만 한 '권력없는' 아버지임을 인식한다. "신동이라는 평판을 듣던 재주도 있고 덕망도 높던 소년으로 이 조말의 과거에 응시해서 무어 한 번 되어보려 했었지만 불행히도 그 과거제도라는 것도 그의 때에 와서 그만 폐지되고 거기다가 도박으로 재산을 다 없이하고 빚만 꽤나 걸머"[23]져 죽음을 당한 할아버지의 모든 것을 걸머진 비운의 존재임을 깨달은 것이다.

> 1) 하늘 끝 검우야한 솔무더기 위에는
> 　　내 學業의 中斷을 걱정하시던
> 　　돌아가신 아버지의 반쯤 돌린 야위신 얼굴.
> 　　　　　　　　　　　　　　　- 「어느 가을날」 부분
> 2) 내고향 아버님 山所옆에서 캐어온 난초에는
> 　　내 장래를 반도 안심못하고 숨 거두신 아버님의
> 　　반도 채 다 못감긴 두 눈이 들어 있다.
> 　　　　　　　　　　　　　　　- 「故鄕蘭草」부분

22) 서정주, 『미당자서전 1』, 363면.
23) 서정주, 위의 책, 362면.

위 시에 보이는 것처럼 시인은 아버지에 대한 참회의 심정을 표출하고 있다. 1)은 광주학생운동에 가담하여 중앙고등보통학교에서 퇴학당하고, 아버지의 권유로 편입한 고창고등보통학교에서도 퇴학당했을 때의 아버지의 참담한 심경을 드러내고 있다.[24] 당시 학업의 중단은 곧 시적 화자의 장래를 불투명하게 만들기에 충분했다. 그리하여 아버지는 시인의 학업의 중단과 장래의 불투명에 대해 적잖게 걱정했던 것이다. 시인은 돌아가신 아버지의 모습을 "반쯤 돌린 야위신 얼굴"과 "반도 채 다 못감긴 두 눈"으로 표현하여 죄책감을 표출하고 있다. 자신이 부정하고 거부한 아버지를 이렇듯 온전하지 못한 모습으로 드러낸 것은 결국 아버지에게 다가가기 위한 참회의 과정이라 할 수 있다. 권력있는 아버지에 대한 지향에서 초라하고 보잘 것 없는 아버지에게로의 다가감은 결국 아버지의 긍정성을 확인하고자 함에 다름 아니다.

미당은 병으로 여러 차례 죽을 고비를 넘기는데, 이는 가족의 지

---

24) 미당이 퇴학 당했을 때의 아버지의 참담한 심정을 담아낸 또 다른 시를 보자.
　"아버지가 들고 계시던 저녁밥床 머리에서 / 나를 보시자 떨구시던 그 밥숟갈. / 정그렁 소리내며 떨어지던 밥숟갈. / 光州學生事件 二次年度 主謀로 / 학교에서 퇴학당하고 監獄에 끌려간 내가 / 헤어름에 돌아와 엎드려 절을 하자 / 제절로 떨어져내리던 아버지 밥숟갈. / ……그래서 나는 또 / 아버지가 끼니밥도 제대로는 못 먹게 하는 / 大不孝의 자격을 또 하나 더 얹었다."(「아버지의 밥숟갈」)와 "이때 학교는 경찰을 부르지 않아 / 우리들 주모도 바로 체포는 되지 않고, / 나는 잘 피해 줄포 우리 집으로 도망쳐갔는데 / 마침 아버지의 저녁밥상 앞이어서 / 엎드려 절하고 사정을 말씀했더니 / 아버지의 손에 쥐신 손가락은 / 금시 쟁그랑 소리를 내며 방바닥에 떨어져내리더군."(「제2차년도의 광주학생사건」)에서도 아들의 학업 중단에 아버지가 적잖은 충격을 받았음을 알 수 있다. 그러나 아버지를 더욱 낙심하게 만든 것은 "두 번이나 학교를 쫓끼어나서, / 父母 대할 면목도 전혀 없어서, / 살살살살 눈치 보며 드나들다가 / 一金 三百圓을 아버지 궤에서 훔쳤네."(「革命家냐? 俳優냐? 또 무엇이냐」)에 나오는 것처럼 아버지 몰래 "一金 三百圓"을 훔쳐 상경한 일이었다.

극한 간병이 있었기에 가능한 일이었다. 그의 시에 어머니의 지극
정성 못지않게 아버지의 자식에 대한 사랑을 엿볼 수 있는 대목이
종종 등장한다.

> 1) 내가 여름 학질에 여러 직 앓아 영 못 쓰게 되면 아버지는 나를
> 업어다가 山과 바다와 들녘과 마을로 통하는 외진 네갈림길에 놓
> 은 널찍한 바위 위에다 얹어 버려 두었습니다. 빨가벗은 내 등때
> 기에다간 복숭아 푸른 잎을 밥풀로 짓이겨 붙여 놓고, 「꼼짝말고
> 가만히 엎드렸어. 움직이다가 복사잎이 떨어지는 때는 너는 영
> 낫지 못하고 만다」고 하셨습니다.
>   누가 그 눈을 깜짝깜짝 몇천 번쯤 깜짝거릴 동안쯤 나는 그 뜨
> 겁고도 오슬오슬 추운 바위와 하늘 사이에 다붙어 엎드려서 우아
> 랫니를 이어 맞부딪치며 들들들 떨고 있었습니다. 그래, 그게
> 뜸할 때쯤 되어 아버지는 다시 나타나서 홑이불에 나를 둘둘 말
> 아 업어 갔습니다.
>   그래서 나는 다시 고스란히 성하게 산 아이가 되었습니다.
>   ─「내가 여름 학질에 여러 직 앓아 영 못 쓰게 되면」 전문25)

> 2) 열두살에 病이 나서
>   群山 西洋 사람 病院으로 렌트겐 寫眞을 찍으러 갈 때
>   나는 점잖하게
>   모시베 다듬이한 두루막이를 바쳐 입고
>   아버지 하고 같이 汽車를 탔는데,
>   ─「내가 타는 汽車」 부분

  1)은 학질(瘧疾)에 걸린 시적 화자가 아버지의 도움으로 병이 낫
게 되는 장면이고, 2)는 병이 걸려 큰 도시에 있는 병원에 아버지와
함께 가는 광경이다. 두 시 모두에 아버지가 등장하고 있다. '말라

---

25) 그의 자서전에도 이와 비슷한 내용이 나온다.(서정주, 『미당자서전 1』,
    민음사, 1994, 24-7면 참조)

리아'로도 불리는 학질은 말라리아 원충을 가진 학질모기에게 물려서 감염되는 전염병으로, 이 병에 걸리면 고열이 나고 설사와 구토·발작을 일으키고 비장이 부으면서 빈혈 증상을 보이게 된다. 유년 시절 학질이 걸린 미당은 아버지는 자신의 어머니의 영향을 받아 약을 쓰지 않고 신(神)에 의지하여 병을 치료했다. '역신(疫神)의 장난'으로 보아 그 신의 힘을 빌어 낫게 한 것이다. 그러나 2)의 시에서는 열 두 살에 병에 걸린 시적 화자를 '신'을 이용하여 치료하지 않고 대처에 있는, 근대화된 "西洋 사람 病院"으로 데려간다. 물론 무슨 병인지 구체적으로 언급되어 있지 않지만, 1)과는 달리 근대화의 상징인 '기차'를 타고 "렌트겐"(엑스선)을 찍으러 간다. 여기에서 병을 전근대적인 방법으로 치료할 것인지 근대적인 방법으로 치료할 것인지에 대해서는 그다지 중요하지 않다. 그보다 더 중요한 것은 병에 걸린 그의 곁에 아버지가 같이 있었고, 그가 병원에 갈 때 아버지가 동행했다는 사실이다. 이렇듯 그에게 아버지는 생사의 갈림길에서 '병'을 치유해주거나 치유할 수 있도록 도와준 그런 존재였다. 시인은 '병마와의 싸움'이라는 절박한 상황에 직면한 자신을 돌봐 준 아버지의 모습을 생생하게 기억하고 있다. 이러한 아버지에 대한 긍정적인 기억을 통해 그는 권력있는 아버지에 대한 욕망을 밀어내고 있는 것이다.

　권력있는 아버지에 의해 소외된 아버지에 대해 참회를 하고, 생사의 갈림길에서 자신을 구해준 부성(父性)을 간파한 그는 이제 아버지에 대한 따뜻한 기억을 떠올린다.

　　　1) 나보고 명절날 신으라고 아버지가 사다 주신 내 신발을 나는 먼
　　　　바다로 흘러내리는 개울물에서 장난하고 놀다가 그만 떠내려보
　　　　내 버리고 말았읍니다. 아마 내 이 신발은 벌써 邊山 콧등 밑의
　　　　개 안을 벗어나서 이 세상의 온갖 바닷가를 내 대신 굽이치며 놀

아다니고 있을 것입니다.

- 「신발」 부분

2) 내 아버지는 객지에 나가 벌이를 하노라고
　오랜만에만 우리한테로 오셨었지.
　그래선 나를 업고 다니셨었지.
　어느 맑은 여름밤에는
　내가 외할머니네 집에 가서
　외할머니의 옛날이얘기에 파묻혀 있는 것을
　찾아와서 등에다 둘쳐업고
　깨끗하게 긴긴 돌개울물을
　두 발로 출렁거려 소리를 내며
　거슬러거슬러 올라가고만 있었지.

- 「맑은 여름밤의 별하늘 밑을 아버지 등에 업히어서」 부분

3) 참 오랜만에 집에 돌아오신 아버지가
　한여름 밤에도 나를 그 가슴패기에 끌어안고
　잠이 들어가고 있었을 때,
　나는 堂山 수풀에서 우는 소쩍새들 소리에서
　하늘의 타이름을,
　개울에서 우는 개구리들 소리에서
　땅의 웅얼거림을
　노나서 비교해 듣는 연습을 비로소 하기 시작했다.

- 「여름밤 소쩍새와 개구리가 만들던 시간」 부분

　1) 2) 3)의 시 모두 아버지에 대한 아름다운 추억이 담긴 작품이다. 1)에서는 아버지가 명절 날에 신으라고 사 준 신발에 대한 추억이 묻어나고 있고, 2)에서는 객지에서 돌아온 아버지가 외할머니집에 잠든 시적 화자를 등에 업고 개울물을 건너는 풍경이 드러나 있으며, 3)에서는 아버지의 가슴에 파묻혀 오던 시적 화자가 하늘에

서 우는 소쩍새 소리와 땅에서 우는 개구리 소리를 동시에 듣는 모습이 그려져 있다. 하나같이 유년시절에 체험한 시적 화자의 아버지에 대한 긍정의 기억들이다. 시인이 이처럼 아버지와의 아름답고 따뜻한 기억들을 통해 "반쯤 돌린 야위신 얼굴"과 "반도 채 다 못 감긴 두 눈"으로 각인된 아버지에 대한 부정적 이미지를 긍정적 이미지로 상쇄시키고자 한 것이다. 그리고 '동복영감 농감'직을 맡고 있는 아버지가 창피하여 또 다른 아버지를 찾았고, 아버지의 부재를 통해 생긴 결여를 채우기 위해 권력있는 아버지를 지향했던 시인은 이제 권력없는 아버지에게로 간 것이다. 가족의 생계를 위해 자신의 꿈을 저버리고, 병마에 시달리는 자신을 위해 헌신한 아버지에게로 말이다. 미당은 아버지의 쓸쓸하고도 외로운 삶의 자리로 이동하게 된 것이다.

5. 나오며

　미당 서정주의 시에는 아버지의 모습이 다양하게 그려져 있다. 가장 낮은 신분의 '종'으로 그려지기도 하고, 권력지향으로서의 아버지로 드러나기도 하고, 유년시절의 기억 속에 각인된 자상한 아버지로 등장하기도 한다. 본고에서는 그의 시 속에 아버지의 모습이 왜 이렇듯 다양하게 그려지고 있는지에 대한 답을 찾기 위해 모색하였다. 그 결과 미당의 내면에는 끊임없이 변화된 현실에 적응하려는 순응욕망과 시적인 삶을 살기 위한, 현실에 대한 부정욕망이 공존하고 있음을 확인하였다. 그의 시에는 이러한 양가감정이 서로 교차하면서 아버지의 모습이 다양하게 표출되고 있었던 것이다.
　일제강점기에 식민지현실의 부당성을 간파한 그는 아버지를 '종'으로 간주하여 부정적으로 인식한다. '동복영감 농감직'을 맡고 있는 아버지가 시인에게는 권력을 지향한 아버지로 비춰진 것이다. 거대한 타자인 일제에 저항하는 것이 지상과제였던 시대적 분위기로 보아 미당의 행동은 당연한 것이라 할 수 있다. 그러나 이러한 행위는 미당이 '농감직'이라는 현상만 보고 아버지의 내면을 간파하지 못한 결과를 낳게 된다.

일제 말기에 미당은 아버지의 부재로 인한 결핍을 채우기 위해 '권력있는' 아버지를 지향한다. 이때 권력있는 아버지는 다름 아닌 '일제'로, 시인은 적어도 몇 백년은 일본의 지배 속에 있을 것이라는 지극히 현실적인 논리를 끌어들여 일제에 협조하게 된다. 아버지의 결핍을 권력있는 아버지로 재배치하는 시대착오적인 오점을 드러낸 것이다.

그의 권력지향적인 모습은 해방 이후에도 자연스럽게 이어져 '우익'으로 대표되는 이승만과 친분관계를 유지하는가 하기도 하고, 나아가 그의 전기를 쓰게 된다. 한국전쟁 이후에도 그의 이러한 권력적인 아버지에 대한 지향은 지속된다. 그러나 전쟁을 통해 불안과 공포의식을 경험한 그는 신화나 전통으로 회귀하게 되고, 나아가 권력적인 아버지에 대해 회의하게 되는 계기를 마련한다.

6·70년대 이후 미당은 고향에 관련된 시를 쓰면서 자신 때문에 상처를 받고 마음고생을 많이 했을 아버지에게로 회귀한다. 그는 할아버지의 모든 '빚'을 떠안게 되어 생계를 위해 자신의 꿈을 접어야 했던, 그리고 자신에게 헌신적인 삶으로 일관한 아버지의 내면을 엿본 것이다. 그리하여 그는 쓸쓸하고도 외로운 삶을 살다가 생을 마감한 아버지에게로 귀의하게 된 것이다.

이렇듯 미당은 현실적인 아버지의 부정을 통한 권력있는 아버지에게로, 다시 권력있는 아버지에 대한 회의를 통한 자신의 아버지에게로 회귀하는 모습을 보여주었다. 이는 아버지 또한 '권력없는' 아버지임을, 즉 가족을 위해 자신의 욕망을 버려야 했던 불운한 아버지였음을 간파한 데서 가능한 것이었다. 그는 아버지를 통해 자아의 정체성을 발견한 동시에 자신의 길을 찾은 것이다.

은희경 소설에 나타난 고백의 서술전략 연구
- 「빈처」와 「딸기도둑」을 중심으로

박 현 이

1. 머리말

근대의 출발과 더불어 부상한 '주체'의 개념은 탈근대에 관한 논의가 분분한 현 시점에도 여전히 권력이라는 거대하고 추상적인 기계장치의 중요한 부품으로 기능하는 규율과 질서로부터 자유롭지 못하다. 개개의 시민적 주체들은 주어진 직무에 "성실"하기 위해서 교육이라는 공인된 국가장치를 통해 "교양"을 쌓고, 성공하기 위해서는 동질적인 특성을 기반으로 하는 사회의 몰적 집합 내의 "유행"을 따라가야만 한다.[1] 그러므로 시민적 삶 내지 일상은 주체의 의지에 따른 선택이 아니라, 타인에 의해 이미 선-결정된 삶으로 귀속된다. 이처럼 왜곡된 근대적 주체성은 타자를 배제하고, 근대적 질서로부터 일탈하려는 개인을 법과 규율의 테두리 안에

---

* 본고는 《비평문학》(2004.11) 19호에 게재된 논문임을 밝힙니다.

[1] '배려—남이 원하는 게 뭔지 알아내려고 하는 것. 교양—남이 옳다고 하는 가치를 학습하고 남이 좋다고 하는 기능을 익히는 것. 성실—남이 실망하지 않도록 기대대로 해내는 것. 유행—남이 원하는 모습이 되는 것.' '내 인생은 내 선택이 아니라 나에게 호의를 가진 적극적인 사람들에 의해 결정되었고 그런 호의는 지속되지 않았다.' (83면.)
　　이 글은 2002년 『문학동네』에 발표된 은희경의 「누가 꽃피는 봄날 리기다소나무 숲에 덫을 놓았을까」에서 발췌한 글로 '은희경, 『상속』, 문학과지성사, 2002.'에서 인용함.

묶어두는 방식을 통해 복수적이며 다양한 주체의 차이를 무화시켰다. 부연한다면, 근대가 만들어낸 주체성은 주체 스스로의 욕망-의지에 따라서가 아니라, 자신의 언술을 이미 양식화되어 굳어진 사회적 언술에 끊임없이 겹치고 포개는 방식에 의한 동일화 내지는 예속화의 과정을 통해 형성되어 왔다. 그렇다면 개인의 주체화 과정에 있어, 사회적 동일시의 강요와 이미 자연스럽게 예속화 과정을 밟아간 동일자들이 속해 있는 몰적 집합의 영향력은 어떻게 행사되는가? 또한, 개개인의 내부에까지 미세하게 침투해 들어간 동일시 체제가 '연인, 부부, 가족'이라는 사적인 영역까지 장악하여 작용하는 지점은 과연 어디인가? 나아가 이와 같은 상황에서 동일시 과정을 통한 기존 사회로의 진입을 거부하고 그로부터 일탈을 감행하는 분자적 목소리들이 갖는 의미는 무엇일까?

이와 같은 문제 의식은 90년대 문학의 특성과도 일정한 연관관계에 놓여 있는 것으로 보인다. 90년대 문학은 전시대 문학의 빈곤을 넘어 우리 시대의 삶과 내면의 리얼리티에 가까이 하고자 하는 의지가 담겨 있다. 따라서, 그간 봉인된 영역이던 소비공간, 일상성, 성과 사랑, 가족 등 사적 관계망들에 대한 성찰의 싹을 틔워준 것을 특징으로 하며, 무엇보다 '여성성'의 서사는 지난 연대와 다른 90년대 문학의 특징으로 규정되는 개념 중의 하나다.[2] 90년대 소설이 개인의 내면 공간과 일상성에 주목하게 되었다는 점, 특히 공적 영역보다는 사적 영역에 해당하는 사랑과 가족의 문제를 중점적으로 다루게 되었다는 점에서 '주체성'의 문제는 더욱 재고해볼 여지가 있다. 이러한 90년대 소설의 특성을 잘 드러내고 있는 작가로는 '신경숙, 은희경, 전경린, 공선옥' 등의 여성 작가군을 전반적으로 지목하고 있음에 다수 논자들의 의견이 대체로 일치되고

---

2) 김은하, 「90년대 여성소설의 세 가지 유형-신경숙·은희경·공선옥을 중심으로」, 『창작과비평』, 1999년 겨울호, 241면 참조.

있는 듯하다. 본고가 은희경의 작품에 특히 주목한 까닭은 은희경3)의 작품들은 근대가 산출해 낸 이분법적 구도에 대해 특히 민감하게 반응하면서, 나아가 예리한 비판적 시선을 통해 의문을 제기하고 있기 때문이다. 그녀의 작품은 '선/악, 남/여, 문명/자연, 진실/거짓' 등과 같은 대립항들이 우리가 마주한 '일상'이라는 현실 속에서 여전히 치밀하고 유효하게 작동하고 있음을 적나라하게 보여주고 있으며, 현실의 삶은 시민들을 제도화된 삶 속으로, 지배적 질서 체계로의 동일시를 강요하고 있음을 비판하고 꼬집는 작가의 시선이 돋보인다.

따라서 은희경 작품에 대한 고찰은 다음과 같은 맥락에서 유효하다고 본다. 우선, 개인의 주체화 과정에 있어, 강요된 동일시에 의한 주체화의 왜곡된 양상과 그것의 역작용이 드러날 것이며, 나아가 텍스트 내 작중인물들이 보여주는 모습들은 하나의 주체가 이미 선-규정된 삶의 방식이 아닌 주체 스스로의 욕망과 의지에 의해 또 다른 '나(주체)'를 찾아가는 과정임이 밝혀질 것이다. 다른 한편으로는, 억압구조를 성차에서 찾고 성차를 부정함으로써 그 해결점을 모색하려 했던 기존 여성 서사물이 지향해오던 편협한 틀에서 벗어나는 동시에 여성성의 보다 중요한 것은 우리 사회의 권력관계가 내밀하게 작동하는 지점과 그것의 허위성을 간파해내는 '여성'의 명철한 시선이 더욱 긴요하다4)는 점에서 더욱 중요하다. 이와 같은 입장 하에서 본고가 조명해 보고자 하는 작품은 「빈

---

3) 은희경은 1995년 동아일보 신춘문예에 「이중주」로 당선되어 등단한 이후 4편의 장편과 3권의 소설집을 펴냈다. 해당 작품집은 다음과 같다. 『새의 선물』(문학동네, 1995), 『타인에게 말걸기』(문학동네, 1996), 『마지막 춤을 나와 함께』(문학동네, 1998), 『행복한 사람은 시계를 보지 않는다』(창작과비평사, 1999), 『그것은 꿈이었을까』(현대문학, 1999), 『마이너리그』(창작과비평사, 2001), 『상속』(문학과지성사, 2002).
4) 김은하, 앞의 논문, 262면.

처」와 「딸기도둑」이다. 은희경의 다수 작품 중, 「빈처」와 「딸기도
둑」을 본고의 텍스트로 삼은 이유는 두 텍스트가 모두 고백체라는
서술상의 특성을 지니고 있다는 점에 있다.

두디(Terrence Doody)는 고백은 "한 개인이 존재할 필요가 있고
자신을 확정시켜 줄 수 있는 공동체를 대표하는 청자에게 자신을
설명하기 위한 의도적이고 자의식적인 시도"라고 정의 내리고 있
다. 이러한 정의 하에 고백에 대한 다수의 논자들의 의견을 종합하
여 고백할 수밖에 없는 이유를 일반화시켰는데, 그 중 가장 큰 특
성으로 '정화(Catharsis)의 효과'를 들고 있다. 정화의 효과는 곧
'자기 정체성'의 문제와도 직결되는데, 이는 바꾸어 말해 '주체화'
의 문제이기도 하다. 두디의 기술에 의하면, "화자는 고백을 통해
자신의 치부, 비밀, 죄 등 남에게 알릴 수 없는 것들을 모두 언어로
털어냄으로써 자기 정화를 하게 된"다는 것이다. 또한, "공동체 속
의 자아는 타자들과 공동체 의식이 다르기 때문에 받게 된 소외감
에서 벗어나기 위해 고백을 시도하며, 그 고백은 결국 타자들과 같
은 공동체 의식을 갖고 싶었지만 그들과 다른 자신의 내면을 가질
수밖에 없었던 이유를 고백하고, 다시 공동체 속으로 편입되기를
갈망하"는 주체의 욕망을 담고 있다고 말하고 있다. 따라서 화자의
고백은 자기 자신 속의 청자를 공동체 속의 사람이라고 믿는 '동일
성'에 의해 이루어진다고 보고 있다. 결국, 화자는 자신의 사상이
공동체의 담론과 다르지 않음을 드러냄으로써 자아 동일성을 획득
하고자 고백한다는 것이다.5)

신에게 철저하게 예속되어 있던 중세적 인간은 '주체'의 개념과
더불어 시작된 근대라는 시공간 속에서 자신의 내면적 사유에 주
목하고 그것을 글로 풀어내는 방식으로 고백의 양식을 자연스럽게

---

5) 우정권, 「고백소설의 구성요건」, 『한국 근대 고백소설 작품 선집 1』, 도
   서출판 역락, 2003, 14-17면 참조.

사용해왔다. 그러나 스스로의 자유 의지에 따라 시작된 고백은 두디의 일반화된 기술에서 볼 수 있듯이, '자기 정화의 효과'에 이르러서는 주체의 자발적인 자기 반성과 성찰에 의한 '주체 교정의 효과'를 거둠으로써 가장 효율적인 국가장치의 기능을 담당하게 된다. 결국 고백을 통한 '주체화'란 제도권으로부터 소외되고 일탈해 있는 주체가 사회 구성원으로서 동일시되어가는 과정인 동시에 영토화되어가는 '왜곡된 주체화'에 다름 아닌 것이다.

그러나 「빈처」와 「딸기도둑」의 서술자는 '고백'이라는 서술전략을 교묘하게 역이용함으로써 동일자로의 회귀를 강제하는 법과 규율의 근대적 질서를 거부하고, 획일화된 시민적 삶으로부터의 일탈을 시도하고 있다. 두 텍스트에서 드러나는 고백의 성격은 서술 주체에게 있어, 두디 식의 자아 반성과 성찰을 통한 동일시 과정을 수반하는 것이 아니라, 제도권의 허위와 모순을 고발하고 비판하며 그로부터 벗어나는 역동일시의 과정을 수반하고 있다. 본고에서는 단순한 서술 기법의 차원이 아닌, 의도적 서술전략으로 기능하고 있는 고백의 양상 및 이를 매개로 한 주체화 과정을 살펴보되, '일기'를 통한 고백의 서술전략과 '자백'의 형태를 띤 고백의 서술전략에 초점을 두어 개진해 나가도록 하겠다.

2. 고백의 서술전략과 주체화 양상

2-1. '일기 혹은 편지 쓰기', 소통의 틈새를 내는 언표 행위

「빈처」[6]는 1인칭 시점의 작품으로 서술자는 아내의 일기를 엿보

---

6) 「빈처」는 1996년 1월, 『현대문학』에 발표된 단편소설로 본고는 은희경 소설집, 『타인에게 말걸기』, 문학동네, 1996.에 실린 작품을 텍스트로

는 남편이다. 그런데 엄밀히 말해 이 작품의 서술자는 이중화된 양
상으로 드러나고 있다. 텍스트 전체에 걸쳐 전반적 스토리를 이끌
어나가는 남편이 하나의 서술자라면, 또 하나의 서술자는 작품에
지속적으로 삽입된 일기 속의 '아내'라고 할 수 있다. 따라서 주목
해 볼 점은 일기 속 언표 주체이자 여성 서술자인 아내의 일기를
통한 고백의 언술전략 및 또 다른 언표 주체인 남편과의 언술적 소
통관계다.

아내의 일기는 다른 서술자인 남편의 엿보기 행위를 통해 드러
나는 것으로 보아 남편이라는 수신자(수화자)를 아내가 의도적으
로 미리 상정하고 있다는 점을 알 수 있으며, 따라서 그것은 일기
인 동시에 편지의 역할을 담당하고 있다. 남편과 아이를 중심으로
한 가족 삼각형에 둘러싸여 있는 아내이자 어머니인 여성 서술자
(아내)는 일기 쓰기 행위를 통해 제도적 일상으로부터의 일탈을 시
도한다. 일기라는 표면적 형식을 빌어 남편과 가족이라는 대상을
향해 편지를 쓰는 언표 행위는 가족이라는 테두리 내에 고착된 그
녀의 일상과 가족 삼각형의 모서리에 미세한 틈새를 내기 위한 하
나의 서술전략이다. 편지가 주체의 이중성의 결백함[7]을 보장해주
고 있다면, 「빈처」에서의 아내의 일기 역시 이러한 편지의 기능과

하며, 인용문에 대해서는 이후부터 면수만을 표기하기로 함.
7) 들뢰즈는 카프카의 편지들을 분석하면서 편지는 그 장르적 특성으로 인
   해 두 가지 주체의 이중성을 보존하고 있다고 말한다. 이중성이란 표현
   의 형식으로서 글을 쓰는 주체인 언표행위의 주체와 내용의 주체에 해
   당하는 편지에서 언급되는 언표 주체를 말함인데, 편지를 쓰는 주체는
   편지 속의 주체로 모든 운동을 전이시키며 편지 속의 주체는 편지를 쓰
   는 주체의 모든 현실적인 운동을 덜어내 준다고 말한다. 결국 편지가
   이중적 주체의 결백성을 보장한다 함은 언표행위의 주체는 언표주체가
   활동하는 편지 상에서 아무것도 하지 않았기 때문이며, 동시에 언표주
   체는 그가 할 수 있는 모든 것을 했기 때문이다.(질 들뢰즈·펠릭스 가
   타리(이진경 역), 『카프카』, 동문선, 2001, 72-85면 참조.)

동일한 맥락에 놓여 있다.

> (…) 그녀가 언제부터 이렇게 자기 생각을 갖고 산다는 걸까. 좀 뜻
> 밖이었다. 그녀는 아이를 키우고 집안일을 하는 데 소질이 있는 편이
> 었다. 나는 그녀에 대해 그 정도로 알고 있었다. (…)그것은 어디까지
> 나 아줌마가 되기 전 일이다. 결혼 이후에는 그녀가 책을 들치는 것조
> 차 본 적이 없는데… (169면.)

남편이 보기에 언표행위의 주체에 해당하는 '일기를 쓰는' 아내
는 "그저 그런 여자스러운 감상을 담고 있는 글재주" 밖에 없어
"뭘 쓴다는 것이 도무지 어울리지 않는" 여자다. 남편에게 아내는
"아이를 키우고 집안일을 하는 데 소질이 있는" 현모양처형의 어
리숙한 주체로 읽혀지고 있음이 그의 언술을 통해 드러나고 있다.
남편의 시선에 포착된 "잡티와 마른 살갗으로 덮여 있고 입내도
나"면서 "손톱 밑에 고춧가루가 끼어있"는 칠칠찮은 그녀는 하나
의 주체로서의 여성이기 이전에 가족이란 테두리 안에 갇혀 있는
아내이고 어머니일 뿐이다.
그러나 언표 주체에 해당하는 '쓰여진 일기 속'의 아내는 남편과
아이라는 가족의 굴레로 인해 여성으로서의 다양한 주체성이 무화
되고 있음을 진작부터 간파하고 있는 고도의 서술전략을 지닌 현
명한 주체로 드러나고 있다.

> 6월 17일
> 나는 독신이다. 직장에 다니는데 아침 여섯시부터 밤 열시 정도까
> 지 근무한다.(…) 나의 직장 일이란 아이 둘을 돌보고 한 집안의 살림
> 을 꾸려나가는 일이다. (164면.)

일기 속 언표 주체인 아내는 자신의 직장이 가정이란 것, 그리고
하루 평균 16시간이 넘는 가혹한 노동이 바로 가사노동임을 감지

하고 있다. 가족이라는 집합 내에서 주부로서의 삶이란 "아침 여섯 시부터 밤 열시"까지 경직된 선분을 따라가는 몰적 일상임을 비판하고 있는 것이다.

> 8월 25일
> (…) 하긴 살뜰하고 다감하여 지겨운 아내, 귀하고 기특해서 조바심나는 자식들, 남들처럼은 행복해야 하기 때문에 번거로운 가정사, 그런 것들로 이루어진 집이라는 일상에 갇혀 살기에는 그(당신: 필자)는 너무나도 자유에 익숙해졌다. (173면.)

> 8월 29일
> 난 그이(당신: 필자)가 매일 일찍 들어오는 것도 싫다. 일찍 오는 것이 가정에 충실한 거라는 편견도 갖고 있지 않다. 자기 시간을 갖지 않는 인간은 고여 있는 물처럼 썩는다고 생각한다. (173면.)

남편(남성)과 아내(여성)라는 두 명의 화자 설정을 통한 이중화된 서술전략에 있어 아내의 '일기 쓰기'는 아내가 단조로운 일상의 시간을 견디어내는 방식이기도 하지만 소통 불가능한 현실을 우회하여 남편에게 말을 건네는 방식이다. 우연히 펼쳐져 있는 듯한 일기는 실상 우연을 가장한 의도적 행동인 것이다.[8] 그러므로 위의 8월 25·29일자 일기에서 '그이'라는 인칭 대신 '당신'이라는 인칭을 대입해 보면, 언표주체가 겨냥하는 대상이 자신의 남편, 나아가 가족 안에서 군림하는 가장으로서의 남성임을 읽어낼 수 있다. 일상이라는 현실 속에 존재하는 나약하고 온순한 언표행위의 주체는 일기 속 언표 주체에게 남편인 '그이'를 신랄하게 비판할 수 있는 힘을 실어보내고 있으며, '일기 쓰기(혹은 편지 쓰기)'라는 언표 행위를 통해 "자기 시간을 갖지 않는 인간"은 "고여 있는 물"처럼 썩

---

8) 김은하, 앞의 논문, 255면.

는다고 인식하기에 이른 것이다.

이처럼 아내의 일기는 정상적인 경우라면 언표행위의 주체로 귀속될 현실적 운동을 언표주체가 떠맡음으로써 두 주체의 이러한 교환 내지 전도는 분열(이중화, dedoublement)을 산출한다.[9] 이러한 서술 주체의 이중화는 언표행위 주체의 결백성을 보장해 주는 동시에 언표 주체의 결백성도 보장해 준다. 들뢰즈가 카프카의 편지를 부부간 계약의 근접성을 깨기 위한 것인 동시에 신이나 가족, 연인과의 계약을 몰아내는 도착적이고 악마적 계약으로 본 것처럼 아내의 일기(혹은 편지)를 훔쳐보는 남편의, 분열되고 보이지 않는 주체(언표주체: 일기 속의 아내)와의 유령적 관계맺음은 결국 가족 삼각형을 지탱하는 고전적 부부관계에 균열을 만들어 내고 있다. 즉, 남편과 아내는 이미 '연인'이라는 정염적 커플의 이중체에서 '결혼'이라는 법적 계약을 통해 '부부'라는 관계 속에 겹쳐지고 포개진 상태에 놓여 있기는 하지만, 남편은 엿보기 행위를 통해 일기 속의 아내, 즉 언표주체를 이해하고 그녀에게 우정어린 시선[10]을 보내게 된다.

> 갑자기 명치께가 아팠다. 가슴을 무엇인가 둔중한 것으로 얻어맞은 듯이 한동안 숨쉬기가 거북했다.
> (…) 언제부터 그녀가 술을 마셨나. 그녀는 술을 못 마신다. (…) 그런 그녀가 혼자 술을 마시고 있을 줄은 몰랐다. 나는 일기장을 거슬

---

9) 질 들뢰즈 · 펠릭스 가타리, 앞의 책, 78면.
10) 니체는 사랑의 특성으로 소유욕과 에고이즘에 대해 말하고 있다. 연인 간의 사랑, 가족 간의 사랑, 민족 사랑, 국가 사랑 등과 같은 무수한 사랑의 동심원 뒤에 도사리고 있는 것은 소유욕과 에고이즘으로 대변 되는 유기체적 원리이다. 반면에 "때로는 지상에도 일종의 사랑의 지속,…(사랑에 빠진) 두 사람을 초월한 이상으로 향하는 '공동'의, 보다 높은 갈망에 따라 대행되고 있는 듯한, 그러한 사랑의 지속이 있다. … 그 참된 이름은 '우정'이다"라고 찬미한다.(니체, 권영숙 역, 『즐거운 지 식』 청하, 1989, 81면 참조.)

러 넘겨가며 또 술 이야기가 없나 찾아보았다. 가슴이 아픈 것 같기도
하고 화가 난 것 같기도 하고, 그때부터는 내 마음을 종잡을 수가 없
었다. (177면.)

　　나는 손에 펴들고 있던 그녀의 일기장을 가만히 덮어준다.
　　살아가는 것은, 진지한 일이다. 비록 모양틀 안에서 똑같은 얼음으
로 얼려진다 해도 그렇다, 살아가는 것은 엄숙한 일이다. (184면.)

　우연히 처음 아내의 일기를 들춰 읽어 내려갔을 때, "대체 이게
무슨 소리야. 내 마누라가 독신은 웬말이며 집에서 애 둘을 키우는
여자가 직장이라니?"라고 반문하고 당혹해 하며, "망할 놈의 일기
장"으로 치부해 버리던 남편의 태도는 일기를 통해 언표 주체인 아
내와 접속하고 소통하게 됨으로써 일기 밖 언표행위의 주체인 그
녀의 자리를 간접적으로나마 체험해 보고 이해할 수 있게 되는 것
이다. 이는 곧, 사랑이라는 전제 하에 남편에게 동일시되고 예속화
되어야만 했던 아내의 자리가 '우정'이라는 이름 하에 새롭게 전도
되는 것을 말함이다.
　결국 일기 밖 서술자인 남편이 기존의 부부관계의 구도 하에서
남편의 배치와 아내의 배치를 강박처럼 고수하던 자신에 대해 "소
작인에게 겉보리 한 말을 빌려주며 연신 절을 받고 있는 지주처럼"
"웃기는 놈"이라고 인식하고, "살아가는 것은" '가족'이라는 혹은
'부부'라는 "모양틀 안"에서 아내라는, 남편이라는 "똑같은 얼음"
으로 배치된다 하더라도 서로를 친구처럼 이해하고 존중하는 진지
함과 엄숙함을 지녀야 한다고 깨닫는 지점에서 '편지'와도 같은
'일기 쓰기'의 효과는 드러난다. 그들이 서로를 바라봄에 이제는
소유욕과 에고이즘에 휩싸인 정염적 사랑이 아니라, 하나의 삶을
살아가는 동지로서, 친구로서 이해와 배려에 바탕을 둔 공적인 우
정[11]을 지향하고 있는 것이다. 아내의 '일기 쓰기'라는 언표 행위

는 남편과 아내, 남녀 두 주체에게 있어 사랑과 정절, 부양으로 의무화되고 틀지어지는 양식화된 부부관계('커플적 이중체')에 균열을 내고, 소통의 틈새를 터주는 언표 행위로 기능하고 있다.

2-2. '자백', 코기토적 이중체에 균열을 내는 언술 장치

「딸기 도둑」[12]은 텍스트 전체에 걸쳐 고백의 진술 형태를 취하고 있는 1인칭 시점의 작품이다. 화자는 살인 사건의 용의자인 여성 작중인물 은혜로 다른 인물들과의 접속과 자신의 삶을 둘러싼 사건에 대해 진술해 나가고 있는 그녀는 가난하고 주목받지 못하는 소외된 삶을 살아가고 있는 인물이다. 그러나 그녀는 자신의 삶을 부끄러워하거나 비난하지 않고 오히려 중심부·권력자의 시선을 과감하게 무시하며 비웃고 있다. 그러므로 은혜의 시선과 언표 행위는 법과 권력에 의해 규율화된 동일자들의 시선에 의해 못남

---

11) 들뢰즈 역시 니체와 마찬가지로 사랑이 유기체적 감수성에 물든 소유욕과 에고이즘을 중심으로 형성된 감정이라고 말한다. 따라서 "누군가를 사랑한다는 것은 무엇을 의미하는가? 그것은 항상 어떤 군중 속에서 그 사람을 포착하고, 가족이나 그가 참여하고 있는 다른 어떤 집단 ─그것이 아무리 작더라도─ 으로부터 그를 끄집어내는 것이며, (…) 그들을 나의 무리에 결합시키는 것, 그들이 나의 무리 속을 관통하도록 만드는 것, 내가 그들의 무리 속을 관통하는 것, (이것은) 하늘이 맺어준 결혼이며, 복수성의 복수성이다."라고 설명하고 있다. 오히려 그는 그리스인들이 찬양했던 공적인 우정에 동조하면서 "유기체적 감수성에 물들지 않은 비주체적인 생생한 사랑은 차라리 '우정'임"을 강조하고 있다. 이에 입각하려 볼 때, 「빈처」의 남편과 아내는 일기를 매개로 하여 "유기체적" 사랑의 감정에서 "비주체적인" 생생한 사랑인 우정의 감정으로 전이되는 과정에 놓여있다고 볼 수 있다. (질 들뢰즈·펠릭스 가타리(이진경 외 역), 『천의 고원』 제1권, 연구공간 '너머' 자료실, 2000, 42면 참조.)

12) 「딸기 도둑」은 2001년 『세계의문학』에 발표된 단편소설로 본고는 은희경 소설집, '『상속』, 문학과지성사, 2002.'에 실린 작품을 텍스트로 하며, 인용문에 대해서는 이후부터 면수만을 표기하기로 함.

과 악행으로 틀지어진 자신의 위치를 부정하고 뉘우쳐 중심부로 편입하려는 욕망을 드러내는 것이 아니라, 오히려 그것을 넘어 그들이 서 있는 권력과 규범의 중심부에 틈을 내고 붕괴하려는 욕망을 드러내고 있다. 은혜의 이러한 욕망은 무엇보다 고백이라는 언표 행위를 통해 드러나고 있으며, 특히 '자백'의 언술 욕망은 텍스트 전체에 걸쳐, 권력이 함의하는 가장 강력하면서도 보이지 않는 장치인 자백이 지닌 양의성과 본래적 기능을 전복시키는 서사 전략으로 기능하고 있다.

푸코는 자백이란 법이 한 개인에 대해 죄의 진실 여부를 가리기 위한 장치[13]로 그것이 지닌 이중적 양의성에 대해 기술하고 있다. 우선 자백은 가장 확실한 증거의 요소 및 대상을 형성하므로 법은 가능한 한 모든 강제권을 총동원하게 되므로 필연적으로 강제적 성격을 띠게 된다. 또한, 자백은 추궁 당하는 개인 스스로에 의해 '자발적'이고 양심적으로 표명되는 절차라는 점에서 자유의사에 따른 화해의 성격을 지니기도 한다.[14] 그러나 엄밀히 말해 '강제적 화해'라는 모순된 결과를 필연적으로 동반하게 되는 자백은 기존의 규범화된 질서에 틈을 내고 일탈하려는 개인을 법이라는 제도화된 규율이 강압적으로 호명해내는 의도적 장치에 다름 아닌 것

---

13) 푸코는 감옥의 역사에 대해 기술한 『감시와 처벌』에서 소송 절차로서의 자백의 이중적 효과에 대해 말하고 있다. 그 효과란 우선, 자백은 피고의 죄의 진상을 규명함에 있어 다른 어떤 증거보다도 확실한 증거를 구성하므로 가장 완벽하게 죄의 진상을 드러내주는 증거로 기능하게 된다는 점이고, 다른 하나는 자백이야말로 죄를 범한 악인이 스스로를 재판하고 스스로에게 유죄 선고를 내릴 수 있는 자기 반성의 효과를 거둘 수 있다는 점이다. 따라서 자백은 사법권력이 피고에 대해 가장 효과적으로 절대적인 압승을 거둘 수 있는 유일한 방식이 되는 동시에 진실이 완전히 힘을 발휘하기 위한 유일한 방식으로 기능하게 된다. (미셸 푸코(오생근 역), 『감시와 처벌』, 나남출판, 2002, 71-83면 참조.)
14) 미셸 푸코, 앞의 책, 73-74면 참조.

이며, 이를 통해 법은 호명해낸 주체를 법의 테두리 안에 가두고 절대적 권력을 행사할 수 있게 된다.

오로지 선/악의 규율화된 잣대로 개인을 판단하는 법이 지닌 권력은 용의자가 된 은혜를 착한 사람이 아니므로 이미 악한 사람으로 선-규정해버리고 그녀에게 죄를 "자백받"기 위해 여유만만하게 기다리고 있다. 아이러니컬하게도 여기에서 자백은 주체가 스스로의 언술 욕망에 따라 "하"는 것이 아니라, "죄를 자백'받으려고' 기다리는 사람들"이 행사하고 있는 절대 권력이자 '용의자=범죄자'라는 부당한 공식을 입증하기 위한 살아있는 언술적 증서로 역이용 당할 수 있음을 암시하고 있다. 피고가 된 개인이 자백을 통해 자신의 죄와 악한 행실을 시인함은 자기 반성의 과정까지도 필연적으로 동반하게 된다. 그러나 단지 착한 사람이 아니라는 이유로 "그들이 주장하는 죄를 저지르지 않은" 결백한 개인에 대해 죄의 자백을 강제하는 행위는 법이 일탈하고 비껴서 있는 개인에 대해 주체의 동일시를 강요하는 행위라고 할 수 있겠다.[15]

"한 번도 착한 아이라는 칭찬을 받지 못했"고, 스스로도 "착한 아이라는 생각은 해본 적이 없"는 화자 은혜는 자신의 "죄를 고백해 용서를 받"는 자백 행위에 대해 의심하고 거듭 의문시하고 있

---

15) 한 개인에게 부과되는 다양한 교육 형태나 '규범화(normalisation)' 형태는 그/녀로 하여금 주체화의 점을 변경하도록 하며, 이 점은 언제나 좀더 고상하고 고귀하며 상정된 이상에 좀더 적합한 것이 되도록 만든다. 두 개의 주체-(언표행위의 주체: 그 말을 듣고 '생각하는 나', 언표 주체: 지배적인 현실에 부합하는 언표 안에 포착된 주체로서 '존재하는 나')-를 포개는 이러한 코기토 식의 의식적 이중체는 어떤 지배적인 질서가 요구하는 규범이나 규칙에 나 자신을 동일시하는 매커니즘을 형성하며, 특히 근대적 법들은 원리상 모두 '내'가 입법자로서 제정한 것이라고 함으로써 그에 따르는 것은 결과적으로 바로 나 자신이 입법한 것을 스스로 따르는 것이 된다.(이진경, 『노마디즘 1』, 휴머니스트, 2002, 381-385면 참조.)

다. 이는 자백의 본래적 효과를 성당에서의 '고해성사'를 둘러싼 "수녀(신부)-신의 대리인이라는 차원에서-님"과 "주일학교의 아이들"과의 관계를 통해 비유적으로 비판하고 있는 언술에서도 확연하게 드러나고 있다. 은혜가 삐딱하게 바라보는 자백의 본래적 효과는 두 지점에서 갈라진다. 하나는 (결백한)피고가 자백을 함으로써 자신의 죄를 인정함은 표면적으로는 "인간의 모든 죄를 용서해 주"는 절대적 신이자 진리와도 같은 법의 승리이자 곧 기존 사회로의 재진입, 즉 재코드화를 의미하며 이는 그/녀들이 기존의 사회적·규범적 질서에 예속화됨을 의미한다. 또한, 죄의 인정이 필연적으로 동반하게 되는 자기반성 행위는 "매 주마다 죄를 고백해 용서를 받고 착한 아이가 됨"으로써 결과적으로 그/녀의 의식이 역동일시로 나가는 것을 방해한다. 따라서 자백이라는 서술전략은 한 개인이 몰적이고 경직된 삶으로부터 분자적이고 유연한 삶을 향해 나아가는 주체화 과정을 가로막는 서술전략이 될 수밖에 없다. 법의 규율화된 질서가 요구하는 자백의 강요와 힘없는 주체의 이에 대한 수긍은 애초부터 몰적인 삶으로의 회귀를 노정하고 있기 때문이다. 그러므로 법이 개인에게 강요하는 자백이란 언술 행위는 주체에게 있어 단지 "착한 아이라는 칭찬을 받"기 위해 또는 "용서받기 위해 죄를 찾아내야 하"는 강박 행위에 지나지 않는 것이며, 그것은 진실된 행위라기보다는 오히려 인간들이 "계속 죄를 고안해내"기 위한 제도적 장치에 불과한 것이다.

그러나 「딸기 도둑」의 화자인 은혜는 이러한 자백이 지닌 효과를 오히려 전복시킨다. 자백이라는 서술 전략은 규율화된 사회로부터 소외되고 타자화된 지점에 서 있는 그녀가 특유의 아둔함과 무지를 가면으로 하여 중심부에서 가장 큰 테두리로 군림하는 법과 질서를 비웃고 조롱하기 위한 장치로 전도된다. 은혜는 자신의 결백을 드러내고 독자로 하여금 그 결백함에 동조하도록 하기 위해 이 자백의 효과를 교묘하게 이용하고 있는 것이다. 화자의 이와 같은 '자백'의 서술전략은 위악적인 서술과 에이런(eiron)적 서술의 두 가지 차원에 크게 기대고 있다.

> 저는 착한 여자가 아니고 또 솔직히 말해 착한 삶들을 그다지 좋아하지 않아요. 착하고 좋은 사람들, 그런 사람들이 살 수 있는 인생은 너무 뻔해서 조금도 부럽지 않습니다. 제 인생을 질식할 듯한 규격 속으로 밀어넣은 것은 바로 그 착하다고 하는 사람들이었어요. 자기들이 만든 틀 속에 들어가야 한다고 강요할 때는 언제이고, 뭐야, 이건 잘 안 맞잖아, 라고 구박하면서 한 순간 쓰레기 더미 위로 가볍게 던져버리는 거죠. (…) 그러니까 겉과 속, 중요한 것과 하찮은 것, 그리고 선과 악이 뒤섞인 전복된 상황 속에 있는 쪽이 저한테 더 편안한 일일 테니까요. (179-180면.)

위에서처럼 서술자의 위악적인 서술전략은 '선/악'과 '거짓/진실'로 대변되는 "질식할 듯한 규격"과도 같은 근대의 이분법적 틀을 비판하고 해체하려는 욕망을 표출해내는 언표 기능을 담당하고 있다. 결국 은혜는 전복되고 뒤섞인 상황을 오히려 편안해하고 긍정함으로써 그녀를 심판하고 있는 "착하고 좋아 '보이는' 사람들"에게 독설을 퍼붓고 있는 것이다.[16]

또한, 에이런적 서술이라 함은 서술자가 표면적인 무지와 천진

---

16) 「우리 시대의 에곤 실레」(이선옥, 「우리 시대의 에곤 실레」, 『창작과비평』, 2002년 겨울호, 323면 참조.)의 논자가 「딸기도둑」의 서술자 은혜의 위악적 서술에 주목한 점에 대해 본고는 동조하나, 그러한 위악적 서술이 그녀를 더욱 허약하게 보이게 하고 측은한 연민을 불러일으키는데 기여하고 있다고 하는 점에 대해서는 입장을 달리한다. 그녀의 위악적 서술은 연민을 기대하는 표면적이면서 소극적 서술 차원에 그치는 것이 아니라, 서술자인 은혜 자신의 부단한 언술 욕망에 기반하는 다분히 의도적이면서도 전략적인 장치로 텍스트 전반에 걸쳐 기능하고 있기 때문이다.

함을 가장하여 법과 규범이라는 지배적 질서를 비웃고 조롱하는 목소리를 내는 것을 말함이며, 이는 텍스트 전반에 걸쳐 그녀에 의해 반복적으로 사용되는 부정문과 의문문, 애매모호한 언술 태도에서 드러나고 있다.

　이따금 **그런 질문을 해본 적이 있습니까?** 나는 과연 착한 사람일까, 나는 좋은 사람일까 아닐까. (…) 또 착하다는 기준을 어디에 둬야 할지 혼란스러울 때도 있겠고, **어쨌든 간단한 문제는 아닌 것 같습니다**. 우리가 그런 질문을 하지 않는 이유는 무엇보다도 어른이란 존재는 자기가 착한 사람인지 아닌지에 별로 **관심이 없기 때문인지도 모르죠**. (165-166면.)

　(…) 사람들은 왜 건전하게 살아야 **한다고 생각하는 지 모르겠어요**. 그 건전함의 기준이 적절하고 자신도 동의할 만해서 **그런 건 아닐 거예요**. 어쩌면 말 잘 듣는 아이의 선택과 **같은 건지도 모르죠**. 그게 속 편하니까, 그리고 그렇게 해야 남들에 비해 빠지지 않는 것 같고 사회로부터도 정당한 보호와 이익을 얻으니까. (172면.)

　(…) 제가 그 노래를 모를 것이 뻔하니 아무렇게나 말하는 게 분명해요. **상관없어요**. 서로 속이면서 그것을 서로에게 용인해주는 관계라는 뜻 **아니겠어요?** (179면.)

　서술자는 "어차피 공부와는 거리가 먼 학생이었고 또 고등학교를 졸업한 이후 시험과는 영 무관하게 살아온 데다가 시험에 나온다는 사실말고는 누가 뭘 주장했든 관심이 없"다고 언표한 본인의 무지함에 대해 상대방으로 하여금 "있습니까?, 아니겠어요?, 모르겠어요, 아닐 거예요, 모르죠, 상관없어요"등의 언술적 가면을 통해 철저하게 수긍하도록 유도하고 있다. 그러나 알고 보면 서술자는 지배적 질서에 예속화된 사람들의 눈에 본인이 "남들이 열을 올리는 문제에 별 관심이 없는" 사람, 한 마디로 말해 "손으로 잎을

붙잡으면 힘도 주기 전에 그대로 딸려 올라오는 모래밭의 잡초"내
지는 "아무 기호도 주장도 없는 물"과 같이 "온순한 사람"으로 비
쳐지고 있다는 사실 자체를 진작부터 간파하고 있는 현명한 위치
에 서 있다. 그러므로 그녀는 자신을 "헤픈 여자라고, 또 둔하고 무
식하다고 욕하며 떠나"는 사람들에 대해 원망을 하지도 상처를 받
지도 않는다.

> (…) 욕심 없는 마음, 작은 행복, 밝고 건강한 웃음 운운하는 설교
> 는 더 질색이고요. 그런 설교들은 자기들의 기준을 가지고 내가 행복
> 한지 아닌지까지 멋대로 정해서 가르쳐주려고 드는데, 행복이란 누가
> 가르쳐서 알게 되는 게 아니라 각자의 느낌이잖아요. 그러니 저는 텔
> 레비전을 보며 이렇게 중얼거리고 마는 거지요. 너희들도 나만큼이나
> 지루하구나, 하구요. (160면.)

결국 확고하고 단정적인 언술 태도를 비껴가고 있는 서술자의
애매모호한 언술 태도는 이미 제도화되어 고착된 지배적 언술 형
태를 비판하고 조롱하는 아이러니 효과를 가져오고 있다. 때문에
무지해 보이던 서술자가 가면을 벗고 자신의 목소리를 내기 시작
할 때, 아이러니컬한 균열 효과는 극대화되며, 그녀는 동일자, 나아
가 오늘날 대부분의 근대적 시민들에 해당하는 "자기의 삶에 가치
니 아름다움이니 반드시 이유와 명분을 찾으려는 사람"들에 대해
노골적으로 "짜증을 내"면서 "그처럼 딱하고 지루한 일도 없"더라
고 가볍게 웃어넘길 수 있는 것이다. "행복이란 누가 가르쳐서 알
게 되는 게 아니라 각자의 느낌"이라고 말하는 서술자의 말에서 근
대가 발견해 낸 코기토 식의 이중체를 붕괴하려는 강한 언술 욕망
을 읽을 수 있다.

「딸기도둑」에서 서술자 은혜의 자백의 언표 행위는 이 장의 서
두 부분에서 언급했던 자백의 본래적 이중적 효과에 철저하게 반

(反)하고 있다. 즉, 서술자이자 피고에 해당하는 은혜는 위악적·에이런적 서술 전략을 통해 자신의 무죄를 강력하게 입증해 보임으로써 '자백'은 죄의 인정이 아닌, 죄의 '결백'을 변호하는 장치로 전도된다. 따라서 그녀의 자백은 법의 질서가 요구하는 자백의 본보기에서 멀찌감치 벗어나 있고, 완벽한 죄의 진상을 드러내 주는 증거로도 전혀 활용될 수 없다. 여기에서 은혜의 '자백'의 언표 행위는 법이라는 강력한 지배적 질서에 재코드화 되지 않고 오히려 탈코드화 하는 효과를 거두게 되는 것이다. 아울러 그것은 자기 반성의 기능을 하기는커녕 코기토 식의 이중체를 붕괴하려는 욕망을 향해 강력하게 기능함으로써 지배적 담론의 질서 속에서 '비주체적 입장 취하기'를 통해 그 담론을 넘어서는 기능을 수행하는 역동일시17)의 효과를 거두고 있는 것이다. 결국 그간 법이라는 거대한 테두리 속에서 주체들을 동일시하는 장치로 완벽하게 기능하던 자백이란 언술 장치는 은혜라는 주체를 만나 오히려 역동일시의 장치로 역이용되고 있다.

은혜를 추궁하는 사법의 무리(감시자·권력자·기득권자)는 텍스트 상에서 거의 모습을 드러내고 있지 않지만, 이는 작품 전체에 걸쳐 은혜의 자백을 내내 듣고 있는 상대방, 즉 수화자들이 떠안는

---

17) 미셸 페쇠는 이데올로기에 대항하여 주체가 취하는 세 가지 가능한 기제를 설정한다. 먼저, '착한 주체'로 지칭되는 주체와 초술화의 완전한 일치와 지배적인 술화 구성체에 대해 맹종하는 동일시(identification)가 있고, 다음으로 '악한 주체'의 상황으로, 이 주체는 초술화들이 제시하는 주장들을 뒤집어 놓음으로써 동화의 매커니즘에서 빠져나가려고 하나 술화를 재생하는 결과를 낳는 반동일시(counter-identification)가 있다. 마지막으로 탈(脫) 동일시 작업을 수행하는 차원인 역동일시(반동일시:dis-identification)가 있다.(…) 페쇠가 강조하는 제3의 양식인 역동일시는 지배적 담론 속에서 '비주체적 입장 취하기'를 통해 그 담론을 넘어서는 것을 말한다.(김정숙, 「한국 현대소설의 호명 시학-1970~90년대 소설을 중심으로」, 충남대 박사학위논문, 2004, 32면.)

역할이기도 하다. 이 수화자의 집합은 이 텍스트를 읽고 있는 독자 개개인('규율화된 사람들' 또는 폐쇄적 의미에서의 '착한 주체')에 의해 형성될 수도 있다. 결국 「딸기도둑」 전반에 걸쳐 전도되어 사용되고 있는 자백이란 언술 장치는 근대적 법의 테두리 안에 안주하고 정착해 있는 대부분의 근대 시민에 해당하는 '착한 주체'들, 즉 코기토적 이중체의 완벽한 결합을 추구하는 몰적 집합체에 틈새를 내기에 충분하다. 또한, 이는 법과 규범·질서로 대변되는 근대의 거대한 집합적 조직체가 항상 과연 진실한가, 정당한가? 라는 의문을 제기하면서, 생각하는 '나'를 지배적 담론 질서 속에 있는 존재하는 '나'에 동일시하고 그것으로 회귀하려는 주체들의 규율화된 욕망에 균열을 만들어내는 장치로 기능하고 있다.

3. 맺음말

「빈처」와 「딸기도둑」은 주체 자신의 욕망과는 무관하게 동일시되고 예속화되는, 혹은 그렇게 되어야만 하는 근대적 시민의 삶을 거부하고 일탈을 감행하고 있는 인물들을 그려내고 있는 작품이다. 전자가 이미 자연스럽게 규범화되어 제도적으로 고착된 전형적 부부관계의 틀에 균열을 만들어내고, 그 틈새를 통해 서로 다른 두 주체간의 소통을 시도하는 인물을 그려내고 있다면, 후자의 경우는 '선/악'이라는 이분법적 카테고리 안에 주체를 가두고 끊임없이 예속화를 강제하는 사회에 대해 '분자적 주체화'를 욕망하며 탈주를 시도하고 있는 인물을 그려내고 있다. 여성 작중인물이자 서술 주체인 '아내'와 '은혜'가 그려내고 있는 역동일시 혹은 탈영토화를 통한 주체화 과정은 크게 두 가지 측면에서 드러나고 있다. 하나의 측면이 서술 주체와 관련하여 고백의 서술전략을 통해 드러나고 있다면, 다른 측면은 예속화된 동일자의 모습에서 벗어나 또 다른 주체가 되고자 하는 작중인물의 변환적 욕망('되기'의 욕망)을 통해 드러나고 있다.

본고에서는 특히, '고백'의 서술전략을 통한 주체화 과정을 중점적으로 살펴보았다. 그 결과 「딸기도둑」과 「빈처」의 서술자들은 "공동체에서 자신의 존재를 인정받거나 공동체로부터의 소외를 극복하기 위해" "언제나 공동체를 향해 고백하고, 공동체 속에서 자신을 깨닫[18)"기 위해 고백하는 것으로 드러나지 않았다. 오히려 서술자들은 이러한 근대적 의미의 고백의 기능과 효과를 철저하게 전복하고 있다. 자백하는 서술화자 은혜와 일기를 통해 말하고 있는 서술화자인 아내에게 있어 고백은 그들을 둘러싸고 있는 다수의 동일자들과 동일자들을 훈육해내는 권력층으로 대변되는 '공동체'를 비웃고 조롱하는 서술장치로 이용되고 있다. 또한, 고백은 그들의 삶에 균열을 만들어내고 그 틈새를 통해 다른 주체와 소통하기도 하며, 나아가 예속화를 강요하는 일상으로부터 탈주해가는 욕망의 원동력이 되고 있다. 요컨대, '존재하는 나'를 '생각하는 나'에게로 끊임없이 포개려하는 동일시 과정이 일반화된 고백을 통한 '왜곡된, 코드화된' 주체화에 해당한다면, 「딸기 도둑」과 「빈처」의 인물들이 보여주고 있는 주체화 과정은 '겹침'의 과정이 아닌, '생각하는 나'의 끊임없는 비판과 일탈이라는 역동일시 과정을 통해 '존재하는 나'와의 분열을 생성해내는 즉, '되기' 차원에서의 '복수적' 주체화에 해당한다고 볼 수 있겠다.19)

---

18) 우정권, 「1920년대 한국 소설의 고백적 서술 방법 연구」, 서울대 박사 학위논문, 2002, 17-19면 참조.
19) 본고에서의 주체화란 정체성 '찾기'의 개념인 주체의 자아에 대한 완성 개념이 아니라, 다양한(복수적) 자아 중, 또 다른 자아-되기의 일환에 해당하는 것을 의미함이다. 여기에서 '찾기'와 '되기'의 구별은 중요한데, '찾기'가 한 주체에 있어 고정되고 근원과도 같은 진정한 자아

이처럼 은희경 작품의 여성인물들이 시도하는 일탈의 욕망은 궁극적으로 '복수적' 주체화라는 '되기'의 욕망과 결부되며, 이는 작가가 「빈처」에서 시도한 '남편'이라는 남성 서술자와 '아내'라는 여성 서술자의 이중적 서술 차원을 설정한 것과도 연계된다. 이는 오로지 '남성/여성'이라는 이분법적 성차에 대한 비판에 의거해 여성의 주체화 과정을 그려내는 양식화된 여성 서사물의 차원을 넘어 그 이항적 경계를 허물고 소통의 틈새를 만들어내는 되기-욕망에 의한 주체화 과정을 그리고 있다는 점에서 의의가 있다.

'복수적' 주체화는 위에서 정리한 고백의 서술전략뿐 아니라, 두 텍스트 내 작중인물들이 타인과의 관계 속에서 보이는 행동 및 사고의 변환 과정을 통해서도 현저하게 드러나고 있다. 부연한다면, 「빈처」의 아내는 남편과의 고전적 부부관계, 또는 가족 삼각형의 모델과 그러한 유기체적 관계가 필연적으로 동반하게 되는 에고이즘적인 사랑의 감정과 단절하고, 사랑 대신 평행적 소통에 기반한 '우정'을 택하고 있다. 한편, 「딸기도둑」의 은혜는 '직업·결혼·가족'으로 대변되는 근대적 삼위일체의 시민적 삶을 철저하게 거부하는 '독신자-기계'에 해당하는 인물이다. 그녀는 법과 권력의 심판 앞에서 이항적 매커니즘이 작동하는 모든 지점의 경계 허물기를 시도하고 있으며, 또 다른 여성인물인 글로리아 은혜처럼 도피나 죽음으로 회귀하지 않고, 스스로의 욕망 의지에 따라 탈주선을 그려가고 있는 것으로 보인다. 본고에서 미처 다루지 못한 여성 작중인물의 변환과정을 중심으로 한 의미 있는 고찰은 이후의 연구 과제로 남겨두기로 한다.

를 이미 상정하고 있다면, '되기'는 자아를 완성된(혹은 고정된) 개념이 아닌 생성되는 '과정'의 개념으로 본다. 그런 의미에서 전자가 고정성, 뿌리와 정착의 일자(一者)적 관점을 지닌다면, 후자는 유동성, 리좀과 유목의 복수적 관점을 지닌다고 볼 수 있다.

현실과 환상, 이중 구조의 열쇠

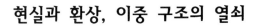 영화 「판의 미로(Pan's Labyrinth) : 오필리아와 세 개의 열쇠」를 중심으로

이 강 록

Ⅰ. 머리말

「판의 미로」라는 이 영화의 제목은 '판'(Pan)[1] 특유의 욕망과 광기가 이 작품 속의 인물에 투사된 것임을 추측해 볼 수 있게 한다.[2] '미로'에서는 알 수 없는 삶에 대한 상징 또는 예정된 운명에

---

1) 그리스 신화에 나오는 목신(牧神)으로서 헤르메스의 아들이라고도 하고, 목인(牧人)과 암염소 사이에서 태어났다고도 한다. 허리에서 위쪽은 사람의 모습이고 염소의 다리와 뿔을 가지고 있으며, 산과 들에 살면서 가축을 지킨다고 생각되었다. 연애를 즐겨 그의 사랑을 받은 님프인 에코는 몸을 숨겨 '메아리'로 변했으며, 시링크스도 그에게 쫓겨 갈대로 변신함으로써 위기를 모면했고, 이 갈대로 목신의 피리가 만들어졌다고 한다. 춤과 음악을 좋아하는 명랑한 성격의 소유자인 동시에, 잠들어 있는 인간에게 악몽을 불어넣기도 하고, 나그네에게 갑자기 공포를 주기도 한다고 믿어져, '당황'과 '공황(恐慌)'을 의미하는 패닉(panic)이라는 말은 이 신에게서 유래한다.
원래는 그리스의 아르카디아 지방에서 신앙되고 있었으나, 다른 지방에도 퍼져 페르시아전쟁 때는 그리스군(軍)을 돕는 신이라고 생각되어, 아테네의 아크로폴리스에도 모셔져 있고 각지의 동굴이 판을 모시는 사당(祠堂)이 되었다. 훗날 전원을 무대로 한 목가(牧歌)가 유행한 시대에는 판을 예술의 소재로 즐겨 다룸으로써 인간과 친근한 신이 되었다. 로마 신화의 파우누스에 해당한다. 두산동아편집부, 『두산세계대백과사전』, Vol 26, 두산동아, 2002.
2) 부연하자면 판이 가진 반인반수라는 존재형태와 욕망, 향유, 공포의 상징라는 존재의미에서 부조리한 인간의 실존적 측면을 잘 드러낸다는 것

대한 거부나 저항의 상반된 의미를 추측해 볼 수 있다. 즉 「판의 미로」라는 제목을 통해 이 영화가 '인간 실존의 총체적 은유'라는 예상을 해 볼 수 있다.

이 작품이 반영하고 있는 현실은 1944년의 스페인 파시스트 정부군과 반군의 대치 상황3)이다. 작품을 구조적으로 보면 이러한 '현실'의 한 축과 이런 현실 속에서 죽음에 내몰리는 한 소녀의 '환

이다. 필자주.
3) 스페인내란 1936년 2월 19일 스페인 제2공화국의 인민전선(人民戰線) 정부가 성립된 데 대하여 7월 17일 군부를 주축으로 하는 파시즘 진영이 일으킨 내란. España Civil War

좌익의 인민전선 정부는 정교(政敎) 분리·농지개혁 등의 정책을 내걸고 중산계급·노동자·농민의 지지를 얻었다. 이에 반대하는 교회·대지주·대자본의 지지를 얻은 군부·왕당파·우익 정당 진영은 프랑코 장군의 지휘하에 모로코 주둔군을 선두로 하여 군사반란을 일으켰다.

반란군에는 독일·이탈리아가 군사 원조를 하였고 프랑코군측 지역에서는 공화국에 반대하는 세력이 크게 확산되었으며, 교회는 프랑코군을 '신(新)십자군'으로서 지지하였다. 공화국측에서는 노동조합을 중심으로 시민군이 결성되어 방위의 주력이 되었으며, 파시스트 재산의 몰수·공공사업의 정부통할 등 사회 개혁이 급속도로 진행되었고, 9월 4일 사회당 좌파의 라르고카바예로가 수상이 되었다.

독일·이탈리아·포르투갈은 프랑코군 원조를 계속하였고, 영국·프랑스는 불간섭이란 이름 아래 공화국으로의 병기(兵器) 수출을 거부하였다.

독일·이탈리아에 대항하여 소련은 병기를, 그리고 코민테른은 국제 의용군을 보내어 공화국을 도왔다. 공화국 내에서는 사회당 좌파와 무정부주의자들이 항전을 사회혁명의 실현으로써 추진하였으며, 소련의 원조를 배경으로 하여 세력을 확대하였던 공산당은 민주주의 옹호를 주장하는 등 인민전선 내의 대립은 격화하였고 무력 충돌이 빈발하였다.

한편 프랑코 장군은 1937년 4월 19일 교권정치 부활을 주장하는 카를로스당(黨)과 협동국가를 내세우는 팔랑헤당을 통합하여 전선 배후의 지배를 확립하였다. 1939년 1월 26일 바르셀로나는 프랑코군에게 점령되었고, 영국·프랑스는 2월 27일 프랑코 정권을 승인하였다. 3월 23일 마드리드에서 프랑코군과의 화평을 요구하는 반공 쿠데타가 일어났으며, 28일 프랑코군이 마드리드에 입성함으로써 내란은 끝나고, 프랑코 체제가 성립하게 되었다. 두산동아편집부, 『두산세계대백과사전』, Vol 16, 두산동아, 2002.

상'이 또 하나의 축을 형성하고 있다. 즉 지속적인 내전(內戰)이라는 외부 현실이 리얼리즘 영상을 구성한다면 소녀의 내면적 환상이 환타지를 형성하는 이중적 구조를 갖는 것이다.

이 작품의 이중적 구조를 살펴 각각 상징성이 강한 대상을 분석하고 환상과 현실의 관계를 정신분석적 방법, 구체적으로 '꿈을 분석'하는 방식으로 접근하였다. 작품 외부적 환상의 요소인 '오필리아의 에펠레이션', '판의 욕망', 오필리아의 내면으로서의 '나무뿌리 속', '잠자고 있는 것과 금기', '파시스트와 시계, 가족, 그리고 아버지의 이름' 등에 대해 분석적으로 접근한다. 그리고 마지막 장에서 이 작품의 궁극적 목적지인 '주이상스4)'에 대해 살펴보고자 한다.

---

4) 주이상스 : 이 상징계적 구도에서 주이상스에 접근하는 두 가지 방향이 있다고 본다. 그 하나는 '남근적 주이상스'(phallic jouissance)로서, 한 개체를 생식세포 차원에서만 인정하고 개체의 실재적 핵인 '대상 a'와 연루된 몸을 즐길 수 없는 구조이다. 라캉은 "내가 보기에, 남근적 주이상스는 남성이 여성의 몸을 즐길 수 없게 만드는 장애물이다. 왜냐하면 그가 즐기는 것은 '기관의 주이상스(jouissance of the organ)에 불과하기 때문이다"라고 한다(Lacan 1998, 7면). 라캉은 몸이 생식세포의 흔적들을 보유하며, "사랑은 몸 위에 있는 이상한 흔적들의 형태로 나타난다"고 말하면서(Lacan 1998, 4~5면), 남근적 주이쌍스의 구조를 사랑의 구조 혹은 에로스의 구조로 본다. 그에게서 사랑은 결여를 메우고 "하나를 만드는" 구조이며 에로스는 "하나를 향한 힘"이다(Lacan 1998, 5면). 라캉은 "하나는 오로지 기표의 본질 위에 기초해 있으며(…) '이 하나(this One)'와 존재 그리고 존재 뒤의 주이상스와 연관된 어떤 것 사이에 틈이 있음"을 강조한다(Lacan 1998, 5면). 또 "존재하지 않는 성 관계를 메우는 것은 사랑"이라고 말하면서(Lacan 1998, 45면), 기사의 궁정풍 사랑도 바로 '타자 안의 결여'를 거부하고 그 빈 곳('대상 a')을 현실의 한 여성으로 승화하여 메우려 하는 일종의 환상(판타지)으로 본다.
열린 구조로서의 여성적 주이상스는 모든 전체성의 구조와 오만, 억압의 근거를 무화시키며, 지식체계의 허구성은 물론 '주체의 사라짐'을 상정하는 저항적 구조이다. 이런 열린 구조는 버틀러의 실재 비난에서처럼 하나의 초월적 체계로 고착된 것이 아니라, 그 본질적 결여로 인해 환유적으로 새로운 시각과 담론을 창조하도록 장려한다. 이런 맥락에서 지젝은 라캉의 역사성이 "상징계적 구도에 우선하는 '사회'의 단순한 충만함에 있는 것이 아니라, 상징계적 과정 자체에 있는 저항적

Ⅱ. 환상의 오브제

1. 작품 외부의 환상 - 오필리아의 에펠레이션5)

상징성이 두드러지는 이 영화에서 여자 주인공의 이름이 세익스피어의 비극 「햄릿」의 인물 이름과 같다는 점뿐만 아니라, 「햄릿」에서의 오필리아와 「판의 미로」에서의 오필리아의 캐릭터가 상당 부분 유사함을 알 수 있다. 「판의 미로」에서 오필리아는 가부장적 가족제도에 소외되고, 어른들의 상징계적 질서 안에서 소외되고 결국 파시스트를 상징하는 아버지에 의해 죽음을 당하게 되는데 「햄릿」의 오필리아도 가부장적 국가권력의 암투에 의해 연인인 햄릿과 가족으로부터 소외되고 결국 상징계의 질서로부터 이탈해 죽음에 이르게 된다.

「햄릿」에서 오필리아가 연인에게 소외당하는 과정에는 가부장적 요소들이 작용한다. 햄릿은 어머니가 아버지를 암살한 삼촌과 너무 일찍 결혼한 것에 대한 원망의 목소리로 "약한 자여, 그대 이름은 여자"라는 말을 한다. 어머니에 대한 원망이 여성에 대한 부정적 인식으로 확대되는 것을 알 수 있다.

실재로 여성인 오필리아에게 햄릿의 공격성이 분출되었다. 오필리아가 책을 읽고 있을 때 햄릿이 다가와 미치광이 흉내를 내면서 오필리아에게 "당장 수녀원으로 가!"하는 말을 내뱉는 상황은 그것이 다른 목적에서 이루어진 행위일 지라도 이미 여성에 대한 혐오가 오필리아를 향해 전치(轉置)되는 상황임을 추측해 볼 수 있다.

핵심 안에 존재한다"고 본다.(Butler/Lacan/Zizek 2000, 311면).

5) 정한숙 『현대소설 창작법』, 웅동, 2000. 애펠레이션 작중인물의 성격 창조의 방법 가운데서 애펠레이션(Appellation)의 문제도 매우 중요하다. 애펠레이션이란 작중인물의 이름을 붙이는 것을 말한다.

그리고 햄릿이 '수녀원'을 언급한 것은 어머니의 부정에 대한 햄릿의 도덕적 콤플렉스에서 기인한 것으로 볼 수도 있다. 이러한 해석은 햄릿이 오필리아에게 가부장적 성억압을 하고 있는 것이라 할 수 있다.

햄릿이 오필리아의 아버지를 죽이게 되면서[6] 오필리아는 연인의 혐오와 근친살해의 충격 속에 상징계적 질서를 거부하게 되어 결국 죽음에 이르게 된다. 왕권의 다툼에서 비롯한 극중 타자들 사이의 욕망의 구도 속에서 철저히 소외된 오필리아가 인간들이 저지르는 횡포의 희생양으로서 비춰진다.

마치 오필리아의 긴 탄식을 묘사한 것 같은 밀라이의 그림 「오필리아」에서 사회적 타살과 그 희생양의 슬픈 말로의 정서뿐만 아니라 죽음의 문 앞에서 오필리아의 타나토스적 욕망을 발견하게 된다.

밀라이도 오필리아가 죽어가는 모습을 본 거트루드 왕비의 술회를 참조하여 그 정서를 그림에 담았을 것이다.

> "마치 물에서 태어나고 거기에 적응된 생물 같아 보였지. 그러나 멀지 않아 그녀의 의복이 마신 물로 무거워져 곱게 노래하는 불쌍한 그녀를 진흙 속 죽음으로 끌고 갔어. (중략) 비스듬히 강물을 굽어보는 버드나무 한 그루, 그 은백색 잎사귀들 반짝이는 잔잔한 수면 위로, 기이한 화환을 두른 그녀가 떠내려 왔어요."[7]

이렇듯 매혹적인 죽음에 대한 묘사는 밀라이의 그림에 영향을 미쳤을 것이 명확해 보인다. 이런 오필리아의 죽음의 의미의 재생산은 「판의 미로」에서의 오필리아에게도 나타난다.

---

6) 햄릿은 재상 폴로니어스를 왕으로 오인해 죽이고, 그가 가장 사랑하는 폴로니어스의 딸 오필리아는 미쳐서 죽는다.
7) 세익스피어, 이태주 역, 『햄릿』, 삼성출판사, 1988.

「판의 미로」에서의 오필리아가 상징계를 대표하는 양아버지의 총탄에 죽어갈 즈음, 지하세계의 환상을 보게 되고 그녀는 웃음을 짓게 된다. 황홀한 웃음을 띠며 현실 속에서 지워져가는 오필리아의 모습은 관능이 느껴지는 햄릿의 오필리아를 그린 밀라이의 그림과 그다지 멀게 느껴지지 않는다.

그림 John Everett Millais(1829~1896)

이로써 사회적 타살이라는 구조적 원인과, 두 비련의 주인공들의 죽음이 정서적으로 조응한다는 정서적 원인과, 죽음 이후에 그려지는 환상이라는 이차적 의미의 공감대를 형성함으로써 「판의 미로」에서의 오필리아라는 이름은 햄릿의 오필리아와 관계가 깊다고 볼 수 있는 것이다.

2. 작품 내부의 환상 - 어둠의 매개로 이어지는 현실과 환상

「판의 미로」에서 오필리아는 작품의 외부인 「햄릿」의 오필리아와 운명적 조응을 이루고 있다. 이미 오필리아는 상징화된 이름의 운명을 살아가는, 환상의 영역과 가까운 존재인 셈이다. 이제 오필리아가 겪는 현실과 환상의 두 차원을 이어주는 오브제를 찾아보고자 한다.

영화 「판의 미로」의 화면은 음영(陰影)들이 지배하고 있다는 것을 쉽게 인지할 수 있다. 앞서 말한 현실·환상 이중적 구조의 매개물로서 그 어둠이 작용한다. 영화는 프랑코 파시스트 정부에 억눌린 사람들의 딱딱한, 심각한, 때로는 겁에 질린 얼굴들, 그 얼굴들이 영위하는 일상의 음영들을 반영하고 있는데, 그 어둠 속에는 눈에 보이는 것에 대한 공포와 더불어 알 수 없는 것에 대한 공포까지 배어 있다. 눈에 보이는 것은 직·간접적 대상들을 내세워서 공포를 유발하고, 눈에 보이지 않는 것에 대한 공포는 환상의 세계로 현실을 이끌고 들어간다. 그 매개체는 대상을 눈에 보이지 않게 하는 것, 즉 어둠이다.

이러한 어둠이 유독 이 작품에만 있는 것은 아니다. 감독 길예르모 델 토로(Guillermo Del Toro)의 「헬보이」, 「블레이드 2」, 「크로노스」 등의 예전 작품들에서도 어둠을 읽어 낼 수 있다. 인간 내면의 어둠은 만일 형상이 있다면, 앞의 영화에 나오는 '악마의 자식', '반인 반흡혈귀'들과 비슷한 모습일 것이다. 전자 헬보이와 후자 블레이드는 비인간적인 악마성과 힘을 가진 비전형적인 영웅이다. 동시에 그들은 스스로의 악마성과 싸우는 지극히 인간적인 존재들이기 때문에 그의 작품들은 전체적으로 인간의 현실에 대한 우화적 의미망을 형성한다. 토로 감독의 어둠은 내면의 악마성과 신성성이 공존하는 인간 실존의 비유적 표현이며, 정신분석학적으로는 의식과 무의식이 공존하는 영역인인 셈이다. 그 중 무의식의 영역인 어둠은 환상을 만들어내는 매트릭스인 동시에 작품의 배경이 되는 것이다.

델 토로의 작품들 속에 어둠을 통해 우화된 괴물들의 가면을 벗겨내고 실체를 보여주는 작품이 「악마의 등뼈」[8]이다. 이 작품은

---

8) 프랑코 장군의 쿠데타로 내전에 휘말린 1930년대의 스페인. 이 내전은 당시 유럽에서 고조되던 사회주의 운동과 파시즘이 충돌한 것으로, 앙드레 말로, 어니스트 헤밍웨이, 조지 오웰 같은 유명 지식인들은 반파시즘/반프랑코 진영에 서서 직접 이 내전에 참여하기도 했다. 게리 쿠퍼와 잉그리드 버그만이 출연한 <누구를 위하여 좋은 울리나>와 켄 로치 감독의 <랜드 앤 프리덤>은 스페인 내전을 배경으로 한 작품들이며, 기엘

억압적인 사회가 만들어 내는 공포를 악마이야기로 우회하지 않고 솔직하게 노출시킨 것이다. 이 작품을 통해 그의 리얼리즘을 선명하게 보여주었다.

「판의 미로」에서는 델 토로의 환상과 리얼리즘적 현실의 두 세계가 공존한다. 현실은 대체적으로 우울하고 묵직한 톤이며, 잔혹한 광경은 특별히 비나, 어둠을 틈타 보여준다. 또한 환상도 빛이 부족한 실내에서 나타나거나 밤에 나타난다. 어둠의 상징성을 내재한 장소는 실내 외에도 숲, 판의 미로 등이 있다. 세 가지 임무를 수행하는 동안 환상은 빛과 어둠으로 교차되다가 최종적으로 마지막 씬에서 찬란한 빛의 세계로 전환되는데 그 순간은 참혹한 현실은 어두운 밤에 머물고 환상은 모든 고통이 해소된 찬란한 빛의 세계로 진입한다는 것이다.

어둠은 이렇게 물리적 장소와 시간에서 드러나지만 그 내용은 앞서 밝혔듯, 인물들의 말과 표정을 통에서 의미화가 된다. 즉 언

모 델토로의 2001년작 <악마의 등뼈> 역시 이 내전기를 배경으로 한다.

프랑코군에게 부모를 잃은 카를로스, 이 꼬마는 마을 한가운데에 불발탄이 박혀있는 동네의 한 고아원으로 가게 된다. 그곳에서 카를로스는 소년들의 리더격인 하이메와 시비가 붙지만, 몇 차례 그를 관용과 포용으로 끌어안으며 서로 친구가 된다. 하지만 카를로스에게는 서서히 '헛것'이 보이기 시작하는데, 소년들은 불발탄이 마을에 떨어지던 날 죽은 산티일 거라고 한다. 산티는 카를로스에게 "너희들 모두 죽을 것"이라 경고한다.

고아원과 고아들을 보호하려는 어른들과 감추어진 탐욕을 집요하게 파고드는 어른들의 대립은 점점 심화되고, 아이들은 부분적으로 희생양이 되어버린다. 하지만 결국 아이들은 자신의 손으로 운명을 개척하는 데 성공한다. 이 과정에서 안전을 위협하던 것처럼 보이던 존재는 결국 그들을 보호하려던 우호적인 존재였으며, 그들과 같은 피해자였음이 밝혀진다. 그래서 고아원의 아이들은 내전에 휘말린 스페인 민중처럼 보이며, 이데올로기는 그들을 불안하게 만들었지만 결국은 친구였던 산티로 치환될 수 있는 것이다.

「악마의 등뼈」 The Devil's Backbone / 데블즈 본 (2001) 씨네서울 홈페이지.

어와 정동적 차원에서 드러나는 것이다. 이것은 인물들 내면에 온
갖 은유와 환유로 얽혀 있는 무의식의 돌출로 그려진다. 그러한 어
둠이 인간의 무의식에서 비롯하는 것이며 또 한편 영화의 시선이
오필리아의 것임을 감안할 때, 이 영화의 환상들은 오필리아의 내
면 무의식에서 비롯한 것이라 볼 수 있다. 또한 오필리아의 무의식
은 외부적 현실에서 비롯된 것이므로 어둠은 오필리아의 무의식인
동시에 스페인 사회의 무의식이라고 볼 수 있다.

3. 내부의 환상 오브제 - 판의 욕망

어둠에서 최초로 뛰쳐나온 환상의 대표적 오브제는 '판'이라는
목신이다. 판이 잠들어 있는 인간에게 악몽을 불어넣기도 하고, 나
그네에게 갑자기 공포를 주기도 한다고 믿어져, '당황'과 '공황(恐
慌)'을 의미하는 패닉(panic)이라는 말이 이 신에게서 유래한다는
배경을 살피면 왜, 오필리아의 새로운 환상의 계기들을 마련해 주
는 것이 판인지를 짐작해 볼 수 있다.

판은 앞서도 밝혔듯 반인반수의 존재적 부조리와 욕망, 광기, 향
유, 공포의 정서적 카오스의 존재이다. 이러한 판이 환상의 양상을
주도하고 있다면 단순히 이 영화를 현실과 환상의 이중 구조로 단
순화하고 환상에 대해 긍정성이라는 단선적 의미를 부여할 수 없다.

판은 다면성을 가진 존재로 현실을 전복시키는 지표[9]로써, '실
현된 가능성'인 환상으로 작용한다. 이 환상성은 가능한 것을 현실
과 이어주는 역할을 한다. 그러나 이 가능성의 존재는 앞서 밝혔듯

---

9) 환상이란 현실을 전복하는 보편성을 띠고 있는데 이는 제국의 쇠퇴와
   몰락을 예견하는 주장에도 반영된다.
   　제국 권력의 무-장소에 대항하기 위해서는, 척도를 벗어난 측정할 수
   없는 것에 주목하고 척도를 넘어선 것(가상적인 것)을 사고 해야 한다.
   윤수종, 『자유의 공간을 찾아서』, 문화과학사, 2002.

긍정적이지만은 않다.

판은 오필리아의 무의식에서 드러난 대타자적 양상을 띠고 있다. 대타자는 주체 성립의 열쇠이면서 동시에 주체를 장악하여 소멸시키려 하는 모순적 대상이다. 이런 대타자의 모습에 어울리는 판은 환상의 세계에서의 의무와 금지명령을 전달하여 오필리아를 위험한 시험에 들게 한다.

판은 이 영화의 부제에서와 같은 세 가지 임무를 오필리아에게 부여하는데 이 영화의 제작노트[10]에서 보자면 첫 번째 과업은 "가장 두려운 존재를 상대할 용기가 있는가?"이다. 두 번째는 "가장 탐스러운 음식을 참아낼 인내가 있는가?"이며 세 번째는 "가장 아끼는 것을 포기할 희생이 있는가?"이다. 이 과업들은 도덕적 금지명령과 위반 시의 가학적 벌에 대해 알려주는데 이를 판이 전달하게 된다. 판은 이런 전달자의 과정에서 단속적으로 오필리아를 위협하거나 협박하기도 하는데 이 또한 대타자적 특성이라 할 수 있다.

더욱이 판이 "우리는 실수를 했어요."라고 하는 말에서 '우리'라는 말로 동일시를 지속적으로 시도하지만 오필리아는 대타자적 존재인 판에게 함몰되지 않고 주체적 판단력을 갖게 된다. 판이 마지막으로 오필리아에게 아이를 희생물로 달라고 요구했을 때, 오필리아는 판의 요구를 따르지 않고 스스로의 정동적 판단에 따라 아기를 지켰던 것이 그것이다.

결국 판이라는 존재는 현실 전복의 가능성이며 동시에 사회적 무의식이 반영된 대타자로서의 '아버지'의 성격을 띠고 있는 것이다. 오필리아의 임무는 이러한 판의 위협과 도움을 동시에 받으며 세 가지 과업을 달성하는 것과 주체를 유지해가는 것 두 가지인 셈이다.

---

10) 「판의 미로」공식 홈페이지 http://www.panmiro.co.kr

Ⅲ. 외부적 현실(Diegesis)

1. 파시스트 비달 대위

　파시스트는 대중적 리비도가 만들어낸 괴물이다. 개개인의 리비도가 집단의 리비도를 형성하고 그 힘이 대중들을 비합리적인 행동을 하게 한다. 그러나 그 개개인의 리비도는 다만 개인적인 것이 아니라 사회의 억압적 제도들이 만들어낸 결과이다. 집단을 중시하는

그림 http://www.panmiro.co.kr

제도들은 개별자의 차이를 무시하고 동일성을 통한 집단화에 가치를 두고 있는 것이며, 통합에 의한 힘의 집중에 가치를 두고 있는 것이다. 라이히도 파시즘을 부정하지만 부정할 수 없는 부분이 바로 이러한 대중적 리비도의 발산이 힘을 갖는 다는 점이고 생산성을 갖는 다는 점이다.

　르봉은 대중이란 개인들의 산출적 합이 아니라, 새로운 성질을 갖는 유기적 집합체이라고 한다. 문제는 이 산출적 합의 '초과분'이 어디서 나오는가 하는 것이다. 각기 다른 개인들을 동일한 집단의 구성원으로 평균화시키기 위해서는 어떤 '초과', 혹은 '잉여'의 담지자가 있어야 하는데, 그것이 바로 기독교집단의 그리스도, 군대의 사령관, 정치결사체의 지도자라는 것이다.[11] 이런 잉여의 담지자는 대중의 리비도를 담지하고 자극한다.

---

11) 구스타프 르봉(Gustave Le Bon), 이상돈 역, 『군중 심리』, 간디서원, 2005. 참조

대중의 리비도는 그들의 욕망을 충족시켜 줄 수 있을 것 같은 대상을 욕망한다. 그런 과정에서 파시스트가 출현하는 것이다. 파시스트는 욕망하는 대중에게 비전을 제시하고 복종을 강요한다. 대체적으로는 선동을 통해 대중의 욕망을 오도(誤導)한 뒤 강력한 통제를 통해 억압하고 대중의 마조히즘을 유발 시키는 것이 파시스트의 특징이다.

대위는 집단을 하나로 묶으려는 정치적 파시스트라기보다는 이미 강제적으로 묶여있는 집단의 통제자로서의 역할을 하고 있다. 성직자, 경찰, 변호사, 의사 등의 부르주아 대표들을 모아서 자신의 지위를 확인하는 과정에서 그러한 면모가 드러난다. 그는 "반군들이 인간이 평등하다는 잘못된 생각을 갖고 있다"라고 하며, 자신의 "임무를 위해 모든 주민을 다 죽여야 한다면 그렇게 할 것이다"라고 한다. 이러한 일반 주민들에 대한 폭압적인 조치는 선동으로가 아니라 강력한 장악력을 바탕으로 한 공포로 통제하려는 파시즘의 말기적 모습을 보여준다.

2. 가부장제, 시계, 아버지의 이름

가족 내에서도 비달 대위는 자신의 파시즘을 실현하고 있다.[12]

---

12) 라이히는 자기의 욕망을 포기하게 하는 파시즘이 권위주의적 핵가족에서 왔다고 본다. 라이히는 아버지의 정치-경제적 주권, 아이와 여성의 탈-성화, 모성의 신성화, 여성의 쾌락불안과 유아의 성적 죄의식이 권위주의적 핵가족의 특질이라고 보는데, 이런 가족제도 속에서 어린이는 '자연스런 성'에 대한 도덕적 금지를 내면화하며, 이로 인해 성기적 성이 손상되고 그 결과 두려움, 수줍음, 권위에 대한 공포를 성격적으로 구조화한다. 물질적 욕구의 억압은 반역을 이끌지만, 성적 욕구의 억압은 도덕적 방어를 내면화한 '불안' 속에서 반역을 거부하게 만드는 것이다. (빌헬름 라이히, 황선길역, 『파시즘의 대중심리』, 그린비, 2006; 마이런 새라프, 이미선역, 『빌헬름 라이히』(세상에 대한 분노), 양문, 2005 참조.)

권위주의적 아버지와 순종적 아내와 자녀, 비달 대위의 가족은 파시즘의 모태가 되는 전형적인 핵가족의 구도를 형성하고 있다. 이런 근대 핵가족 제도의 굴레 속에서 아이들은 스스로의 자율성과 정체성을 상실하고 국가적 구조 속에서만 자기 정체성을 갖게 되면서 파시스트에 동조하게 된다.

권위주의적 가장으로서의 비달의 모습은 지역의 부르주아들을 불러 모아 만찬을 하는 자리에서 잘 드러난다. 초대받은 부인들이 비달 부부가 만나게 된 과정을 묻는 질문에 대해 비달부인이 원래 평범한 제봉사의 아내였다는 사실을 고백하자 대위는 안색을 바꾸고 아내를 무시한다. 자신의 독보적 권위를 아내가 손상시킨 걸로 본 것이다.

권위적 가부장제는 개별 심리에 전이된다. 만찬 자리에서의 남편의 억압은 아내에게 전이된다. 아내는 딸인 오필리아에게 히스테리 반응을 보이게 되는데, 오필리아가 옷을 버리고 돌아 왔을 때, 어머니는 오필리아가 자신을 힘들게 하고 아빠를 힘들게 한다고 질책한다. 사실은 자신을 힘들게 하는 것이 맞는데 어머니는 마치 아버지와 같은 대타자의 입장에서 "아빠를 힘들게 한다."라고 말하고 있다. 만찬의 자리에서 자신이 미천한 과거의 이야기로 남편을 불만족스럽게 한 데 대한 전도적 진술이 이루어진 것이다. 근대적 핵가족제 안에서 어머니는 주체성이 미약해지고 핵가족의 순종적인 아내의 역할에 익숙해져 가고 있는 것을 알 수 있다. 권위적 가부장제는 남자와 여자, 어른과 아이의 분별을 계층화하고 폭력으로 계층을 억압하는 파시즘의 원천이다.

여기에서 '비달' 장군의 아들인 '비달' 대위가 집착하는 '아버지의 이름'도 가부장제, 남성중심적 사고의 결과물이다. 비달은 공공연히 아내의 복중 태아가 남자라고 신념에 찬 말을 한다. 남아 선호의 가부장적이고 남성중심적인 사고를 가족, 특히 아내에게 강요하는 것이다. 출산문제도 여성을 억압하는 파시즘의 한 형태로 드러나는 것이다. 아내가 출산에 어려움을 겪자 의사에게 아내보다 아기를 선택해야 함을 각인시킨다. 그에게는 자신의 이름을 물려받을 아들이 아내보다 더 중요한 것이다. 자신이 아버지의 이름을 물려받았듯 아들이 자신의 이름을 물려받아 자신의 가문이 해왔던 역할이 지속되기를 바라는 욕망이 담겨있다. 이것은 대타자가 주체의 역할을 점유하는 상황이다.

라깡은 상징계로서의 진입에 있어서 금기와 상징, 법 등을 '아버지의 이름'으로 은유화 했다. 그러나 이 영화에서의 '아버지의 이름'은 주체보다는 대타자의 역할만을 강조하는 것으로써 도착적 파시스트 사회 속에서 욕망대상이 된다. 그것이 '아버지에게서 물려받은 시계'라는 구체적인 오브제a로 나타난다.

비달 대위가 그토록 집착하는 시계라는 대상은 아버지인 비달 장군이 전사하면서 남겼다는 점에서 의미가 있는 것이다. 국가와 집단에 충성한 가계의 업적은 자신의 지위와 권위를 지탱시켜주는 골조이자 상징이라고 보고 있는 것이다. 그 구체적 증거가 시계인 것이다. 비달 대위가 반군들에게 포위되어 죽음을 앞두고 있는 상황임에도 그가 요구하는 것은 아들에게 가계의 파시즘적 역사를 전승하는 것이다.

> 대위: 내 아들에게 말해주시오. 아버지가 죽은 시간이 언제인지를…
> 메르세데스 : 아니, 이 아이는 너의 이름조차도 모를 거다!

위의 대화는 대위가 반군들에게 자신의 유언을 아들에게 전달해 줄 것을 요구하는 내용이다. 실상 이러한 전승은 한 아이의 일생을 좌우할 수 있는 무지막지한 힘을 갖고 있는 것이 현실이다. 그러나 파시스트와 반대편에 서있는 그들이 이런 요구를 들어줄 리 없다.

결국 비달가(家)의 파시스트의 역사는 맥이 끊기게 되었다. 비달 대위와 같은 파시스트에게 가족의 역할은 자신의 이름과 시계를 건네줄 아들을 생산하는 생산 기계적 차원이다.

Ⅳ. 현실의 환상적 재현

1. 현실 속의 꿈 - 환상

이 영화의 첫 씬(scene)이 총에 맞아 죽어가는 오필리아의 눈동 자를 클로즈업으로 잡으면서 시작하는 것은 이후에 전개될 스토리 에서 오필리아의 시선의 비중을 말해 주는 것이다. 이 영화는 객관 적 역사의 기록과 그것을 경험한 오필리아의 개인적 기억을 환상 으로 보여 주고 있는 것이다. 환상적 사건들은 오필리아의 환상이 며 따라서 정신분석학적으로 그 환상을 해석하고자 한다.

이 영화는 현실과 환상의 다양한 대칭적 구조로 되어 있다. 표면 적으로 보면 악을 대표하는 비달과 정부군, 선을 대표하는 오필리 아와 메르세데스 및 반군이 큰 틀에서 대립적 구도를 이루고 있지 만 환상이 개입되면서 다중의 대칭구도가 형성된다. 오필리아와 메르세데스의 대칭의 가장 전형적인 구도에 가 있는데, 상당 부분 오필리아의 현실이 메르세데스의 현실과 동일시된다는 사실을 전 제로 하면 분석이 용이해질 수 있다. 두 사람이 공통적으로 억압적 현실에 대한 복속과 저항의 양면적 태도를 지니고 있는 것, 그리고 메르세데스가 현실에서의 열쇠와 칼이라는 오브제를 갖고, 오필리 아 역시 환상에서 열쇠와 칼을 갖는 점, 그리고 메르세데스가 반군 들에게 줄 물품들을 숨겨놓는 그녀만의 비밀 장소가 있듯, 오필리 아도 마술 분필로 환상 공간의 통로를 만드는 점 등이 공통점이다.

무엇보다도 오필리아가 메르세데스와 함께 집을 탈출하기를 원하는 것은, 그야말로 메르세데스와의 동질성을 확인한 것임과 동시에 동일한 운명으로 가려는 의지를 확인한 것이다. 이를 통해 오필리아의 환상이 메르세데스의 현실과 등치된다고 볼 수 있다.

이외에도 판과 비달, 잠들어 있는 것과 비달, 요정들과 의사·반군포로·반군대장에 이르기까지 환상과 현실이 대칭을 이룬다. 단이 구도는 실제 한 인물이 다른 인물로 정확하게 치환되지 않고, 각각의 사람들이 경험하는 사건들의 시간 순서가 정확히 일치하지 않는다. 이는 이 영화의 환상 부분이 압축과 전치를 메커니즘으로 하는 꿈과 같은 구조라는 것을 반증한다.

이렇듯 이 영화를 이해하기 위해서는 현실의 장면들이 어떤 압축과 전치의 과정을 거쳐 환상으로 병치되는지를 살피는 것이 필요하다. 물론 기본적으로 각각의 상징들이 갖는 일반적 상징성에 대한 분석을 우선해야 할 것이다. 그런 일반적 해석을 바탕으로 상징물들이 잔혹한 현실 속에서 어떻게 환상으로 변용되는지 더욱 선명하게 볼 수 있기 때문이다. 분석에 있어서 세 가지의 임무(세 개의 열쇠)에 대한 환상을 분석하는 것으로 전체적 환상의 양상이 드러난다.

2. 첫 번째 과업- 나무뿌리 속

오필리아는 판이 전해준 예언의 책13)이 지시하는 대로 첫 번째

---

13) 판이 전해 준 책은 오필리아가 혼자 있을 때, 펼쳐보면 무엇을 해야 할 지가 쓰여 있는 책이다. 이 책은 지속적인 환상의 계시록과 같은 것이다. 그러나 그러한 책의 실재여부는 가늠할 수가 없다. 오필리아의 시각이 생산하는 장면들이 상당수 환상이라면 책이 환상이 아니라고 할 수 없다. 환상을 만들어내고 환상을 매개하는 이 책은 환상을 생산

의무를 실행하게 된다. 오필리아의 세 가지 의무는 각각 도덕적인 의미를 갖는데 첫 번째는 "가장 두려운 존재를 상대할 용기가 있는가?"이다. 구체적 임무는 나무를 죽게 하는 두꺼비에게 돌 세 개를 먹이는 것이다.

먼저 첫 번째 임무를 일반적 상징의 분석으로 접근해 보겠다. 협소한 진흙투성이 굴속의, 벌레가 우글거리는 곳에 있는 거대한 두꺼비는 아마 소녀에게 가장 두려운 대상이 될 듯하다. 외부의 사물을 빌려 내부의 공포를 표현하는 전이의 실체라 할 수 있다. 굴 속으로 들어간 행위는 한 번도 자신의 내면 속의 두려움이나 바람들을 들여다보지 못한 오필리아가 처음으로 스스로의 내면을 깊숙이 들여다보는 것으로 볼 수 있다. 어둡고 좁은 굴속에서 추악한 벌레들을 먹으며 자신의 외부를 고사시키고 있는 두꺼비를 '정신'으로 치환해 보면 그것은 개인적인 콤플렉스의 형상화로 볼 수 있는 것이다.

거시적 해석으로는 고사된 이 나무가 스스로 가장 두려워 하는 존재를 증명하거나 물리치지 못한 채, 죽어가고 있는 스페인의 상징일 수도 있다. 이 괴물과 맞서는 행위는 파시즘, 콤플렉스의 정체(停滯)와 불능(不能)의 상황을 해결하려는 적극적인 행위이다. 두꺼비의 죽음은 파시즘과 콤플렉스의 극복을 상징한다. 동시에 두꺼비가 속을 다 드러내며 새로운 가능성을 상징하는 열쇠를 내놓게 된다.

이 환상을 현실의 누적, 즉 오필리아의 무의식 더미를 파헤쳐 압축되고 전치된 것들을 현실의 논리에 맞게 재구성하는 꿈의 해석방식으로써 접근해 볼 수 있다. 우선 핵심적 상징물인 두꺼비와 열쇠, 또 오필리아가 두꺼비를 속이는 행위 등이 현실의 어떤 사실들

해내는 오필리아의 무의식과 다를 바가 없다. 결국 책은 오필리아의 무의식을 상징화한 것으로 생각해 볼 수 있다.

과 연결되어 있는지 살펴보아야 한다.

정부군 주둔지의 온갖 풍요로운 보급품으로 가득 찬 창고는 탐욕스런 두꺼비로 볼 수 있다. 주민들의 삶을 종속적이고 피폐하게 만드는 '생필품의 독점'은 두꺼비가 나무의 밑바닥을 파헤치고 식물의 건강한 성장을 뿌리에서부터 방해하고 있는 양상과 같다.

그림 DVD 태원엔터테인먼트(주)

오필리아가 두꺼비에게 돌을 먹이로 속여서 먹이는 행위는 메르세데스[14]가 파시스트들의 내부에서 그들을 속이고 있는 상황과 일치한다. 메르세데스는 기지를 발휘해 정부군의 통제를 상징하는 창고의 열쇠를 몰래 갖고 있었다. 메르세데스는 이미 열쇠를 갖고 있었으므로 오필리아가 두꺼비를 속여 열쇠를 획득했다는 사실은 논리적 시간이 전치되어 나타난 것이다. 결국 오필리아의 첫 번째 환상의 원인적 현실은 "메르세데스는 창고 비밀 열쇠를 갖고 있는 사실을 속이고 있다."가 된다.

3. 두 번째 과업 − 잠자고 있는 것과 금기

오필리아가 두 번째 수행하는 임무는 "탐스런 음식을 참아낼 인내심이 있는가?"이다. 구체적으로는 '잠자고 있는 것'을 피해서 열쇠를 이용해 꾸러미를 찾아오는 것이었다.

상징의 일반적 분석을 통해 살펴보면, 잠자고 있는 것은 벽면의 사진들을 통해 아이들을 살해하는 괴물로 묘사된다. 아이들을 살

---

14) 오필리아는 메스세데스가 반군의 후원자였다는 사실을 나중에 알게 되지만 기억에서 재구성되면서 시간이 전치된 것이다.

해하는 그림들로 장식된 벽면은 전쟁에서의 승리를 기념하기 위한 그림들이 걸려있는 고대·중세의 왕이나 귀족들의 벽면과 그다지 다르지 않다. 이 영화의 시대상을 배경으로 비추어보면 파시스트들의 학살이나 잔혹행위를 상징하는 그림으로 읽어도 무방할 듯하다.

그림 DVD 태원엔터테인먼트(주)

괴물의 앞에 차려진 성찬(盛饌)을 '욕망하는 것'으로 보면, 즉 오브제 a라고 하면 상징성이 풍부하게 확장된다. 잠들어 있는 괴물이 자신의 성찬을 다른 사람이 먹을 때 잠을 깨게 되는 설정은, 왕이나 파시스트 독재자 같은 권력은 자신의 오브제 a와 관계없는 것에 무관심하다가 자신의 오브제 a가 침해되었을 경우 격렬한 반응을 보이게 되는 것과 같은 맥락이다. 그들은 자신의 기득권이나 독점권을 위해 잔혹한 압제자로, 살육자로 변하는 것이다.

그림 http://www.panmiro.co.kr

괴물의 신체적 특징도 욕망의 상징성과 관계 지어 생각해 볼 수 있다. 대표적으로 눈이 손에 있는 것인데, 베르버에 의하면 손은 방어, 권위, 권력, 힘을 상징한다. 로마의 경우 손을 의미하는 마누스(manus)는 특히 제왕의 권위를 상징한다.15) 이런 힘과 권력 외에

---

15) 이승훈 편저, 『문학상징사전』, 고려원.

도 손은 무엇인가를 쥐고, 소유의 개념으로도 볼 수 있다. 이렇듯 손에 눈이 달려 있다면 환유적으로 권위로 보는 눈, 권력으로 보는 눈, 힘으로 보는 눈, 욕망으로 보는 눈이란 의미가 생성된다. 잠들어 있는 괴물은 욕망과 직결된 시각을 갖고 있는 것이다. 앞에서 말한 바와 같이, 이런 시각으로 자신의 욕망을 지키려 살육을 금하지 않는 것이다.

그런 생리를 안다 할지라도 인간은 대개는 보편적인 오브제 a를 욕망하게 마련이다. 남들이 탐하는 것을 탐하게 마련이며 더 적실하게 말하자면 금지되어 있는 것을 더욱 탐하는 것이다. 잠자고 있는 괴물은 단지 잠들어 있는 것일 뿐 우리의 욕망이 발동하는 순간, 그 잠에서 깨어나 우리의 욕망을 욕망하게 된다. 전후의 독일인들의 절망이 히틀러를 잠 깨웠으며, 이탈리아의 불만이 무솔리니를 잠 깨웠고, 스페인의 보수 기득권층이 프랑코를 잠 깨웠고 그 결과 처참한 광경이 벌어지는 것이다.

오필리아가 판의 금기를 깨뜨리고 성찬에 손을 댄 순간도 인간 욕망의 역사의 연속선상에 있는 것이다. 금기를 깨뜨리는 것은 지극히 인간적인 것이며 동시에 스스로를 위험에 빠뜨릴 것일지라도 결코 욕망을 이길 수 없는 인간의 운명적 금기위반을 보여주는 것이다.[16] 또한 이 영화에 나오는 '영원의 꽃'을 꺾을 수 없는 인간의 굴레, 즉 눈앞에 보이는 공포와 생존에 대한 집착이 영원의 꽃을 꺾을 수 없는 원천적인 한계임을 보여주는 것이기도 하다.

이 '잠자고 있는 것'을 축소해서 바라보면 오필리아의 내면에 있는 대타자의 욕망으로 치환할 수도 있다. 타자의 욕망을 알 수 없기 때문에 오필리아는 공포를 느끼게 되는 것이다. 그곳의 성찬은 자신의 욕망이며 동시에 그것을 욕망하는 '잠자고 있는 것'은 파시

---

16) 조르주 바타이유, 조한경 역, 『에로티즘의 역사』, 민음사, 1998.

스트로 극화된 상징계의 아버지일 수도 있다. 아버지의 금기 때문에 금기를 위반하려는 욕망이 발생하고 위반의 가능성은 늘 공포로 경험하는 소녀 오필리아의 내면 풍경이 그곳의 이질적인 풍경이 된 것일 수도 있다.

오필리아의 두 번째 환상을 현실과의 관계를 통해 분석해보면, 이 환상은 몇 개의 현실이 복합된 것임을 알 수 있다. 배경으로서 괴물 앞에 놓인 만찬은 마을의 유지들을 불러 행한 만찬의 재현으로 볼 수 있다. 그리고 이 만찬에서 비달 대위가 어머니에게 준 모욕은 어머니의 난산의 심리적 요인으로 볼 수 있다. 따라서 비달대위의 만찬은 어머니의 죽음과 간접적으로 연관되어 있으며 이 모든 정황은 태아와 오필리아 모두에게 존재론적 위협으로 작용한다. 아이를 살해하는 괴물의 일대기적 벽화는 이런 위협에 대한 압축으로 설명될 수 있다.

또 하나 '잠자고 있는 것'은 눈을 빼놓고 잠들어 있는 것이 특이한 점인데 마치 만찬을 무방비로 둔 것과 같다. 무방비로 놓인 듯한 이 만찬은 더욱 욕망을 자극한다. 이는 현실에서 메르세데스가 식료품창고[17]의 열쇠를 갖고 있는 정황과 유사하며 반군들이 정부군의 창고에 욕심을 갖게 하는 것과 일치한다. 욕망에 급급해 오필리아가 만찬에 손을 대는 것과 마찬가지로 반군은 성급하게 정부군의 창고를 급습한다.

오필리아는 금식의 금기를 깨뜨리는 과오를 범해 그를 돕던 요정 둘이 죽임을 당했는데, 현실에서 반군 포로와 그를 돕던 의사가 죽임을 당하게 되는 상황이 일치한다. 결국 비달대위의 만찬, 정부군 창고의 급습과 포로와 의사가 죽은 현실이 오필리아에게는 잠

---

17) 대위는 그것들의 주인을 자처하고 있고 이것을 지키기 위해, 또 금기를 위해, 모든 주민을 죽일 수 있는 잔혹성을 가진 존재라는 측면에서 아이를 죽이는 '잠자고 있는 것'과 비유적으로 일치한다.

자고 있는 괴물의 만찬이라는 환상으로 나타난 것이다. '잠자고 있는 것'은 무서운 힘과 잔혹성을 가진 것으로 비춰지는 비달 대위의 표상이 압축된 것으로 볼 수 있다.

이런 불안의 장소로 들어가고 그곳으로부터 벗어날 수 있게 해주는 오필리아만의 분필[18]에 대해서도 생각해보지 않을 수 없다. 분필은 상상계의 원초적 불안으로 진입하는 것이며 동시에 상징계의 억압에서 탈주하는 '환상'이라는 하나의 유용한 도구를

그림 DVD 태원엔터테인먼트(주)

상징하는 것으로 볼 수 있다. 이러한 환상의 원인은 메르세데스의 반군을 돕기 위해 만들어 놓은 비밀 구덩이로 볼 수 있다. 메르세데스에게 그곳은 반군의 심리적 상징인 양심과 용기의 공간이기도 하며 동시에 자신의 존재를 위협하는 공포의 공간이기도 하다. 그곳은 죽음의 공간이기도 하고 탈주의 공간이기도 한 것이다.

V. 주이상스

1. 세 번째 과업 – 자신을 지키는 것과 버리는 것.

세 번째 과업은 "가장 아끼는 것을 포기하여 희생할 수 있는가?"이다. 이 시퀀스(sequence)에서는 오필리아가 비달로부터 아기를 데리고 오자 판은 칼을 사용해 아기의 피를 얻어야 한다고 이야기

---

18) 판이 오필리아에게 어느 벽이나 문을 그리면 빠져나갈 수 있는 마술 분필을 주었다.

한다. 하지만 오필리아는 자신의 구원을 위해 아기에게 칼을 사용하는 것을 거부한다. 여기에서 칼은 제의를 위한 제구로서의 상징으로 볼 수 있다. 희생, 죽음의 가능성을 칼이라는 불안한 대상을 통해 암시하고 있는 것이다. 그리고 더 나아가 모든 현실로부터 초월할 수 있는 열쇠로서의 상징성을 갖는다.

칼은 일반적으로 인류사를 통해 다양한 상징성을 갖는데 그중 하나는 「악의 시체」로 의인화되는 암흑의 세력을 쫓는 마술적 힘이다. 실질적으로 자신을 지키는 도구로서의 일반적 상징성도 갖고 있다. 또 칼날과 손잡이로 구성되어 있기 때문에 결합을 상징한다.[19] 이는 인연의 회복, 약속 이행의 징표로서의 의미를 내포하고 있는데 이 영화에서는 지하세계로의 복귀, 공주의 신분회복이라는 목적의식이 있기 때문에 그러한 상징성이 강하게 작용한다. 칼은 이러한 상징성에 기대고 있는 것으로 해석할 수 있다.

세 번째 임무에 있어서 '가장 아끼는' 교환가치의 최우선 대상을 무엇으로 할지가 임무의 성패를 결정짓는 것이었다. 이 영화에서 주로 관심 갖고 있는 것이 외부의 타자적 가치인가 내부의 주체적 정동인가, 그리고 누구의 시각을 존중하고 있는가를 염두할 때, 오필리아의 선택을 가늠할 수 있게 된다.

세 번째 환상의 현실과의 관계를 살펴보자면, 두 번째 과업을 수행하면서 그가 얻은 칼은 실제 칼이라기보다는 메르세데스가 항상 품고 다니는 칼에 대한 오필리아의 은유적 심상으로 볼 수 있다. 그 칼은 메르세데스의 호신용 칼로 오필리아의 시각으로는 외부의 위협들로부터 그를 지킬 수 있을 것 같은 힘을 가진 물건으로 보일 수도 있다.

실재로 메르세데스의 칼은 대위의 위협으로부터 그녀를 지키는

---

19) 이승훈 편저, 앞의 책.

용도로 사용되었다. 파시즘적 폭력으로부터 스스로를 지키는 자위적 폭력으로서 작용한 것이다. 그 풍경은 정부군을 사살하며 밀려드는 반군들의 전투행위와도 유사하다.

그러나 세 번째 과업에서 오필리아의 칼은 메르세데스의 현실적

그림 DVD 태원엔터테인먼트(주)

칼과 결정적 차이를 드러낸다. 오필리아의 칼은 실재의 칼이 아니므로 폭력의 수단으로 쓰이지 않는다. 그것은 어떤 의식(儀式)의 제기(祭器)적 상징이며, 또한 칼의 자위와 위협이라는 심리적 의미만을 갖는다. 현실에서 '메르세데스가 칼을 갖고 있다'를 치환하면 '오필리아가 비달 대위의 아기를 데리고 있다'로 바꿔볼 수 있다. 아기를 데리고 있는 행위 자체가 위협적이라는 점에서 칼을 소유한 것과 같은 효과만을 갖는 것이다.

오필리아가 아기를 데리고 있는 것도 해석이 필요하다. 판이 오필리아에게 "그 아이가 너의 모든 비극의 원인이었다."는 말을 하는데 판이 오필리아의 무의식의 대리물이라는 관점에서 보았을 때, 이것은 오필리아 자신의 목소리인 셈이다. 그러나 오필리아의 내면적 정동은 그러한 타자적 욕망을 거절한다. 주체적 욕망, 정동적 차원은 사태의 차원을 왜곡시키는 것을 그대로 방관하지 않는 것이다. 의식(儀式)을 위해 아기의 피가 필요하다는 판의 요구에 대해 오필리아는 자신의 심리적 칼을 결국 사용(공격에 사용)하지 않는다. 즉 현실의 쾌락원리를 수용하지 않는 것이다.

2. 주이상스

칼을 사용하라는 판의 요구를 오필리아가 따르지 않는 순간이야 말로 주이상스가 추구되는 시점이다. 인간은 현실 쾌락의 원리에 따라 자신의 에로스적 생명욕구를 통해 생명을 유지하고 현실의 삶을 영위한다. 그런 에로스적 요구가 판의 요구이다. 그러나 오필리아는 그러한 당연한 욕망을 포기하고 현실 쾌락 너머의 어떤 것을 추구한다.

이 때 현실 쾌락을 추구하는 에로스적 존재들을 대표하는 메르세데스의 슬픈 절규와 그 너머를 추구하는 오필리아의 알 수 없는 미소가 교차

그림 DVD 태원엔터테인먼트(주)

한다. 그 틈은 인간의 보편적 상식으로 가늠하기 힘든 광대한 크기이다.

오필리아의 음성을 통해 영화는 '죽음의 독이 가득한 가시덤불

그림 DVD 태원엔터테인먼트(주)

산 정상에 영원의 꽃이 있음을 알고도 그 꽃을 꺾지 못하는 인간들'에 대해 이야기 한다. 에로스적 욕망 너머에 영생의 어떤 것이 있다는 보편적 상상에 대해 메르세데스의 절규는 그 불가능성을 확인하는 것이며, 오필리아의 미소는 그 가능성을 아주 단순하고 명료하게 보여주는 것이다. 그 웃음은 인간이 알 수 없는

주이상스를 표상의 일말로 드러내 보여주고 있는 것이다.

VI. 맺음말

이 글은 이 영화의 환상과 현실의 문제를 네 장으로 나누어 '오필리아의 에펠레이션'의 작품 외부적 환상성을 살펴보고, 작품 내부로 들어와 환상의 매개체와 환상의 실마리로서의 판을 살펴보았다. 그리고 현실의 오브제인 '파시스트와 시계, 가족, 그리고 아버지의 이름' 등에 대해 분석적으로 접근하였으며 더 본격적으로 '판의 욕망', '나무뿌리 속', '잠자고 있는 것' 등의 일반적 상징성을 살펴보았고 더 나아가 영화적 현실이 만들어 내는 환상성의 실체에 접근하려했다. 그리고 마지막 장에서 모든 현실과 환상이 목표로 겨누고 있는 '주이상스'에 대해 살펴보았다.

이 영화는 기억을 통한 현실의 재구성이란 측면에서 한 소녀의 환상이 현실에 남긴 흔적들을 살펴보고 있다. 이 과정에서 나타나는 환상은 현실에 대한 소녀의 심리적 실체이며 이는 사실성을 결여하지만 진실성을 갖고 있다는 것을 확인할 수 있었다. 즉 환상은 엉뚱한 대상과 상황을 바라보고 있는 것 같지만 현실의 진실에 직결되어 있음을 알 수 있었다. 그 방식은 꿈의 문법인 은유나 환유(압축과 전치)와 다를 바 없었다. 다만 소녀의 죽음에서 유발되는 환상은 현실의 재현이라기보다는 현실의 쾌락원리를 뛰어넘는 주이상스의 실현으로 해석하였다.

이러한 해석이 이 영화가 보여주려고 하는 진실의 문제에 얼마나 접근했는지는 알 수 없다. 환상과 현실 어떤 것이 가치가 있는지, 현실을 해결하는 힘이 현실에 있는 것인지, 환상에 있는 것인지, 이데올로기와 신앙 등과 같이 형이상학적인 것에 있는지, 이런 질문들이 아직도 인간이 풀지 못한 숙제의 영역이기 때문이다.

다만 이 영화에서 명징하게 떠오르는 문구는 "그녀가 지상에 남긴 흔적들은 어디를 봐야 하는지 아는 자들에게만 보인다"라는 말이었다. 작품 분석의 마지막 장에서와 같이 죽음에 대하여 메르세데스의 눈은 슬픔과 안타까움을 보고, 오필리아는 영광을 보는 차이를 말하는 것일 게다. 인간은 누구나 볼 수 있는 만큼만 볼 수 있다는 그러한 겸허한 메시지만이라도 이 영화에서 잡아낼 수 있었다는 것을 위안으로 삼고자 한다.

● 저자 약력

▎**김화선** : 충남대학교 국어국문학과를 졸업하고 동 대학원에서 「한국 근대 아동문학의 형성과정 연구」(2002)로 박사학위를 받았다. 현재 배재대학교에 재직 중이다. 주요 논문으로 「동화와 페미니즘의 만남」, 「『만선일보』에 수록된 일제말 아동문학 연구」 등이 있으며, 공저로 『문학으로 읽는 성과 사랑』(배재대출판부, 2008), 『친일문학의 내적논리』(역락, 2003) 등이 있다.

▎**고영진** : 충남대학교 국어국문학과를 졸업하고 동 대학원에서 「한국 현대소설의 환상기법 연구」(2004)로 석사학위를 받았다. 동 대학원 박사과정을 수료하고 현재 충남대, 단국대 등에서 강의를 하고 있다.

▎**김도희** : 대전대학교 국어국문학과를 졸업하고, 동 대학원에서 「오장환 시에 나타난 소외의식 연구」(2002)로 석사학위를 받았다. 동 대학원 박사과정을 수료하고, 현재 대전대·영동대에서 강의하고 있다. 대표 논문으로는 「김교제 소설에 나타난 여성인물의 의식구조 고찰」, 「사랑을 통해 써 나가는 여성인물들의 자아의 서사」 등이 있다.

▎**김정숙** : 충남대학교 국어국문학과를 졸업하고 동 대학원에서 「한국 현대소설의 호명시학」(2004)으로 박사학위를 받았다. 『경계와 소통, 탈식민의 문학』(공저)과 주요 논문으로 「근대어문의 자각과 문학담론의 변화 연구」, 「주석적 상상력과 독창적 언어의 경계적 글쓰기」, 「이문구 문학의 시원」 등이 있으며, 현재 청주대학교 국어국문학과 전임강사이다.

▌김현정 : 대전대학교 국어국문학과를 졸업하고 동 대학원에서 「백철의 휴머니즘 문학 연구」(2000)로 박사학위를 받았다. 현재 대전대, 충북대에서 강의를 하고 있다. 평론 「원초적 체험, 현실 극복의 근원적 힘」, 「고향 그리고 금강, '삶의 문학'의 시원」 등과 저서 『백철 문학 연구』(역락, 2005), 『한국현대문학의 고향담론과 탈식민성』(역락, 2005) 등이 있다.

▌남기택 : 충남대학교 국어국문학과를 졸업하고 동 대학원에서 「김수영과 신동엽 시의 모더니티 연구」(2003)로 박사학위를 받았다. 2007년 『현대시』에 평론 「악한, 광장에 서다」로 등단하였고, 현재 강원대학교 교양학부에 재직 중이다.

▌박현이 : 목원대학교 국어국문학과를 졸업하고, 충남대학교 대학원에서 박사과정을 수료했다. 현재 목원대와 충남대에서 강의하고 있으며, 「자아정체성 구성으로서의 글쓰기 교육 연구」, 「'공간'의 재발견을 통한 교양교육으로서의 글쓰기 사례 연구」 등이 있으며, 공저로 『즐거운 삶을 위한 글쓰기』(문경출판사, 2007) 등이 있다.

▌서혜지 : 건양대학교 국어국문학과를 졸업하고 충남대학원에서 「이문구 소설의 담론 연구」(2003)로 석사학위를 받았다. 동 대학원 박사과정을 수료하고 현재 충남대에서 강의를 하고 있다.

▌오연희 : 충남대학교 국어국문학과를 졸업하고 동 대학원에서 「황순원의 「일월」연구」(1996)로 박사학위를 받았다. 『서사론』, 『논리적 독서법』 등의 역서와, 「박태원의 초기 단편소설의 담론연구」, 「오정희의 「옛우물」론」, 「복합성의 시학」 등의 논문이 있다. 현재 목원대, 건양대 등에서 강의를 하고 있다.

┃오홍진 : 대전대학교 국어국문학과를 졸업하고, 동 대학원 석사과정을 수료했다. 2003년 <문화일보> 신춘문예에 평론 「죽음을 통해 죽음을 넘어 화해하는 길 : 황석영의 『손님』론」으로 등단하여, 현재 문학평론가로 활동하고 있다. 주요 평론으로 「언어의 심연」, 「서정으로 꿈꾸는 세상」 등이 있다.

┃유경수 : 충남대학교 국어국문학과를 졸업하고 동 대학원에서 「한승원 소설의 크로노토프 연구」(2003)로 석사학위를 받았다. 동 대학원 박사과정을 수료하고 현재 충남대, 건양대 등에서 강의를 하고 있다. 대표 논문으로는 「이청준의 「눈길」 연구」, 「국가장치에서 전쟁기계로 탈주하는 욕망의 정치학」 등이 있다.

┃이강록 : 배재대학교 국어국문학과를 졸업하고 동 대학원에서 박사과정을 수료하였다. 주요 논문으로는 「아우토노미아의 가능성」, 「영화 '천년학'과 소설 '청학동 나그네'의 서사비교」 등이 있다. 현재 우송대학교 한국어교육원 초빙교수이다.

┃한상철 : 충남대학교 국어국문학과를 졸업하고, 동 대학원에서 박사과정을 수료하였다. 현재 충남대와 배재대 등에서 강의를 하고 있다.

┃홍웅기 : 목원대학교 국어국문학과를 졸업하고, 충남대학교 대학원에서 박사과정을 수료했다. 현재 목원대와 충남대에서 강의하고 있다.

[공 동 저 자]

▌김화선 : 배재대 교수　　　　　　　▌고영진 : 충남대, 단국대 강사
▌김도희 : 대전대, 영동대 강사　　　　▌김정숙 : 청주대 교수
▌김현정 : 대전대, 충북대 강사　　　　▌남기택 : 문학평론가, 강원대 교수
▌박현이 : 목원대, 충남대 강사　　　　▌서혜지 : 충남대 강사
▌오연희 : 목원대, 한국정보통신대 강사　▌오홍진 : 문학평론가
▌유경수 : 금강대, 건양대 강사　　　　▌이강록 : 우송대 초빙교수
▌한상철 : 배재대, 충남대 강사　　　　▌홍웅기 : 목원대, 충남대 강사

기억, 노동, 연대 : 문학을 읽는 세 개의 시선

저　자 / 김화선, 고영진, 김도희, 김정숙
　　　　김현정, 남기택, 박현이, 서혜지
　　　　오연희, 오홍진, 유경수, 이강록
　　　　한상철, 홍웅기

인　쇄 / 2008년 8월 18일
발　행 / 2008년 8월 20일

펴낸곳 / 도서출판 **청운**
등　록 / 제7-849호
펴낸이 / 전병욱

주　소 / 서울시 동대문구 용두동 767-1
전　화 / 02)928-4482
팩　스 / 02)928-4401
E-mail / chung@hanmail.net

값 / 25,000
ISBN 978-89-92093-18-7

* 잘못 만들어진 책은 교환해 드립니다.